现代数学基础丛书·典藏版 9

有限群构造

下册

张远达 著

科学出版社
北京

内 容 简 介

本书上册论述了有限群的基本知识，下册着重介绍有限群的一些新成果、发展动向以及有限群的某些较专门的部分，如卡特子群、传输理论、超可解群等。

本书可供大专院校数学系高年级学生、研究生、教师及有关的数学工作者参考。

图书在版编目(CIP)数据

有限群构造. 下册/张远达著. —北京：科学出版社，2015.11
(现代数学基础丛书·典藏版；9)
ISBN 978-7-03-046420-0

I. ①有…　II. ①张…　III. ①有限群-研究　IV. ①O152.1

中国版本图书馆 CIP 数据核字(2015) 第 277026 号

责任编辑：张　扬／责任校对：林青梅
责任印制：徐晓晨／封面设计：王　浩

科学出版社 出版
北京东黄城根北街 16 号
邮政编码：100717
http://www.sciencep.com
北京厚诚则铭印刷科技有限公司印刷
科学出版社发行　各地新华书店经销
*
2015 年 11 月第 一 版　开本：B5(720×1000)
2016 年 6 月印 刷　印张：19
字数：244 000

定价：138.00 元

(如有印装质量问题，我社负责调换)

下 册 前 言

本书上册只叙述了有限群的基本知识，间或也提到了某些专题．在下册里将专门探讨有限群近年来的发展以及它的较艰涩的部分，例如卡特（Carter）子群、恩格尔（Engel）群、正则 p-群、传输理论、群之分解及 Π-性质、半单群、超可解群等．有些部分如群之分解及 Π-性质，本书都只扼要地讲了其中有代表性的一个或两个问题，不可能一一列举，且没有这个必要．又如恩格尔群，本书也只讲了一些基本知识，至于深入的部分及一些具有代表性的工作，都只列举了有关的文献，以便使从事这方面工作的同志有处查询．我们仅将超可解群比较完整地叙述了一番．总之，本书的目的是使读者明了有限群的基本理论和方法（上册），同时也介绍一些新成果及动向（下册）．

有限群的核心问题是决定所有的单群，这是迄今尚未完全解决的问题．虽然，最近二十多年在这方面已取得了一些很深刻的结果，使得上述问题的解决现在看来不再是不可能的了，可是这些结果的证明往往篇幅过长且又极为复杂，以至无法在本书内给以详细表述．本书仅建立一些基本结论与概念，熟悉它们是从事这一学科工作的前提，我们只是抛砖引玉，希望同好者提出批评指正．

张远达

武汉大学 1980 年 9 月

目 录

第六章　有关幂零性可解性的几个问题

在上册里讲了幂零群可解群的基本内容. 本章将对它们再作进一步的探索,也可以说这章是上册第二章的续篇.

§1. 弗拉梯尼 (Frattini) 子群

在上册第二章 §5 里讲过弗拉梯尼子群的重要性，现在就特地讨论与之有牵连的一些问题.

已知 $\Phi(G) \lhd\lhd G$ (上册第二章 §5 定理 7(i)), 又知 $G' = [G, G] \lhd\lhd G$ 及 $Z(G) \lhd\lhd G$, 于是问: G', $Z(G)$, $\Phi(G)$ 间的关系怎样? 有下面的

定理 1　不论 G 为任何群,恒有 $G' \cap Z(G) \subseteq \Phi(G)$. (文献 [1] 的定理 4 或文献 [2] 的 272 页.)

事实上,取 G 之任一个极大子群 M 时,由于 $M \subseteq \{G' \cap Z(G), M\}$ 以及 M 在 G 内的极大性,可知:

或 $G = \{G' \cap Z(G), M\}$,　或 $M = \{G' \cap Z(G), M\}$,

二者必有其一.

若 $G = \{G' \cap Z(G), M\}$, 则因 $G' \cap Z(G) \lhd G$, 故 $G = [G' \cap Z(G)] \cdot M$, 因而从 $G' \cap Z(G) \subseteq Z(G)$ 得知 $M \lhd G$ 后,可知 G/M 无真子群, 即 G/M 为交换的, 随而 $G' \subseteq M$, 故当然有 $G' \cap Z(G) \subseteq M$.

若 $M = \{G' \cap Z(G), M\}$, 则显然有 $G' \cap Z(G) \subseteq M$.

总之,不论怎样, 常有 $G' \cap Z(G) \subseteq M$. 故再由 M 之任意性即得 $G' \cap Z(G) \subseteq \Phi(G)$.　　证完.

由于 $\Phi(G) \lhd\lhd G$, 得作商群 $G/\Phi(G)$, 于是又产生了一个问题,即 $G/\Phi(G)$ 之弗拉梯尼子群是什么? 也就是 $\Phi(G/\Phi(G)) = ?$

当 $\Phi(G)=G$ 时，$G/\Phi(G)$ 为单位群，故当然有 $\Phi(G/\Phi(G))=1$。若 $\Phi(G)<G$，则 G 有极大子群；而 M 为 G 之极大子群是在且仅在 $M/\Phi(G)$ 为 $G/\Phi(G)$ 之极大子群时，于是当 M_α 跑遍 G 之所有极大子群时，$M_\alpha/\Phi(G)$ 亦跑遍 $G/\Phi(G)$ 之所有极大子群，故不得不有

$$\Phi(G/\Phi(G))=\bigcap_\alpha(M_\alpha/\Phi(G))=\bigcap_\alpha M_\alpha/\Phi(G)$$

$$=\Phi(G)/\Phi(G)=1.$$

于是证得了下面的

定理 2 不论 G 为任何群，恒有 $\Phi(G/\Phi(G))=1$。

比定理 2 更广泛的结果即

定理 3 (i) 从 $N\lhd G$ 及 $N\subseteq\Phi(G)$，得 $\Phi(G)/N=\Phi(G/N)$；(ii)若只是 $N\lhd G$，则有 $\Phi(G)\cdot N/N\subseteq\Phi(G/N)$，却不敢保证有 $\Phi(G)\cdot N/N=\Phi(G/N)$。

证明 (i) 之证法实际上与定理 2 之证法一样，简示于下：

因 $N\subseteq\Phi(G)$，故 $N\subseteq G$ 之任一个极大子群 M_α，于是 $\Phi(G/N)=\bigcap_{M_\alpha\text{极大}}(M_\alpha/N)=\left(\bigcap_\alpha M_\alpha\right)/N=\Phi(G)/N$，(i) 获证。

附注 特当 $N=\Phi(G)$ 时，就是定理 2。

(ii) 之证明. 令 $\mathscr{S}$ 表示群 G 中包含 N 的一切极大子群而成之集合，即

$$\mathscr{S}=\{M_\alpha \mid M_\alpha\text{ 为 }G\text{ 之极大子群且 }M_\alpha\supseteq N\},$$

由于 G/N 之每个极大子群为且仅为 M_α/N 形而 $M_\alpha\in\mathscr{S}$，故

$$\Phi(G/N)=\bigcap_{M_\alpha\in\mathscr{S}}(M_\alpha/N)=\left(\bigcap_{M_\alpha\in\mathscr{S}}M_\alpha\right)/N\supseteq\Phi(G)N/N,$$

即 (ii) 之前半获证。

再令 $G=\{x,y\}$，$x^5=y^4=1$，$y^{-1}xy=x^2$，则 $o(G)=20$（参看上册第四章 § 3 的定理 2）；由于 $[G:\{y\}]=5$，故 $\{y\}$ 为 G 之极大子群，因之 $\{x^{-1}yx\}$ 亦为 G 之极大子群，不得不有 $\Phi(G)\subseteq\{y\}\cap\{x^{-1}yx\}$；但 $\{y\}\cap\{x^{-1}yx\}$ 之元为 $y^t=x^{-1}y^rx$，故 $y^{t-r}=$

$y^{-r}x^{-1}y^rx=(y^{-r}xy^r)^{-1}x=(x^{2^r})^{-1}x\in\{x\}\cap\{y\}=1$，不得不有 $t\equiv r\ (\mathrm{mod}4)$ 及 $2^r\equiv 1\ (\mathrm{mod}5)$，因之有 $r\equiv 0(\mathrm{mod}4)$，随而 $\{y\}\cap\{x^{-1}yx\}=1$，故结果有 $\Phi(G)=1$. 于是取 $N=\{x\}$ 时，则$\Phi(G)N/N=1$；然 G/N 为 4 阶循环群，故它只有唯一个极大子群，其阶为 2，即有 $\Phi(G/N)$ 为 2 阶的；因而 $\Phi(G/N)>\Phi(G)N/N$. (ii) 完全获证.

据定理 3 之 (ii) 即得

推论 若 μ 为 G 之同态映射，则 $\Phi(G)^\mu\subseteq\Phi(G^\mu)$.

事实上，从 $G\to G^\mu$ 知有 $N\lhd G$ 使 $G^\mu\simeq G/N$，由是有 $\Phi(G^\mu)\simeq\Phi(G/N)$. 然而 $G^\mu\simeq G/N$ 由 1—1 映射 $g^\mu\leftrightarrows gN$ 来完成 $(g\in G)$，故 g 跑遍 $\Phi(G)$ 时则得 $\Phi(G)^\mu\simeq\Phi(G)N/N$，故据定理 3 之 (ii) 即得 $\Phi(G)^\mu\subseteq\Phi(G^\mu)$. 证完.

已知有限群 G 之 $\Phi(G)$ 恒为幂零的（上册第二章 § 5 定理 7 (iii)），无限群 G 又怎样呢？文献 [3] 中列举了一个无限非幂零群而又无极大子群的例子，故这时 $\Phi(G)=G$，说明无限群 G 确有 $\Phi(G)$ 不为幂零的可能性. 于是问：对无限群 G 应加怎样的限制才使 $\Phi(G)$ 为幂零呢？在文献 [4, 5] 里都证明了：设无限群 G 满足极大条件且又为可解群时，则 $\Phi(G)$ 确为幂零的. 读者如感需要，可参看之，在此我们不深入讨论.

再提这样一个问题，即若 H 为群 G 之子群，$\Phi(H)\subseteq\Phi(G)$ 的关系成立吗？今取 4 次对称群 $\mathfrak{S}_4(=G)$ 为例来说明这猜测不对. 因若令 $\mathfrak{S}_3^{(i)}$ 是从 1, 2, 3, 4 这四个文字中去掉文字 i 后的三次对称群，而暂以 $\mathfrak{S}_3^{(4)}$ 来讨论，如果有 $\mathfrak{S}_4$ 之子群 H 使 $\mathfrak{S}_3^{(4)}<H\ (\subseteq\mathfrak{S}_4)$，那末必有一 $\pi\in H$ 及 $\pi\bar{\in}\mathfrak{S}_3^{(4)}$，于是 π 必使文字 4 变动，即 $\pi(4)=j\neq 4$，故 j 为 1, 2, 3 中某一，于是陪集 $\pi\mathfrak{S}_3^{(4)}$ 与 $\mathfrak{S}_3^{(4)}$ 异且均包含在 H 内；若 $H=\mathfrak{S}_3^{(4)}+\pi\mathfrak{S}_3^{(4)}$，则 $o(H)=12$，$[\mathfrak{S}_4:H]=2$，$H\lhd\mathfrak{S}_4$，然而 $\mathfrak{S}_4$ 中指数 2 的子群只能是 $\mathfrak{A}_4$，故这时 $H=\mathfrak{A}_4$，而因 $\mathfrak{S}_3^{(4)}\not\subseteq\mathfrak{A}_4$，故与 $\mathfrak{S}_3^{(4)}<H$ 矛盾，不可. 因之，$o(H)>12$，不得不有 $H=\mathfrak{S}_4$. 这说明了每 $\mathfrak{S}_3^{(i)}$ 是 $\mathfrak{S}_4$ 之极大子群. 又因显然有 $\bigcap_{i=1}^{4}\mathfrak{S}_3^{(i)}=1$，故

$\Phi(\mathfrak{S}_4)=1$．但考虑 $\mathfrak{S}_4$ 之西洛 2-子群

$$S_2=\{1,(12)(34),(13)(24),(14)(23),(13),(24),(1234),(1432)\}$$

时，由于 S_2 之幂零性知 $S_2'=[S_2,S_2]\subseteq\Phi(S_2)$，又从 S_2 之非交换性得 $S_2'=[S_2,S_2]\neq 1$，故 $\Phi(S_2)\neq 1$．这说明了找得一具体的例子(即四次对称群 G)，虽有 $H<G$，不但不敢保证 $\Phi(H)\subseteq\Phi(G)$，甚而出现了 $\Phi(G)<\Phi(H)$ 的现象．

于是问：若对子群H附加某些限制，例如 $H\lhd G$，又怎样呢？

从 $\Phi(H)\lhd\lhd H$ 及 $H\lhd G$ 得 $\Phi(H)\lhd G$．再令 $x\in\Phi(H)$，并假定 $G=\{x,A\}$．于是 $G=\{x,A\}\subseteq\{\Phi(H),A\}$，不得不有 $G=\{\Phi(H),A\}=\Phi(H)\cdot\{A\}$，故由狄氏律得

$$H=H\cap G=H\cap\Phi(H)\cdot\{A\}=\Phi(H)\cdot(H\cap\{A\}),$$

故当G满足极大条件时，得 $H=H\cap\{A\}$ (上册第二章 §5 定理 7 (ii))，即 $H\subseteq\{A\}$，因之也有 $\Phi(H)\subseteq\{A\}$，故 $G=\Phi(H)\cdot\{A\}=\{A\}$，说明了从 $G=\{x,A\}$ 恒得 $G=\{A\}$，不得不有 $x\in\Phi(G)$．故 $\Phi(H)\subseteq\Phi(G)$．证明了

定理 4 当群G满足极大条件时，若 $H\lhd G$，则$\Phi(H)\subseteq\Phi(G)$，因之有 $\Phi(H)\lhd\Phi(G)$．

据定理的证明方法又知有

推论 当群 G 满足极大条件时，若H 为 G 之次正规子群，则 $\Phi(H)\subseteq\Phi(G)$．因之满足极大条件的幂零群 G 之任何子群 H 恒有 $\Phi(H)\subseteq\Phi(G)$．

当定理 4 中正规子群H为G之直因子时，则有

定理 5 当群G满足极大条件时，若 $G=H\times K$，则 $\Phi(G)=\Phi(H)\times\Phi(K)$．

事实上，从$H\times K$ 及 $\Phi(H)\subseteq H$，$\Phi(K)\subseteq K$ 马上得知有直积 $\Phi(H)\times\Phi(K)$．但据定理 4 有 $\Phi(H)\subseteq\Phi(G)$，$\Phi(K)\subseteq\Phi(G)$，故 $\Phi(H)\times\Phi(K)\subseteq\Phi(G)$．反之，若 $x\in\Phi(G)$，则从 $G=H\times K$ 可写 $x=hk(h\in H,k\in K)$，故不论A是H的任何子集，若 $H=\{h,A\}$，则 $\{A\}\subseteq H$，因而有直积 $\{A\}\times K$，且

$$G=\{h,A,K\}=\{xk^{-1},A,K\}=\{x,A,K\},$$

于是得 $G=\{A,K\}=\{A\}\times K$,故再从 $G=H\times K$与 $\{A\}\subseteq H$ 可知有 $H=\{A\}$. 因而知 $h\in\Phi(H)$. 同理,$k\in\Phi(K)$. 故结果有 $x=hk\in\Phi(H)\times\Phi(K)$, 即证明了 $\Phi(G)\subseteq\Phi(H)\times\Phi(K)$. 于是,$\Phi(G)=\Phi(H)\times\Phi(K)$, 证完.

下面再专门讨论有限群 G 的 $\Phi(G)$.

弗拉梯尼子群 $\Phi(G)$ 的引进由 G 之幂零性的研究所需要(上册第二章 §5 定理 6). 然而(有限)群 G 为幂零时, 固已保证了 $G/\Phi(G)$ 之幂零性,但反之又怎样呢? 下面的定理作了肯定回答.

定理 6 有限群 G 为幂零的充要条件是 $G/\Phi(G)$ 为幂零的.

事实上, $G/\Phi(G)$ 之幂零性说明了

$$[G/\Phi(G),G/\Phi(G)]=[G,G]\cdot\Phi(G)/\Phi(G)\subseteq\Phi(G/\Phi(G))=1,$$

即 $[G,G]\subseteq\Phi(G)$, 故再由 G 之有限性知 G 是幂零群.

比定理 6 更广泛的结果即

定理 7 设 $N\lhd G$, G 是有限群且 $\Phi(G)\subseteq N$, 则 N 为幂零的充要条件是 $N/\Phi(G)$ 为幂零的.

条件的必要性显然,故只需证充分条件.

令 $p\,|\,o(N)$, p 为素数,设 S_p 是 N 的一个西洛 p-子群. 下面只证 $S_p\lhd N$ 就行了.

因 $S_p\cdot\Phi(G)/\Phi(G)$ 是 $N/\Phi(G)$ 之西洛 p-子群,故从 $N/\Phi(G)$ 之幂零性得 $S_p\cdot\Phi(G)/\Phi(G)\lhd\lhd N/\Phi(G)$, 于是再由 $N/\Phi(G)\lhd G/\Phi(G)$ 可知 $S_p\cdot\Phi(G)/\Phi(G)\lhd G/\Phi(G)$, 即 $S_p\cdot\Phi(G)\lhd G$, 故对 $g\in G$ 有

$$\begin{aligned}S_p\cdot\Phi(G)&=g^{-1}S_p\cdot\Phi(G)\cdot g=g^{-1}S_pg\cdot g^{-1}\Phi(G)g\\&=g^{-1}S_pg\cdot\Phi(G)\supseteq g^{-1}S_pg,\end{aligned}$$

说明了 S_p 与 $g^{-1}S_pg$ 都是 $S_p\cdot\Phi(G)$ 的西洛 p-子群,故有 $x=st\,(s\in S_p,\ t\in\Phi(G))$ 使 $g^{-1}S_pg=x^{-1}S_px$, 即

$$gx^{-1}\in N_G(S_p),\ g\in N_G(S_p)\cdot x=N_G(S_p)\cdot st\subseteq N_G(S_p)\cdot\Phi(G),$$

故 $G=N_G(S_p)\cdot\Phi(G)$, 因而据 G 之有限性得 $G=N_G(S_p)$, 即 $S_p\lhd G$, 故当然有 $S_p\lhd N$. 证完.

附注 $N = G$ 时，就得定理 6，即定理 6 为定理 7 的一个推论．我们所以要先谈定理 6 的原因并非证定理 7 时需引用定理 6（即不是逻辑上的必要），而是考虑到定理 6 的用途大且证明也直接且简单些．

据定理 6，能证下面的

定理 8 若 G/N 为幂零群，G 是有限的，则 G 中必有一幂零子群 A 使 $G = NA$．

附注 不必要求 A 为 N 之补子群（即 $N \cap A = 1$），因之不要求 $G/N \simeq A$．

证明 考虑 G 之子群 A 的集合

$$\mathscr{S} = \{A \mid A \subseteq G, G = NA\}.$$

显然由于 $G \in \mathscr{S}$ 可知 $\mathscr{S}$ 非空集．今令 A 为集 $\mathscr{S}$ 中一个极小的元，下面就是要证明 A 为幂零的．

首先断言 $N \cap A \subseteq \Phi(A)$．为什么呢？若不然，即 $N \cap A \nsubseteq \Phi(A)$，则 A 至少有一个极大子群，如 B，使 $N \cap A \nsubseteq B$，故不得不有 $A = (N \cap A) \cdot B(\because N \cap A \lhd A)$，于是 $G = NA = N(N \cap A)B = NB$，$B \in \mathscr{S}$，这与 A 为 $\mathscr{S}$ 之一个极小元的假设相矛盾．故必有 $N \cap A \subseteq \Phi(A)$．

再从 $G = NA$ 得 $G/N \simeq A/N \cap A$，而 $A/N \cap A \sim (A/N \cap A)/(\Phi(A)/N \cap A)$，故 $G/N \sim (A/N \cap A)/(\Phi(A)/N \cap A)\ (\simeq A/\Phi(A))$，即 $G/N \sim A/\Phi(A)$．故 G/N 之幂零性又保证了 $A/\Phi(A)$ 是幂零的，随而据定理 6 知 A 为幂零群．　证完．

我们知道有限群 G 的弗拉梯尼子群 $\Phi(G)$ 恒为 $\Phi(G) < G$，其中一特款是 $\Phi(G) = 1$．

然而 $\Phi(G) = 1$ 的有限群又确有很多，例如 n 次对称群 $\mathfrak{S}_n$ 即是．事实上，令 $\mathfrak{S}_{n-1}^{(i)}$ 为从 n 个文字 $1, 2, \cdots, n$ 去掉文字 i 后剩下 $n-1$ 个文字上的 $n-1$ 次对称群；若 $\mathfrak{S}_{n-1}^{(n)} < H \subseteq \mathfrak{S}_n$，则有 $\pi \in H$ 及 $\pi \bar{\in} \mathfrak{S}_{n-1}^{(n)}$，故 π 使文字 n 变动，因而将 π 写为循环表示时，必有一循环因子 π_n 含文字 n，其余的循环因子都不含 n 随而在 $\mathfrak{S}_{n-1}^{(n)}$ 内，于是 $\pi_n \in H$，故再将 π_n 写为对换之积时如 $\pi_n = (i_1 i_2 \cdots i_t n) =$

$(i_1i_2)\cdots(i_1i_t)(i_1n)$，则因 (i_1i_2)，$\cdots$，(i_1i_t) 都在 $\mathfrak{S}_{n-1}^{(n)}(\subset H)$ 内，故有 $(i_1n)\in H$，于是再从 $\mathfrak{S}_{n-1}^{(n)}(\subset H)$ 为 $n-1$个文字1，2，…，$n-1$上的对称群，就知道1，2，…，n 中任二个文字之对换均属于 H，说明了 $H=\mathfrak{S}_n$，这就是说 $\mathfrak{S}_{n-1}^{(n)}$ 为 $\mathfrak{S}_n$ 之极大子群；同理，每 $\mathfrak{S}_{n-1}^{(i)}$ 为 $\mathfrak{S}_n$ 之极大子群；又因任何非恒等的置换 τ（即 $\tau\neq 1$）必使1，2，…，n 中至少一文字发生变化，故 τ 至少不在 $\mathfrak{S}_{n-1}^{(1)}$，$\mathfrak{S}_{n-1}^{(2)}$，$\cdots$，$\mathfrak{S}_{n-1}^{(n)}$ 中的某一个内，也就是说 $\tau\bar{\in}\Phi(\mathfrak{S}_n)$，说明了 $\Phi(\mathfrak{S}_n)=1$.

$\Phi(G)=1$ 的有限群 G 既确有很多，故研究 $\Phi(G)=1$ 才有普遍意义. 我们现在还是讨论幂零群. 首先问有限幂零群 G 何时才有 $\Phi(G)=1$ 呢? 如有限幂零群 G 具性质 $\Phi(G)=1$，则因这时 $G'=[G,G]\subseteq\Phi(G)$，故 $G'=[G,G]=1$，即 G 为交换的，这是说问题已转化为讨论有限交换群 G 具性质 $\Phi(G)=1$ 的条件. 关于这个，有下面的

定理 9 有限交换群 G 具性质 $\Phi(G)=1$ 的充要条件是 G 为初等交换群.

证明 设 $G=\{a_1\}\times\{a_2\}\times\cdots\times\{a_n\}$，$o(a_i)=p_i^{\lambda_i}$，$p_i$ 为素数（$\lambda_i\geqslant 1$，$i\neq j$ 时可能有 $p_i=p_j$）. 因 $\{a_i\}$ 只有唯一个极大子群 $\{a_i^{p_i}\}$，故 $\Phi(\{a_i\})=\{a_i^{p_i}\}$，因之就有

$$\begin{aligned}\Phi(G)&=\Phi(\{a_1\})\times\Phi(\{a_2\})\times\cdots\times\Phi(\{a_n\})\\&=\{a_1^{p_1}\}\times\{a_2^{p_2}\}\times\cdots\times\{a_n^{p_n}\}.\end{aligned}$$

于是，$\Phi(G)=1$ 的充要条件是对每 i 言有 $\{a_i^{p_i}\}=1$，即 $o(a_i)=p_i$ 或 $\lambda_i=1$. 证完.

又因恒有 $\Phi(G/\Phi(G))=1$，故当 $G/\Phi(G)$ 为幂零时，$G/\Phi(G)$ 必是交换的，随而为初等交换群(定理 9). 反之，当 $G/\Phi(G)$ 为初等交换时，$G/\Phi(G)$ 当然为幂零的. 于是据定理 6 又得到

定理 10 有限群 G 为幂零的充要条件是 $G/\Phi(G)$ 为初等交换群. 换言之，设 G 为有限群，则 $G/\Phi(G)$ 为幂零与为初等交换这二者是等价的.

由定理 10 可知：设 G 为有限幂零群，则 $G/\Phi(G)$ 为初等交换群. 反之，仍设 G 为有限幂零群，若有 $N\lhd G$ 使 G/N 为初等交换

的，则据定理 9 得 $\Phi(G/N)=1$，这无异乎是说 G/N 之所有极大子群之交为单位元群，与之等价的意义就是 G 中凡包含 N 的一切极大子群之交恰等于 N，而这样的交显然大于 $\Phi(G)$，因之 $N\supseteq\Phi(G)$；另方面，若 $\Phi(G)\subseteq A$，则从 $G/\Phi(G)$ 之(初等)交换性知 $A/\Phi(G)\lhd G/\Phi(G)$，故 $A\lhd G$，于是 $G/A\simeq(G/\Phi(G))/(A/\Phi(G))$ 说明了 G/A 是初等交换的．故证明了

定理 11 设 G 是有限幂零群．若 $\Phi(G)\subseteq A$，A 为 G 之子群，则 $A\lhd G$，且 $\Phi(G)$ 为使 G 之商群是初等交换的 G 之一切正规子群之交，而实际上 $\Phi(G)$ 是使 G 之商群为初等交换的 G 中唯一个最小正规子群．

将这定理 11 与上册第一章 §10 中定理 1 和 2 作一个对比是很有意义的，启发我们怎样思考问题：在那里是换位子群 G' 对任何群 G 的关系，而在这里是弗拉梯尼子群 $\Phi(G)$ 对有限幂零群 G 的关系，二者恰好相似．

回忆证定理 11 之关键在 $\Phi(G/N)=1$，故若删掉 G 为有限幂零之假设条件，而来考虑任何群 G，又有

定理 12 任何群 G 之弗拉梯尼子群 $\Phi(G)$ 总是等于使 G 之商群的弗拉梯尼子群为单位元群的 G 之一切正规子群的交，也就是使 G 之商群的弗拉梯尼子群为单位元群的 G 之唯一个最小正规子群．

证明 因 $\Phi(G)\lhd G$ 且 $\Phi(G/\Phi(G))=1$，故 $\Phi(G)$ 确满足定理中的要求，即以之所作 G 的商群之弗拉梯尼子群为单位元群．反之，若 $N\lhd G$ 且 $\Phi(G/N)=1$，则因 $\Phi(G/N)=1$ 的意义是说 G 中凡包含 N 的一切极大子群之交必为 N，然而 G 中凡包含 N 的一切极大子群最多也不过是跑遍了 G 之一切极大子群，故前者的交 N 必不小于 G 之所有极大子群的交 $\Phi(G)$，即 $N\supseteq\Phi(G)$．由这正反两面恰好证明了定理 12．

我们已知：当群 G 满足极大条件时，超中心 $S(G)$ 是使 G 之商群无中心的 G 之最小正规子群，且等于凡使 G 之商群无中心的一切正规子群的交（上册第二章 §4 定理 12）．于是据定理 12 又

知弗拉梯尼子群 $\Phi(G)$ 对任意群 G 之关系也恰如超中心 $S(G)$ 对满足极大条件之群 G 的关系.

在上册第二章 § 4 里已说过：任何群的有限多个幂零正规子群之积也是一个幂零正规子群. 由是可知有限群 G 中所有幂零正规子群之积是一个幂零正规子群，它当然为 G 的唯一个最大幂零正规子群. 这说明了有限群 G 恒有唯一个最大幂零正规子群，叫它为 G 的费丁（Fitting）子群，表为 $F(G)$.（文献[6]）

因有限群 G 之弗拉梯尼子群 $\Phi(G)$ 是幂零正规的，G 之超中心 $S(G)$ 也是幂零正规的，故不得不有 $\Phi(G)\cdot S(G)\subseteq F(G)$. 弗拉梯尼子群与费丁子群间的联系表现在下面的

定理 13 有限群 G 必有 $F(G/\Phi(G))=F(G)/\Phi(G)$.

事实上，据定理 7 知 $N/\Phi(G)$ 为 $G/\Phi(G)$ 之幂零正规子群的充要条件是 N 为幂零的及 $N\lhd G$ 与 $\Phi(G)\subseteq N$. 于是，当 $N_\alpha/\Phi(G)$ 跑遍 $G/\Phi(G)$ 之一切幂零正规子群时，就得到

$$F(G/\Phi(G))=\prod_\alpha(N_\alpha/\Phi(G))=\left(\prod_\alpha N_\alpha\right)/\Phi(G)\subseteq F(G)/\Phi(G).$$

反之，又因 $F(G)$ 是 G 的幂零正规子群，故 $F(G)/\Phi(G)$ 为 $G/\Phi(G)$ 之幂零正规子群，于是据费丁子群之意义当然有 $F(G)/\Phi(G)\subseteq F(G/\Phi(G))$. 故结果有 $F(G/\Phi(G))=F(G)/\Phi(G)$，证完.

于是再利用定理 10 与定理 13 又得到

推论 设 G 为有限群，则 $G/\Phi(G)$ 之任何幂零正规子群 $N/\Phi(G)$ 恒为初等交换的. 因之，$F(G/\Phi(G))=F(G)/\Phi(G)$ 是初等交换的.

事实上，从 $N\lhd G$ 得 $\Phi(N)\subseteq\Phi(G)$，故

$$N/\Phi(G)\simeq(N/\Phi(N))/(\Phi(G)/\Phi(N));$$

但 $N/\Phi(G)$ 之幂零性保证了 N 是幂零的（定理 7），故由定理 10 知 $N/\Phi(N)$ 是初等交换群，于是据上述的同构关系可知 $N/\Phi(G)$ 为初等交换的. 证完.

定理 12 说了弗拉梯尼子群 $\Phi(G)$ 与超中心 $S(G)$ 有类似之

处．我们又知道：有限群G之$\Phi(G)$恒为幂零的，因之$\Phi(G)$中阶互素之二元可交换．相应地又知道超中心$S(G)$也为幂零的，且尚有

定理 14 有限群G之超中心 $S(G)$ 的每元x能和G中阶与$o(x)$互素的任何元y可交换．即$y\in G$，$x\in S(G)$，且$(o(x), o(y))=1$时，则必$xy=yx$．

证明 设$1=Z_0<Z_1<Z_2<\cdots<Z_c\leqslant G$中$Z_i/Z_{i-1}=Z(G/Z_{i-1})$，$Z_{c-1}<Z_c=S(G)$，因之$Z(G/Z_c)=1$．

题云$x\in S(G)=Z_c$．若$x\in Z_1=Z(G)$，当然有$xy=yx$．今归纳地假定$x\in Z_i$时也有$xy=yx$，而考虑$x\in Z_{i+1}$的情况．这时，因$[G, Z_{i+1}]\subseteq Z_i$，故

$$v=[y, x]=y^{-1}x^{-1}yx\in Z_i.$$

但因$Z_{i+1}\lhd\lhd G$且Z_{i+1}是幂零的，故令$o(x)=n=p_1^{\alpha_1}p_2^{\alpha_2}\cdots p_t^{\alpha_t}$为素因数分解时，则幂零群$Z_{i+1}$中西洛$p_i$–子群$A_i\ (i=1, 2, \cdots, t)$的直积$N=A_1\times A_2\times\cdots\times A_t$为$Z_{i+1}$之特征子群，即$N\lhd\lhd Z_{i+1}$，于是有$N\lhd\lhd G$，故从$v\in Z_i<Z_{i+1}$以及$v=(y^{-1}xy)^{-1}x$中的$(y^{-1}xy)^{-1}$与$x$都有阶$n$，故都在$N$内，因而$v\in N$，于是$o(v)$至多只能有$p_1, p_2, \cdots, p_t$为素因数，故由$(o(x), o(y))=1$亦必有$(o(v), o(y))=1$．由是再据归纳法的假设应有$vy=yv$，故令$o(y)=\mu$时，则从$y^{-1}x^{-1}y=vx^{-1}$易证

$$y^{-k}x^{-1}y^k=v^kx^{-1}$$

对任何自然数k成立．于是应有$y^{-\mu}x^{-1}y^{\mu}=v^{\mu}x^{-1}$，即$x^{-1}=v^{\mu}x^{-1}$，$v^{\mu}=1$．但$(\mu, o(v))=1$，故由$v^{\mu}=1$不得不有$v=1$，即$xy=yx$．故由归纳法知$x\in Z_c=S(G)$时，也有$xy=yx$．　证完．

定理16说明有限群G之超中心$S(G)$的元x与G中怎样的元素可交换的问题．至于费丁子群$F(G)$之元与G中怎样一些元可交换，则有

定理 15 有限群G之费丁子群$F(G)$总是为G中每个极小正规子群之中心化子的子群．

证明 设M为G之一个极小正规子群，我们的目的就是要证

明 $F(G)\subseteq Z_G(M)$.

若 $M\cap F(G)=1$，则 $\{M, F(G)\}=M\times F(G)$，当然有 $F(G)\subseteq Z_G(M)$.

若 $M\cap F(G)\neq 1$，则因 $M\cap F(G)\lhd G$ 以及M在G内的极小正规性，就有 $M=M\cap F(G)$，即 $M\subseteq F(G)$；但由 $F(G)$ 之幂零性及 $M\lhd F(G)$，又知道 $M\cap Z[F(G)]\neq 1$（上册第二章§4的定理 8）；然而 $Z[F(G)]\lhd\lhd F(G)$，故 $Z[F(G)]\lhd G$，因之 $M\cap Z[F(G)]\lhd G$，于是再度利用M在G内的极小正规性就知道 $M\cap Z[F(G)]=M$，即 $M\subseteq Z[F(G)]$，这当然表明了M的每元与 $F(G)$ 的每元可交换，即 $F(G)\subseteq Z_G(M)$. 证完.

由于 $\Phi(G)\subseteq F(G)$ 及 $S(G)\subseteq F(G)$，故据定理 15 即得

推论 有限群G之弗拉梯尼子群 $\Phi(G)$ 与超中心 $S(G)$ 都是G中每个极小正规子群之中心化子的子群.

关于 $\Phi(G)$，不仅是有 $\Phi(G)\subseteq Z_G(M_0)$，式中 M_0为G之任一个极小正规子群，而且还能说商群 $G/\Phi(G)$ 之任一个极小交换正规子群 $M/\Phi(G)$ 有补子群（补子群之意义可参看定理 8 的附注. 一般，群G之二个子群 A，B 如果满足 $G=AB$ 及 $A\cap B=1$ 之关系时，就叫A与B互为补子群（在G内），又叫 A（或 B）在G内有补子群）. 事实上，有

定理 16 设G为有限群，$N\lhd G$. 于是，$N=\Phi(G)$ 的充要条件是：

(i) G没有真子群S使 $G=NS$，

(ii) 商群 G/N 之任一个极小交换正规子群必有补子群.

证明 先证条件的必要性. 设 $N=\Phi(G)$，这时条件(i)显然成立；再令 $\overline{G}=G/\Phi(G)$，则 $\Phi(\overline{G})=1$（定理 2），故若M为$\overline{G}$之极小交换正规子群，则从 $\Phi(\overline{G})=1$ 及 $M\neq 1$ 可知 $M\not\subseteq\Phi(\overline{G})$，因之 $\overline{G}$ 必有一极大子群T使 $M\not\subseteq T$，再由 $M\lhd\overline{G}$ 知 MT 为 $\overline{G}$ 之子群且有 $MT>T$，故由T之极大性有 $\overline{G}=MT$，$D=M\cap T\lhd T$；M之交换性又保证了 $D\lhd M$，因之 $D\lhd MT=\overline{G}$. 但 $M\not\subseteq T$ 说明了 $D<M$，故由M之极小交换正规性可知 $D=1$，即 $M\cap T=$

1，即M在$\bar{G}$内有补子群T，证明了条件(ii)。

再证条件的充分性． 设$N\lhd G$，且N具定理中所说的性质(i)与(ii)．于是不论A为G之任何子集，当$x\in N$时，据条件(i)得知从$G=\{x,A\}=N\{A\}$有$G=\{A\}$，因而由上册第2章定理7(ii)知$x\in\Phi(G)$，证明了$N\subseteq\Phi(G)$。

再令$G^*=G/N$，能断言$\Phi(G^*)=1$．用反证法，即若$\Phi(G^*)\neq 1$，则由$\Phi(G^*)$之幂零性知$Z[\Phi(G^*)]\neq 1$，然而从$Z[\Phi(G^*)]\lhd\lhd\Phi(G^*)$及$\Phi(G^*)\lhd\lhd G^*$得$Z[\Phi(G^*)]\lhd\lhd G^*$又说明了$G^*$已有一个交换正规子群$Z[\Phi(G^*)]\neq 1$，于是$G^*$必有一个极小交换正规子群$M$包含在$Z[\Phi(G^*)]$内，因而$1<M\subseteq Z[\Phi(G^*)]$；然而据条件(ii)知有$T<G^*$使$G^*=MT$及$M\cap T=1$；但从$G^*=MT$及$M\subseteq Z[\Phi(G^*)]\subseteq\Phi(G^*)$而据上册第二章定理7(ii)就有$G^*=T$，显相矛盾．故不得不有$\Phi(G^*)=1$．然而i$=\Phi(G^*)=\Phi(G/N)$是说明$G$中凡包含$N$的一切极大子群之交必等于$N$，这当然产生了$N\supseteq\Phi(G)$。

合并上述的两段，得$N=\Phi(G)$．至此，定理16完全获证．

再谈谈有限幂零群G之$\Phi(G)$，来结束这一节．我们知道：$\Phi(G)$之引进是幂零群的需要；然而p-群G之$\Phi(G)=G^pG'$(上册第五章§1定理10)，今问一般有限幂零群G之$\Phi(G)$究竟与G'，G^p间的关系怎样？设$o(G)=p_1^{\alpha_1}p_2^{\alpha_2}\cdots p_r^{\alpha_r}$，$G$幂零就意味着$G$之任一极大子群$M\lhd G$且$o(G/M)=$素数，因此$G$之所有极大子群得按其指数为$p_1,p_2,\cdots,p_r$分成$r$个类．今考查指数为$p_i$的极大子群$M_i$，由于$o(G/M_i)=p_i$，故$G^{p_i}\subseteq M_i$，因之$G^{p_i}G'\subseteq M_i$，即$G^{p_i}G'$包含在$G$中指数为$p_i$的任一极大子群内，故也必包含在所有指数为$p_i$的极大子群的交内，由此可知$G^{p_1}G'\cap G^{p_2}G'\cap\cdots\cap G^{p_r}G'$含于$G$之一切极大子群之交，即$G^{p_1}G'\cap G^{p_2}G'\cap\cdots\cap G^{p_r}G'\subseteq\Phi(G)$．另方面，由于$(G/G')/(G^pG'/G')\simeq G/G^pG'\simeq(G/G^p)/(G^pG'/G^p)$可知$G/G^pG'$为交换且每元之阶等于$p$，因之为初等交换$p$-群，故$\Phi(G/G^pG')=1$(定理9)，于是$\Phi(G)\subseteq G^pG'$(参看定理11或12之证明方法)，不得不有$\Phi(G)$

$\subseteq G^{p_1}G' \cap G^{p_2}G' \cap \cdots \cap G^{p_r}G'$. 故又得

定理 17 设 G 为有限幂零群，则 $\Phi(G) = \bigcap_{p \mid o(G)} G^p G'$（$p$ 为素数）.

问题 1 设 G 为满足极大条件的幂零群，且 G/G' 是循环的，试证 G 必循环.

问题 2 有限非交换幂零群之换位子群不能为直因子.

问题 3 设 N 为满足极大条件之群 G 的直因子，试证 $\Phi(N) = \Phi(G) \cap N$.

问题 4 求 n 次交代群 $\mathfrak{A}_n$ 的 $\Phi(\mathfrak{A}_n)$.

问题 5 设 A 为有限群 G 之子群，$N \lhd G$ 且 $N \subseteq \Phi(A)$，试证 $N \subseteq \Phi(G)$.

问题 6 设 N 为有限群 G 之幂零正规子群，试证 $N' = [N, N] \subseteq \Phi(G)$.

问题 7 设 G 为有限群，且 $N \lhd G$. 试利用定理 7 与 10 证明下列三个性质是等价的:

(i) N 为幂零，(ii) $N/N \cap \Phi(G)$ 为幂零，(iii) $N/N \cap \Phi(G)$ 为初等交换.

问题 8 利用定理 7，证明有限群 G 之正规子群 N 为幂零的充要条件是 $N' = [N, N] \subseteq \Phi(G)$.（文献[7]）

问题 9 由问题 8，再证有限群 G 之正规子群 N 为幂零的充要条件是 $N/\Phi(G)$ 为交换群，当 $\Phi(G) \subseteq N$ 时.

问题 10 设有限群 G 之真子群 H 恒满足关系式 $[H, H] \subseteq \Phi(G)$，则当 $N \lhd G$ 时，N 之真子群 B 也具有 $[B, B] \subseteq \Phi(N)$ 之性质.

问题 11 问题 10 中的商群 G/N 也具有如 G 所具之性质，即从 $A/N < G/N$ 恒得 $[A/N, A/N] \subseteq \Phi(G/N)$.

§2. 上、下幂零列

我们知道幂零群是交换群的推广，可解群又是幂零群的推广. 定义幂零群时是从两个角度考虑的，一是上中心列，二是下中心列，而结果可知上与下中心列都有相同的长. 于是问：可解群是否也有类似的上与下什么列呢？我们还是考虑G是有限可解群的情况. 若G已为幂零，就算了;若不然，则G必含一个异于1的幂零正规子群，因之G中唯一的一个最大幂零正规子群$F(G)$即费丁子群必大于1，即$F(G)>1$. 复因$G/F(G)$又是有限可解的，故若$G/F(G)$非幂零，又知$G/F(G)$有唯一个最大幂零正规子群(费丁子群) $F(G/F(G))\neq 1$. 继续作下去，由G之有限性，可知经过有限多回以后终可达到G，即有限可解群G有这样的一个正规群列

$$1=B_0<B_1<B_2<\cdots<B_{k-1}<B_k=G \tag{1}$$

具有递归关系$B_{i+1}/B_i=F(G/B_i)$—G/B_i的费丁子群. 叫(1)为G的**上幂零列**是很自然的. 也是说有限可解群必有**上幂零列**.

再从另一角度考虑. 我们知道：若G非幂零，则必有如$1<M\lhd G$之使G/M为幂零(例如取$M=G'=[G,G]$)且有$M<G$的M. 然而G/M与G/N之幂零性也保证了$G/M\cap N$的幂零性（上册第二章§4定理10的推论3)，于是G之有限性说明了使G/M为幂零的G之正规子群M只有有限多个，故它们的交C_1也使G/C_1为幂零的，即C_1是G中唯一个最小正规子群使G/C_1为幂零的，当然有$1<C_1<G$ [G之非幂零性与G/C_1之幂零性说明了$1<C_1$，又G/G'之交换性说明了$C_1\leqslant G'<G$]. 因C_1也是有限可解的，故仿上述理由得知当C_1非幂零时，C_1也有唯一个最小正规子群C_2使C_1/C_2为幂零的，当然也是$1<C_2<C_1$. C_2亦为有限可解的，若C_2非幂零，又可用上述方法继续往下做；由于G之有限性，终可达到某$C_{k'-1}$为幂零的，因而$C_{k'}=1$是$C_{k'-1}$之最小正规子群使$C_{k'-1}/C_{k'}=C_{k'-1}$为幂零的. 换言之，G有这样的一个次正规群列

$$G=C_0>C_1>C_2>\cdots>C_{k'-1}>C_{k'}=1 \tag{2}$$

具有递归关系：C_{i+1}是C_i的唯一个最小正规子群使C_i/C_{i+1}为幂零的. 叫(2)为有限可解群G的**下幂零列**也很自然. 这是说有限

可解群有**下幂零列**.

与幂零群具有上及下中心列相类似,对可解群言有下面的

定理 1 有限群 G 为可解的充要条件是 G 有上或下幂零列,且有其一就必有其二. 又上幂零列与下幂零列有相等的长,且每列中各项都是 G 的特征子群.

证明 当 G 可解时,G 有上及下幂零列,.都在上面谈过,故要证的是条件的充分性以及后面的结论.

先设 G 有上幂零列,而令 (1) 是它的上幂零列. 于是从 B_1 与 B_2/B_1 的幂零性就保证了 B_2 的可解性,再由 B_2 之可解性与 B_3/B_2 之幂零性又保证了 B_3 的可解性,继续做下去,最后从 B_{k-1} 之可解性与 B_k/B_{k-1} 之幂零性则得 $B_k = G$ 是可解的.

同理,当 G 有下幂零列(2)时,先从 $C_{k'-1}$ 之幂零性以及 $C_{k'-2}/C_{k'-1}$ 之幂零性即知 $C_{k'-2}$ 是可解的,再利用 $C_{k'-3}/C_{k'-2}$ 之幂零性又得 $C_{k'-3}$ 是可解的,继续前进,终可知 G 为可解的.

于是,条件的充分性获证. 因而,当 G 有上幂零列时,由条件之充分性知 G 可解,故再由条件的必要性又知 G 有下幂零列. 同理,当 G 有下幂零列时,G 也必有上幂零列.

其次,上幂零列 (1) 中 $B_0 \lhd\lhd G$ 自明. 再归纳地假定 $B_i \lhd\lhd G$,于是因 $B_{i+1}/B_i = F(G/B_i) \lhd\lhd G/B_i$ 又得 $B_{i+1} \lhd\lhd G$ (上册第一章 § 14 的定理 13),故用归纳法完全证明了上幂零列的各项都是 G 之特征子群.

又下幂零列 (2) 中 $C_0 \lhd\lhd G$ 也自明. 再归纳地假定已证明了 $C_i \lhd\lhd G$,于是对任 $\sigma \in A(G)$,因每 C_i^σ 在 $G^\sigma(=G)$ 内的关系恰如 C_i 在 G 内的关系,故 C_{i+1}^σ 是 C_i^σ 之唯一个最小正规子群使 $C_i^\sigma/C_{i+1}^\sigma$ 为幂零的;然而归纳地已假定了 $C_i^\sigma = C_i$,故 C_{i+1}^σ 是 C_i 之唯一个最小正规子群使 C_i/C_{i+1}^σ 为幂零的,因而据 C_{i+1} 之意义,不得不有 $C_{i+1}^\sigma = C_{i+1}$,即 $C_{i+1} \lhd\lhd G$. 于是用归纳法完全证明了下幂零列的各项也都是 G 的特征子群.

最后来证明上幂零列 (1) 与下幂零列 (2) 的长相等,即 $k = k'$.

事实上，$C_0 = G = B_k$，又 $B_{k-1} < B_k$ 产生了 $C_0 \not\subseteq B_{k-1}$. 再归纳地假定 $C_i \subseteq B_{k-i}$ 及 $C_i \not\subseteq B_{k-i-1}$，则由

$$C_i/C_i \cap B_{k-i-1} \simeq B_{k-i-1}C_i/B_{k-i-1} \subseteq B_{k-i}/B_{k-i-1}$$

及 B_{k-i}/B_{k-i-1} 的幂零性得知 $C_i/C_i \cap B_{k-i-1}$ 是幂零的，故据 C_{i+1} 的意义就有 $C_{i+1} \subseteq C_i \cap B_{k-i-1} \subseteq B_{k-i-1}$. 若 $C_{i+1} \subseteq B_{k-i-2}$，则 $C_{i+1} \subseteq B_{k-i-2} \cap C_i \subseteq C_i$，故从

$B_{k-i-2}C_i/B_{k-i-2} \simeq C_i/B_{k-i-2} \cap C_i \simeq (C_i/C_{i+1})/(B_{k-i-2} \cap C_i)/C_{i+1}$ 及 C_i/C_{i+1} 之幂零性得 $B_{k-i-2}C_i/B_{k-i-2}$ 为幂零的，故 $B_{k-i-2}C_i/B_{k-i-2}$ 为 G/B_{k-i-2} 的幂零正规子群，因而据 $B_{k-i-1}/B_{k-i-2} = F(G/B_{k-i-2})$ 之意义就知道 $B_{k-i-2}C_i \subseteq B_{k-i-1}$，$C_i \subseteq B_{k-i-1}$，与假定 $C_i \not\subseteq B_{k-i-1}$ 矛盾了. 故必有 $C_{i+1} \not\subseteq B_{k-i-2}$. 说明由归纳法证明了：对任何 j，恒有 $C_j \subseteq B_{k-j}$ 及 $C_j \not\subseteq B_{k-j-1}$. 特取 $j = k$ 时有 $C_k \subseteq B_0 = 1$，$C_k = 1$；再取 $j = k-1$ 时又有 $C_{k-1} \not\subseteq B_0 = 1$，故 $C_{k-1} > 1$. 于是由 $C_k = 1$ 及 $C_{k-1} > 1$ 而据 (2) 不得不有 $k = k'$. 证完.

显然，有限可解群 G 之上（下）幂零列的长为 1 的充要条件是 G 为幂零群.

幂零群有上（下）中心列是说明可借助交换群来研究幂零群，即幂零群的构造建立在其交换的成份之上. 有限可解群有上（下）幂零列也类似地说明它的构造得建立在其幂零的成份之上.

§3. 极小非幂零群

本来，由子群的性质来研究群的特点，这是群论里面常用的方法，我们过去不止一次地谈过这个问题. 我们现在要讨论的问题也是属于这方面的，即研究凡真子群全为幂零群的有限群，这是一个著名的问题，通常叫它为**斯米特-伊瓦沙瓦（Schmidt-Iwasawa）定理**，即下面的

定理 1（斯米特-伊瓦沙瓦） 凡真子群都是幂零的有限群一定是可解群.（文献[8，9]）

证明 用反证法，设这定理2不真，而令G是其中阶为最小的一个．换句话说，G之真子群全是幂零的，但G不是可解群，而又凡真子群全是幂零的有限非可解群的阶$\geqslant o(G)$．

首先能断言**G为单群**．为什么呢？因若$1<H\lhd G$，则$o(G/H)<o(G)$，于是因G/H之真子群全为幂零的，故G/H是可解的，由是从G之非可解性得知H亦非可解，再因H之真子群都是幂零的，故由反证法的假设知必有$H=G$，这足说明了G是单群．

再证**G中任二个互异的极大子群之交为单位元群**． 为什么呢？选取G中这样的两个极大子群（互异的）A_1与A_2使得$D=A_1\cap A_2$尽可能地有最大阶．若$1<D$，则由A_i（$i=1,2$）之幂零性得知$1<D<N_{A_i}(D)=N_G(D)\cap A_i$，据$G$之单纯性知$N_G(D)<G$，因而有$G$之一极大子群$A_3$使 $N_G(D)\subseteq A_3(<G)$，于是$D<N_{A_i}(D)\subseteq N_G(D)\subseteq A_3$，而得$D<N_{A_i}(D)\subseteq A_i\cap A_3$（$i=1,2$），故由$A_1$与$A_2$之选取的假定就不得不有$A_3=A_i$（$i=1,2$），即$A_1=A_2$，这又与$A_1\neq A_2$之假设矛盾．所以必是$D=1$，这同时也证明了$G$中任二个互异的极大子群之交为单位元群．

最后来计算$o(G)$：G之单纯性保证了G的每个极大子群之正规化子就是这极大子群自身，故G之每极大子群A恰有$[G:A]$个共轭的；于是将G之所有极大子群按照共轭与否去分类，即凡互相共轭的极大子群同属于一类，互不共轭的极大子群属于异类，这样分类以后，再在每共轭类中各取一代表，而令A_i（$i=1,2,\cdots,s$）为一代表系(即G有s个共轭（极大子群）类)，则知G总共有$\sum_{i=1}^{s}[G:A_i]$个极大子群，而每两个极大子群又无公共元（单位元除外)，因之含在G中极大子群内的元素之总个数必为

$$1+\sum_{i=1}^{s}(o(A_i)-1)\cdot[G:A_i];$$

又因G之每个非单位元$x(\neq 1)$由G之非可解性必得知$\{x\}<G$，故x必在G之一个极大子群内，随而就知道G之每元$x(\neq 1)$在且仅在G之唯一个极大子群里面，由是不得不有

$$o(G) = 1 + \sum_{i=1}^{s} (o(A_i) - 1) \cdot [G:A_i]$$

$$= 1 + s \cdot o(G) - \sum_{i=1}^{s} [G:A_i],$$

故从 $[G:A_i] \leqslant \frac{o(G)}{2}$ 得知

$$o(G) \geqslant 1 + s \cdot o(G) - \frac{s \cdot o(G)}{2} = 1 + \frac{s \cdot o(G)}{2},$$

就不得不有 $s = 1$，因而 $o(G) = 1 + o(G) - [G:A_1]$，即 $[G:A_1] = 1$，这显与 A_1 为极大子群之意义相抵，不可. 所以说定理 1 为真，证完.

附注 取 $G = \mathfrak{S}_3$ 为三次对称群，易知这时 G 的真子群全是循环的，但 $G = \mathfrak{S}_3$ 自身只是可解的，并非幂零的. 于是当有限群之真子群全为交换群或者甚至全为循环群时，我们也只能说这群是可解的，不能进一步说它是幂零的。但若群 G 之阶 $o(G)$ 含有不少于三个不同的素因数时，情况反而不同了，这还是一个有意义的现象，以推论的形式述于下.

推论 1 设有限群 G 之真子群全为幂零的，且阶 $o(G)$ 至少有三个不同的素因数，那末 G 一定是幂零群.

证明 设 $o(G) = p_1^{\alpha_1} p_2^{\alpha_2} p_3^{\alpha_3} \cdots p_r^{\alpha_r}$ $(r \geqslant 3)$ 为素因数分解. 据定理 1 已知 G 是可解群，因之 G 有西洛基底，即 G 有西洛 p_i-子群 P_i $(i = 1, 2, \cdots, r)$ 使 $P_i P_j = P_j P_i$，随而 $\prod_{\substack{i=1 \\ i \neq j}}^{r} P_i = M_j$ 为 G 之西洛 p_j-补 $(j = 1, 2, \cdots, r)$；由于 M_j 为 G 之真子群，故据题设知 M_j 是幂零群，于是当 $i \neq j$ 时就有 $P_i \lhd M_j$，因而例如只考虑 M_2 与 M_3 时，从 $P_1 \lhd M_2$，$P_1 \lhd M_3$ 以及 $G = M_2 M_3$ 即得 $P_1 \lhd G$；同样考虑 M_i 与 M_j 时可得 $P_k \lhd G$ $(k \neq i, j)$. 这证明了每 $P_i \lhd G$ $(i = 1, 2, \cdots, r)$——注意这里已利用了 $r \geqslant 3$. 故 G 是幂零的.

由是易证下面的两个推论.

推论 2 设有限群 G 之真子群全为交换群，且阶 $o(G)$ 至少有三个不同的素因数，则 G 一定也是交换群.

推论 3 设有限群 G 之真子群全为循环群，且阶 $o(G)$ 至少有三个不同的素因数，那末 G 自身也为循环群.

除定理 1 外，尚有更深刻的结果，即

推论 4 设有限群 G 之真子群全为幂零群，而 G 自身不是幂零的，那末有下列性质：

(i) $o(G)=p^{\alpha}q^{\beta}$ (p, q 是两个不同的素数)；G 只有唯一个西洛 p-子群，而其西洛 q-子群皆为循环的，且对 G 中每个西洛 q-子群 Q 常有 $\Phi(Q)\subseteq Z(G)$.

(ii) G 中西洛 p-子群 P 的类至多为 2，且实际上有 $\Phi(P)\subseteq Z(G)$.

证明 由 G 之非幂性，据推论 1 则知只能是 $o(G)=p^{\alpha}q^{\beta}$ 形. 由 G 之可解性(定理 1) 知 G 又有指数为素数的正规子群 H，不损普遍性可令 $[G:H]=q$. 由 $H<G$ 而据题设则知 H 是幂零的，于是 H 的西洛 p- 子群 $P\lhd\lhd H$，故从 $H\lhd G$ 得 $P\lhd G$，但从 $[G:H]=q$ 与 p 互素又知 H 的西洛 p-子群 P 必是 G 之西洛 p-子群，这说明了 G 中西洛 p-子群 P 在 G 内正规，因而 G 只有唯一个西洛 p-子群. 再令 Q 为 G 之一西洛 q-子群，并令 $Q=\{x_1, x_2, \cdots, x_{\alpha}\}$ 而 α 是 Q 中生成元之个数中最少的一数；若 $\alpha>1$，则 $P\cdot\{x_i\}$ 为 G 之真子群 ($i=1, 2, \cdots, \alpha$)，因而是幂零的，故 x_i 与 P 之每元可交换 ($i=1, 2, \cdots, \alpha$)，于是 P 与 Q 之元两两可交换，故由 $G=PQ$ 得 $G=P\times Q$，亦即 G 是幂零的，与假设矛盾，不可，故不得不有 $\alpha=1$，即 Q 为循环群. 最后，因 $\Phi(Q)<Q$，故 $P\cdot\Phi(Q)$ 为 $G=P\cdot Q$ 之真子群，因而是幂零的，于是 $\Phi(Q)$ 与 P 之元两两可交换，所以再据 Q 之循环性即知 $\Phi(Q)$ 也必与 $G=PQ$ 之元两两可交换，即证明了 $\Phi(Q)\subseteq Z(G)$. 因之 (i) 获证.

再证明 G 没有指数为 p 之幂的正规子群. 为什么呢？因若有 $A\lhd G$ 使 $[G:A]=p^f>1$，则 $A<G$，故 A 是幂零的，因而 $A=Q\times(A\cap P)$，$Q\lhd\lhd A$，于是有 $Q\lhd G$，随而 $G=PQ=P\times Q$ 说明了 G 为幂零的，此不可. 故 G 无指数为 p 之幂的正规子群. 由

是作Q之一切共轭之积 $B=\prod_{x\in G}x^{-1}Qx$ 时，则因 $B\lhd G$ 且易知 $o(B)$ 为 q^{β} 所整除，故 $[G:B]$ 只能为 p 之幂，不得不有 $B=\prod_{x\in G}x^{-1}Qx=G$. 由于 $\Phi(P)<P$ 且 $\Phi(P)\lhd G(\because \Phi(P)\lhd\lhd P$ 及 $P\lhd G)$ 又知 $\Phi(P)\cdot Q$ 为G之真子群，故为幂零的，知 $\Phi(P)$ 与Q之元两两可交换，同理 $\Phi(P)$ 与 $x^{-1}Qx$（任 $x\in G$）之元亦两两可交换，故结果得知 $\Phi(P)$ 与 $B=\prod_{x\in G}x^{-1}Qx=G$ 之元两两可交换，证明了 $\Phi(P)\subseteq Z(G)$. 于是有

$$P'=[P,P]\subseteq\Phi(P)\subseteq Z(G)\cap P\subseteq Z(P),$$

表明了P至多是2类幂零的(上册第二章§4的问题2). 故(ii)也获证.

问题1　三次对称群 $\mathfrak{S}_3$ 之每真子群H恒有关系 $H'=[H,H]\subseteq\Phi(\mathfrak{S}_3)$.

问题2　凡真子群H满足 $H'=[H,H]\subseteq\Phi(G)$ 的有限群G恒为可解的.

提示：先说明G有一合成群列 $G>A_1\supseteq\cdots\supseteq\Phi(G)\supseteq\cdots\supseteq 1$. 再证明商群 $G/\Phi(G)$ 之每真子群 $H/\Phi(G)$ 为交换的.

§4. 卡特 (Carter) 子群

近来引起人们注意的一个问题是卡特 (Carter) 子群 (文献[10]).　　当群G(有限无限均可)之子群H满足下列两个条件：(i) H是幂零的，(ii) $N_G(H)=H$，就叫H为G的**卡特子群**. 卡特子群这个概念是由李代数中卡当 (Cartan) 子代数的概念的启发所提出的. 我们知道：在特征为零的代数闭域上的李代数中卡当子代数是这李代数的一个极大幂零子代数，而李代数中一幂零子代数为卡当子代数的充要条件是这个幂零子代数的正规化子就是它自身(文献[11]中第三章的定理1与3). 我们又知道：定出一切单李代数时，卡当子代数起了很大的作用. 卡特子群在有限

群里面也有一定的意义，首先应注意的是，并不是每个有限群都有卡特子群，例如五次交代群 $\mathfrak{A}_5$（为有限非可解群）就没有卡特子群（参看后面的问题1）。但当有限群为可解群时，则有下面的

定理 1 有限可解群 G 至少有一个卡特子群，又 G 中任二个卡特子群是共轭的.（文献 [10]，[12] 的 179 页，[2] 的 732 页.）

证明 对群阶用归纳法. 注意 G 为幂零时其卡特子群只一个，即 G 自身，故定理这时显然正确. 非幂零可解群中阶最小的是三次对称群 $\mathfrak{S}_3$，阶为 6，它有三个卡特子群，为 $\{(12)\}$，$\{(13)\}$ 与 $\{(23)\}$，且它们在 $\mathfrak{S}_3$ 内又显然互为共轭. 故定理在 $G=\mathfrak{S}_3$ 时是成立的.

再归纳地假定定理 1 对于凡阶小于 $o(G)$ 的非幂零可解群是成立的. G 之可解性说明了 G 有一个极小正规子群 A 为初等交换 p-群，即 $o(A)=p^m$（p 为素数）. 据归纳法的假设知 G/A 有卡特子群 K/A，即 K/A 为幂零的且 $N_{G/A}(K/A)=K/A$. 若写 $o(K)=tp^\alpha$ 使 $(t,p)=1$ 时（显有 $\alpha\geqslant m$），则从 K 之可解性知 $K=TP$，$o(T)=t$，$o(P)=p^\alpha$（上册第二章 § 7 的定理 3）. P 是 K 的西洛 p-子群，因 $A\lhd K$，故 $A\subseteq P$，因而 P/A 是 K/A 中唯一的一个西洛 p-子群，即 $P/A\lhd K/A$（因为 K/A 是幂零的），故 $P\lhd K$. 于是，$K/P\simeq T\simeq(K/A)/(P/A)$，故 K/A 之幂零性保证 T 为幂零的. 再令 $N_K(T)=H$，现在要证 H 是 G 的一个卡特子群.

事实上，由 $P\lhd K$ 知 $PH=HP(=K)$，且 $P\cap H$ 为 H 的西洛 p-子群，但 $P\lhd PH$ 又产生了 $P\cap H\lhd H$，故 $P\cap H$ 是 H 中唯一的一个西洛 p-子群；又 $T\lhd H=N_K(T)$；且据**狄氏律**得知 $T(P\cap H)=H\cap TP=H\cap K=H$，而 $T\cap(P\cap H)=1$；于是有直积 $H=T\times(P\cap H)$，因之再由 T 与 $P\cap H$ 的幂零性得知 H 是幂零群. 故欲证 H 为 G 之卡特子群，就只需再证 $N_G(H)=H$ 即可.

由 K 之可解性，$K=TP$，$(o(T),o(P))=1$，以及 $HA\supseteq H=N_K(T)$，而据上册第二章 § 7 的问题 6 应有 $N_K(HA)=HA$；于是，若 $xA\in N_{K/A}(HA/A)$，$x\in K$，则对每 $h\in H$，每 $a\in A$ 有 $(xA)^{-1}(haA)(xA)=h^{(0)}A$，$h^{(0)}\in H$ 且 $h^{(0)}$ 随 h 之变化而变，即 $x^{-1}(ha)x=$

$h^{(0)}a^{(0)}$，故从 $N_K(HA)=HA$ 得 $x\in HA$，$xA\in HA/A$，即 $N_{K/A}(HA/A)=HA/A$. 然而 HA/A 为幂零群 K/A 之子群，故由 $N_{K/A}(HA/A)=HA/A$ 可知 HA/A 不是 K/A 的真子群（上册第二章§4的定理7），因而必为 $HA=K$. 于是当 $g\in N_G(H)$ 时，因 $g^{-1}Ag=A$，故 $g^{-1}(HA)g=(g^{-1}Hg)(g^{-1}Ag)=HA$，$g\in N_G(K)$；因 K/A 为 G/A 的卡特子群，故得 $K/A=N_{G/A}(K/A)\supseteq N_G(K)\cdot A/A$，于是 $g\in N_G(K)$ 导致 $gA\in K/A$，不得不有 $g\in K$. 这就证明了 $g\in N_G(H)\Longrightarrow g\in K$，随而 $g\in N_G(H)\cap K=N_K(H)$，然而据上册第二章§7的问题6有 $N_K(H)=H$，所以 $g\in H$. 这也就是说 $g\in N_G(H)\Longrightarrow g\in H$，亦即 $N_G(H)=H$，问题获得解决. 换言之，$H=N_K(T)$ 确为 G 之卡特子群.

于是剩下需解决的是 G 中任二个卡特子群的共轭性.

设 H_1，H_2 是 G 之两个卡特子群. 由 $H_iA/A\simeq H_i/H_i\cap A$ 及 H_i 的幂零性知 H_iA/A 为幂零的. 再令 $g\in N_G(H_iA)$，若 $g\bar{\in}H_iA$，则必有 $o(H_iA)<o(G)$，故从 $N_{H_iA}(H_i)=N_G(H_i)\cap H_iA=H_i\cap H_iA=H_i$ 知 H_i 为 H_iA 之卡特子群，因之利用归纳法的假定可知 H_i 与 $H_i^g=g^{-1}H_ig(\subseteq g^{-1}(H_iA)g=H_iA)$ 在 H_iA 内共轭，即有 $x\in H_iA$ 使 $g^{-1}H_ig=x^{-1}H_ix$，$gx^{-1}\in N_G(H_i)=H_i\subseteq H_iA$，故 $g\in H_iA$，这显与 $g\bar{\in}H_iA$ 之假定相抵，不可. 因之证明了从 $g\in N_G(H_iA)$ 恒得 $g\in H_iA$，亦即 $N_G(H_iA)=H_iA$. 由是易知 $N_{G/A}(H_iA/A)=H_iA/A$. 故再由 H_iA/A 之幂零性得知 H_iA/A 为 G/A 的卡特子群. 但 $o(G/A)<o(G)$，故由归纳法的假定可知有 $g_0\in G$ 使 $H_1A/A=(g_0A)^{-1}(H_2A/A)(g_0A)=(g_0^{-1}H_2g_0)A/A$，于是 $H_1A=H_2^*A$，而 $H_2^*=g_0^{-1}H_2g_0$. 因之只要能证明 H_1 与 H_2^* 共轭就行了.

H_1 与 H_2^* 为 G 之两个卡特子群，故有 $N_{H_1A}(H_1)=N_G(H_1)\cap H_1A=H_1\cap H_1A=H_1$ 及 $N_{H_2^*A}(H_2^*)=N_G(H_2^*)\cap H_2^*A=H_2^*\cap H_2^*A=H_2^*$，说明了 H_1 与 H_2^* 也是 $H_1A=H_2^*A$ 的两个卡特子群. 故在 $H_1A=H_2^*A<G$ 时据归纳法的假设知 H_1 与 H_2^* 在 $H_1A(=H_2^*A)$ 内共轭，因而在 G 内共轭. 故只考虑 $H_1A=H_2^*A=G$ 的情况.

这时，由于 $A \lhd H_1A \Longrightarrow H_1 \cap A \lhd H_1$，又 A 之交换性保证了 $H_1 \cap A \lhd A$，所以有 $H_1 \cap A \lhd H_1A = G$，故由 A 在 G 内的极小正规性知或 $H_1 \cap A = 1$ 或 $H_1 \cap A = A$. 然而 $H_1 \cap A = A \Longrightarrow A \subseteq H_1$，$G = H_1A = H_1$，与 G 之非幂零性相抵，故必有 $H_1 \cap A = 1$. 同理，$H_2^* \cap A = 1$. 说明 H_1 与 H_2^* 都是 A 在 G 内的补子群，故 $[G:H_1] = [G:H_2^*] = o(A) = p^m$. 现在就能断言 H_1 与 H_2^* 都是 G 的极大子群.

为什么呢？因若有 M 使 $H_1 < M < G$，则 $A \lhd G = H_1A = MA$ 说明了 $M \cap A \lhd M$，而 A 之交换性 $\Longrightarrow M \cap A \lhd A$，故 $M \cap A \lhd MA = G$，故从 A 在 G 内的极小正规性就得到 $M \cap A = A$ 或 $M \cap A = 1$；但 $M \cap A = A \Longrightarrow A \subseteq M$，$G = MA = M$，不可，又 $M \cap A = 1 \Longrightarrow o(G) = o(M) \cdot o(A) > o(H_1) \cdot o(A)$，即 H_1 不为 A 之补子群，亦不可. 故 H_1 为 G 之极大子群. 同理，H_2^* 亦为 G 之极大子群.

再令 Q 为 H_1 的西洛 p-子群 $S_p^{(1)}$ 之补子群，则由 H_1 之幂零性知 $H_1 = Q \times S_p^{(1)}$，且由 $(o(Q), p) = 1$ 及 $o(G) = o(H_1) \cdot o(A) = o(Q) \cdot p^\lambda$，式中 $p^\lambda = o(S_p^{(1)}) \cdot o(A)$，又知道 Q 亦必为 G 之西洛 p-子群 S_p 的补子群，故 $G = Q \cdot S_p$. 同理，当 Q^* 为 H_2^* 的西洛 p-子群 $S_p^{*(2)}$ 之补子群时，也知道 Q^* 为 G 中 S_p 的补子群，即 $G = Q^* \cdot S_p$. 于是据上册第二章 § 7 的定理 3 知 Q 与 Q^* 在 G 内共轭，即有 $g \in G$ 使 $Q = g^{-1}Q^*g$.

若 $H_1 \neq g^{-1}H_2^*g$，则因 $Q \lhd H_1$ 及 $Q = g^{-1}Q^*g \lhd g^{-1}H_2^*g$，故 $Q \lhd \{H_1, g^{-1}H_2^*g\} = G$（$\because H_1$ 为 G 之极大子群），于是 G/Q 为 p-群；然而 $G/Q > H_1/Q$ 且 $N_{G/Q}(H_1/Q) = N_G(H_1)/Q = H_1/Q$，这又显与 G/Q 为 p-群之幂零性相矛盾（上册第二章 § 4 的定理 7），不可. 于是不得不有 $H_1 = g^{-1}H_2^*g$，即证明了 H_1 与 H_2^* 在 G 内共轭.

定理 1 于是完全获证.

由定理 1，不难证明下面的

推论 1 设 K 为有限可解群 G 的一个卡特子群，且 G 之子群

L包含$K(L\supseteq K)$，则有：

(i) $N_G(L)=L$,

(ii) $G=G^{(\omega)}K$,

式中 $G^{(\omega)}=\bigcap\limits_{i=1}^{\infty}K_i(G)$.

证明 $K=N_G(K)\Longrightarrow N_L(K)=N_G(K)\cap L=K\cap L=K$，即$K$亦为$L$的卡特子群．故当$x\in N_G(L)$时，因$x^{-1}Kx\subseteq x^{-1}Lx=L$，就表示了$x^{-1}Kx$也是$L$的卡特子群，于是由定理1，有$t\in L$使$x^{-1}Kx=t^{-1}Kt$，$xt^{-1}\in N_G(K)=K\subseteq L$，$x\in Lt=L$，即$N_G(L)=L$，证明了(i).

其次，据(i)已知$N_G(G^{(\omega)}K)=G^{(\omega)}K$，故$N_{G/G^{(\omega)}}(G^{(\omega)}K/G^{(\omega)})=G^{(\omega)}K/G^{(\omega)}$．另方面，若令$\overline{G}=G/G^{(\omega)}$，则归纳地可证对每$i$有$K_i(\overline{G})=K_i(G)/G^{(\omega)}$，故

$$\overline{G}^{(\omega)}=\bigcap_{i=1}^{\infty}K_i(\overline{G})=\left(\bigcap_{i=1}^{\infty}K_i(G)\right)/G^{(\omega)}=1,$$

即$\overline{G}=G/G^{(\omega)}$为幂零群，因之由于$N_{\overline{G}}(G^{(\omega)}K/G^{(\omega)})=G^{(\omega)}K/G^{(\omega)}$可知$G^{(\omega)}K/G^{(\omega)}$不能为$G/G^{(\omega)}$的真子群，不得不有$G^{(\omega)}K/G^{(\omega)}=G/G^{(\omega)}$，即$G=G^{(\omega)}K$．证完．

推论 2 设K是有限可解群G的卡特子群，而$A\lhd G$，则KA/A为G/A的卡特子群．

事实上，由推论1已知$N_G(KA)=KA$，因而$N_{G/A}(KA/A)=KA/A$；再由K之幂零性及$KA/A\simeq K/K\cap A$又知KA/A是幂零的；故KA/A为G/A的卡特子群．

问题 1 五次交代群$\mathfrak{A}_5$没有卡特子群．

提示：$\mathfrak{A}_5$只有阶2，3，5的元，故$\mathfrak{A}_5$之幂零子群$K(\neq 1)$的阶$o(K)$不能为6，10，12，15，20，30，只能是$o(K)=2, 3, 4, 5$．如$o(K)=2$，设$K=\{(12)(34)\}$，因$(14)(23)\in N_{\mathfrak{A}_5}(K)$，故$K<N_{\mathfrak{A}_5}(K)$；如$o(K)=3$，设$K=\{(123)\}$，易知$(23)(45)\in N_{\mathfrak{A}_5}(K)$，也得$K<N_{\mathfrak{A}_5}(K)$；若$K=\{(12345)\}$，也易知$(25)(34)\in N_{\mathfrak{A}_5}(K)$，仍有$K<N_{\mathfrak{A}_5}(K)$；若$K=\mathfrak{K}_4$为1，2，3，4上克莱茵四元群，显有$(123)\in N_{\mathfrak{A}_5}(K)$，仍得$K<N_{\mathfrak{A}_5}(K)$.

问题 2 群G之卡特子群是G之极大幂零子群.

提示：设卡特子群$K < H$（幂零），则$K < N_H(K) = N_G(K) \cap H = K \cap H = K$.

§5. 恩格尔(Engel)群与恩格尔元

定义 1 当群G之任二元x, y常有关系式$[x, \underbrace{y, y, \cdots, y}_{n个}] = 1$时，就叫$G$为恩格尔群. 关系式$[x, \underbrace{y, y, \cdots, y}_{n个}] = 1$叫做第$n$次恩格尔条件，因之为得使自然数$n$在恩格尔群$G$中的关系突出，又叫$G$为满足第$n$次恩格尔条件的恩格尔群，或简称第$n$次恩格尔群.

这个概念也是由李代数中相应的概念所引起的. 我们知道：在李代数中有所谓恩格尔定理，它在李代数的理论研究里担负着重要的角色. 在有限群里恩格尔群也有类似的结论，即有下面的

定理 1 恩格尔群当为有限群时必为幂零群. 也就是说，对有限群G中任二元x, y若第n次恩格尔条件$[x, \underbrace{y, y, \cdots, y}_{n个}] = 1$恒成立，则$G$必为幂零群.

证明 用反证法，即设定理1不真，而令有限群G满足第n次恩格尔条件而G非幂零群且阶又是最小的一个. 于是当$H < G$时，$o(H) < o(G)$，但H满足第n次恩格尔条件，故由G之假设可知H为幂零的. 这说明了有限群G之真子群全为幂零的. 故据§3定理(斯米特-伊瓦沙瓦)得知G为可解群. 但又假定了G不是幂零的，于是由§3定理1的推论4得知$G = PQ$，$P \lhd G$，Q循环，P与Q分别为G之西洛p与q-子群.

首先敢断言$\Phi(P) = 1$. 为什么呢? 因若$\Phi(P) \neq 1$，则$G/\Phi(P)$之阶较$o(G)$小，但因$G/\Phi(P)$如G也显然满足第n次恩格尔条件，故由G之假设得知$G/\Phi(P)$为幂零的，于是从$\Phi(P) \subseteq \Phi(G)$(§1的定理4)得

$$G/\Phi(G) \simeq (G/\Phi(P))/(\Phi(G)/\Phi(P))$$

后，就知道 $G/\Phi(G)$ 是幂零的，因之 G 亦幂零(§ 1 定理 6)，与题设矛盾，不可. 故必有 $\Phi(P)=1$.

又 P 之幂零性保证了 $P'=[P,P]\subseteq\Phi(P)=1$，故 $P'=1$，即 P 是交换的，因而从 $\Phi(P)=1$ 又知 P 是初等交换 p-群（§ 1 的定理 9)，即 P 中每元（$\neq 1$）的阶等于 p.

令取 P 之某元 a 及 Q 之某元 b，而令 $x=ba$，$y=b$，则 $[x,y]=[ba,b]=[a,b]=a^{-1}(b^{-1}ab)=(b^{-1}ab)a^{-1}$（利用了 P 之交换性)，故若令 σ 表示用元 b 去变 P 的形所得的 P 之自同构，即 $a^\sigma=b^{-1}ab$（每 $a\in P$)，则因 P 为交换群，故 P 有自同态环（非交换环)，因而自同构 $a\to a^{-1}$ 为恒等自同构 $\mathbf{1}$ 的加法逆元，即 $a^{-1}=a^{-\mathbf{1}}$（参阅上册第一章 § 9 定理 4 的后面)，于是 $[x,y]=(b^{-1}ab)\times a^{-1}=a^\sigma a^{-\mathbf{1}}=a^{\sigma-\mathbf{1}}$，式中 $\sigma-\mathbf{1}\in E(P)$——$P$ 之自同态环. 今归纳地假定已证得了 $[x,\underbrace{y,\cdots,y}_{j\text{个}}]=a^{(\sigma-\mathbf{1})^j}$，那末 $[x,\underbrace{y,\cdots,y,y}_{j+1\text{个}}]=$ $[[x,\underbrace{y,\cdots,y}_{j\text{个}}],y]=[a^{(\sigma-\mathbf{1})^j},b]=(a^{(\sigma-\mathbf{1})^j})^{-1}(b^{-1}a^{(\sigma-\mathbf{1})^j}b)=$ $(a^{-1})^{(\sigma-\mathbf{1})^j}.(a^{(\sigma-\mathbf{1})^j})^\sigma=(a^{-1})^{(\sigma-\mathbf{1})^j}(a^\sigma)^{(\sigma-\mathbf{1})^j}$（利用了 $(\sigma-\mathbf{1})$ 与 σ 相乘的可交换性)$=(a^{-1}\cdot a^\sigma)^{(\sigma-\mathbf{1})^j}=(a^{\sigma-\mathbf{1}})^{(\sigma-\mathbf{1})^j}=a^{(\sigma-\mathbf{1})^{j+1}}$，这说明用归纳法完全证明了：不论 k 为任何自然数，恒有 $[x,\underbrace{y,y,\cdots,y}_{k\text{个}}]=$ $[ba,\underbrace{b,b,\cdots,b}_{k\text{个}}]=a^{(\sigma-\mathbf{1})^k}$. 故特取 $k=n$ 时，由于 G 满足第 n 次恩格尔条件即得 $1=[x,\underbrace{y,\cdots,y}_{n\text{个}}]=a^{(\sigma-\mathbf{1})^n}$. 因 a 得为 P 之任一元，故 $(\sigma-\mathbf{1})^n=0$，因之当 $p^m\geqslant n$ 时也有 $(\sigma-\mathbf{1})^{p^m}=0$，由是按二项式展开则得

$$0=(\sigma-\mathbf{1})^{p^m}=\sum_{i=0}^{p^m}\binom{p^m}{i}(-\mathbf{1})^i\sigma^{p^m-i}=\sum_{i=0}^{p^m}\binom{p^m}{i}(-1)^i\sigma^{p^m-i};$$

由于在 $0<i<p^m$ 时，$\binom{p^m}{i}$ 为 p 之倍数，故可表写 $\binom{p^m}{i}(-1)^i\sigma^{p^m-i}=$

$p\mu$ 而 $\mu\in E(P)$，且因对每 $a\in P$ 有 $a^{p\mu}=a^{\overbrace{\mu+\mu+\cdots+\mu}^{p\text{个}}}=\underbrace{a^{\mu}\cdot a^{\mu}\cdots a^{\mu}}_{p\text{个}}=(a^{\mu})^{p}=1$（∵$P$ 为初等交换 p-群），这说明了在 $0<i<p^m$ 时 $\binom{p^m}{i}(-1)^i\sigma^{p^m-i}$ 为 $E(P)$ 之零元素，即 $\binom{p^m}{i}(-1)^i\sigma^{p^m-i}=0$. 所以结果得 $0=\sigma^{p^m}+(-1)^{p^m}\mathbf{1}=\sigma^{p^m}-\mathbf{1}$[1]，即 $\sigma^{p^m}=\mathbf{1}$. 这说明 σ^{p^m} 为 P 之恒等自同构，即对任 $a\in P$ 恒有 $a^{\sigma^{p^m}}=b^{-p^m}ab^{p^m}=a$（在 $p^m\geqslant n$ 时）. 注意由 Q 之任一元 b 所产生的 σ 都有这样的性质，这就说明了对每 $a\in P$，每 $b\in Q$ 恒有 $ab^{p^m}=b^{p^m}a$（当 $p^m\geqslant n$ 时）. 但 $b\in Q$ 又表明 $(o(b),p^m)=1$，故有自然数 k 使 $kp^m\equiv 1(\mathrm{mod}\,o(b))$，因而 $b^{kp^m}=b$，于是从 $ab^{p^m}=b^{p^m}a$，得 $ab^{kp^m}=b^{kp^m}a$，$ab=ba$，即 P 之元与 Q 之元两两相乘可交换，故 $G=PQ=P\times Q$，即 G 为幂零的. 这说明了在反证法的前提下必导致矛盾. 故定理 1 为真. 证完.

我们知道：对群 G 之任 n 个元 $x_1,\cdots,x_n$ 恒有 $[x_1,x_2,\cdots,x_n]=1$ 时，G 是 $n-1$ 类的幂零群. 但有限群 G 之任二元 x,y 有关系式 $[x,\underbrace{y,y,\cdots,y}_{n\text{个}}]=1$时，虽知 G 是幂零群，至于 G 的类与 n 之关系怎样？迄今仍未获知. 目前仅知道的是，当群 G 满足第二次恩格尔条件时，G 之类已获解决，这时 G 为无限群亦可. 具体地说，有下面的

定理 2 设群 G 之任二元 x,y 恒满足 $[x,y,y]=1$，则 G 为类至多等于 3 的幂零群. 再若 G 没有阶 3 的元，则 G 的类至多为 2.（文献 [13]）

首先要证明下面的

引理 1 下二命题是等价的：

(i) 对群 G 之任二元 x,y 有 $[x,y,y]=1$.

---

1) 当 p 为奇素数时，$(-1)^{p^m}\mathbf{1}=-\mathbf{1}$ 自明. 但在 $p=2$ 时应有 $(-1)^{p^m}\mathbf{1}=\mathbf{1}$，而这时因对每 $a\in P$ 有 $a^2=1$（∵P 是初等交换 p-群），所以 $a=a^{-1}$，即 $a^1=a^{-1}$，仍说明了亦可写 $(-1)^{p^m}\mathbf{1}=-\mathbf{1}$.

(ii) G中任二个共轭元相乘可交换.

事实上, $[x, y, y] = [[x, y], y] = [(x^{-1}y^{-1}x)y, y] = y^{-1} \times [x^{-1}y^{-1}x, y]y$, 故 $[x, y, y] = 1$ 与 $[x^{-1}y^{-1}x, y] = 1$ 等价, 而 $[x^{-1}y^{-1}x, y] = 1$ 又与 $(x^{-1}yx)^{-1}y = y(x^{-1}yx)^{-1}$ 等价, 即亦与 $(x^{-1}yx)\cdot y = y\cdot(x^{-1}yx)$ 等价. 证完.

再来证明定理 2:

据引理 1, 对一固定元 $y \in G$ 及任 $x \in G$ 恒有 $x^{-1}yx$ 与 y 相乘是可交换的, 且 $x_1^{-1}yx_1$ 与 $x_2^{-1}yx_2$ 相乘亦可交换, 于是集合

$$A(y) = \{x^{-1}yx \mid x \text{ 跑遍 } G\}$$

为G之一个交换正规子群. 今后将 $[x_1, x_2, \cdots, x_n]$ 简写为

$$[x_1, x_2, \cdots, x_n] = x_{1,2,\cdots,n}.$$

我们将证明下列的一串结论:

(I) $\boldsymbol{x_{\cdots,i,\cdots,i,\cdots} = 1}$.

事实上, $x_{\cdots,i,\cdots,i,\cdots} = [a, x_i, b_1, \cdots, b_s, x_i, c_1, \cdots, c_t]$ 而有 $a, b_k, c_j \in G$. 但 $[a, x_i] \in A(x_i) = \{x^{-1}x_ix \mid x \text{ 跑遍 } G\} \lhd G$, 故也必有 $[a, x_i, b_1, \cdots, b_s] \in A(x_i)$. 于是因 $A(x_i)$ 之交换性即知 $[a, x_i, b_1, \cdots, b_s, x_i] = [[a, x_i, b_1, \cdots, b_s], x_i] = 1$, 随而 $x_{\cdots,i,\cdots,i,\cdots} = 1$. 故云.

(II) $\boldsymbol{x_{1,3,2} = x_{1,2,3}^{-1}}$.

事实上, 据上册第一章 § 10 的公式 (3) 得知 $[x_1, x_2x_3] = x_{1,3}x_{1,2}, x_{1,2,3}$, 于是据 (I) 得

$$\begin{aligned}
x_2^{-1}[x_1, x_2x_3]x_2 &= (x_2^{-1}x_{1,3}x_2)(x_2^{-1}x_{1,2}x_2)(x_2^{-1}x_{1,2,3}x_2) \\
&= (x_2^{-1}x_{1,3}x_2)(x_{1,2}\cdot x_{1,2}^{-1}x_2^{-1}x_{1,2}x_2)(x_{1,2,3}\cdot x_{1,2,3}^{-1}x_2^{-1}x_{1,2,3}x_2) \\
&= (x_2^{-1}x_{1,3}x_2)(x_{1,2}\cdot x_{1,2,2})(x_{1,2,3}x_{1,2,3,2}) \\
&= (x_2^{-1}x_{1,3}x_2)x_{1,2}\cdot x_{1,2,3} = x_{1,3}(x_{1,3}^{-1}x_2^{-1}x_{1,3}x_2)x_{1,2}x_{1,2,3} \\
&= x_{1,3}x_{1,3,2}x_{1,2}x_{1,2,3}.
\end{aligned}$$

同样的道理又得

$$\begin{aligned}
x_3^{-1}x_2^{-1}[x_1, x_2x_3]x_2x_3 &= (x_3^{-1}x_{1,3}x_3)(x_3^{-1}x_{1,3,2}x_3)(x_3^{-1}x_{1,2}x_3)(x_3^{-1}x_{1,2,3}x_3) \\
&= x_{1,3}x_{1,3,2}(x_3^{-1}x_{1,2}x_3)x_{1,2,3} = x_{1,3}x_{1,3,2}x_{1,2}x_{1,2,3}^2,
\end{aligned}$$

以及据 (I) 有

$$x_3^{-1}x_2^{-1}[x_1, x_2x_3]x_2x_3=[x_1, x_2x_3][x_1, x_2x_3]^{-1}(x_2x_3)^{-1}[x_1, x_2x_3](x_2x_3)$$
$$=[x_1, x_2x_3][x_1, x_2x_3, x_2x_3]=[x_1, x_2x_3]=x_{1,3}x_{1,2}x_{1,2,3}.$$
但所有在这里出现的换位元都含有 x_1（如 $x_{1,3}$, $x_{1,2}$, $x_{1,2,3}$ 及 $x_{1,3,2}$），故它们都在 $A(x_1)$ 内，因而由 $A(x_1)$ 之交换性得知它们两两可交换，于是从

$$x_{1,3}x_{1,3,2}x_{1,2}x_{1,2,3}^2=x_{1,3}x_{1,2}x_{1,2,3}$$

即得 $x_{1,3,2}x_{1,2,3}=1$，即为所需求的.

(III) **对任 $\boldsymbol{x}, \boldsymbol{y}\in \boldsymbol{G}$ 有 $[\boldsymbol{x}^{-1},\boldsymbol{y}]=[\boldsymbol{x},\boldsymbol{y}^{-1}]=[\boldsymbol{x},\boldsymbol{y}]^{-1}$.**

事实上，有

$$1=[xx^{-1}, y]=x[x, y]x^{-1}\cdot[x^{-1}, y];$$

但 $x[x, y]x^{-1}=xx^{-1}y^{-1}xyx^{-1}=(y^{-1}xy)x^{-1}$ 中 $y^{-1}xy$ 与 x^{-1} 都在 $A(x)$ 内，故可交换，即有 $x[x, y]x^{-1}=x^{-1}(y^{-1}xy)=[x, y]$，代入上式得 $1=[x, y][x^{-1}, y]$，即 $[x^{-1}, y]=[x, y]^{-1}$. 因而又有 $[x,y^{-1}]=[y^{-1}, x]^{-1}=[(y^{-1})^{-1},x]=[y,x]=[x,y]^{-1}$.

(IV) $\boldsymbol{x_{1,2,3}=x_{2,1,3}^{-1}}$.

事实上，$x_{1,2,3}=[x_{1,2}, x_3]=[x_{2,1}^{-1}, x_3]=[x_{2,1}, x_3]^{-1}$（利用了 (III)）$=x_{2,1,3}^{-1}$.

(V) $\boldsymbol{x_{1,2,3}^3=1}$.

事实上，因 $[x, y^{-1}, z]$ 在交换正规子群 $A(y)$ 内，故与 y 可交换，于是 $[x, y^{-1}, z]^{I_y}=[x, y^{-1}, z]$，但 $I_y\in I(G)$. 因之反复利用 (III) 就知道

$$[x, y^{-1}, z]^{I_y}=[x, y^{-1}, z]=[[x, y^{-1}], z]=[[x, y]^{-1}, z]$$
$$=[[x, y], z]^{-1}=[x, y, z]^{-1}.$$

由是据维特 (Witt) 恒等式(上册第一章 § 10 定理 5) 得

$$x_{1,2,3}^{-1}x_{2,3,1}^{-1}x_{3,1,2}^{-1}=1.$$

利用 (II) 有 $x_{1,2,3}^{-1}=x_{1,3,2}$，利用 (IV) 有 $x_{3,1,2}^{-1}=x_{1,3,2}$，再将 (II) 与 (IV) 连续利用又得 $x_{2,3,1}^{-1}=x_{2,1,3}=x_{1,2,3}^{-1}=x_{1,3,2}$，因之统统代入上式得 $x_{1,3,2}^3=1$，故当然也有 $x_{1,2,3}^3=1$.

特当 G 没有阶 3 的元时，则由 $x_{1,2,3}^3=1$ 必得 $x_{1,2,3}=1$，即说明对 G 之每三个元 x_1, x_2, x_3，恒有 $[x_1, x_2, x_3]=1$，故由定义则

知 G 是类不超过 2 的幂零群，即定理 2 的后半获证.

(VI)　$\boldsymbol{x_{1,2,3,4}=x_{1,2,4,3}^{-1}}$.

事实上，利用 (II) 则有 $x_{1,2,3,4}=[x_{1,2},x_3,x_4]=[x_{1,2},x_4,x_3]^{-1}=x_{1,2,4,3}^{-1}$.

(VII)　$\boldsymbol{x_{2,1,3,4}=x_{1,2,3,4}^{-1}}$.

事实上，由 (IV) 知 $x_{2,1,3,4}=[x_{2,1,3},x_4]=[x_{1,2,3}^{-1},x_4]$，于是再利用 (III) 可知 $x_{2,1,3,4}=[x_{1,2,3}^{-1},x_4]=[x_{1,2,3},x_4]^{-1}=x_{1,2,3,4}^{-1}$.

(VIII)　$\boldsymbol{x_{1,3,2,4}=x_{1,2,3,4}^{-1}}$.

事实上，由 (II) 及 (III) 得知 $x_{1,3,2,4}=[x_{1,3,2},x_4]=[x_{1,2,3}^{-1},x_4]=[x_{1,2,3},x_4]^{-1}=x_{1,2,3,4}^{-1}$.

(IX)　$\boldsymbol{x_{1,2,3,4}^2=1}$.

事实上，$x_{1,2,3,4}=[x_{1,2},x_3,x_4]$；利用 (II) 又知道 $[x_{1,2},x_3,x_4]=[x_{1,2},x_4,x_3]^{-1}$，利用 (IV) 得 $[x_{1,2},x_4,x_3]=[x_4,x_{1,2},x_3]^{-1}$，于是 $[x_{1,2},x_3,x_4]=[x_4,x_{1,2},x_3]$；因而再利用 (II) 又得 $[x_4,x_{1,2},x_3]=[x_4,x_3,x_{1,2}]^{-1}$，而再利用 (IV) 得 $[x_4,x_3,x_{1,2}]=[x_3,x_4,x_{1,2}]^{-1}$，于是又得到 $[x_4,x_{1,2},x_3]=[x_3,x_4,x_{1,2}]$. 所以结果有 $x_{1,2,3,4}=[x_{1,2},x_3,x_4]=[x_4,x_{1,2},x_3]=[x_3,x_4,x_{1,2}]=[x_{3,4},x_{1,2}]=[x_{1,2},x_{3,4}]^{-1}$. 再度反复利用 (II) 与 (IV) 又知道：$[x_{1,2},x_{3,4}]^{-1}=[x_1,x_2,x_{3,4}]^{-1}=[x_1,x_{3,4},x_2]=[x_{3,4},x_1,x_2]^{-1}=[x_3,x_4,x_1,x_2]^{-1}=x_{3,4,1,2}^{-1}$，故得 $x_{1,2,3,4}=x_{3,4,1,2}^{-1}$. 然后再顺次利用 (VIII)，(VII)，(VI)，(VIII) 又可知 $x_{3,4,1,2}^{-1}=x_{3,1,4,2}=x_{1,3,4,2}^{-1}=x_{1,3,2,4}=x_{1,2,3,4}^{-1}$. 故最后就得到 $x_{1,2,3,4}=x_{1,2,3,4}^{-1}$，即 $x_{1,2,3,4}^2=1$. 故云.

(X)　$\boldsymbol{x_{1,2,3,4}^3=1}$.

事实上，如将 (V) 中的 x_1，x_2，x_3 分别代换为 $x_{1,2}$，x_3，x_4 后，即得 (X).

(XI)　$\boldsymbol{x_{1,2,3,4}=1}$.

事实上，由 (IX) 与 (X) 而利用 2 与 3 互素即得 $x_{1,2,3,4}=1$. 这就说明了对 G 中任四个元 x_1，x_2，x_3，x_4 常有关系式 $[x_1,x_2,x_3,x_4]=1$，故由定义即知 G 是类不超过 3 的幂零群.

定理 2 证完.

下面再谈谈定理2的一个应用．在1902年斑赛特(Burnside)提出了这样一个问题：设群G中每元的阶都是m的因数，而G又由α个元所生成，记这样的群为$G=B(m,\alpha)$，则$G=B(m,\alpha)$是有限群吗？很显然，易证$B(2,\alpha)$是交换的，因而为有限群．$B(4,\alpha)$与$B(6,\alpha)$也被证明了是有限群(参阅文献[14]的第十八章320页)．关于$B(5,2)$迄未获知．现在我们利用定理2来解决$B(3,\alpha)$的有限性，实际上有下面一个更深刻的

定理 3　设群G中每元($\neq 1$)的阶为3，则有：

(i) $[x,y,y]=1$对每x，$y\in G$都成立，因而据定理2得知G是类不超过3的幂零群．

(ii) 若G又由α个元所生成，那末G必为有限群，且$o(G)|3^k$，但$k=\alpha+\binom{\alpha}{2}+\binom{\alpha}{3}$.

证明　(i) 对G中任二元x，y恒有

$$1=(xy)^3=xyxyxy,$$

故　　$xyx=y^{-1}x^{-1}y^{-1}$,

于是再利用$x=x^{-2}$(每$x\in G$)就得知

$$\begin{aligned}x^{-1}yxyx^{-1}&=x^{-1}yx^{-1}x^{-1}yx^{-1}=y^{-1}xy^{-1}\cdot y^{-1}xy^{-1}=y^{-1}xyxy^{-1}\\&=y^{-1}y^{-1}x^{-1}y^{-1}y^{-1}=yx^{-1}y,\end{aligned}$$

因而$y(xyx^{-1})=x(yx^{-1}y)=(xyx^{-1})y$，这就说明了$G$中每两个共轭元$y$与$xyx^{-1}$相乘是可交换的．故据引理1得知$[x,y,y]=1$对任$x$，$y\in G$都成立，即(i)获证．

(ii) 设$G=\{x_1,x_2,\cdots,x_\alpha\}$．因$G/G'$为交换群，且$G/G'=\{x_1G',x_2G',\cdots,x_\alpha G'\}$得由$\alpha$个元生成，又每个生成元($\neq G'$)$x_iG'$之阶为3，故$G/G'$是有限的而必有$o(G/G')=3^n\leqslant 3^\alpha$．又据上册第二章§4定理4得知$G'/K_3(G)=\{[x_i,x_j]\cdot K_3(G)\}$，由$[x_j,x_i]=[x_i,x_j]^{-1}$可知$G'/K_3(G)$之生成元$[x_i,x_j]\cdot K_3(G)$中$i$，$j$，得限制为$i<j$是不损普遍性的，这说明了$G'/K_3(G)$得由$\binom{\alpha}{2}$个元所生成；但$G'/K_3(G)$是交换群且其每元($\neq 1$)之阶为

3，故又知 $o(G'/K_3(G)) = 3^m \leqslant 3^{\binom{\alpha}{2}}$．最后，再据上册第二章 § 4 定理 4 知 $K_3(G)/K_4(G) = K_3(G) = \{[x_i, x_j, x_k]\}$．但由定理 2 之证明过程已知 $[x_1, x_3, x_2] = x_{1,3,2} = x_{1,2,3}^{-1} = [x_1, x_2, x_3]^{-1}$，$x_{2,1,3} = x_{1,2,3}^{-1}$，$x_{2,3,1} = x_{2,1,3}^{-1} = x_{1,2,3}$，$x_{3,1,2} = x_{1,3,2}^{-1} = x_{1,2,3}$，$x_{3,2,1} = x_{3,1,2}^{-1} = x_{1,3,2} = x_{1,2,3}^{-1}$；同样对 $[x_i, x_j, x_k]$ 言也类似．这是说，我们可将 $K_3(G) = \{[x_i, x_j, x_k]\}$ 之生成元 $[x_i, x_j, x_k]$ 限制为 $i < j < k$ 的关系，因而由 $K_3(G)$ 之交换性以及每元（$\neq 1$）之阶为 3，就知道 $o(K_3(G)) = 3^l \leqslant 3^{\binom{\alpha}{3}}$．于是结果得知

$$o(G) = 3^{n+m+l} \leqslant 3^{\alpha + \binom{\alpha}{2} + \binom{\alpha}{3}}. \qquad \text{证完.}$$

再讨论恩格尔元，有

定义 2 群 G 之元 g 叫做左恩格尔元，是指有一足够大的自然数 n 及任 $x \in G$ 皆有 $[g, \underbrace{x, \cdots, x}_{n\text{个}}] = 1$ 的关系．同样，若有一自然数 n 及任 $x \in G$ 皆有 $[x, \underbrace{g, \cdots, g}_{n\text{个}}] = 1$ 时，就叫 g 为 G 的右恩格尔元．如果 g 是 G 之左恩格尔元或右恩格尔元，统统叫 g 为 G 的恩格尔元．

定理 4 设有限可解群 G 由恩格尔元生成，则 G 必为幂零的．

证明 用反证法，即设定理不真，而令 G 是这样一些群中阶为最小的．将证明下列的一串结论：

(I) G 恰有唯一个极小正规子群 N，且 N 是交换的而 G/N 又是幂零的．

事实上，很显然因恩格尔元由同态关系仍变为恩格尔元，故 G 之每个同态像也满足定理 4 的条件，于是从 $1 < N \lhd G$ 因有 $o(G/N) < o(G)$，故据 G 之题设可知 G/N 为幂零的．

于是若 G 有两个互异的极小正规子群 N_1 与 N_2，则从 G/N_i $(i = 1, 2)$ 的幂零性而据上册第二章 § 4 定理 10 的推论 3 又知 $G = G/N_1 \cap N_2$ 是幂零的，与 G 之假设相冲突，故 G 只有唯一个极小正规子群 N．G 之可解性当然保证了 N 为交换的（实际上还是初等交换 p-群）．

(II) 有一个恩格尔元 g 使 $G=\{Z_G(N), g\}$.

令 $\bar{G}=G/N=\{\bar{g}_i \mid \bar{g}_i=g_iN, g_i$ 恩格尔元, $i=1,2,\cdots,k\}$, 并令 k 为尽可能地小. 于是 $\bar{A}=\{\bar{g}_1,\cdots,\bar{g}_{k-1}\}<\bar{G}$. 因 $\bar{G}$ 是幂零的,故由于 $\bar{A}$ 在 $\bar{G}$ 内极大可知 $\bar{A}\triangleleft\bar{G}$, 因而有 $\bar{A}=\{\bar{x}^{-1}\bar{g}_1\bar{x},\cdots,\bar{x}^{-1}\bar{g}_{k-1}\bar{x} \mid$ 一切 $\bar{x}\in\bar{G}\}<\bar{G}$.再令 $W=\{x^{-1}g_1x,\cdots,x^{-1}g_{k-1}x \mid$ 一切 $x\in G\}$, 于是 $W\triangleleft G$, 且 W 是由恩格尔元所生成,因而 W 是幂零的(注意 $W<G$, 因为 $W=G$ 必导致 $\bar{A}=\bar{W}=\bar{G}$).

若 $k=1$, 则 $G=\{N, g_1\}$, 且由于 $N\subseteq Z_G(N)$, 故问题解决了. 当 $k>1$ 时, 有 $1<W$; 因 N 是 G 之唯一的一个极小正规子群, 故必有 $N\subseteq W$; 于是由 W 之幂零性得 $N\cap Z(W)>1$. 然而 $Z(W)\triangleleft\triangleleft W$ 及 $W\triangleleft G\Longrightarrow Z(W)\triangleleft G$, 故 $N\cap Z(W)\triangleleft G$, 因而据 N 之极小正规性知 $N\subseteq Z(W)$, 于是 $W\subseteq Z_G(N)$, 随而有

$$G=\{N, g_1,\cdots,g_k\}=\{W, g_k\}=\{Z_G(N), g_k\}.$$

(III) 先设 $G=\{Z_G(N), g\}$, g 为右恩格尔元. 取 $a(\neq 1)\in N$, 于是有一 $m\geqq 0$ 使 $[a,\underbrace{g,\cdots,g}_{m个}]=a'\neq 1$, $a'\in N$, 但 $[a', g]=1$.由于 $G=\{Z_G(N), g\}$ 而得 $1\neq a'\in N\cap Z(G)$,因之由 N 在 G 内的极小正规性就不得不有 $N\subseteq Z(G)$.由 (I) 已知 G/N 是幂零的,故从 $N\subseteq Z(G)$ 又知

$$G/Z(G)\simeq(G/N)/(Z(G)/N)$$

而得 $G/Z(G)$ 也为幂零的,所以 G 也必是幂零的,此不可.

(IV) 再设 $G=\{Z_G(N), g\}$, g 为左恩格尔元.若对每 $a\in N$ 恒有 $[g, a]=1$, 则 N 之每元与 g 可交换, 而又因 N 之每元与 $Z_G(N)$ 之每元亦可交换,故得 N 之每元与 $\{Z_G(N), g\}=G$ 之每元可交换,不得不有 $N\subseteq Z(G)$,于是从 G/N 之幂零性又知 G 为幂零的,此不可. 故必有一元 $a\in N$ 使 $[g, a]=a'\neq 1$, 当然从 $N\triangleleft G$ 可知 $a'\in N$. 由于 g 为左恩格尔元,故有一自然数 m 使

$$\begin{aligned}1=[g,\underbrace{ga, ga,\cdots,ga}_{m个}]&=[[g, a],\underbrace{ga,\cdots,ga}_{m-1个}]\\&=[a',\underbrace{ga,\cdots,ga}_{m-1个}];\end{aligned}$$

但N之交换性又得保证 $[a', ga]=[a', g]\in N$，同理又有 $[a', ga, ga]=[[a', g], ga]=[[a', g], g]=[a', g, g]$，继续下去终得 $[a', \underbrace{ga, \cdots, ga}_{m-1个}]=[a', \underbrace{g, g, \cdots, g}_{m-1个}]=1$. 因而有一适当的 i 使又有 $[a', \underbrace{g, \cdots, g}_{i个}]\neq 1$，而 $[a', \underbrace{g, \cdots, g, g}_{i+1个}]=1$，即 $[a', \underbrace{g, \cdots, g}_{i个}]\in Z(G)$，因之 $1\neq[a', \underbrace{g, \cdots, g}_{i个}]\in N\cap Z(G)$，故从$N$之极小正规性得 $N\subseteq Z(G)$，随而由 G/N 之幂零性又知G是幂零的，亦不可.

总之，在反证法的假设下必导致矛盾. 定理 4 完全获证.

定理 4 之假设条件"G 可解"实际上还可以删去，而有：凡由恩格尔元生成的有限群必为幂零的. 由之又可证明：有限群G之元 x 为右恩格尔元的充要条件是 $x\in F(G)$——费丁子群，而 x 为左恩格尔元的充要条件是 $x\in S(G)$——超中心. 据此可得：(i) 有限群G为幂零的充要条件是G之每元为右同时又为左恩格尔元；(ii) 有限群G之每元为右(左)恩格尔元时，则每元也是左(右)恩格尔元；(iii) 有限群的左恩格尔元也一定是右恩格尔元. 这些东西我们在这里不详细论述，读者如感需要，可参看文献[15].

§6. 几 个 问 题

这一节准备讲三个问题：(一)有限可解群的合成商因子得允许任意地排列，(二)真子群之指数恒为有限的无限群，(三)能写为二个交换子群之积的群.

(一) 有限可解群的合成商因子得允许任意地排列.

我们知道有限群G为可解的充要条件是它的合成商因子都是素数阶的循环群，故若令G之阶的素因数分解为 $o(G)=p_1^{\alpha_1}p_2^{\alpha_2}\cdots p_r^{\alpha_r}$，则出现在$G$之合成群列中的合成商因子之个数为 $\alpha_1+\alpha_2+\cdots+\alpha_r$，即合成群列的长等于 $\alpha_1+\alpha_2+\cdots+\alpha_r$. 如果视同构的群为相同的，那末这些合成商因子之间一切可能的排列之总数

等于 $\dfrac{(\alpha_1+\alpha_2+\cdots+\alpha_r)!}{\alpha_1!\,\alpha_2!\cdots\alpha_r!}$. 然而我们又知道可解群 G 可能有某些合成群列，它们的合成商因子之顺序是上述 $\dfrac{(\alpha_1+\alpha_2+\cdots+\alpha_r)!}{\alpha_1!\,\alpha_2!\cdots\alpha_r!}$ 个不同排列中的某些个，但不敢保证允许这些排列中的任一排列为合成商因子之顺序的合成群列都一定存在，这是不言而喻的. 今问：能允许合成商因子之顺序取一切排列的合成群列都存在的有限可解群 G 究竟有怎样的特征呢？

若 G 是这样的可解群，则对每 $i\,(1\leqslant i\leqslant r)$，$G$ 有形

$$G>\cdots>H_1^{(i)}>H_2^{(i)}>H_3^{(i)}>\cdots>H_{\alpha_i}^{(i)}>H_{\alpha_i+1}^{(i)}=1$$

的合成群列，使列中后面的 α_i 个合成商因子

$$H_1^{(i)}/H_2^{(i)},\ H_2^{(i)}/H_3^{(i)},\ \cdots,H_{\alpha_i}^{(i)}/H_{\alpha_i+1}^{(i)}$$

为同一素数 p_i 阶的循环群，因而 $o(H_1^{(i)})=p_i^{\alpha_i}$，即 $H_1^{(i)}$ 为 G 之一西洛 p_i-子群，由于 i 之任意性即知 G 是幂零的.

反之，若 G 为幂零的，则 $G=P_1\times P_2\times\cdots\times P_r$，式中 P_i 为 G 之唯一个西洛 p_i-子群. 因 $o(P_i)=p_i^{\alpha_i}$，故 P_i 有阶为 $p_i^{\alpha_i-1}$ 的正规子群 $P_i^{(1)}$；由 $P_i^{(1)}\lhd P_i$ 以及 P_i 为 G 的直因子又知 $P_i^{(1)}\lhd G$，因而 $H=P_i^{(1)}\times P_1\times\cdots\times P_{i-1}\times P_{i+1}\times\cdots\times P_r\lhd G$ 且有 $o(H)=o(G)/p_i$，即 $[G:H]=p_i$，说明了有限幂零群 G 必有以其阶之任何素因数为指数的正规子群，故由于 G 之子群也是幂零的，它也应具有这样的性质，所以结果可知 G 具有允许合成商因子之顺序取一切可能排列的合成群列.

总括上述的正、反两面，就证得了下面的

定理 1 有限可解群能具有允许合成商因子之顺序取一切可能排列之合成群列的充要条件是这群为幂零群.（文献[16]）

（二）真子群之指数恒为有限的无限群.

在上册第一章 § 4 定理 6 的后面说过这样一个问题，即任何非单位子群的指数恒为有限的无限群一定是无限循环的. 今利用纯无限交换群的分解与斯米特-伊瓦沙瓦定理（本章的 § 3）可以证明它，这就是我们要谈的第二个问题，即下面的

定理 2 无限群 G 为循环的充要条件是 G 中每个非单位子群之指数为有限数．（文献[17]）

需证的是条件的充分性．先要证明下面几个引理．

引理 1 非单位子群之指数恒为有限的无限群 G 是有有限多个生成元的纯无限群，且 G 中任二个非单位子群的交也是非单位子群．

事实上，若 $a(\neq 1)\in G$，则因 $[G:\{a\}]$ 有限，故 $o(G)=\infty$ 保证了 $\{a\}$ 无限，即 $o(a)=\infty$，证明了 G 之纯无限性．又从 $[G:\{a\}]=n$，知有陪集分解

$$G=\{a\}+\{a\}b_1+\{a\}b_2+\cdots+\{a\}b_{n-1},$$

即 $G=\{a, b_1, b_2, \cdots, b_{n-1}\}$ 由有限多个元所生成．再若 $1<H<G$ 与 $1<K<G$，则由 $[G:H]$ 与 $[G:K]$ 之有限性知 $[G:H\cap K]$ 是有限的（上册第一章§3定理7），故由 $o(G)=\infty$ 知 $H\cap K\neq 1$，证完．

引理 2 如引理1中的 G 有交换子群 A，则 A 必为循环的；且若除 A 之交换性外还有 $A\lhd G$，则必有 $A\subseteq Z(G)$．

事实上，$A=1$ 时结论显然正确．故令 $A\neq 1$．从 $[G:A]$ 之有限性及 $o(G)=\infty$ 知 $o(A)=\infty$；又当 $B(\neq 1)<A$ 时，则从 $[G:A][A:B]=[G:B]$ 及 $[G:A]$ 与 $[G:B]$ 之有限性知 $[A:B]$ 有限，故由引理1得知 A 有有限多个生成元且是纯无限的，因而据上册第二章§3的定理5有 $A=\{c_1\}\times\{c_2\}\times\cdots\times\{c_r\}$；再由引理1又知 A 中任二个非单位子群之交也为非单位群，故这时必为 $r=1$，即 $A=\{c_1\}$ 是循环的．

再令 $g(\neq 1)\in G$，由 $A\lhd G$ 知映射 $c_1\to g^{-1}c_1g$ 为 $A=\{c_1\}$ 的自同构，故由 $A=\{c_1\}$ 之无限性得知或 $g^{-1}c_1g=c_1$ 或 $g^{-1}c_1g=c_1^{-1}$．若 $g^{-1}c_1g=c_1^{-1}$，则 $g^{-1}c_1^kg=c_1^{-k}$，但 $\{c_1\}\cap\{g\}\neq 1$（引理1）说明了有二个整数 m 与 n 使 $g^m=c_1^n$，由是有 $c_1^{-n}=g^{-1}c_1^ng=g^{-1}g^mg=g^m=c_1^n$，$c_1^{2n}=1$，$A=\{c_1\}$ 为有限群，不可．故只能是 $g^{-1}c_1g=c_1$，即 $c_1g=gc_1$，亦即 $A\subseteq Z(G)$．证完．

由引理2即得下面的

推论 非单位子群之指数恒为有限的无限交换群 G 必是循环群.

根据这些引理就可证明定理 2 中条件的充分性.

事实上，由引理 1 得令 $G=\{a_1, a_2, \cdots, a_n\}$. 若 $n=1$, G 已是循环的了. 再考虑 $n=2$ 即 $G=\{a_1, a_2\}$ 的情况. 由引理 1 知 $\{a_1\}\cap\{a_2\}\neq 1$，必有二整数 r, s 使 $a_1^r=a_2^s=c\ (\neq 1)$，故 $c\in Z(G)$, 即 $Z(G)\neq 1$, 于是 $[G:Z(G)]=m$ 为一有限数. 下面将证明 $m=1$.

为什么呢? 假若 $m>1$, 并归纳地假定: 当无限群 H 之每个非单位子群之指数为有限数且 $[H:Z(H)]<m$ 时，则 H 必是循环的，那末再设 $A/Z(G)<G/Z(G)$ 后，就有 $G>A\supseteq Z(G)>1$, 故 $Z(A)\supseteq Z(G)>1$, 于是有 $[A:Z(A)]\leqslant[A:Z(G)]<[G:Z(G)]=m$, 因之由于 A 之每个非单位子群之指数也是有限的，而据归纳法的假设得知 A 为循环群，故 $A/Z(G)$ 是有限循环群，说明了有限群 $G/Z(G)$ 之每个真子群为循环的，因而据 § 3 定理 1 知 $G/Z(G)$ 可解，$G/Z(G)$ 就有异于 1 的真正规子群，即如 $1<K/Z(G)<G/Z(G)$ 且 $K\lhd G$，于是与上述同理可知 K 为循环的. 再据引理 2 得 $K\subseteq Z(G)$，这又与 $1<K/Z(G)$ 即 $Z(G)<K$ 相矛盾. 细查这矛盾的由来，其根源在 $m>1$. 于是必为 $m=1$, 即 $G=Z(G)$, G 是交换的，故由引理 2 之推论知 G 为循环群. 说明了 G 由二个元生成时，G 确可证明为循环的.

再关于生成元之个数用归纳法，即假定生成元之个数少于 n 时结论为真. 于是从 $G=\{a_1, a_2, \cdots, a_n\}$ 而令 $H=\{a_1, a_2, \cdots, a_{n-1}\}$ 时，则 H 为循环的，即 $H=\{c\}$，因之又得 $G=\{c, a_n\}$ 可由二元生成之，又回到讨论过了的情况，即 G 是循环群.

定理 2 因而完全获证.

(三) 表写为二个交换子群之积的群.

问题的由来是这样的: 斑赛特证明了阶 p^aq^b 的群是可解的(上册第三章 § 7). 但从 $o(G)=p^aq^b$ 易知 G 之西洛 p-子群 S_p 与西洛 q- 子群 S_q 之积可交换，即 G 得表写为 S_p 与 S_q 的积，当然，S_p

与 S_q 都是幂零的，于是在群论上又提出这样一个问题，即当有限群 G 能表写为二个幂零子群之积时，G 是可解群吗？这个问题以及它的推广都已获解决(文献[18, 19, 20]，[21]的 269 页与 273 页，[2]的 674 页)。我们现在只讨论一个特例，即用初等方法证明下面的

定理 3 若群 G(有限无限均可)等于两个交换群的积，则 G 至多是 2 步的可解群，即 $G''=1$。(文献[22])

先证明以后常用的一个命题，即下面的

引理 3 设 X 与 Y 为群 G 之二子群，则有 $[X, Y]\lhd\{X, Y\}$。

事实上，设 $x, x'\in X$ 及 $y, y'\in Y$，则易证

$$y'^{-1}\cdot[x, y]\cdot y'=[x, y']^{-1}[x, yy']\in[X, Y]$$

及

$$x'^{-1}\cdot[x, y]\cdot x'=[xx', y][x', y]^{-1}\in[X, Y],$$

这就证明了 $[X, Y]\lhd\{X, Y\}$。故云。

现在来证明定理 3，分两步进行，述于下。

首先证明 $G'=[G, G]=[A, B]$，但 $G=AB$ 且 A 与 B 都是交换群：事实上，据引理 3 就知道 $[A, B]\lhd\{A, B\}=G$，故有商群 $G/[A, B]=\bar{G}$；但因显然有 $\bar{G}=A[A, B]/[A, B]\cdot B[A, B]/[A, B]$，即 $\bar{G}$ 得由形状像 $a[A, B]$ 及 $b[A, B]$ 之元所生成，而 $a[A, B]\cdot b[A, B]=ab[A, B]=ba[a, b]\cdot[A, B]=ba[A, B]=b[A, B]\cdot a[A, B]$，故 $\bar{G}$ 之生成元 $a[A, B]$ 与 $b[A, B]$ (a 跑遍 A，b 跑遍 B)间两两可交换，因而 $\bar{G}$ 为交换群，不得不有 $G'=[G, G]\subseteq[A, B]$；另方面从 $A\subseteq G$，$B\subseteq G$，又显然有 $[A, B]\subseteq[G, G]=G'$；故必有 $G'=[A, B]$。

再证每两个换位元 $[a, b]$ 与 $[a', b']$ 是可交换的 ($a, a'\in A$；$b, b'\in B$)：事实上，由 $G=AB=BA$ 得令 $a'ba'^{-1}=a''b^*$ ($a''\in A$, $b^*\in B$) 及 $b'ab'^{-1}=b''a^*$ ($a^*\in A$, $b''\in B$)。于是得知 $(a'b')[a, b](a'b')^{-1}=a'[b'ab'^{-1}, b'bb'^{-1}]a'^{-1}=a'\cdot[b''a^*, b]\cdot a'^{-1}=a'[a^*, b]a'^{-1}=[a'a^*a'^{-1}, a'ba'^{-1}]=[a^*, a''b^*]=[a^*, b^*]$，及 $(b'a')[a, b](b'a')^{-1}=b'[a'aa'^{-1}, a'ba'^{-1}]b'^{-1}=b'[a, a''b^*]b'^{-1}$

$= b'[a, b^*]b'^{-1} = [b'ab'^{-1}, b'b^*b'^{-1}] = [b''a^*, b^*] = [a^*, b^*]$.

故 $(a'b')[a, b](a'b')^{-1} = (b'a')[a, b](b'a')^{-1}$,

即 $(a'^{-1}b'^{-1})(a'b')[a, b] = [a, b](b'a')^{-1}(a'b')$，也就是 $[a', b'][a, b] = [a, b][a', b']$，故云.

因而得知 $G' = [A, B]$ 之任二个生成元可交换，故 G' 是交换群. 定理 3 获证.

第七章　p-群　续

在上册第五章里介绍了 p-群的一些基本知识．现在再对 p-群作进一步的研究．

§1.　p-群的表写

研究 p-群的根本问题就是问互不同构的 p^n 阶 p-群究竟有多少，并还要写出每型的具体结构。本节的任务就是讨论这个根本问题．

设 $o(G)=p^n$．当 $n=1$ 时，G 只能为 p 阶循环群 Z_p 这唯一个型．当 $n=2$ 时，G 有二个型：一为 p^2 阶循环群 Zp^2，一为 $[1,1]$ 型初等交换群．故需研究的是 $n\geqslant 3$ 的情况．

先讨论 $n=3$，即 $o(G)=p^3$．若这时 G 为交换，则有三个型：一为 Z_{p^3}（循环），一为 $[1,1,1]$ 型（初等交换），一为 $[2,1]$ 型的交换群．故下面设 G 为非交换的．

这时，G 中元之阶最高为 p^2．若 $p=2$，则 G 必含有阶 $p^2(=4)$ 之元，已知 G 或为四元数群 Q_8，或为二面体群 D_8，仅这二个可能性．若 $p>2$，则 G 或有阶 p^2 的元，或无这样的元．若 $a\in G$ 且 $o(a)=p^2$，据上册第五章 § 3 定理 9 知 $G=\{a,b\}$，而有 $a^{p^2}=1=b^p$，及 $b^{-1}ab=a^{1+p}$．若 G 无阶 p^2 之元，则除单位元外 G 中每元的阶为 p，且由 $o(G)=p^3$ 又知 $Z(G)=G'=[G,G]=\{a\}$ 为 p 阶循环群；但从 $o(G/Z(G))=p^2$ 及 $G/Z(G)$ 之非循环性又得 $G/Z(G)$ 是初等交换的，即

$$G/Z(G)=\{b\cdot Z(G)\}\times\{c\cdot Z(G)\},$$

式中 $b^p\in Z(G)$，$c^p\in Z(G)$，故由于 G 只有阶 p 的元，不得不有 $b^p=c^p=1$；于是 $G=\{a,b,c\}$，$a^p=b^p=c^p=1=[a,b]=$

$[a, c]$, $[b, c]=b^{-1}c^{-1}bc=a^{\mu}$, $(\mu, p)=1$；因而以 a^{μ} 代 a 后就可令 $[b,c]=a$.

总之，证得了下面的

定理 1. p^3 阶 p-群 G 仅有下列的五个型：

(i) 循环群 Z_{p^3}；

(ii) $[1, 1, 1]$ 型初等交换群；

(iii) $[2, 1]$ 型交换群.

当 G 为非交换群时，若 $p=2$，则为

(iv) 四元数群 Q_8；

(v) 二面体群 D_3；

而在 p 为奇素数 $(p>2)$ 时，则为

(iv)′ $G=\{a, b\}$, $a^{p^2}=1=b^p$, $b^{-1}ab=a^{1+p}$；

(v)′ $G=\{a, b, c\}$, $a^p=b^p=c^p=1=[a, b]=[a, c]$, $[b, c]=a$.

附注 (v)′ 型群也可表写为 $G=\{x,y\}$, $x^p=y^p=[x,y]^p=1$, $[x, y]x=x[x, y]$, $[x, y]y=y[x, y]$. 又 (v) 与 (iv)′ 可统一起来，都可表写为 (iv)′，所以实际上要区分的是只在 $p=2$ 时有 (iv) 而 $p>2$ 时则有 (v)′.

再讨论 $o(G)=p^4$ 的情况.

这时如 G 交换，则共有五个型，分别是 Z_{p^4} (p^4 阶循环)，$[3, 1]$ 型交换，$[2, 2]$ 型交换，$[2, 1, 1]$ 型交换以及初等交换即 $[1, 1, 1, 1]$ 型交换.

所以需考虑的是非交换群 G, $o(G)=p^4$. 这时应分许多细款来讨论.

首先假定 G 有阶 p^3 的元. 当 $p>2$ 时，据上册第五章 §3 定理 9 得知 $G=\{a, b\}$, $a^{p^3}=b^p=1$, $b^{-1}ab=a^{1+p^2}$；当 $p=2$ 时，据那里的 §3 定理 10 得知 $G=\{a, b\}$, $a^8=1=b^2$, $b^{-1}ab=a^{\lambda}$ $(\lambda=3, 5, 7)$ 及 $G=Q_{16}=\{a, b\}$, $a^8=1$, $b^2=a^4$, $b^{-1}ab=a^{-1}$ (广义四元数群)共四种类型.

因为 p^4 阶非交换 p-群的构造讨论很长，细分条款又多，所以

随时将得到的一些重要结果用引理的形式记载下来，便于回忆与引用．于是有

引理 1 设 p^4 阶非交换 p- 群 G 有阶 p^3 的元，则有：

(i) 当 $p>2$ 时，$G=\{a, b\}$，$a^{p^3}=1=b^p$，$b^{-1}ab=a^{1+p^2}$，只此唯一型．

(ii) 当 $p=2$ 时，$G=\{a, b\}$，$a^8=1=b^2$，$b^{-1}ab=a^{\lambda}$（$\lambda=3, 5, 7$）或 $G=Q_{16}$（广义四元数群），共四个类型．

下面再考虑 G 没有阶 p^3 的元，但 G 确有阶 p^2 的元．（设 $o(G)=p^4$，G 非交换．）

设 $a\in G$，$o(a)=p^2$．若 $\{a\}\lhd G$，则 G 为 $\{a\}$ 被另一个 p^2 阶群 B 的扩张．如果 $G/\{a\}\simeq B$ 又为循环群，则据霍尔特定理知

$$G=\{a, b\},\ a^{p^2}=1,\ b^{p^2}=a^t,\ b^{-1}ab=a^r,$$

但 $t(r-1)\equiv 0 \pmod{p^2}$ 及 $r^{p^2}\equiv 1 \pmod{p^2}$．因这时假定了 G 中元素的阶最高为 p^2，故必有 $b^{p^2}=1$，即 $t\equiv 0 \pmod{p^2}$；于是只讨论条件 $r^{p^2}\equiv 1 \pmod{p^2}$．由 $(r, p)=1$ 得 $r^{p-1}\equiv 1 \pmod{p}$，故从 $(p^2, p-1)=1$ 应有 $r\equiv 1 \pmod{p}$，$r=1+\lambda p$；反之，$r=1+\lambda p$ 也必有 $r^{p^2}=(1+\lambda p)^{p^2}\equiv 1 \pmod{p^2}$．故除应丢掉 $r\equiv 1 \pmod{p^2}$ 之情况（这时 G 必交换）外尚有

$$r\equiv 1+p,\ 1+2p,\ 1+3p,\ \cdots,\ 1+(p-1)p \pmod{p^2}$$

共 $p-1$ 个可能性．然而从 $b^{-1}ab=a^{1+\lambda p}$ 得 $b^{-k}ab^k=a^{(1+\lambda p)^k}=a^{1+\lambda kp}$，再选 k 使 $\lambda k\equiv 1 \pmod{p}$，就有 $b^{-k}ab^k=a^{1+p}$ 且仍有 $o(b^k)=p^2$，而 $G=\{a, b\}=\{a, b^k\}$．这说明了：当 $G/\{a\}$ 为 p^2 阶循环群时，必可选 b 使 $G=\{a, b\}$ 中 $a^{p^2}=1=b^{p^2}$，$b^{-1}ab=a^{1+p}$，即此时 G 之型唯一（p 为 2 与否无关）．

剩下要解决的是 $G/\{a\}\simeq B$ 为 p^2 阶初等交换的．这时据上册第四章 §5 定理 4 知 $G=\{a, g, h\}$，$a^{p^2}=1$，$g^p=a^u$，$h^p=a^v$，$g^{-1}ag=a^{\sigma}$，$h^{-1}ah=a^{\tau}$（$\sigma, \tau\in A(\{a\})$），且又 $g^{-1}h^{-1}gh=a^l$．

由假设知 $g^{p^2}=1$，即 $a^{up}=1$，$u\equiv 0 \pmod{p}$，同理有 $v\equiv 0 \pmod{p}$．再令 $g^{-1}ag=a^{\sigma}=a^t$ 时，则 $(t, p)=1$，$a=a^{\sigma^p}=g^{-p}ag^p=a^{t^p}$，$t^p\equiv 1 \pmod{p^2}$，由是易知 $t\equiv 1 \pmod{p}$，即 $g^{-1}ag=a^{1+kp}$；

于是利用 $a^{p^2}=1$ 由归纳法可证

$$(a^x g)^n = g^n a^{x\left[n+\frac{n(n+1)}{2}kp\right]}. \tag{1}$$

为层次清楚计，暂只考虑 $p>2$.

令 (1) 中 $n=p$ 时，则得

$(a^x g)^p = g^p a^{xp} = a^{u+xp}$,

于是因有 x 使 $u+xp\equiv 0 \pmod{p^2}$，故对这个 x 言应有 $(a^x g)^p = 1$，因而令 $g_1=a^x g$ 后，显有 $G=\{a,\ g_1,\ h\}$ 而 $g_1^p=1$ 且 $g_1^{-1}ag_1=g^{-1}ag=a^{1+kp}$. 若这时 $(k,p)=1$，又有 y 使 $yk\equiv 1 \pmod p$，因而 $g_1^{-y}ag_1^y=a^{(1+kp)^y}=a^{1+ykp}=a^{1+p}$，故令 $g_2=g_1^y$ 时显又有 $G=\{a,\ g_2,\ h\}$，而 $g_2^p=1$ 且 $g_2^{-1}ag_2=a^{1+p}$. 用同样的道理可讨论 h.这就说明恒可适当地选取 g，h 使 $G=\{a,\ g,\ h\}$ 中有定义关系 $a^{p^2}=g^p=h^p=1$，$g^{-1}h^{-1}gh=a^l$，而 $g^{-1}ag=a$ 或 $=a^{1+p}$，$h^{-1}ah=a$ 或 $=a^{1+p}$.

但在 $g^{-1}ag=a^{1+p}$ 与 $h^{-1}ah=a^{1+p}$ 同时成立时，因

$$\begin{aligned}(gh^{-1})^{-1}a(gh^{-1}) &= ha^{1+p}h^{-1} = h^{-(p-1)}a^{1+p}h^{p-1}\\ &= (h^{-(p-1)}ah^{p-1})^{1+p} = a^{(1+p)^p} = a,\end{aligned}$$

故令 $g'=gh^{-1}$ 后又显有 $G=\{a,\ g',\ h\}$，$g'^{-1}ag'=a$，且由于 $g'^p\in\{a\}$ 而仿照上述的理由仍应有 $g'^{p^2}=1$，故令 $g'^p=a^w$ 时就必有 $w\equiv 0 \pmod p$，于是再选 s 使 $w+sp\equiv 0 \pmod{p^2}$ 后，则 $(a^s g')^p = a^{sp}g'^p = a^{sp+w}=1$，因而令 $g''=a^s g'$ 时就有 $g''^p=1$ 且 $G=\{a,\ g'',\ h\}$ 而又 $g''^{-1}ag''=a$. 这无异乎是说在 G 内可适当地选 b 及 c 使 $G=\{a,\ b,\ c\}$，$a^{p^2}=1=b^p=c^p$，$b^{-1}c^{-1}bc=a^l$，且有关系式

$$b^{-1}ab=a \text{ 与 } c^{-1}ac=a, \tag{2}$$

或

$$b^{-1}ab=a \text{ 与 } c^{-1}ac=a^{1+p}, \tag{3}$$

只这二种可能性.

再来讨论 $b^{-1}c^{-1}bc=a^l$ 中的 l.

由 $c^{-1}bc=ba^l$，而不论 (2) 或 (3)，利用 a 与 b 之可交换性得知 $1=c^{-1}b^pc=(ba^l)^p=b^pa^{lp}=a^{lp}$，故 $l\equiv 0 \pmod p$，即 $l=\lambda p$.

当 (2) 成立时，由 G 之非交换，得知 $\lambda \not\equiv 0 \pmod p$，因而令 $a_1 = a^\lambda$ 时有 $G = \{a_1, b, c\}$，$a_1^{p^2} = 1$，$b^{-1}a_1b = a_1 = c^{-1}a_1c$ 及 $b^{-1}c^{-1}bc = a_1^p$. 这就是说 G 的构造为

(I) $G=\{a, b, c\}$，$a^{p^2}=b^p=c^p=1$，$b^{-1}ab = a$，$c^{-1}ac = a$，$b^{-1}c^{-1}bc = a^p$.

当 (3) 成立时，由 $b^{-1}c^{-1}bc = a^{\lambda p}$ 及 $c^{-1}ac = a^{1+p}$ 得知

$$c^{-1}(b^{-1}a^\lambda)c = (c^{-1}bc)^{-1}(c^{-1}a^\lambda c) = (ba^{\lambda p})^{-1}a^{\lambda(1+p)} = b^{-1}a^\lambda,$$

故令 $a_1 = b^{-1}a^\lambda$ 后，若 $(\lambda, p) = 1$，则 $o(a_1) = p^2$，且 $G = \{a_1, b, c\}$ 并有 $b^{-1}a_1b = a_1$，$c^{-1}a_1c = a_1$，$b^{-1}c^{-1}bc = a_1^p$，又回到了构造 (I). 如若 $\lambda \equiv 0 \pmod p$，则 $b^{-1}c^{-1}bc = 1$，即这时 G 之构造为

(II) $G=\{a, b, c\}$，$a^{p^2}=b^p = c^p=1$，$b^{-1}ab=a$，$c^{-1}ac=a^{1+p}$，$b^{-1}c^{-1}bc = 1$.

再解决 (I)，(II) 两型的群确为互不同构的.

事实上，不论 (I) 型或 (II) 型，G 之元恒可表写为 $a^xb^yc^z$ 形，但在 (II) 型时由 $c^{-1}a^pc = a^{(1+p)p} = a^p$ 得知 a^p，b，c 是两两互可交换，因而 $a^{pt}b^yc^z$ 的 p 次幂恒为单位元，故欲 (II) 型群中元 $a^xb^yc^z$ 的阶为 p^2，势必有 $x \not\equiv 0 \pmod p$，由是对这 x 又有

$$c^{-1}(a^xb^yc^z)c = a^{x(1+p)}b^yc^z \neq a^xb^yc^z,$$

说明了 (II) 型群中阶 p^2 的元决不是中心元. 然而 (I) 型群中又确有阶 p^2 的元为中心元（例如元 a 就是这样的元）. 故 (I)，(II) 两型的群是不同构的.

于是归纳起来，就得到了下面的

引理 2 设 p^4 阶非交换 p-群 G 没有阶 p^3 的元，但有 p^2 阶的循环正规子群，则当 $p > 2$ 时，G 只能是下面三种类型：

(i) $G = \{a, b\}$，$a^{p^2} = 1 = b^{p^2}$，$b^{-1}ab = a^{1+p}$；

(ii) $G = \{a, b, c\}$，$a^{p^2} = 1 = b^p = c^p$，$b^{-1}ab=a$，$c^{-1}ac = a$，$b^{-1}c^{-1}bc = a^p$；

(iii) $G = \{a, b, c\}$，$a^{p^2} = 1 = b^p = c^p$，$b^{-1}ab = a$，$c^{-1}ac= a^{1+p}$，$b^{-1}c^{-1}bc = 1$.

附注 (iii) 型群 G 显为 $\{b\}$ 与 $\{a, c\}$ 的直积，$G=\{b\}\times\{a,c\}$.

现在再来讨论没有 p^3 阶的元、也没有 p^2 阶的循环正规子群，但确有 p^2 阶的元素的非交换 p^4 阶 p-群 G（仍暂限制为 $p>2$）.

设 $a\in G$, $o(a)=p^2$. 假设了 $\{a\}\ntriangleleft G$, 但 G 之幂零性就保证了有关系式 $\{a\}\triangleleft H$ 的 G 之 p^3 阶（非循环）正规子群 H, 故由上册第五章 § 3 定理 9 知 $H=\{a, b\}$, 而

$$a^{p^2}=1,\ b^p=1,\ b^{-1}ab=a^{1+kp}\ (k=0\text{ 或}=1).$$

从 $[G:H]=p$ 知 G 为 H 被 p 阶循环群的扩张，故 $G=\{a, b, g\}$ 而有尚待确定的定义关系 $a^\sigma=g^{-1}ag$, $b^\sigma=g^{-1}bg$ $(\sigma\in A(H))$ 及 $g^p=u\in H$, $u^\sigma=u$, 因之 $\sigma^p=I_u\in I(H)$.

$\{a\}\ntriangleleft G$ 必使 $a^\sigma=g^{-1}ag=a^\lambda b^\mu$ 中 $(\mu,p)=1$, 又由 $o(a^\sigma)=o(a)=p^2$ 可知 $(\lambda, p)=1$（参阅上册第五章 § 3 中 (1) 式下面的几行，在 § 3 定理 10 的后面）. 再若令 $g^p=u=a^\gamma b^\delta$, 则因

$$(a^p)^\sigma=(a^\lambda b^\mu)^p=a^{\lambda p}=(a^p)^\lambda,$$

故一方面得

$$g^{-p}a^pg^p=(a^p)^{\sigma^p}=(a^p)^{\lambda^p}=a^{p\lambda^p},$$

另方面又得

$$g^{-p}a^pg^p=(a^p)^{\sigma^p}=(a^p)^{I_u}=u^{-1}a^pu=b^{-\delta}a^pb^\delta=$$
$$=(b^{-\delta}ab^\delta)^p=a^{(1+kp)^\delta\cdot p}=a^p,$$

因而得 $a^{p\lambda^p}=a^p$, $\lambda^p\equiv 1\ (\mathrm{mod}\ p)$, $\lambda\equiv 1(\mathrm{mod}\ p)$, 即 $\lambda=1+\alpha p$. 所以 $a^\sigma=g^{-1}ag=a^{1+\alpha p}b^\mu$, $(\mu, p)=1$. 由是又得

$$g^{-1}a^pg=(g^{-1}ag)^p=(a^{1+\alpha p}b^\mu)^p=a^p,$$
$$b^{-1}a^pb=(b^{-1}ab)^p=a^{(1+kp)p}=a^p,$$

说明了 $a^p\in Z(G)$, $\{a^p\}\subseteq Z(G)$, 同时还说明了 G 中任一个阶 p^2 的元之 p 次幂必为 G 的一中心元.

下分 $\{a^p\}<Z(G)$ 和 $\{a^p\}=Z(G)$ 两款来讨论.

(一) $\{a^p\}<Z(G)$.

这时，必有 $z\in Z(G)$ 且 $z\bar{\in}\{a^p\}$. 因假设 G 无 p^2 阶的循环正规子群，故 $o(z)=p$; 然而 $\{a\}\triangleleft\{a, z\}$ 且 $\{a, z\}$ 为 p^3 阶的；说明了在这时可取 $\{a, z\}$ 代替上面的 H, 即可取 $b\in Z(G)$, 故 $G=\{a, b, g\}$ 而具定义关系 $a^{p^2}=1=b^p$, $ab=ba$, $gb=bg$, $g^{-1}ag=a^{1+\alpha p}b^\mu$, $(\mu, p)=1$, 且 $g^p=u=a^\gamma b^\delta$ 而有 $u^p=g^{p^2}=1$, 因之

$\gamma \equiv 0 \pmod p$，即 $g^p = a^{tp}b^{\delta}$．再取 μ' 使 $\mu\mu' \equiv 1 \pmod p$，令 $h = a^{\delta\alpha\mu'-t}g \in G$，可用归纳法证

$$(a^x g)^n = g^n a^{x\left[n+\frac{n(n+1)}{2}\alpha p\right]} b^{\frac{n(n+1)}{2}x\mu}. \tag{4}$$

今可断言 $\delta \equiv 0 \pmod p$．为什么呢？若 $\delta \not\equiv 0 \pmod p$，则由(4)可得 $h^p=(a^{\delta\alpha\mu'-t}g)^p=g^p a^{(\delta\alpha\mu'-t)p}=a^{tp+(\delta\alpha\mu'-t)p}b^{\delta}=a^{\delta\alpha\mu' p}b^{\delta}\neq 1$，但 $h^{p^2}=1$，故 $o(h)=p^2$；然而 $g^{-1}hg=(a^{1+\alpha p}b^{\mu})^{\delta\alpha\mu'-t}g = a^{(1+\alpha p)(\delta\alpha\mu'-t)}gb^{\mu(\delta\alpha\mu'-t)} = ga^{(1+\alpha p)^2(\delta\alpha\mu'-t)}b^{\mu(1+\alpha p)(\delta\alpha\mu'-t)}b^{\mu(\delta\alpha\mu'-t)}$，即

$$g^{-1}hg = ga^{(1+2\alpha p)(\delta\alpha\mu'-t)}b^{2\mu(\delta\alpha\mu'-t)}; \tag{5}$$

再利用(4)，还知道

$h^{xp+1}=(a^{\delta\alpha\mu'-t}g)^{xp+1}=g(a^{tp}b^{\delta})^x a^{(\delta\alpha\mu'-t)(1+xp+\alpha p)}b^{\mu(\delta\alpha\mu'-t)}$，　即

$$h^{xp+1}=ga^{(1+\alpha p)(\delta\alpha\mu'-t)+\delta\alpha\mu' xp}b^{\delta x+\mu(\delta\alpha\mu'-t)}; \tag{6}$$

故选 x 使 $\delta x \equiv (\delta\alpha\mu'-t)\mu \pmod p$ 后，易知(5)，(6)两式右端 b 之幂指数同余 $\pmod p$，a 之幂指数同余 $\pmod{p^2}$，故 $g^{-1}hg = h^{xp+1}$，即 $g^{-1}\{h\}g=\{h\}$．同样，计算 $a^{-1}ha=(a^{\delta\alpha\mu'-t-1}g)a = ga^{(\delta\alpha\mu'-t-1)(1+\alpha p)}b^{(\delta\alpha\mu'-t-1)\mu}a$，得

$$a^{-1}ha = ga^{(\delta\alpha\mu'-t)(1+\alpha p)-\alpha p}b^{\mu(\delta\alpha\mu'-t-1)}, \tag{7}$$

因而再选 x 使 $\delta x \equiv -\mu \pmod p$ 时，则易知(6)，(7)两式右端 b 与 a 之幂指数分别关于模 p 和模 p^2 是同余的，因而对适合 $\delta x \equiv -\mu \pmod p$ 之 x 言又有 $a^{-1}ha = h^{xp+1}$，即 $a^{-1}\{h\}a=\{h\}$．总之，当 $\delta \not\equiv 0 \pmod p$ 时，$\{h\}\lhd G$，这与 G 没有 p^2 阶循环正规子群的题设冲突了，不可．故不得不有 $\delta \equiv 0 \pmod p$．

既已 $\delta \equiv 0 \pmod p$，就有 $g^p=a^{tp}$，故利用(4)式得 $(a^{-t}g)^p = g^p a^{-tp}=1$，即 $g_1=a^{-t}g$ 的阶为 p．这时，如令 $b_1=a^{\alpha p}b^{\mu}$，则确有 $H=\{a, b\}=\{a, b_1\}$，$G=\{H, g\}=\{H, g_1\}=\{a, b_1, g_1\}$，其定义关系是

$a^{p^2}=1=b_1^p=g_1^p$，$g_1^{-1}ag_1=g^{-1}ag=a^{1+\alpha p}b^{\mu}=ab_1$，$b_1^{-1}ab_1=a$，$g_1^{-1}b_1g_1=b_1$，换言之，在 $\{a^p\}<Z(G)$ 时，G 只有一个型，而为

$G=\{a, b, c\}$，$a^{p^2}=b^p=c^p=1$，$ba=ab$，$bc=cb$，$c^{-1}ac=ab$．

（二）　$\{a^p\}=Z(G)$．

这时，$Z(G)$ 为 p 阶的．因有适合 $\{a\} \triangleleft H$ 之 G 之 p^3 阶(非循环)正规子群 H，故 $H = \{a, b\}$，

$$a^{p^2} = 1,\ b^p = 1,\ b^{-1}ab = a^{1+kp}\ (k = 0 \text{ 或} = 1).$$

如果 G 还有阶 p^2 的元 a' 不在 H 内，即 $o(a') = p^2$ 且 $a' \bar{\in} H$，则又有 $\{a'\} \triangleleft K$ 之 G 的 p^3 阶非循环正规子群 K，因而 $K = \{a', b'\}$，其定义关系为

$$a'^{p^2} = 1,\ b'^p = 1,\ b'^{-1}a'b' = a'^{1+k'p}\ (k' = 0 \text{ 或} = 1).$$

易知 $G = HK$，故 $G/H \simeq K/D\ (D = H \cap K)$ 说明了 $o(D) = p^2$；但 $D \triangleleft G$ 而 G 又没有 p^2 阶的循环正规子群，故 D 为 p^2 阶初等交换群．然 H 中元 $a^x b^y$ 之阶为 p 的充要条件是 $x \equiv 0 \pmod p$（参看上册第五章 § 3 的 (1) 式），即 H 中凡阶 p 的元都在 p^2 阶子群 $\{a^p, b\} = \{a^p\} \times \{b\}$ 内，故不得不有 $D = \{a^p, b\}$；同理，$D = \{a'^p, b'\}$．于是，$b' \in \{a, b\} = H$，$b \in \{a', b'\} = K$．

今可断定 $H = \{a, b\}$ 与 $K = \{a', b'\}$ 不可能同时为交换群．为什么呢？因由 H 与 K 之均为交换性得知 $ba = ab$，$ba' = a'b$，故从 $G = \{H, a'\} = \{a, b, a'\}$ 得知 $b \in Z(G) = \{a^p\}$，$H = \{a, b\} = \{a\}$，显非所许．

因而仅有下面两个可能性需考虑，即：

(I) G 确有至少一个非交换的 p^3 阶子群 H 含有阶 p^2 的元，因而 $H = \{a, b\}$，$a^{p^2} = 1 = b^p$，$b^{-1}ab = a^{1+p}$；

(II) G 中凡含阶 p^2 之元的 p^3 阶子群是交换的，因而这样的 p^3 阶交换子群是唯一的一个 H，这时 $H = \{a, b\}$，$a^{p^2} = 1 = b^p$，$ba = ab$，且 H 包含了 G 中所有 p^2 阶的元．

在 (I) 款时，就有 $G = \{a, b, c\}$，其中 $a^{p^2} = 1 = b^p$，$b^{-1}ab = a^{1+p}$，$c^{-1}ac = a^\sigma = a^{1+\alpha p}b^\mu$，$(\mu, p) = 1$，$c^{-1}bc = b^\sigma = a^{\gamma p}b$[1] 及

---

1) $\because \sigma \in A(H) \therefore ba \neq ab \Rightarrow b^\sigma a^\sigma \neq a^\sigma b^\sigma \Rightarrow b^\sigma \bar{\in} Z(G) = \{a^p\} \therefore b^\sigma = c^{-1}bc = a^{\gamma p}b^\beta$，$(\beta, p) = 1$．但一方面 $(b^\sigma)^{-1}a^\sigma b^\sigma = b^{-\beta}a^{-\gamma p}a^{1+\alpha p}b^\mu a^{\gamma p}b^\beta = b^{-\beta}a\,b^\beta b^\mu a^{\alpha p} = a^{(1+p)^\beta}b^\mu a^{\alpha p} = ab^\mu a^{(\alpha+\beta)p} = b^\mu a^{1+\mu p+\alpha p+\beta p}$，另方面有 $(b^\sigma)^{-1}a^\sigma b^\sigma = (a^\sigma)^{1+p} = (a^{1+\alpha p}b^\mu)^{1+p} = b^\mu a^{(1+\alpha p)\left[1+p+\frac{(1+p)(2+p)}{2}\mu p\right]} = b^\mu a^{(1+\alpha p)(1+p+\mu p)}$，故 $1 + (\alpha + \beta + \mu)p \equiv (1 + \alpha p)(1 + p + \mu p) \pmod{p^2}$，即 $\beta \equiv 1 \pmod p$，即 $b^\sigma = a^{\gamma p}b$．

$c^p = a^{\delta p}$[1].

令 $c' = ca^{\gamma}b^{\mu\gamma-\alpha}$，易证 $c'^{-1}ac' = ab^{\mu}$ 及 $c'^{-1}bc' = b$；再令 $c'' = c'^{\mu'}$，但 $\mu\mu' \equiv 1 \pmod p$，又不难证明

$$c''^{-1}ac'' = ab \text{ 及 } c''^{-1}bc'' = b.$$

然而 $G = \{a, b, c\} = \{a, b, c'\} = \{a, b, c''\}$，故若用 c'' 代 c，则可表写 $G = \{a, b, c\}$，使具有关系式

$$a^{p^2} = b^p = 1,\ b^{-1}ab = a^{1+p},\ c^{-1}ac = ab,\ c^{-1}bc = b,$$
$$c^p = a^{\alpha p}. \tag{8}$$

需待决定的是 α（当然可限制为 $0 \leqslant \alpha \leqslant p-1$）.

(i) $\boldsymbol{\alpha = 0}$. 这时，关系式(8)完全确定（$\because c^p = 1$）.

(ii) **$\boldsymbol{\alpha \neq 0}$ 但 $\boldsymbol{\alpha}$ 为 $\boldsymbol{p}$ 的二次剩余，即 $\boldsymbol{\left(\frac{\alpha}{p}\right) = 1}$.** 这时，因有 x 使 $x^2 \equiv \alpha \pmod p$，且又 $(p-x)^2 \equiv \alpha \pmod p$，而 x 与 $p-x$ 中必有一为奇数，故不损普遍性可设 x 为奇数. 再选 x' 使 $xx' \equiv 1 \pmod p$. 在 $H = \{a, b\}$ 内取 $a_1 = a^x$，$b_1 = a^{-\frac{x-1}{2}p}b$，并令 $c_1 = c^{x'}$，不难获知 $o(a_1) = p^2$，$o(b_1) = p$，$b_1^{-1}a_1b_1 = a_1^{1+p}$，且有

$$G = \{a, b, c\} = \{a, b_1, c\} = \{a_1, b_1, c\} = \{a_1, b_1, c_1\},$$

而又

$$c_1^{-1}a_1c_1 = (c^{-x'}ac^{x'})^x = (ab^{x'})^x = b^{x'x}a^{x+\frac{x(x+1)}{2}x'p} = ba^{x+\frac{x+1}{2}p}$$
$$= a^{x-\frac{x-1}{2}p}b = a_1b_1,\ \ c_1^{-1}b_1c_1 = b_1,$$

以及 $c_1^p = c^{x'p} = a^{\alpha x'p} = a^{x^2x'p} = a^{xp} = a_1^p$. 这已说明 G 之构造确定了，可表为

$$G = \{a, b, c\},\ a^{p^2} = b^p = 1,\ b^{-1}ab = a^{1+p},\ c^{-1}ac = ab,$$
$$c^{-1}bc = b,\ c^p = a^p.$$

(iii) **$\boldsymbol{\alpha \neq 0}$ 但 $\boldsymbol{\left(\frac{\alpha}{p}\right) = -1}$.** 这时，若 θ 为 p 的任一个二次

---

1) 若 $o(c) = p^2$，则因已知 $c^p \in Z(G) = \{a^p\}$，故 $c^p = a^{\delta p}$. 若 $o(c) = p$，则取 $\delta = 0$. 总之，有 $c^p = a^{\delta p}$.

非剩余，则取 $\bar{\alpha}$ 使 $\alpha\bar{\alpha}\equiv\theta(\bmod p)$，因之 $\left(\frac{\bar{\alpha}}{p}\right)=1$，故有 x' 使 $x'^2\equiv\bar{\alpha}(\bmod p)$；再取 x 使 $xx'\equiv1(\bmod p)$，由于 $(x-p)x'\equiv1(\bmod p)$ 以及 x 与 $x-p$ 中必有一为奇数，可不损普遍性设 x 为奇数.

再令 $a_1=a^x$，$b_1=a^{-\frac{x-1}{2}p}b$，$c_1=c^{x'}$. 据 (8) 式而与证 (ii) 款同样可知 $G=\{a_1, b_1, c_1\}$，而具定义关系

$$\left.\begin{array}{l}a_1^{p^2}=1,\ b_1^p=1,\ b_1^{-1}a_1b_1=a_1^{1+p},\\ c_1^{-1}a_1c_1=a_1b_1,\ c_1^{-1}b_1c_1=b_1,\ c_1^p=a_1^{\theta p}.\end{array}\right\}\tag{9}$$

从构造言，(9) 与 (8) 不同之处是仅将 α 改为 θ. 这就是说：不论 (8) 中 α 为 p 的任何二次非剩余，G 之构造恒同.

于是 (8) 之构造不超过三：一为 $\alpha=0$，一为 $\alpha=1$，一为 α 是 p 的任何二次非剩余.

下面再来解决这三种构造也的确是两两互异的. 这就首先要求出具定义关系 (8) 之群 $G=\{a, b, c\}$ 的换位子群 $G'=[G, G]$ 及其中心化子 $Z_G(G')$.

因 $[a, b]=a^p$，故 $Z(G)=\{a^p\}\subseteq G'=[G, G]$；但 $[a, c]=b\bar{\in}\{a\}$，当然有 $[a, c]=b\bar{\in}\{a^p\}=Z(G)$；故得 $Z(G)<G'=[G, G]$. 因而由 $o(Z(G))=p$ 及 $p^2|[G: G']$ 知只能是 $o(G')=p^2$；复据 G 没有 p^2 阶的循环正规子群的题设，可知 $G'=[G, G]$ 为 p^2 阶的初等交换群，实际上有

$$G'=[G, G]=\{a^p\}\times\{b\}=\{a^p, b\}.$$

再从 $G'=[G, G]\lhd G$ 有 $Z_G(G')\lhd G$ 得商群 $G/Z_G(G')$，故据上册第一章 §9 定理 5，可知 $o(G/Z_G(G'))|o(A(G'))=p(p^2-1)\times(p-1)$，因而 p- 群 $G/Z_G(G')$ 或为 p 阶的，或它已为单位元群了. 然而 $b=[a, c]\in G'$ 及 $ba\neq ab$ 足已说明 $a\bar{\in}Z_G(G')$，故 $G>Z_G(G')$，即 $G/Z_G(G')$ 是 p 阶的，因而 $o(Z_G(G'))=p^3$，且有 $G'\subseteq Z_G(G')$，而实际上有 $Z_G(G')=\{a^p, b, c\}$. 因为当 $\alpha=0$ 时有 $Z_G(G')=\{a^p\}\times\{b\}\times\{c\}$ 为 p^3 阶初等交换群，而在 $\alpha\neq0$ 时有 $Z_G(G')=\{b\}\times\{c\}$ 为 $[2, 1]$ 型的 p^3 阶交换群，故由于同构

的群必有同构的换位子群，随而它们的中心化子也必同构，所以(8)式中 $\alpha=0$ 的群与 $\alpha\neq 0$ 的群必互不同构. 于是下面只需解决 $\alpha=1$ 的群与 α 为任何二次非剩余的群互不同构就行了.

设 $H_0=\{a, b, c\}$, 其定义关系是:

$a^{p^2}=1=b^p$, $b^{-1}ab=a^{1+p}$, $c^{-1}ac=ab$, $c^{-1}bc=b$, $c^p=a^p$. 又 $K_0=\{a_1, b_1, c_1\}$,而具定义关系:

$a_1^{p^2}=1=b_1^p$, $b_1^{-1}a_1b_1=a_1^{1+p}$, $c_1^{-1}a_1c_1=a_1b_1$, $c_1^{-1}b_1c_1=b_1$, $c_1^p=a_1^{\alpha p}$,

但 $\left(\dfrac{\alpha}{p}\right)=-1$. 据上段的讨论已知:

$H_0'=[H_0, H_0]=\{a^p\}\times\{b\}$, $\quad Z_{H_0}(H_0')=\{a^p, b, c\}=\{b\}\times\{c\}$,

$K_0'=[K_0, K_0]=\{a_1^p\}\times\{b_1\}$, $\quad Z_{K_0}(K_0')=\{a_1^p, b_1, c_1\}=\{b_1\}\times\{c_1\}$.

我们的目的要证明 H_0 与 K_0 不同构.用反证法,假若 $H_0\simeq K_0$, 令 ϕ 是从 K_0 到 H_0 上的这个同构关系,即 $K_0^\phi=H_0$.于是因 $[Z_{K_0}(K_0')]^\phi=Z_{H_0}(H_0')$, 故可令 $c_1^\phi=c^rd$ $(d\in[H_0, H_0]=\{a^p, b\}, 1\leqslant r<p)$; 再令 $a_1^\phi=a^nz$ $(z\in Z_{H_0}(H_0')=\{a^p, b, c\}, 1\leqslant n<p)$. 于是, $[[c_1^\phi, a_1^\phi], a_1^\phi]=[[c_1, a_1]^\phi, a_1^\phi]=[(b_1^{-1})^\phi, a_1^\phi]=[b_1^{-1}, a_1]^\phi$, 但由于 $[a_1, b_1]=a_1^p\in Z(K_0)$ 可知 $[b_1^{-1}, a_1]=[b_1, a_1]^{-1}=[a_1, b_1]$, 故取 α' 使 $\alpha\alpha'\equiv 1\ (\mathrm{mod}\ p)$ 因而有 $\left(\dfrac{\alpha'}{p}\right)=-1$ 后,就得知:

$$[b_1^{-1}, a_1]^\phi=[a_1, b_1]^\phi=(a_1^p)^\phi=(c_1^{\alpha' p})^\phi=(c_1^\phi)^{\alpha' p}=(c^rd)^{\alpha' p},$$

故

$$[[c_1^\phi, a_1^\phi], a_1^\phi]=(c^rd)^{\alpha' p}. \tag{10}$$

另方面,利用上册第一章 § 10 的一些公式又知道

$$\begin{aligned}[[c_1^\phi, a_1^\phi], a_1^\phi]&=[[c^rd, a^nz], a^nz]=[[c^rd, a^nz], z]\\&\quad\cdot z^{-1}[[c^rd, a^nz], a^n]z=[[c^rd, a^nz], a^n]\\&=[[c^rd, z]\cdot z^{-1}[c^rd, a^n]z, a^n]=[[c^rd, z][c^rd, a^n], a^n]\\&=[[c^rd, a^n], a^n],\quad \text{即}\end{aligned}$$

$$[[c_1^\phi, a_1^\phi], a_1^\phi]=[[c^rd, a^n], a^n]. \tag{11}$$

然而 $[c^rd, a^n]=[a^{sp}b^tc^r, a^n]$ (已令 $d=a^{sp}b^t$) $=c^{-r}(b^{-t}a^nb^t)^{-1}\times c^ra^n=c^{-r}a^{-n(1+p)t}c^ra^n=c^{-r}a^{-n-ntp}c^ra^n=(c^{-r}ac^r)^{-n}a^{n(1-tp)}=$

$(ab^r)^{-n}a^{n(1-tp)} = (b^{rn}a^{n+\frac{n(n+1)}{2}rp})^{-1}\cdot a^{n(1-tp)} = a^{-n-\frac{n(n+1)}{2}rp}a^{-ntp}\times$
$(b^{-rn}a^nb^{rn})b^{-rn} = a^{-ntp-\frac{n(n+1)}{2}rp-n}a^{n(1+p)^{rn}}b^{-rn} = a^{-ntp-\frac{n(n+1)}{2}rp+rn^2p}b^{-rn}$,

故由(11)式则知

$$[[c_1^\phi, a_1^\phi], a_1^\phi] = b^{rn}a^{-n}b^{-rn}a^n = (b^{rn}a^nb^{-rn})^{-1}\cdot a^n = (a^{n(1-rnp)})^{-1}a^n$$
$$= a^{rn^2p} = (a^p)^{rn^2} = c^{rn^2p} = c^{rn^2p}d^{n^2p}\ (\because d^p = 1) = (c^rd)^{n^2p},$$

即 $[[c_1^\phi, a_1^\phi], a_1^\phi] = (c^rd)^{n^2p}$. (12)

再比较(10)与(12)，并利用 $o(c_1^\phi) = o(c^rd) = p^2$，得 $\alpha' \equiv n^2 \pmod p$，这显与 $\left(\frac{\alpha'}{p}\right) = -1$ 相冲突，不可. 故 H_0 与 K_0 不同构.

这证明了：在(I)款时，G 之构造有三，都如(8)所定义，所不同的是 $\alpha = 0$，或 $\alpha = 1$，或 $\left(\frac{\alpha}{p}\right) = -1$.

最后讨论(II)款. 这时，群 $G = \{a, b, c\}$，其中 $a^{p^2} = b^p = 1 = [a, b]$，$c^{-1}ac = a^{1+\alpha p}b^\mu$，$(\mu, p) = 1$，$c^p = 1$ 与待定的 $c^{-1}bc$，且凡不属于 $\{a, b\}$ 之元的阶都是 p.

因 $b\bar{\in}\{a^p\} = Z(G)$，故 $c^{-1}bc\bar{\in}Z(G)$，于是从 $o(c^{-1}bc) = p$ 知 $c^{-1}bc = a^{\gamma p}b^\beta$，$(\beta, p) = 1$. 设 $\beta^k \equiv 1 \pmod p$，但在 $0 < l < k$ 时 $\beta^l \not\equiv 1 \pmod p$ [当然在 $\beta \equiv 1 \pmod p$ 时 $k = 1$]，则由归纳法可证 $c^{-k}bc^k = a^{\gamma p(1+\beta+\cdots+\beta^{k-1})}b^{\beta^k}$，故

$$c^{-k}bc^k = a^{\gamma p(1+\beta+\cdots+\beta^{k-1})}b.$$

再由于 $k|(p-1)$ 知 $(k, p) = 1$，故 $G = \{a, b, c_1\}$，但 $c_1 = c^k$，即是说可在 G 内选适当的 c 使 $G = \{a, b, c\}$，而有

$$\left.\begin{aligned} &a^{p^2} = 1,\ b^p = 1,\ b^{-1}ab = a,\ c^p = 1, \\ &c^{-1}ac = a^{1+\alpha p}b^\mu,\ (\mu, p) = 1,\ c^{-1}bc = a^{\gamma p}b, \end{aligned}\right\} \tag{13}$$

且凡不在 $\{a, b\}$ 内的元之阶皆为 p.

利用(13)及 $a^{\lambda p} \in Z(G)$，由归纳法可证

$$(ac)^n = c^n\cdot a^{n+\frac{n(n+1)}{2}\alpha p+\frac{1}{6}(n+1)n(n-1)\gamma\mu p}\cdot b^{\frac{n(n+1)}{2}\mu},$$

特取 $n = p$ 时得

$$(ac)^p = a^{p+\frac{1}{6}(p+1)p(p-1)\gamma\mu p}. \tag{14}$$

因之，若 $p > 3$，则由 (14) 得 $(ac)^p = a^p$，$o(ac) = p^2$，不得不有 $ac \in \{a, b\}$，$c \in \{a, b\}$，显非所许．所以只能是 $p = 3$，因而再据 (14) 得

$$(ac)^3 = a^{3+12\gamma\mu} = a^{3+(3^2+3)\gamma\mu} = a^{3+3\gamma\mu} = a^{3(1+\gamma\mu)},$$

于是 $o(ac) = 3$ 的充要条件是 $\gamma\mu \equiv -1 \pmod 3$，这时有 $G = \{a, b, c\}$ 之定义关系为

$$\left.\begin{array}{l} a^9=1, b^3=1, c^3=1, b^{-1}ab=a, c^{-1}ac=a^{1+3\alpha}b^{\mu}, (3,\mu)=1, \\ c^{-1}bc = a^{3\gamma}b,\ \gamma\mu \equiv -1 \pmod 3. \end{array}\right\} \tag{15}$$

因为 $(\mu, 3) = 1$，故 $\mu^2 \equiv 1 \pmod 3$，因而由 $\gamma\mu \equiv -1 \pmod 3$ 得 $\gamma \equiv -\mu \pmod 3$；于是再令 $a_1 = a^{\mu}$，$b_1 = a^{3\mu\alpha}b$，则知 $G = \{a_1, b_1, c\}$，其定义关系是(据 (15) 式)：

$$a_1^9 = 1,\ b_1^3 = 1,\ c^3 = 1,\ b_1^{-1}a_1b_1 = a_1,\ c^{-1}a_1c = a_1b_1,\ c^{-1}b_1c = a_1^{-3}b_1.$$

总括之，又证得了下面的

引理 3 设 p^4 阶非交换 p-群 G 没有阶 p^3 的元，也无阶 p^2 的循环正规子群，但确有 p^2 阶的元，则当 $p > 2$ 时，G 只能是下列各种类型：

(i) $G = \{a, b, c\}$，$a^{p^2} = b^p = c^p = 1$，$b^{-1}ab = a$，$c^{-1}ac = ab$，$c^{-1}bc = b$；

(ii) $G = \{a, b, c\}$，$a^{p^2} = b^p = 1$，$c^p = 1$，$b^{-1}ab = a^{1+p}$，$c^{-1}ac = ab$，$c^{-1}bc = b$；

(iii) $G = \{a, b, c\}$，$a^{p^2} = b^p = 1$，$c^p = a^p$，$b^{-1}ab = a^{1+p}$，$c^{-1}ac = ab$，$c^{-1}bc = b$；

(iv) $G = \{a, b, c\}$，$a^{p^2} = b^p = 1$，$c^p = a^{\lambda p}$，$b^{-1}ab = a^{1+p}$，$c^{-1}ac = ab$，$c^{-1}bc = b$，但 λ 为 p 的二次非剩余即

$$\left(\frac{\lambda}{p}\right) = -1;$$

(v) 在 $p = 3$ 时，还有

$G = \{a, b, c\}$，$a^9 = b^3 = c^3 = 1$，$b^{-1}ab = a$，$c^{-1}ac =$

ab, $c^{-1}bc = a^{-3}b$.

附注 引理 3 之意义是说当奇素数 $p \neq 3$ 时，G 之类型只有(i), (ii), (iii), (iv) 共四个；但在 $p = 3$ 时，G 之类型有五个，即 (i), (ii), (iii), (iv), (v).

最后讨论 p^4 阶非交换 p-群 G 没有 p^2 阶的元，即除单位元外 G 中各元的阶都是 p. 由 G 之非交换性可知 $o(Z(G)) = p^2$ 或 $= p$，只有这两个可能性.

先设 $o(Z(G)) = p^2$. 因 G 没有 p^2 阶的元，故 $Z(G)$ 是初等交换的，因而 $Z(G) = \{a\} \times \{b\}$, $a^p = b^p = 1 = [a, b]$. 再令 H 是包含 $Z(G)$ 的 G 之极大交换正规子群，设 $o(H) = p^m$，则 $3 \geqslant m \geqslant 2$，由上册第五章 § 4 问题 3 又知 $2 \times 4 \leqslant m(m+1)$，故不得不有 $m = 3$，即 H 是包含 $Z(G) = \{a\} \times \{b\}$ 的 p^3 阶初等交换群，因而 $H = \{a\} \times \{b\} \times \{c\}$. 又因 G/H 是 p 阶循环群，故由 G 中每个非单位元的阶为 p 得知

$$G = \{a, b, c, g\} = \{H, g\} = \{Z(G), c, g\},$$

其定义关系是

$$a^p = b^p = c^p = g^p = 1 = [a, b] = [a, c] = [a, g] = [b, c] = [b, g]$$

与待定的 $g^{-1}cg$.

由 $o(G/Z(G)) = p^2$ 知 $G/Z(G)$ 交换，故 $[G, G] \subseteq Z(G)$, $[c, g] = a^\lambda b^\mu$，即 $g^{-1}cg = a^\lambda b^\mu c$. 但 G 之非交换性说明了 λ, μ 中至少有一个 $\not\equiv 0 \pmod p$，可不损一般性能令 $(\lambda, p) = 1$，这时设 $a_1 = a^\lambda b^\mu$ 后，又显有

$$Z(G) = \{a_1\} \times \{b\}, \quad H = \{a_1\} \times \{b\} \times \{c\},$$

故 $G = \{a_1, b, c, g\}$ 而具定义关系

$$a_1^p = b^p = c^p = g^p = 1 = [a_1, b] = [a_1, c] = [a_1, g] = [b, c] = [b, g], \; g^{-1}cg = a_1c,$$

说明了 G 之型确定，是唯一的.

再设 $o(Z(G)) = p$. 这时有 $Z(G) = \{a\}$, $a^p = 1$. 令 H 是包含 $Z(G)$ 的 G 之极大交换正规子群，如上面所讨论过的一样可知

$o(H)=p^3$, 即H是p^3阶初等交换的; 但因 $Z(G)=\{a\}\subset H$, 故 $H=\{a\}\times\{b\}\times\{c\}$. 于是由 $o(G/H)=p$ 又得 $G=\{a,b,c,g\}=\{H,g\}$, 其定义关系是

$a^p=b^p=c^p=g^p=1=[a,b]=[a,c]=[a,g]=[b,c]$

与待定的 $g^{-1}bg$ 和 $g^{-1}cg$.

首先敢断言G不是 2 类幂零群. 用反证法,若G是 2 类的,则 $[G,G]=Z(G)=\{a\}$ (参阅上册第二章 § 4 问题 2), 故由 $[b,g]$ 及 $[c,g]$ 都在 $[G,G]=\{a\}$ 内,就知道

$$g^{-1}bg=a^\lambda b \text{ 与 } g^{-1}cg=a^\mu c,$$

且 $\lambda\mu\not\equiv 0\pmod p$ ($\because\ b\bar{\in}Z(G),\ c\bar{\in}Z(G)$); 又 $b^xc^y=g^{-1}(b^xc^y)g=(a^\lambda b)^x(a^\mu c)^y=a^{\lambda x+\mu y}b^xc^y$ 之充要条件是 $\lambda x+\mu y\equiv 0\pmod p$, 而满足这同余式之数偶 (x,y) 显然不仅有而且有很多, 这说明了满足关系式 $b^xc^y=g^{-1}(b^xc^y)g$ 的元 b^xc^y 中有确非为单位元的元 b^xc^y 存在, 而这样的元显然在 $Z(G)=\{a\}$ 内, 也就是说 $\{a\}\cap\{b\}\times\{c\}\neq 1$, 这显然是不容许的. 所以说$G$不是 2 类幂零群. 于是$G$必是 3 类的幂零群(上册第二章 § 5 定理 1 的推论), 故 $G/Z(G)$ 为非交换的 p^3 阶 p-群,其每元之阶又等于 p, 因而据定理 1 得知

$G/Z(G)=\{\bar b,\bar c,\bar g\}$, $\bar b=Z(G)b$, $\bar c=Z(G)c$, $\bar g=Z(G)g$,

而有定义关系

$$\bar b\bar c=\bar c\bar b,\ \bar g^{-1}\bar b\bar g=\bar b,\ \bar g^{-1}\bar c\bar g=\bar c\bar b,\ \bar b^p=\bar c^p=\bar g^p=1.$$

故从 $G=\{a,b,c,g\}$ 言,其定义关系是:

$a^p=b^p=c^p=g^p=1$, $[a,b]=[a,c]=[a,g]=[b,c]=1$,

$g^{-1}bg=a^\lambda b$, $g^{-1}cg=a^\mu bc$,

式中 λ 与 μ 待定. 注意 $b\bar{\in}Z(G)=\{a\}$ 就知道 $\lambda\not\equiv 0\pmod p$.

这时如再令 $a_1=a^\lambda$, $b_1=a^\mu b$, $c_1=c$, $g_1=g$ 后, 显然又有 $G=\{a_1,b_1,c_1,g_1\}$, 并具定义关系

$a_1^p=b_1^p=c_1^p=g_1^p=1$, $[a_1,b_1]=[a_1,c_1]=[a_1,g_1]=[b_1,c_1]=1$,

$$g_1^{-1}b_1g_1=a_1b_1,\ g_1^{-1}c_1g_1=b_1c_1,$$

这是一个确定的关系. 换言之, 若能保证每元($\neq 1$)的阶等于 p,

则其型是唯一的.

下面再来检验G中元的阶. 为简单计，将G之生成元a_1, b_1, c_1, g_1的脚标1省掉，来考虑G之正规(交换)子群$H=\{a\}\times\{b\}\times\{c\}$中元素$x=a^\alpha b^\beta c^\gamma$用$g^n$去变形的结果，而令

$$g^{-n}xg^n=g^{-n}a^\alpha b^\beta c^\gamma g^n=a^{\alpha_n}b^{\beta_n}c^{\gamma_n}.$$

不难证明$\alpha_{i+1}=\alpha_i+\beta_i$, $\beta_{i+1}=\beta_i+\gamma_i$, $\gamma_{i+1}=\gamma_i$, 因而有

$$\gamma_n=\gamma, \beta_n=\beta+n\gamma, \alpha_n=\alpha+n\beta+\frac{1}{2}n(n-1)\gamma$$

(注意$\gamma_0=\gamma$, $\beta_0=\beta$, $\alpha_0=\alpha$). 故

$$(xg)^p=(a^\alpha b^\beta c^\gamma g)^p=(a^\alpha b^\beta c^\gamma g)^{p-1}\cdot g\ (a^{\alpha_1}b^{\beta_1}c^{\gamma_1})=(a^\alpha b^\beta c^\gamma g)^{p-2}\cdot$$
$$\cdot g^2(a^{\alpha_2}b^{\beta_2}c^{\gamma_2})\ (a^{\alpha_1}b^{\beta_1}c^{\gamma_1})=\cdots=g^p(a^{\alpha_p}b^{\beta_p}c^{\gamma_p})\ (a^{\alpha_{p-1}}b^{\beta_{p-1}}c^{\gamma_{p-1}})\cdots$$
$$(a^{\alpha_2}b^{\beta_2}c^{\gamma_2})(a^{\alpha_1}b^{\beta_1}c^{\gamma_1})=a^{\sum_1^p\alpha_i}b^{\sum_1^p\beta_i}c^{\sum_1^p\gamma_i}$$
$$=a^{p\alpha+\frac{p(p+1)}{2}\beta+\frac{1}{6}(p+1)p(p-1)\gamma}b^{p\beta+\frac{p(p+1)}{2}\gamma}c^{p\gamma}=a^{\frac{1}{6}(p+1)p(p-1)\gamma},$$

因之当$p>3$时确有$(a^\alpha b^\beta c^\gamma g)^p=1$, 即$o(a^\alpha b^\beta c^\gamma g)=p$. 同理，对任$k$言也可类似地验证当$p>3$时$(xg^k)^p=1$. 这说明了：当$p>3$时，$G$中每元($\neq 1$)的阶确为$p$. 可是在$p=3$时，就有$(a^\alpha b^\beta c^\gamma g)^3=a^{4\gamma}=a^\gamma$, 因而在$\gamma\not\equiv 0 \pmod 3$时，$o(a^\alpha b^\beta c^\gamma g)=9=3^2=p^2$, 非所许.

于是总括之，又证得了下面的

引理 4 设p^4阶非交换p-群($p>2$) G只有阶p的元(单位元除外)，则G或为

(i) $G=\{a, b, c, d\}$, 具定义关系$a^p=b^p=c^p=d^p=1$, $[a, b]=[a, c]=[a, d]=[b, c]=[b, d]=1$, $d^{-1}cd=ac$; 或为

(ii) (仅在$p>3$时出现) $G=\{a, b, c, d\}$, $a^p=b^p=c^p=d^p=1$, $[a, b]=[a, c]=[a, d]=[b, c]=1$, $d^{-1}bd=ab$, $d^{-1}cd=bc$.

再将上面的引理1, 2, 3, 4都综合起来，就证得了下面的

定理 2 当p为奇素数时，p^4阶p-群共有十五种类型:

（一）交换群的情况（有五种）：

(i) 循环群 Z_{p^4}；

(ii) 初等交换群；

(iii) [3, 1] 型交换群；

(iv) [2, 2] 型交换群；

(v) [2, 1, 1] 型交换群；

（二）非交换群的情况（有十种）：

(vi) $G=\{a, b\}$, $a^{p^3}=1=b^p$, $b^{-1}ab=a^{1+p^2}$；

(vii) $G=\{a, b\}$, $a^{p^2}=1=b^{p^2}$, $b^{-1}ab=a^{1+p}$；

(viii) $G=\{a, b, c\}$, $a^{p^2}=1=b^p=c^p$, $[a, b]=[a, c]=1$, $[b, c]=a^p$；

(ix) $G=\{a, b, c\}$, $a^{p^2}=1=b^p=c^p$, $[a, b]=1$, $[a, c]=a^p$, $[b, c]=1$；

(x) $G=\{a, b, c\}$, $a^{p^2}=b^p=c^p=1$, $[a, b]=[b, c]=1$, $[a, c]=b$；

(xi) $G=\{a, b, c\}$, $a^{p^2}=b^p=1$, $c^p=1$, $b^{-1}ab=a^{1+p}$, $c^{-1}ac=ab$, $c^{-1}bc=b$；

(xii) $G=\{a, b, c\}$, $a^{p^2}=b^p=1$, $c^p=a^p$, $b^{-1}ab=a^{1+p}$, $c^{-1}ac=ab$, $c^{-1}bc=b$；

(xiii) $G=\{a, b, c\}$, $a^{p^2}=b^p=1$, $c^p=a^{\lambda p}$, $b^{-1}ab=a^{1+p}$, $c^{-1}ac=ab$, $c^{-1}bc=b$, 但 $\left(\frac{\lambda}{p}\right)=-1$；

(xiv) $G=\{a, b, c, d\}$, $a^p=b^p=c^p=d^p=1=[a, b]=[a, c]=[a, d]=[b, c]=[b, d]$, $[c, d]=a$；

(xv)：$\begin{cases} \text{在 } p>3 \text{ 时}, G=\{a, b, c, d\}, a^p=b^p=c^p=d^p=1=[a, b]=[a, c]=[a, d]=[b, c], \\ \quad d^{-1}bd=ab, d^{-1}cd=bc; \\ \text{在 } p=3 \text{ 时}, G=\{a, b, c\}, a^9=b^3=c^3=1=[a, b], \\ \quad c^{-1}ac=ab, c^{-1}bc=a^{-3}b. \end{cases}$

附注 这里应注意的是，定理 2 中每款里面群 G 之生成元的个数不一定是最少的，例如以 (xiv) 款言，由 $[G, G]\subseteq \Phi(G)$ 及 $[c, d]=a$ 则得 $a\in\Phi(G)$，故又可写为 $G=\{b, c, d\}$ 而具定义关系 $b^p=c^p=d^p=[c, d]^p=1=[b, c]=[b, d]$ 及 $[c, d]\in Z(G)$。这也说明了定理 2 中各款的生成元素不是唯一的。

再讨论 $o(G)=2^4$ 的 2-群 G.

当 G 为交换时，有五种类型，分别为定理 2 中的 (i), (ii), (iii), (iv), (v), 不重复写了.

于是下面只讨论 G 为非交换的情况.

首先，设 G 有阶为 $2^3=8$ 的元. 在引理 1 内已解决了这时 G 有四个类型,即

(vi)　$G=\{a, b\}$, $a^8=1=b^2$, $b^{-1}ab=a^{-1}$ (二面体群 D_{2^4});

(vii)　$G=\{a, b\}$, $a^8=1=b^2$, $b^{-1}ab=a^3$;

(viii)　$G=\{a, b\}$, $a^8=1=b^2$, $b^{-1}ab=a^5$;

(ix)　$G=\{a, b\}$, $a^8=1$, $b^2=a^4$, $b^{-1}ab=a^{-1}$ (广义四元数群 Q_{2^4}).

故今后只考虑 G 没有阶 2^3 的元. 由 G 之非交换性又知 G 中元之阶不能全为 2，故这时 G 必有阶 2^2 的元. 今令 $a\in G$, $o(a)=2^2$.

先考虑 $\{a\}\lhd G$. 这时，$G/\{a\}$ 或为 4 阶循环，或为 4 阶初等交换.

若 $G/\{a\}$ 为 4 阶循环,则据霍尔特定理，$G=\{a, b\}$, $a^4=1$, $b^4=a^t$, $b^{-1}ab=a^{-1}$(因为 G 非交换);又因 G 无阶 8 之元，故 $b^4=1$, 即这时 G 之构造确定,而仅一个型,为

(x)　$G=\{a, b\}$, $a^4=1=b^4$, $b^{-1}ab=a^{-1}$.

若 $G/\{a\}$ 为 4 阶初等交换，则由上册第四章 §5 定理 4，知 $G=\{a, g, h\}$，式中 $a^4=1$, $g^2=a^u$, $h^2=a^v$, $g^{-1}h^{-1}gh=a^l$, $g^{-1}ag=a^\sigma$, $h^{-1}ah=a^\tau$, $(\sigma, \tau\in A(\{a\}))$. 但因 $o(a^\sigma)=4$，故 $a^\sigma=g^{-1}ag=a^{\pm1}$; 同理，$a^\tau=h^{-1}ah=a^{\pm1}$.

若 $g^{-1}ag=a^{-1}$ 与 $h^{-1}ah=a^{-1}$，则 $(gh^{-1})^{-1}a(gh^{-1})=a$，故令 $g_1=gh^{-1}$，又有 $G=\{a, g_1, h\}$, $a^4=1$, $g_1^2=a^{u_1}$, $h^2=a^v$,

$g_1^{-1}h^{-1}g_1h = a^{l_1}$，$g_1^{-1}ag_1 = a$，$h^{-1}ah = a^{-1}$. 这说明了：只有二款可能是本质上的差异，一为 $g^{-1}ag=a$ 与 $h^{-1}ah=a^{-1}$，一为 $g^{-1}ag = a = h^{-1}ah$。

又据题设应有 $g^4 = 1 = h^4$，故 $u = 0 = v \pmod 2$. 如若 $g^{-1}ag = a$，再令 $g' = a^{\frac{u}{2}}g$，有 $G=\{a, g', h\}$，$g'^{-1}ag' = a$ 及 $g'^2=1$. 同理，如若 $h^{-1}ah = a$，也可适当选 h 使 $h^2 = 1$. 故 G 之构造不外次之三个型：

（甲）$G = \{a, g, h\}$，$a^4 = g^2 = h^2 = 1$，$g^{-1}ag = a$，$h^{-1}ah = a$，$g^{-1}h^{-1}gh = a^l$；

（乙）$G = \{a, g, h\}$，$a^4 = g^2 = h^2 = 1$，$g^{-1}ag = a$，$h^{-1}ah = a^{-1}$，$g^{-1}h^{-1}gh = a^l$；

（丙）$G = \{a, g, h\}$，$a^4 = g^2=1$，$h^2=a^2$，$g^{-1}ag=a$，$h^{-1}ah = a^{-1}$，$g^{-1}h^{-1}gh = a^l$；

需要决定的是 l.

但从 $ga = ag$ 与 $h^{-1}gh = ga^l$ 又得 $1=g^2 = h^{-1}g^2h=(ga^l)^2 = g^2a^{2l} = a^{2l}$，$l = 0 \pmod 2$，故或 $l = 0$ 或 $l = 2$. 但 G 之非交换性说明在（甲）款时必有 $l = 2$. 如（乙）款中 $l = 2$，令 $a_1 = a^{-1}g$ 后有 $G = \{a_1, g, h\}$，$0(a_1) = 4$，$g^{-1}a_1g = a_1$，$h^{-1}a_1h = a_1$，$g^{-1}h^{-1}gh = a_1^2(= a^2)$，变成了（甲）款. 在（丙）款中若 $l = 2$，则令 $h_1 = gh$ 后有 $G = \{a, g, h_1\}$，$h_1^2 = 1$，$h_1^{-1}ah_1 = a^{-1}$，$g^{-1}h_1^{-1}gh_1 = a^2$，而归结为（乙）款中 $l = 2$ 的情况，因而又与（甲）款同构造. 总之，G 之构造至多有三，即（甲）中 $l = 2$ 与（乙）中 $l = 0$ 及（丙）中 $l = 0$，具体地说，为：

(xi) $G = \{a, b, c\}$，$a^4 = b^2 = c^2 = 1$，$b^{-1}ab=a$，$c^{-1}ac=a$，$b^{-1}c^{-1}bc = a^2$；

(xii) $G = \{a, b, c\}$，$a^4 = b^2 = c^2 = 1$，$b^{-1}ab=a$，$c^{-1}ac=a^{-1}$，$b^{-1}c^{-1}bc = 1$；

(xiii) $G = \{a, b, c\}$，$a^4=b^2=1$，$c^2=a^2$，$b^{-1}ab=a$，$c^{-1}ac=a^{-1}$，$b^{-1}c^{-1}bc = 1$.

剩下需解决的是 (xi)，(xii)，(xiii) 两两互不同构. 事实上，不论为何款，G 之元恒可写为 $a^x b^y c^z$ 形. 但在 (xii) 型中，a^2, b, c 两两可交换，故 $(a^{2x} b^y c^z)^2 = 1$，因而欲 $o(a^x b^y c^z) = 4$，则 $(x, 2) = 1$，于是 $c^{-1}(a^x b^y c^z)c = a^{-x} b^y c^z \neq a^x b^y c^z$，即 (xii) 型中凡阶 4 的元 $\bar{\in} Z(G)$. 同样，(xiii) 型中元 $a^x b^y c^z$ 之阶欲为4，则或 $(x, 2) = 1$ 或 $(z, 2) = 1$，至少有一；如 x 为奇，则

$$c^{-1}(a^x b^y c^z)c = a^{-x} b^y c^z \neq a^x b^y c^z;$$

如 z 为奇，则 $a^{-1}(a^x b^y c^z)a = a^x b^y c^{z-2} \neq a^x b^y c^z$；总之说明了(xiii) 型阶 4 的元也 $\bar{\in} Z(G)$. 然而 (xi) 型确有阶 4 的元如 $a \in Z(G)$. 这就证明了 (xi) 与 (xii), (xiii) 都不同构. 又 (xiii) 型群为 $Q_8 = \{a, c\}$ 与 $\{b\}$ 的直积 $\{a, c\} \times \{b\}$，故其中阶 2 之元的个数有三，为 a^2 与 b 及 $a^2 b$. 但 (xii) 型群 $= D_8 \times \{b\}$, $D_8 = \{a, c\}$，其中阶 2 之元的个数有十一而为 $a^2, c, ac, a^2c, a^3c, b, a^2b, acb, cb, a^2cb, a^3cb$. 由是可知 (xii) 与 (xiii) 这两个型也互不同构. 故知 (xi), (xii), (xiii) 确为两两互异的，证毕.

再考虑 $\{a\} \ntriangleleft G$ 且 G 无循环正规 4 阶子群. 由 G 之幂零性知有适合 $\{a\} \triangleleft H$ 及 $\{a\} < H < G$ 的 G 之子群 H，故 $o(H) = 2^3 = 8$, $H \triangleleft G$；然而由 G 这时之假设，知 H 不为循环的，因之据上册第五章 §3 定理 10，知 $H = \{a, b\}$ 仅为下列三个型：

(一) $H = \{a, b\}$, $a^4 = 1 = b^2$, $b^{-1}ab = a$ (交换群)；

(二) $H = \{a, b\}$, $a^4 = 1$, $b^2 = a^2$, $b^{-1}ab = a^{-1}$ (四元数群 Q_8)；

(三) $H = \{a, b\}$, $a^4 = 1 = b^2$, $b^{-1}ab = a^{-1}$ (二面体群 D_8).

因 G/H 为二阶循环，故 $G = \{H, c\} = \{a, b, c\}$，其中除 a, b 间之关系为 H 所揭示的以外还有待定的关系：

$c^2 = u \in H$, $u^\sigma = c^{-1}uc = u$, $a^\sigma = c^{-1}ac$, $b^\sigma = c^{-1}bc$，但 $\sigma \in A(H)$.

由 $\{a\} \ntriangleleft G$ 得知 $c^{-1}ac = a^\sigma = a^t b$，故在(三)款时应有 $(a^\sigma)^2 = (c^{-1}ac)^2 = (a^t b)^2 = 1$, $o(a^\sigma) = 2$, $o(a) = 2$，显非所许. 这就说明(三)款不可能发生. 故只有(一)或(二)之可能.

先讨论(一)款. 由 $o(c^{-1}ac) = 4$ 可知 $1 \neq (a^t b)^2 = a^{2t}$，故 t 为奇. 于是 $c^{-1}ac = ab$ 或 $= a^3 b$. 然而在 $c^{-1}ac = a^3 b$ 时取 $b_1 =$

a^2b，有 $H=\{a, b_1\}$，$a^4=1=b_1^2$，$b_1^{-1}ab_1=a$，而 $G=\{a, b_1, c\}$ 中 $c^{-1}ac=a^3b=ab_1$，这说明了可在H内选取适当的 b 使 $c^{-1}ac=ab$. 这样作了之后再令 $b^\sigma=c^{-1}bc=a^sb^l$ ($l=0$ 或 1) 时，就有 $a=u^{-1}au=c^{-2}ac^2=c^{-1}(ab)c=ab\cdot a^sb^l=a^{s+1}b^{l+1}$，故 $s\equiv 0(\mathrm{mod}\ 4)$ 及 $l=1$，即 $c^{-1}bc=b$.

剩下需决定 $c^2=u$ 的 u. 设 $c^2=a^kb^r$ ($r=0$ 或 1). 若 $c^2=a^kb$，则令 $c_1=ac$ 时有 $G=\{a, b, c_1\}$，$c_1^{-1}ac_1=ab$，$c_1^{-1}bc_1=b$，以及 $c_1^2=ac^2(c^{-1}ac)=a^{k+1}b\cdot ab=a^{k+2}$. 这就是说可在$G$内选取适当的 c 使 $c^2=a^k$.由是，$1=c^4=a^{2k}$，k 为偶，得设 $k=2x$. 若 $(x, 2)=1$，则 $c^2=a^k=a^{2x}=a^2$，因而 $(ac)^2=acac=accab=a^4b=b$，$(ac)^3=acb=abc$，说明了 $o(ac)=4$，且同时又有 $b^{-1}\cdot(ac)\cdot b=ac$，$c^{-1}\cdot(ac)\cdot c=c^{-1}a^{-1}=(ac)^{-1}$，与 $a^{-1}\cdot(ac)\cdot a=ca=c^{-1}\cdot c^2a=c^{-1}a^{-1}=(ac)^{-1}$，即 $\{ac\}\lhd G$，G有了一个 4 阶的循环正规子群，而和假设冲突了，不可. 故必有 $x\equiv 0(\mathrm{mod}\ 2)$，因之 $k\equiv 0\ (\mathrm{mod}\ 4)$，即 $c^2=1$. 这说明了这时G之型确定，而为

(xiv) $G=\{a, b, c\}$，$a^4=b^2=c^2=1$，$b^{-1}ab=a$，$c^{-1}ac=ab$，$b^{-1}c^{-1}bc=1$.

再讨论(二)款. 这时从 $c^{-1}ac=a^tb$ 得 $c^{-1}a^2c=(a^tb)^2=a^2$，又 $b^{-1}a^2b=a^{-2}=a^2$，说明了 $a^2\in Z(G)$. 注意对G之任一个 4 阶的元 a 由于 $\{a\}\lhd G$,都可像上面这样来讨论，这就说明了G中凡阶 4 之元的平方必为G的一中心元. 由是或 $Z(G)=\{a^2\}$，或 $Z(G)>\{a^2\}$.

我们现在敢断言 $Z\{G\}>\{a^2\}$. 因由题设G中每元 ($\neq 1$) 的阶或为 2 或为 4，且当 $o(x)=2$ 时有 $x^2=1$，而在 $o(x)=4$ 时有 $x^2\in Z(G)$，故对任 $x\in G$ 恒有 $x^2\in Z(G)$. 于是若 $Z(G)=\{a^2\}$，则:

(I) 当 $c^2=1$ 时，有 $\{a^2\}=Z(G)\ni(ac)^2=ac^2(c^{-1}ac)=a^{t+1}b$，当然也有 $a^{t+1}b\in\{a\}$，$b\in\{a\}$，非所许;

(II) 当 $c^4=1$ 时，应有 $c^2\in Z(G)=\{a^2\}$，故从 $c^2\neq 1$ 就必

有 $c^2 = a^2$，因而 $(ac)^2 = ac^2(c^{-1}ac) = a^3a^tb \in Z(G) = \{a^2\} \subset \{a\}$，$b \in \{a\}$，也非所许.

总之，说明了不可能有 $Z(G) = \{a^2\}$. 故必有 $\{a^2\} < Z(G)$.

于是，必有 $z \in Z(G)$ 使 $z \notin \{a^2\}$，所以再据 G 没有 4 阶循环正规子群的假设就知道 $o(z) = 2$；又 $\{a\} \triangleleft \{a, z\}$，而 $\{a, z\}$ 显为 $2^3 = 8$ 阶的交换群，其定义关系是 $a^4 = 1 = z^2$ 及 $z^{-1}az = a$. 故取 $\{a, z\}$ 来替代上面的 H 而讨论 G 时，问题又回到了(一)款，即 G 之构造仍为 (xiv).

总括起来，就证得了下面的

定理 3 2^4 阶群 G 共有十四种类型：

(一) 交换群的情况(有五种)

(i) 循环群 Z_{2^4}；

(ii) 初等交换群；

(iii) [3, 1] 型交换群；

(iv) [2, 2] 型交换群；

(v) [2, 1, 1] 型交换群；

(二) 非交换群的情况(有九种)

(vi) $G = \{a, b\}$，$a^8 = 1 = b^2$，$b^{-1}ab = a^{-1}$(二面体群 D_{2^4})；

(vii) $G = \{a, b\}$，$a^8 = 1 = b^2$，$b^{-1}ab = a^3$；

(viii) $G = \{a, b\}$，$a^8 = 1 = b^2$，$b^{-1}ab = a^5$；

(ix) $G = \{a, b\}$，$a^8 = 1$，$b^2 = a^4$，$b^{-1}ab = a^{-1}$(广义四元数群 Q_{2^4})；

(x) $G = \{a, b\}$，$a^4 = 1 = b^4$，$b^{-1}ab = a^{-1}$；

(xi) $G = \{a, b, c\}$，$a^4 = b^2 = c^2 = 1$，$b^{-1}ab = a$，$c^{-1}ac = a$，$[b, c] = a^2$；

(xii) $G = \{a, b, c\}$，$a^4 = b^2 = c^2 = 1$，$b^{-1}ab = a$，$c^{-1}ac = a^{-1}$，$[b, c] = 1$；

(xiii) $G = \{a, b, c\}$，$a^4 = b^2 = 1$，$c^2 = a^2$，$b^{-1}ab = a$，$c^{-1}ac = a^{-1}$，$[b, c] = 1$；

(xiv) $G = \{a, b, c\}$，$a^4 = b^2 = c^2 = 1$，$b^{-1}ab = a$，$c^{-1}ac = ab$，

$[b, c] = 1.$

从上面定理 1 到定理 3 的证明过程来看，可知 p^n 阶 p-群的构造当 n 从 1 变到 4 时其类型不仅是随 n 的增大而增多，而且决定各个类型之证明的分析方法也随 n 之增大而更琐细麻烦. 由此可见当 $n = 5, 6, \cdots$ 时，其类型必更多，而欲写出各个类型的构造也就更困难了. 在文献 [23] 中解决了 $2^6=64$ 阶群共有 267 个，改正了过去说 2^6 阶群有 294 个的谬误；至于 $2^5=32$ 阶群则有 51 个. 于是自然会想到 p^n 阶群类型的多寡必是自然数 n 与素数 p 的一个数论函数，但究竟这个数论函数关系怎样？不能不引起人们的注意.

问题 1 试证 p-群 G 决不可能由 G 中二个共轭元生成之.

问题 2 利用前章 §5 定理 3，证明：若群 G 中每元 $(\neq 1)$ 的阶为 3，则 G 中任二个共轭元可交换.

§2. 正 则 p-群

正则 p-群的概念是由 P. 霍尔在他的两篇论文（文献 [24]，[25]）中首先提出来的. 这类 p-群能引起重视的原因不仅是它与交换 p-群有许多类似的性质，更重要的是 p-群中有很大一部分是属于这个范畴的. 故不得不特地来论述之.

先叙述预备知识.

定义 1 设 G 为群. 若 $x \in K_j(G)$，而 $x \bar{\in} K_{j+1}(G)$ ($K_i(G)$ 之意义见上册第二章 §4)，则叫元素 x 的权为 j，记为 $w(x) = j$.

由权[1)]的定义，可证下面的

引理 1 设 $a, b \in G$，则 $w([a, b]) \geq w(a) + w(b)$.

事实上，若 $w(a) = m$，$w(b) = n$，则 $a \in K_m(G)$，$b \in K_n(G)$，故 $[a, b] \in [K_m(G), K_n(G)] \subseteq K_{m+n}(G)$，证完.

---

1) 若 G 为幂零，则由定义知 G 的每元之权是有限的. 当 G 非幂零时，因 $K_n(G) = K_{n+1}(G)$ 可无限延伸，故在 $x \in \bigcap_{i=1}^{\infty} K_i(G)$ 时就定义 $w(x) = \infty$.

为今后叙述的简洁，特引进下列的

定义 2 设 $G=\{a_1, a_2, \cdots, a_n\}$ 为自由群(即将 $a_1, a_2, \cdots, a_n$ 及其逆元 $a_1^{-1}, a_2^{-1}, \cdots, a_n^{-1}$ 在 G 内运算时都看做为独立的变量). 把 n 个元 $a_1, a_2, \cdots, a_n$ 分成若干个互不相交的非空子集 $\boxed{J}_1, \boxed{J}_2, \cdots, \boxed{J}_m$ (因而 $1\leqslant m\leqslant n$)，得到 m 个自然数 $1, 2, \cdots, m$ 之集合 $\mathfrak{M}=\langle 1, 2, \cdots, m\rangle$; 再把 $\mathfrak{M}$ 之一切非空子集 $\left(\text{个数为} \sum\limits_{i=1}^{m}\binom{m}{i}=2^m-1\right)$依辞典式排成先后的次序：例如当二子集 $\mathfrak{R}$ 与 $\mathfrak{T}$ 的浓度不等时，如 $|\mathfrak{R}|<|\mathfrak{T}|$，就叫 $\mathfrak{R}$ 先于 $\mathfrak{T}$ (或 $\mathfrak{T}$ 后于 $\mathfrak{R}$)，记为 $\mathfrak{R}\ll\mathfrak{T}$; 若 $|\mathfrak{R}|=|\mathfrak{T}|$，如 $\mathfrak{R}=\langle 1, 3, 6\rangle$，$\mathfrak{T}=\langle 1,4, 5\rangle$，则记为 $\mathfrak{R}\ll\mathfrak{T}$. 记号 $\mathfrak{R}\leqq\mathfrak{T}$ 则表示 $\mathfrak{R}\ll\mathfrak{T}$ 或 $\mathfrak{R}=\mathfrak{T}$. 若 J 为 $\langle a_1, a_2, \cdots, a_n\rangle$ 之子集，则定义 $G_J=\{a_i^x=x^{-1}a_ix\mid a_i\in J, x\in G\}$ 为由 $a_i\in J$ 及其共轭所生成的 G 之最小正规子群.

再当 $\varnothing\neq\mathfrak{R}\subseteq\mathfrak{M}$ 时，令 $\mathfrak{G}_{\mathfrak{R}}$ 表示群 G 中具下述三性质的元 x 之集合:

(i) $w(x)\geqslant|\mathfrak{R}|$，因而 $x\in K_{|\mathfrak{R}|}(G)$;

(ii) $x\in G_{\boxed{J}_i}$ 对一切 $i\in\mathfrak{R}$，即 $x\in\bigcap\limits_{i\in\mathfrak{R}}G_{\boxed{J}_i}$;

(iii) $x\in\{a_k\mid a_k\in\bigcup\limits_{i\in\mathfrak{R}}\boxed{J}_i\}$.

引理 2 定义 2 中 G 之 n 个生成元之积 $a_1a_2\cdots a_n=\prod\limits_{\mathfrak{R}\subseteq\mathfrak{M}}q_{\mathfrak{R}}$，式中 $q_{\mathfrak{R}}\in\mathfrak{G}_{\mathfrak{R}}$，但 $\prod\limits_{\mathfrak{R}\subseteq\mathfrak{M}}$ 中有关 $\mathfrak{M}$ 之子集 $\mathfrak{R}$ 是依定义 2 中所谓辞典式的先后次序排列的(符号 $\prod\limits_{\mathfrak{R}\subseteq\mathfrak{M}}$ 之意义今后都是这样理解的).

证明 对任何 $\mathfrak{T}(\subseteq\mathfrak{M})$，我们将证明

$$(*)\qquad a_1a_2\cdots a_n=\left(\prod_{\mathfrak{R}\ll\mathfrak{T}}q_{\mathfrak{R}}\right)\cdot t_1t_2\cdots t_k,$$

式中的所有 $q_{\mathfrak{R}}$ 都是依辞典式先后次序写的，但每 $t_i\in\mathfrak{G}_{\mathfrak{L}}$ 而有 $\mathfrak{T}\ll\mathfrak{L}$.

事实上，若 $\mathfrak{T}=\langle 1\rangle$，即为 $\mathfrak{M}$ 之最先一个子集，则这时公式($*$)中 $\prod\limits_{\mathfrak{R}\ll\mathfrak{T}}$ 内的 $\mathfrak{R}$ 根本就没有，即 $\prod\limits_{\mathfrak{R}\ll\mathfrak{T}} q_{\mathfrak{R}}=1$，而每 $a_i\in$ 某 $\boxed{J}_l$(l与 i 有关)，又$\langle 1\rangle\leqq\langle l\rangle$且有 $a_i\in\mathfrak{G}_{\langle l\rangle}$，故这时令 $t_i=a_i$ 及 $k=n$ 即得公式($*$)之正确性.

再归纳地假定公式($*$)对 $\mathfrak{T}$ 言已成立，而令 $\mathfrak{T}_1$ 为 $\mathfrak{T}$ 之紧跟后继者，因而当然有 $\mathfrak{T}\ll\mathfrak{T}_1$. 因假定了公式($*$)对 $\mathfrak{T}$ 言成立，故若($*$)中 $t_i\in\mathfrak{G}_{\mathfrak{L}}$ 的 $\mathfrak{L}$ 都有 $\mathfrak{L}\gg\mathfrak{T}$ 的关系，则当然有 $\mathfrak{T}\ll\mathfrak{T}_1\leqq\mathfrak{L}$，即 $t_i\in\mathfrak{G}_{\mathfrak{L}}$ 之 $\mathfrak{L}$ 具性质 $\mathfrak{T}_1\leqq\mathfrak{L}$；又($*$)中 $\prod\limits_{\mathfrak{R}\ll\mathfrak{T}} q_{\mathfrak{R}}=\prod\limits_{\mathfrak{R}\ll\mathfrak{T}_1} q_{\mathfrak{R}}$ 显然. 于是这时公式($*$)当然又可写成

$$a_1a_2\cdots a_n=\left(\prod_{\mathfrak{R}\ll\mathfrak{T}_1} q_{\mathfrak{R}}\right)t_1t_2\cdots t_k,$$

而有 $t_i\in\mathfrak{G}_{\mathfrak{L}}$ 中的 $\mathfrak{L}\geqq\mathfrak{T}_1$. 这无异乎说明公式($*$)对 $\mathfrak{T}_1$ 言成立.

故需考虑的是公式($*$)中有一 $t\in\mathfrak{G}_{\mathfrak{T}}$，且在 t 之紧左前的一个 $t_\lambda\in\mathfrak{G}_{\mathfrak{T}'}$ 而有 $\mathfrak{T}'\gg\mathfrak{T}$. 这时由于 $\cdots t_\lambda t\cdots=\cdots tt_\lambda\cdot[t_\lambda,t]\cdots$，据引理 1 得知:

(i) $w([t_\lambda,t])\geqslant w(t_\lambda)+w(t)\geqslant|\mathfrak{T}'|+|\mathfrak{T}|\geqslant|\mathfrak{T}'\cup\mathfrak{T}|$;

(ii) $[t_\lambda,t]\in[G_{\boxed{J}|i},G]\subseteq G_{\boxed{J}|i}$ 对一切的 $i\in\mathfrak{T}'$，以及 $[t_\lambda,t]\in[G,G_{\boxed{J}|k}]\subseteq G_{\boxed{J}|k}$ 对一切的 $k\in\mathfrak{T}$，故知 $[t_\lambda,t]\in G_{\boxed{J}|j}$ 对一切的 $j\in\mathfrak{T}'\cup\mathfrak{T}$;

(iii) 从 $t\in\mathfrak{G}_{\mathfrak{T}}$ 得 $t\in\left\{a_k\,|\,a_k\in\bigcup\limits_{i\in\mathfrak{T}}\boxed{J}_i\right\}$，又从 $t_\lambda\in\mathfrak{G}_{\mathfrak{T}'}$ 得 $t_\lambda\in\left\{a_k\,|\,a_k\in\bigcup\limits_{i\in\mathfrak{T}'}\boxed{J}_i\right\}$，故结果可知$[t_\lambda,t]\in\left\{a_k\,|\,a_k\in\bigcup\limits_{i\in\mathfrak{T}'\cup\mathfrak{T}}\boxed{J}_i\right\}$. 这也是说明了 $[t_\lambda,t]\in\mathfrak{G}_{\mathfrak{T}'\cup\mathfrak{T}}$，但 $\mathfrak{T}'\cup\mathfrak{T}\geqq\mathfrak{T}'\gg\mathfrak{T}$.

上面的论断证明了这样一个事实，即凡在公式($*$)中出现 $t\in\mathfrak{G}_{\mathfrak{T}}$ 时，我们总可以把这些 t 与它前面属于 $\mathfrak{G}_{\mathfrak{T}'}(\mathfrak{T}'\gg\mathfrak{T})$ 的那些 t 逐个地调换左、右位置顺序，使得属于 $\mathfrak{G}_{\mathfrak{T}}$ 的那些 t 都集中在最前面，因而使后面的那些 t 所属之 $\mathfrak{G}_{\mathfrak{T}'}$ 中的 $\mathfrak{T}'$ 都 $\gg\mathfrak{T}$. 于是将属于 $\mathfrak{G}_{\mathfrak{T}}$ 中的 t 统统合并到符号 Π 里面去，则公式($*$)得改写为

$$a_1a_2\cdots a_n=\left(\prod_{\mathfrak{N}\ll\mathfrak{T}_1} q_{\mathfrak{N}}\right)\cdot t_1t_2\cdots t_k,$$

形使得每 $t_i\in\mathfrak{G}_{\mathfrak{L}}$ 而有 $\mathfrak{L}\geqq\mathfrak{T}_1$. 这就证明了公式(∗)确成立.

既如此,特取 $\mathfrak{T}=\mathfrak{M}$ 自身时,则公式(∗)就变为 $a_1a_2\cdots a_n=\left(\prod_{\mathfrak{N}\ll\mathfrak{M}} q_{\mathfrak{N}}\right)\cdot t$, $t\in\mathfrak{G}_{\mathfrak{M}}$, 故可改写 t 为 $t=q_{\mathfrak{M}}$, 因而

$$a_1a_2\cdots a_n=\prod_{\mathfrak{N}\subseteq\mathfrak{M}} q_{\mathfrak{N}}.$$

引理 2 证完.

现在可证明下面一个重要公式,即

引理 3 设 $H=\{x, y\}$, 则有 $c_i\in K_i(H)$ $(i=2, 3, \cdots)$ 使得对任何的自然数 m,恒有

$$x^my^m=(xy)^mc_2^{\binom{m}{2}}c_3^{\binom{m}{3}}\cdots c_{m-1}^{\binom{m}{m-1}}c_m.$$

附注 当 $K_3(H)=1$, 因而在 $K_2(H)\subseteq Z(H)$ 时, 就有 $x^my^m=(xy)^mc_2^{\binom{m}{2}}$,但据上册第二章 § 4定理 4 之推论中的 ii)又有 $K_2(H)=\{[x, y]\}$, 由是得知上册第一章 § 10 定理 4 之 b) 可视为这引理 3 的一个推论.

证明 (a) 先作群 $G=\{a_1, \cdots, a_m, a_{m+1}, \cdots, a_{2m}\}$ (自由群). 并将 $2m$ 个生成元分成 m 个两两互不相交的子集,如 $\boxed{J}_1=\langle a_1, a_{m+1}\rangle$, $\boxed{J}_2=\langle a_2, a_{m+2}\rangle, \cdots, \boxed{J}_m=\langle a_m, a_{2m}\rangle$, 而有 m 个自然数之集合 $\mathfrak{M}=\langle 1, 2, \cdots, m\rangle$. 对 $\mathfrak{M}$ 之每个非空子集 $\mathfrak{N}$,令

$$P_{\mathfrak{N}}=\prod_{i\in\mathfrak{N}} a_i\cdot\prod_{i\in\mathfrak{N}} a_{i+m}$$

$\left(\prod_{i\in\mathfrak{N}}\right.$ 中各因子之顺序是依脚标从小到大$\left.\right)$.

令 $\mu_{\mathfrak{N}}$ 表示群 G 在子群 $G_{\mathfrak{N}}=\{a_i, a_{i+m}\mid i\in\mathfrak{N}\}$ 上的一个同态映射,使得:

i) 当 $i\in\mathfrak{N}$ 时, $a_i^{\mu_{\mathfrak{N}}}=a_i$ 及 $a_{i+m}^{\mu_{\mathfrak{N}}}=a_{i+m}$;

ii) 当 $j\bar{\in}\mathfrak{N}$ 时, $a_j^{\mu_{\mathfrak{N}}}=1=a_{j+m}^{\mu_{\mathfrak{N}}}$.

我们可证下列二论断:

(1) 对于 $\mathfrak{T}\subseteq\mathfrak{R}$ 及 $q_{\mathfrak{T}}\in\mathfrak{G}_{\mathfrak{T}}$，常有 $q_{\mathfrak{T}}^{\mu_{\mathfrak{R}}}=q_{\mathfrak{T}}$.

(2) 对于 $\mathfrak{T}\nsubseteq\mathfrak{R}$，常有 $q_{\mathfrak{T}}^{\mu_{\mathfrak{R}}}=1$.

事实上，由 $\mathfrak{G}_{\mathfrak{T}}$ 之定义则知 $q_{\mathfrak{T}}\in\{a_i, a_{i+m}|i\in\mathfrak{T}\}$，故在 $\mathfrak{T}\subseteq\mathfrak{R}$ 时由 $\mu_{\mathfrak{R}}$ 之性质 i) 显有 $q_{\mathfrak{T}}^{\mu_{\mathfrak{R}}}=q_{\mathfrak{T}}$，即 (1) 成立. 当 $\mathfrak{T}\nsubseteq\mathfrak{R}$ 时，必有自然数 $j(\leqslant m)\in\mathfrak{T}$ 且有 $j\bar{\in}\mathfrak{R}$，于是 $q_{\mathfrak{T}}\in G_{\overline{[j]}}=\{a_j^q, a_{j+m}^q|q\in G\}$，因之由于 $j\bar{\in}\mathfrak{R}$ 即得 $q_{\mathfrak{T}}^{\mu_{\mathfrak{R}}}=1$（据 $\mu_{\mathfrak{R}}$ 之性质 ii)），故(2)也获证.

再令 $b=a_1a_2\cdots a_{2m-1}a_{2m}$，则由引理 2 及上述性质 i) 与 ii) 可知

$$b^{\mu_{\mathfrak{R}}}=\begin{cases}a_1^{\mu_{\mathfrak{R}}}a_2^{\mu_{\mathfrak{R}}}\cdots a_{2m}^{\mu_{\mathfrak{R}}}=\prod\limits_{i\in\mathfrak{R}}a_i\prod\limits_{i\in\mathfrak{R}}a_{i+m}=P_{\mathfrak{R}},\\ \Big(\prod\limits_{\mathfrak{T}\subseteq\mathfrak{M}}q_{\mathfrak{T}}\Big)^{\mu_{\mathfrak{R}}}=\prod\limits_{\mathfrak{T}\subseteq\mathfrak{M}}q_{\mathfrak{T}}^{\mu_{\mathfrak{R}}}=\prod\limits_{\mathfrak{T}\subseteq\mathfrak{R}}q_{\mathfrak{T}}.\ \text{（利用了(1)与(2)）}\end{cases}$$

(b) 再令 ε 为 $G=\{a_1, \cdots, a_m, a_{m+1}, \cdots, a_{2m}\}$ 在 $H=\{x, y\}$ 上的同态映射，使得

$$a_1^{\varepsilon}=a_2^{\varepsilon}=\cdots=a_m^{\varepsilon}=x,\ 及\ a_{m+1}^{\varepsilon}=a_{m+2}^{\varepsilon}=\cdots=a_{2m}^{\varepsilon}=y.$$

于是对 $\mathfrak{M}$ 中具性质 $|\mathfrak{R}|=r$ 的一切这样子集 $\mathfrak{R}$ 来谈，由上面 (a) 段的结果 $P_{\mathfrak{R}}=\prod\limits_{i\in\mathfrak{R}}a_i\cdot\prod\limits_{i\in\mathfrak{R}}a_{i+m}=\prod\limits_{\mathfrak{T}\subseteq\mathfrak{R}}q_{\mathfrak{T}}$，就知道

(3) $P_{\mathfrak{R}}^{\varepsilon}=x^ry^r=\prod\limits_{\mathfrak{T}\subseteq\mathfrak{R}}q_{\mathfrak{T}}^{\varepsilon}$.

今证明：当 $|\mathfrak{R}_1|=|\mathfrak{R}_2|=r$ 时，恒有 $q_{\mathfrak{R}_1}^{\varepsilon}=q_{\mathfrak{R}_2}^{\varepsilon}$.

事实上，当 $r=1$ 时，$\mathfrak{R}=\langle i\rangle$ $(i=1, 2, \cdots, m)$，于是，由 (3) 式得知 $P_{\langle i\rangle}^{\varepsilon}=xy=\prod\limits_{\mathfrak{T}\subseteq\langle i\rangle}q_{\mathfrak{T}}^{\varepsilon}=q_{\langle i\rangle}^{\varepsilon}$. 因而说明了 $q_{\langle i\rangle}^{\varepsilon}=xy$ 与 i 无关，即说明了在 $r=1$ 时我们的论断是成立的. 再关于 r 用归纳法，即假定上面的论断对于凡 $<r$ 的有关 $\mathfrak{R}$ 言是成立的，于是从 $|\mathfrak{R}_1|=|\mathfrak{R}_2|=r$，因为已经有(利用 (3) 式)：

$$\Big(\prod_{\mathfrak{T}\subset\mathfrak{R}_1}q_{\mathfrak{T}}^{\varepsilon}\Big)q_{\mathfrak{R}_1}^{\varepsilon}=\prod_{\mathfrak{T}\subseteq\mathfrak{R}_1}q_{\mathfrak{T}}^{\varepsilon}=P_{\mathfrak{R}_1}^{\varepsilon}=x^ry^r=P_{\mathfrak{R}_2}^{\varepsilon}$$

$$=\prod_{\mathfrak{T}\subseteq\mathfrak{R}_2}q_{\mathfrak{T}}^{\varepsilon}=\Big(\prod_{\mathfrak{T}\subset\mathfrak{R}_2}q_{\mathfrak{T}}^{\varepsilon}\Big)q_{\mathfrak{R}_2}^{\varepsilon},$$

故据归纳法的假设已知对于凡 $|\mathfrak{T}|<r$ 的 $q_{\mathfrak{T}}^{\varepsilon}$ 仅与 $|\mathfrak{T}|=s$ 中的

s 有关而与这样的 $\mathfrak{T}$ 究竟包含怎样 s 个自然数是无关的，于是由于 $\mathfrak{R}_1$ 及 $\mathfrak{R}_2$ 中浓度为 $s(<r)$ 的子集之个数都等于从 r 个中取 s 个的组合的总数，因而不得不相等，就知道上式左、右两端里确有 $\prod_{\mathfrak{T}\subset\mathfrak{R}_1} q_{\mathfrak{T}}^{\varepsilon}=\prod_{\mathfrak{T}\subset\mathfrak{R}_2} q_{\mathfrak{T}}^{\varepsilon}$，因之其结果必然产生 $q_{\mathfrak{R}_1}^{\varepsilon}=q_{\mathfrak{R}_2}^{\varepsilon}$. 证明了我们的论断.

既然是这样，就对凡 $|\mathfrak{T}|=i$ 的 $\mathfrak{R}$ 中这样一些子集 $\mathfrak{T}$ 言能令 $c_i=q_{\mathfrak{T}}^{\varepsilon}$. 因为对 $|\mathfrak{R}|=r$ 言，$|\mathfrak{R}|$ 恰有 $\binom{r}{i}$ 个具性质 $|\mathfrak{T}|=i$ 的子集 $\mathfrak{T}$，故由 (3) 式得

$$(4)\qquad x^r y^r=\prod_{i=1}^{r} c_i^{\binom{r}{i}}.$$

然而 $c_1=xy$ (上面已证过)，又当 $|\mathfrak{T}|=i$ 时有 $q_{\mathfrak{T}}\in\mathfrak{G}_{\mathfrak{T}}\subseteq K_i(G)$，因之 $c_i=q_{\mathfrak{T}}^{\varepsilon}\in K_i(G^{\varepsilon})=K_i(H)$，故代入 (4) 中就得到

$$x^r y^r=(xy)^r c_2^{\binom{r}{2}} c_3^{\binom{r}{3}}\cdots c_{r-1}^{\binom{r}{r-1}} c_r, c_i\in K_i(H).$$

引理 3 完全获证.

现在可论述正则 p-群了.

定义 3 设 G 为 p-群. 如果对 G 之任二元 a, b，恒可找得 r 个元 $c_1, c_2, \cdots, c_r$ 使每 $c_i\in\{a, b\}'=[\{a, b\}, \{a, b\}]$ 且有 $(ab)^p=a^p b^p c_1^p c_2^p\cdots c_r^p$ (自然数 r 当然随 a, b 而定)之关系，就叫 G 为正则 p-群.

由这定义马上得知

定理 1 交换 p-群是正则的. 又正则 p-群的子群及商群也都是正则的.

事实上，当 p-群 G 为交换时，因 G 之任二元 a, b 有 $(ab)^p=a^p b^p$，故取每 $c_i=1$ 即知 G 正则. 又当 G 为正则时，若 $H\subset G$，则对任 $a, b\in H$ 而视 $a, b\in G$ 及 G 之正则性得 $(ab)^p=a^p b^p c_1^p c_2^p\cdots c_r^p$，每 $c_i\in\{a, b\}'$，这当然也是说 H 为正则的；若 $A\lhd G$，则对商群 $\bar{G}=G/A$ 中任二元 $\bar{x}=xA$, $\bar{y}=yA$，由于 G 之正则性有 $(xy)^p=x^p y^p c_1^p c_2^p\cdots c_r^p$, $c_i\in\{x, y\}'=K_2(\{x, y\})$，故得:

$$(\bar{x}\bar{y})^p = (xyA)^p = (xy)^p A = (x^p y^p c_1^p \cdots c_r^p)A$$
$$= (xA)^p(yA)^p(c_1A)^p\cdots(c_rA)^p = \bar{x}^p\bar{y}^p\bar{c}_1^p\cdots\bar{c}_r^p,$$
式中 $\bar{c}_i = c_iA \in [\{x, y\}A, \{x, y\}A]=[\{xA, yA\}, \{xA, yA\}]= = [\{\bar{x}, \bar{y}\}, \{\bar{x}, \bar{y}\}]$，这就证明了 $\bar{G} = G/A$ 的正则性．证完．

除交换 p-群以外，究竟还有哪些 p-群是正则的呢？定理 2 回答了这个问题．

定理 2 设G为一 p-群，则有：

(i) 当G之(幂零)类小于p时，G是正则的．

(ii) 当 $o(G) \leqslant p^p$ 时，G是正则的．

(iii) 当 $G' = K_2(G)$ 循环且 $p > 2$ 时，G是正则的．

(iv) 当G中每元 $(\neq 1)$ 的阶 $= p$ 时，G是正则的．

证明 今后恒用 $c(G)$ 表示幂零群G的类．

(i) 设 $c(G) < p$．据引理 3 得

$$x^p y^p = (xy)^p c_2^{\binom{p}{2}} c_3^{\binom{p}{3}} \cdots c_{p-1}^{\binom{p}{p-1}} c_p,$$

式中 $c_i \in K_i(\{x, y\}) \subseteq \{x, y\}'$．因 $c(G)<p$，故 $c_p \in K_p(G) = 1$；且上式中凡为二项系数之指数 $\binom{p}{i}$ 在 $2 \leqslant i \leqslant p-1$ 时都能被 p 整除，因而上式得改写为

$$x^p y^p = (xy)^p d_1^p d_2^p \cdots d_{p-2}^p,\quad 每\ d_i \in \{x, y\}',$$

即证明了G正则，故 (i) 获证．

(ii) 据上册第二章 § 5 定理 1 的推论得知：当 $o(G) \leqslant p^p$ 时，p-群G的类 $c(G) \leqslant p-1$．于是由 (i) 知G正则．

(iii) 取G之任二元 x, y．令 $H=\{x, y\}$．于是由 $H' \subseteq G'$ 及 G' 之循环性知 $H' = K_2(H) = \{h\}$ 为循环的．若 $H'=\{h\} > 1$，则从H的幂零性就不得不有 $K_3(H)<K_2(H)=H'$，因而 $K_3(H) \subseteq \{h^p\}$；故考虑商群 $\bar{H} = H/K_3(H)$ 时，由于 $K_3(\bar{H}) = K_3(H)/K_3(H) = 1$ 及 $K_2(\bar{H}) = K_2(H)/K_3(H) > 1$ 得知 $\bar{H} = H/K_3(H)$ 为 2 类幂零群，因而 $K_2(\bar{H}) \subseteq Z(\bar{H})$，于是据上册第一章 § 10 定理 4 就知道：对于 $H = \{x, y\}$ 来谈，应有

$$(xK_3(H)\cdot yK_3(H))^p = x^py^pK_3(H)\cdot[yK_3(H),xK_3(H)]^{\binom{p}{2}},$$

即 $(xy)^p = x^py^p[y, x]^{\binom{p}{2}}t$, $t\in K_3(H)\subseteq\{h^p\}$. 但因 $p>2$, 故 $p\left|\binom{p}{2}\right.$,于是

$$(xy)^p = x^py^p\left([y, x]^{\frac{p-1}{2}}\right)^p(h^p)^2 = x^py^pc_1^pc_2^p,$$

式中 $c_1=[y, x]^{\frac{p-1}{2}}$ 及 $c_2=h^2$ 显然都在 $K_2(H)=\{x,y\}'$ 内. 所以据定义 3 即知 G 正则. (iii) 证完.

(iv) 这时, 由于对任 x, $y\in G$ 都有 $(xy)^p=x^p=y^p=1$, 故常有 $(xy)^p=x^py^p$, 即得 G 之正则性. 证完.

由定理 2 确知即令在非交换的 p-群中, 也有很大的一部分是正则的.

现在提出这样两个问题: (一) p-群 G 为交换时, 固为正则的;但其逆(即正则 p-群为交换)显然不为真; 可是若 $p=2$, 又怎样呢? 我们说正则 2-群确是交换的. (二) 定理 2 说奇阶 p-群 G 当换位子群 G' 为循环时必是正则的, 而其逆(即奇阶 p-群 G 为正则时其换位子群 G' 为循环的) 也显然不真, 例如 § 1 定理 2 中 (xi), (xii), (xiii) 型的 p-群 (令 $p>3$) 就是这样的, 因为它们的换位子群为 p^2 阶的初等交换群; 可是若 $p=3$ 并对 G 附加一个条件限制如有两个生成元, 结论确为真, 即正则 3-群 G 具有两个生成元时, G' 必是循环的.

把上面要解答的两个问题写成下面的

定理 3 (i) 正则 2-群是交换群. (ii) 设 G 为正则 3-群且可由二元所生成,则 $G'=[G, G]$ 必是循环的.

证明 (i) 设 G 为正则 2-群. 取 G 之任二元 x, y, 令 $H=\{x, y\}$. 利用上册第一章 § 10 的公式 (3) 可知 $(xy)^2=x[y(xy)]=x[(xy)y]\cdot[y, xy]=x^2y^2[y, x][y, x, y]$. 由 G 之正则性又有 $(xy)^2=x^2y^2c$, $c\in(H')^2=\Phi(H')$——上册第五章 § 1 定理 10 的推论 1. 故得 $[y,x]=c[y, x, y]^{-1}\in\Phi(H')K_3(H)$. 但 $H=\{x, y\}$, 而据上册第二章 § 4 定理 4 的推论可知 $H'=K_2(H)=\{[x, y],$

$K_3(H)\}\subseteq\Phi(H')\cdot K_3(H)$. 然而 $K_3(H)\subseteq K_2(H)=H'$ 及 $\Phi(H')\subseteq H'$ 自明，故 $K_3(H)\cdot\Phi(H')\subseteq H'$. 于是不得不有 $H'=\Phi(H')\cdot K_3(H)$，因而 $H'=K_3(H)$ 即 $K_2(H)=K_3(H)$，所以由 H 的幂零性就只能是 $K_2(H)=1$，即 $H'=1$，$xy=yx$. 证明了 G 是交换的.

(ii) 设 $G=\{a, b\}$ 为正则3-群，我们的目的是要证明 $G'=[G, G]$ 为循环的.

为此，先要证下面的

引理 4 设 G 为一个 3-群具有下列三性质:

(i) G 得由二元生成之，如 $G=\{a, b\}$，

(ii) G 中任二元 x, y 恒有关系式 $(xy)^3=x^3y^3$，

(iii) $G'=[G, G]$ 中每元（$\neq 1$）的阶为 3.

那末 G 之(幂零)类至多等于 2.（文献 [26]）

证明 作 G 的商群 $H=G/K_4(G)$，由于 $K_4(H)=1$ 得知 H 的幂零类至多为 3，H 也满足条件 (i)，(ii)，(iii)，因而利用 $K_4(H)=1$，假设 (iii)，$xy=yx[x, y]$，$[x, yz]=[x, z][x, y][x, y, z]$ 以及 $[xy, z]=[x, z][x, z, y][y, z]$，可知当 $x, y\in H$ 时从条件 (ii) 就有

$$
\begin{aligned}
x^3y^3=(xy)^3&=x(yx)(yx)y=x^2y[y, x]xy[y, x]y\\
&=x^2y(x[y, x][y, x, x])y[y, x]y\\
&=x^3y[y, x]^2[y, x, x]y[y, x]y\\
&=x^3y[y, x]^2y[y, x, x][y, x]y\\
&=x^3y^2[y, x]^2[[y, x]^2, y][y, x, x][y, x]y\\
&=x^3y^2[y, x]^2[y, x, y]^2[y, x, x][y, x]y\\
&=x^3y^2[y, x]^2[y, x, y]^2[y, x, x]y[y, x][y, x, y]\\
&=x^3y^2[y, x]^2y[y, x, y]^2[y, x, x][y, x][y, x, y]\\
&=x^3y^3[y, x]^2[[y, x]^2, y][y, x, y]^2[y, x, x][y, x][y, x, y]\\
&=x^3y^3[y, x]^2[y, x, y]^4[y, x, x][y, x][y, x, y]\\
&=x^3y^3[y, x]^2[y, x, y][y, x, x][y, x][y, x, y]\\
&=x^3y^3[y, x]^3[y, x, y][y, x, x][y, x, y]
\end{aligned}
$$

$= x^3y^3[y, x, y]^2[y, x, x]$，故不得不有

$$[y, x, y]^2 \cdot [y, x, x] = 1$$

(注意上面的运算过程利用了 $[K_i(H), K_j(H)] \subseteq K_{i+j}(H)$).

但上式以 y^2 代 y 后，仍成立，即应有 $[y^2, x, y^2]^2[y^2, x, x] = 1$. 再经过如上述类似的运算得知

$$\begin{aligned}[y^2, x, y^2] &= [[y^2, x], y^2] = [[y^2, x], y]^2 \\ &= [[y, x][y, x, y][y, x], y]^2 = [[y, x]^2[y, x, y], y]^2 \\ &= [[y, x]^2, y]^2 = ([y, x, y][y, x, y])^2 = [y, x, y]^4 \\ &= [y, x, y],\end{aligned}$$

及 $[y^2, x, x] = [[y^2, x], x] = [[y, x][y, x, y][y, x], x] = [[y, x]^2[y, x, y], x] = [[y, x]^2, x] = [y, x, x]^2$，故

$$1 = [y^2, x, y^2]^2[y^2, x, x] = [y, x, y]^2[y, x, x]^2.$$

于是再与 $1 = [y, x, y]^2[y, x, x]$ 比较，并利用条件 (iii) 即得 $[y, x, y] = [y, x, x] = 1$. 这证明了：对 H 的任二元 x, y 恒有关系式

(∗)　　$[y, x, y] = [y, x, x] = 1$.

于是由于 H 具有二个生成元 u, v，即 $H = \{u, v\}$，实际上有 $H = \{\bar{a}, \bar{b}\}$，$\bar{a} = aK_4(G)$，$\bar{b} = bK_4(G)$，故从 u, v 满足等式(∗)得 $[u, v]$ 与 u 及 v 均互可交换，由是 $[u, v]$ 与 H 的任何元可交换，即 $[u, v] \in Z(H)$，故据上册第一章 § 10 定理 4 应有 $[u, v]^n = [u^n, v] = [u, v^n]$. 然而 H 之元恒可表写为 u, v 之幂积，故利用公式 $[ab, c] = [a, c][a, c, b][b, c]$ 及 $[a, bc] = [a, c][a, b][a, b, c]$，可知 H 的任一个换位元 $[x, y]$ 恒可表写为 $[u, v]$，$[u, v, u]$，$[u, v, v]$ $[v, u, v]$ 及 $[v, u, u]$ 的幂积 ($\because K_4(H) = 1$)，因而再据 $[u, v, v] = [u, v, u] = [v, u, v] = [v, u, u] = 1$ 就说明了 H 之任一换位元 $[x, y]$ 恒可表写为 $[u, v]$ 之幂积，即 $H' \subseteq Z(H)$，故 H 至多为 2 类幂零群. 因之 $1 = K_3(H) = K_3(G)/K_4(G)$，不得不有 $K_4(G) = K_3(G)$，故从 G 之幂零性就有 $K_3(G) = 1$，即 G 之类至多为 2. 证完.

据引理 4，不难证明定理 3 的 (ii)：事实上，因 $G = \{a, b\}$ 为

正则 3-群，故对 $x, y \in G$ 常有 $(xy)^3 = x^3y^3w$，$w = c_1^3c_2^3\cdots c_t^3$，$c_i \in \{x, y\}'$，因而有 $w \in (G')^3$，故作商群 $H = G/(G')^3$时，则知对商群H言恒有恒等式$(xy)^3 = x^3y^3$；又G由二元可生成当然也知H亦可由二元生成之；最后，$H' = [H, H] = K_2(G)/(G')^3$ 之每元 $\bar{x}$ 因得写为 $x(G')^3$，$x \in K_2(G) = G'$，故 $\bar{x}^3 = x^3(G')^3 = (G')^3$，即 H' 之每元之阶至多为 3. 于是据引理 4 就知道H的幂零类至多等于 2. 这证明了 $K_3(H) = 1$. 于是从 $G = \{a, b\}$ 得 $H = \{\bar{a}, \bar{b}\}$，$\bar{a} = a(G')^3$，$\bar{b} = b(G')^3$，随而 $K_2(H) = \{[\bar{a}, \bar{b}], K_3(H)\}$（上册第二章 § 4 定理 4 的推论中的 ii)），即 $K_2(H) = \{[\bar{a}, \bar{b}]\}$ 为循环群，也就是 $K_2(G)/(G')^3$ 为循环群，即 $K_2(G) = \{t, (G')^3\}$；但由于 $(G')^3 \subseteq \Phi(G')$（参看上册第五章 § 1 定理 10），故有

$$G' = K_2(G) = \{t, \Phi(G')\},$$

于是必得 $G' = \{t\}$（上册第二章 § 5 定理 7 (ii)，即 G'是循环的. 定理 3 完全获证.

由定理 1 及定理 2 已知有很大一部分的 p-群是属于正则p-群这一类型的. 故弄清楚正则 p-群的性质对决定 p-群的构造是有重大作用的.

今问正则 p-群究竟有哪些重要性质呢?

我们知道正则 p-群的子群及商群仍是正则的(定理1)，即 p-群之正则性可转移到子群及其商群；但正则性不能转移到直积，事实上有下面的

定理 4 有一个阶为3^5的正则 3-群G使得直积 $G \times G$ 非正则的.

证明 据霍尔特定理（上册第四章 § 3 定理 2）得知具有定义关系式

$$a_i^{3^3} = b_i^{3^2} = 1, \quad b_i^{-1}a_ib_i = a_i^4$$

的集 $G_i = \{a_i, b_i\}$ $(i = 1, 2)$确为阶 3^5 的 3-群，它为 3^3 阶循环群 $\{a_i\}$ 被 3^2 阶循环群的一个扩张. $G_i/\{a_i\}$ 之循环性当然保证了 $G_i' \subseteq \{a_i\}$，即 G_i' 为循环的，故据定理 2 之 (iii) 得知 G_i 是正则的. 再作直积 $\mathfrak{G} = G_1 \times G_2$，并取 $\mathfrak{G}$ 之二元 $x = a_1b_2^{-1}$ 与 $y = b_1^{-1}a_2$，

且令 $c=[x,y]$，于是据 $b_ia_ib_i^{-1}=a_i^7$ 及 G_1 与 G_2 之元两两可交换之理得知

$$c=[x,y]=x^{-1}y^{-1}xy=b_2a_1^{-1}a_2^{-1}b_1a_1b_2^{-1}b_1^{-1}a_2=a_1^{-1}b_1a_1b_1^{-1}b_2a_2^{-1}b_2^{-1}a_2$$
$$=a_1^{-1}a_1^7a_2^{-7}a_2=a_1^6a_2^{-6},$$

及

$$[c,x]=a_2^6a_1^{-6}b_2a_1^{-1}a_1^6a_2^{-6}a_1b_2^{-1}=a_2^6b_2a_2^{-6}b_2^{-1}a_1^{-6}a_1^{-1}a_1^6a_1$$
$$=a_2^6(b_2a_2b_2^{-1})^{-6}=a_2^6a_2^{-42}=a_2^{-36}=a_2^{-9}.$$

因 a_2^{-9} 不可能为 $c=a_1^6a_2^{-6}$ 的幂，故令 $H=\{x,y\}$ 后，若 $H'=\{x,y\}'$ 为循环的，如 $H'=\{d\}$，则有整数 λ，μ 使 $c=[x,y]=d^\lambda$ 及 $[c,x]=d^\mu$，因而 $d^\mu=c^{-1}(x^{-1}cx)=d^{-\lambda}(x^{-1}cx)$，$d^{\lambda+\mu}=x^{-1}cx=x^{-1}d^\lambda x=(x^{-1}dx)^\lambda=d^{\lambda\gamma}$（因 $H'\lhd H$，故可写 $x^{-1}dx=d^\gamma$），$d^{\lambda(\gamma-1)}=d^\mu$，即 $c^{\gamma-1}=[c,x]=a_2^{-9}$，或 $a_2^{-9}=c^{\gamma-1}=(a_1^6a_2^{-6})^{\gamma-1}$，说明了 a_2^{-9} 为 $a_1^6a_2^{-6}$ 的幂，不可．故 $\{x,y\}'$ 不是循环的．于是据定理 3 之 (ii) 可知 $\{x,y\}$ 非正则，因之 $\mathfrak{G}=G_1\times G_2$ 当然也非正则．证完．

在这节的开端曾提到过：正则 p-群与交换群有许多类似的性质．今问：究竟有哪些类似的性质呢？

为叙述简洁，引进日后常用的两个符号，即下面的

定义 4 设 G 为 p-群．令 $\Omega_i(G)=\{x\mid x\in G, x^{p^i}=1\}$，$\mho_i(G)=\{x^{p^i}\mid x\in G\}$，即由 G 中凡 p^i 次幂等于单位元的诸元所生成的子群表为 $\Omega_i(G)$，而凡由 G 之元的 p^i 次幂所生成的子群表为 $\mho_i(G)$．

由定义 4，易知符号 $\mho_i(G)=G^{p^i}$，并且还有 $G=\mho_0(G)\supseteq\mho_1(G)\supseteq\mho_2(G)\supseteq\cdots\supseteq\mho_\mu(G)=1$ 及 $G=\Omega_\mu(G)\supseteq\Omega_{\mu-1}(G)\supseteq\cdots\supseteq\Omega_0(G)=1$，式中 μ 表示 G 中元之最高阶为 p^μ．

我们知道：对交换群中任二元 x，y，从 $x^n=y^n=1$ 恒得 $(xy)^n=1$；又 $x^ny^n=z^n(z\in G)$——实际上得令 $z=xy$．对正则 p-群，也有类似的性质，即下面的

定理 5 设 G 为正则 p-群，则对任何自然数 k，恒有下面二性质：

(i) 从 $x^{p^k}=y^{p^k}=1$ 得 $(xy)^{p^k}=1(x,y\in G)$．

(ii) 对 $x, y \in G$ 必有一元 z(与 x, y 有关)使 $x^{p^k}y^{p^k} = z^{p^k}$.

证明 先证明 (i) 的正确性.

首先考虑 $k=1$ 的情况. 我们的目的就是要证明从 $x^p=y^p=1$ 恒得 $(xy)^p = 1$.

关于群阶 $o(G)$ 用归纳法来证明,即假定对凡阶 $<o(G)$ 的正则 p-群是成立的. 今取任二元 x, $y \in G$使 $x^p=1=y^p$. 若 $xy=yx$, 当然有 $(xy)^p = 1$, 故需讨论的是 $xy \neq yx$ 的场合. 今令 A 为包含元 x 的G之最大子群,当然有 $A \lhd G$, 故若令 $L = \{g^{-1}xg \mid g \in G\}$, 则 $x \in L$ 且 $L \lhd G$ 均属显然,故 $L \subseteq A < G$. 因 L 正则, 且 L 由阶 p 之元所生成 ($L \subseteq \Omega_1(G)$), 故据归纳法的假定可知 L 中每元 ($\neq 1$) 的阶为 p. 再作 $H = \{x, y\}$ ($H \subseteq G$), 并令 $B = \{[x, y]^g = g^{-1}[x, y]g \mid g \in H\}$, 则 $B=H'=\{x, y\}'$(上册第二章 § 4 定理 4), 由于 $[x, y] = x^{-1}(y^{-1}xy) \in L$ 知 $[x, y]^p = 1$, 因而 $B = H'$ 中每个生成元的阶 $=p$, 故由 $K_2(H) < H \subseteq G$ 而据归纳法的假定可知: 对任 $c \in K_2(H)=H'$ 恒有 $c^p = 1$. 然而H之正则性保证了 $(xy)^p= x^py^pc_1^pc_2^p\cdots c_t^p$, $c_i \in H'$; 于是 $c_i^p = 1$ 以及题设 $x^p = y^p = 1$ 就保证了 $(xy)^p = 1$. 证明了在 $k = 1$时确保证了 (i) 的正确性.

再关于 k 用归纳法,即当 $k<n$ 时 (i) 是成立的而来考虑 $x^{p^n}= y^{p^n} = 1$. $x^{p^n} = 1 = y^{p^n}$ 导致了 $(x^p)^{p^{n-1}} = 1 = (y^p)^{p^{n-1}}$, 即 x^p 与 $y^p \in \Omega_{n-1}(G)$. 又不论 k 若何由 $\Omega_k(G)$ 之定义易知 $\Omega_k(G) \lhd\lhd G$, 这是由于从 $x^{p^k} = 1$ 有 $(x^\sigma)^{p^k} = 1$ 的缘故 ($\sigma \in A(G)$). 于是考虑商群 $G/\Omega_{n-1}(G)$ 中的元 $\bar{x} = x\Omega_{n-1}(G)$ 与 $\bar{y} = y\Omega_{n-1}(G)$ 时, 因 $\bar{x}^p = x^p\Omega_{n-1}(G) = \Omega_{n-1}(G)$, $\bar{y}^p = \Omega_{n-1}(G)$ 均为商群 $G/\Omega_{n-1}(G)$ 的单位元,即 $\bar{x}^p=\bar{y}^p=\bar{1}$, 故由刚证过 $k=1$ 的情况可知 $(\overline{xy})^p=\bar{1}$, 即 $(xy)^p \in \Omega_{n-1}(G)$, $((xy)^p)^{p^{n-1}} = 1$, $(xy)^{p^n} = 1$. 这说明若 $k = n-1$ 时成立,则在 $k = n$ 时亦成立. 故由归纳法得知 (i) 完全获证.

再证明 (ii).

首先还是证明 $k = 1$ 时它是成立的. 关于群阶用归纳法, 即在 $k = 1$ 时假定对阶 $< o(G)$ 的群, (ii) 是成立的. 今取 G 中

任二元 x, y，当然可假定 $xy \neq yx$，因为 $xy = yx$ 时确有 $x^py^p = (xy)^p$ 而令 $z = xy$ 就行了．于是 $H = \{x, y\}$ ($\subseteq G$) 为非交换 p-群且正则的．作 $\{xy, H'\} = L$．若 $L = \{xy, H'\} = H$，则从 $H' \subseteq \Phi(H)$ 得 $H = L = \{xy, H'\} = \{xy, \Phi(H)\} = \{xy\}$为循环的，与 H 之非交换性相矛盾，不可．故必有 $L < H$；又由于 $x^{-1}(xy)x = yx = xy \cdot [y, x] \in L = \{xy, H'\}$ 及 $y^{-1}(xy)y = y^{-1}xyx^{-1}xy = [y, x^{-1}](xy) \in L$ 说明了 $L = \{xy, H'\} \lhd H$．由于 $H = \{x, y\}$ 之正则性，可知

$$x^py^p = (xy)^p \prod_i d_i^p, \quad d_i \in \{x, y\}' = H' \subseteq L,$$

因而上式右端 $\in L^p$，故从 $L < H \subseteq G$ 而据归纳法的假定得知有 $z \in L$ 使 $(xy)^p \prod\limits_i d_i^p = z^p$，即 $x^py^p = z^p$．这就证明了论断 (ii) 在 $k = 1$ 时确是成立的．

再归纳地假定论断 (ii) 在 $k = n - 1$ 时成立．于是，$x^{p^n}y^{p^n} = (x^p)^{p^{n-1}}(y^p)^{p^{n-1}} = t^{p^{n-1}}$ 而有 $t \in \{x^p, y^p\}$，故 $t = x_1^p x_2^p \cdots x_\lambda^p$ (每 x_i 或 $= x$ 或 $= y$)，因而再根据刚才证过了关于 $k = 1$ 的场合确成立的事实，就应有 $z \in G$ 使 $t = x_1^p x_2^p \cdots x_\lambda^p = z^p$，故

$$x^{p^n}y^{p^n} = t^{p^{n-1}} = (z^p)^{p^{n-1}} = z^{p^n}.$$

因之论断 (ii) 完全获证．

定理 5 证完．

上面曾经用到 $\Omega_k(G) \lhd \lhd G$，而且由定义也易知 $\mho_k(G) \lhd \lhd G$．但由定理 5 尚可知 G 中凡 p^k 次幂等于单位元的诸元之集 $\langle x \mid x \in G, x^{p^k} = 1\rangle$ 组成 G 的特征子群，而为 $\Omega_k(G)$，即

$$\Omega_k(G) = \{x \mid x \in G, x^{p^k} = 1\} = \langle x \mid x \in G, x^{p^k} = 1\rangle.$$

同理，$\mho_k(G) = \{x^{p^k} \mid x \in G\} = \langle x^{p^k} \mid x \in G\rangle$.

事实上，$\langle x, y, \cdots\rangle \subseteq \{x, y, \cdots\}$ 自明．故需证明的是 $\{x, y, \cdots\} \subseteq \langle x, y, \cdots\rangle$．若 $x \in \Omega_k(G)$，则据 $\Omega_k(G)$ 之意义得 $x = x_1x_2\cdots x_\lambda$，每 $x_i^{p^k} = 1$，故由定理 5 之 (i) 得 $(x_1x_2\cdots x_\lambda)^{p^k} = 1$，即 $x^{p^k} = 1$，$x \in \langle x \mid x \in G, x^{p^k} = 1\rangle$．同理，若 $x \in \mho_k(G) = \{x^{p^k} \mid x \in G\}$，

则 $x=x_1^{p^k}x_2^{p^k}\cdots x_\lambda^{p^k}$，故据定理 5 之 (ii) 得知有元 $z\in G$ 使 $x_1^{p^k}x_2^{p^k}\cdots x_\lambda^{p^k}=z^{p^k}$，即 $x=z^{p^k}$，即 $x\in\langle z^{p^k}|z\in G\rangle$. 于是有

推论 1 正则 p-群 G 中凡 p^k 次幂等于单位元的诸元之集组成 G 的特征子群而等于 $\Omega_k(G)$，又 G 中一切元之 p^k 次幂的集也组成 G 的特征子群而等于 $\mho_k(G)$，即

$$\langle x|x\in G,x^{p^k}=1\rangle=\{x|x\in G,x^{p^k}=1\}=\Omega_k(G)\lhd\lhd G,$$
$$\langle x^{p^k}|x\in G\rangle=\{x^{p^k}|x\in G\}=\mho_k(G)\lhd\lhd G.$$

由定理 5，还可得知下面的

推论 2 正则 p-群 G 中任二元 x, y 之积 xy 的阶决不超过 x 及 y 的阶中最大者：$o(xy)\leqslant\max(o(x),o(y))$. 一般，$G$ 中任 n 个元 x_1, x_2, $\cdots$, x_n 之积 $x_1x_2\cdots x_n$ 恒有

$$o(x_1x_2\cdots x_n)\leqslant\max(o(x_1),o(x_2),\cdots,o(x_n)).$$

事实上，若 $o(x)=p^\alpha$; $o(y)=p^\beta$ $(\alpha\geqslant\beta)$，则 $x^{p^\alpha}=1=y^{p^\alpha}$，故由定理 5 之 (i) 得 $(xy)^{p^\alpha}=1$，即 $o(xy)\leqslant p^\alpha=\max(o(x),o(y))$.

由这推论 2 又马上得知

推论 3 设 $G=\{x_1,x_2,\cdots,x_t\}$ 为正则 p-群，则 G 中每元 x 的阶 $o(x)\leqslant\max(o(x_1),o(x_2),\cdots,o(x_t))$.

对交换群言，$x^n=y^n$ 显然与 $(xy^{-1})^n=1$ 等价；对正则 p-群也有类似的性质，实际上有

定理 6 设 G 为正则 p-群，则：

(i) $x^{p^k}=y^{p^k}$ 与 $(xy^{-1})^{p^k}=1$ 是等价的.

(ii) $[x^{p^k},y^{p^n}]=1$ 与 $[x,y]^{p^{k+n}}=1$ 为等价的.

证明 先证明论断 (i) 在 $k=1$ 时是成立的.

关于群阶用归纳法，即假定当正则 p-群 H 的阶 $o(H)<o(G)$ 时，H 内关系式 $x^p=y^p$ 与 $(xy^{-1})^p=1$ 确为等价的. 而取 G 之元 x, y，可令 $xy\neq yx$（因 $xy=yx$ 时 $x^p=y^p$ 显与 $(xy^{-1})^p=1$ 等价），因而 $G_1=\{x,y\}$ 非交换的. 再令 $z=[x,y]$ $(\neq1)$.

（一）**设 $x^p=y^p$**. 于是 $[x^p,y]=1$，即 $x^p=y^{-1}x^py=(y^{-1}xy)^p=(xz)^p$. 因 $G_1'\subseteq\Phi(G_1)$，故 $G_1>\{x,G_1'\}\supseteq\{x,z\}$，因而据归纳法

的假定，可知对群 $\{x, z\}$ 言由于 $x^p = (xz)^p$ 即知 $(xzx^{-1})^p = 1$，$xz^px^{-1} = 1$，$z^p = 1$．又从 $G_1 = \{x, y\}$ 得 $G_1' = \{[x, y]^g = z^g | g \in G_1\}$，故由定理 5 的推论 3 得知 G_1' 中每元的阶至多为 p．然而 G_1 的正则性又说明了 $(xy^{-1})^p = x^p(y^{-1})^p \cdot \prod_i d_i^p$，每 $d_i \in G_1'$，故 $d_i^p = 1$，因之 $(xy^{-1})^p = x^py^{-p} = 1$．这证明了从 $x^p = y^p$ 得 $(xy^{-1})^p = 1$．

（二）**设 $(xy^{-1})^p = 1$**．于是，$(yx^{-1})^p = ((xy^{-1})^{-1})^p = 1$ 以及 $(y^{-1}x)^p = [y^{-1}(xy^{-1})y]^p = y^{-1}(xy^{-1})^py = 1$，故由定理 5 之(i)得知 $((y^{-1}x)(yx^{-1}))^p = 1$，即 $(y^{-1}xyx^{-1})^p = 1$．然而 $G_1 = \{x^{-1}, y\}$ 又有 $G_1' = \{[x^{-1}, y]^g | g \in G_1\} = \{[y, x^{-1}]^g | g \in G_1\}$，故据定理 5 的推论 3 知道 G_1' 之每元的阶至多为 p．但 G_1 的正则性又保证了 $1=(xy^{-1})^p=x^py^{-p} \cdot \prod_i d_i^p$，$d_i \in G_1'$，故 $d_i^p = 1$，$1=(xy^{-1})^p = x^py^{-p}$，即 $x^p = y^p$．这证明了从 $(xy^{-1})^p = 1$ 得 $x^p = y^p$．

由这（一）、（二）两方面，得知 $x^p = y^p$ 与 $(xy^{-1})^p = 1$ 等价．即证明了论断 (i) 在 $k = 1$ 时确为真．

再关于 k 用归纳法，即假定论断 (i) 当小于 k 时是成立的．于是 $x^{p^k} = y^{p^k}$ 即为 $(x^p)^{p^{k-1}} = (y^p)^{p^{k-1}}$，故据归纳法的假定知其充要条件是 $(x^py^{-p})^{p^{k-1}} = 1$，而后者又与 $x^p \equiv y^p (\bmod \Omega_{k-1}(G))$ 同意义，故以群 $G/\Omega_{k-1}(G)$ 言而根据刚证过 $k = 1$ 的场合得知 $x^p \equiv y^p \ (\bmod \Omega_{k-1}(G))$ 又与 $(xy^{-1})^p \equiv 1 \ (\bmod \Omega_{k-1}(G))$ 等价，即 $((xy^{-1})^p)^{p^{k-1}} = 1$，或 $(xy^{-1})^{p^k} = 1$．于是论断 (i) 完全获证．

再来证明论断 (ii)．

事实上，因 $[x^{p^k}, y^{p^n}] = x^{-p^k}(y^{-p^n}xy^{p^n})^{p^k}$，故 $[x^{p^k}, y^{p^n}] = 1$ 与 $(y^{-p^n}xy^{p^n})^{p^k} = x^{p^k}$ 同意义，而后者据论断(i)又与 $(x^{-1}y^{-p^n}xy^{p^n})^{p^k} = 1$ 等价，即与

$$x^{-1}y^{-p^n}xy^{p^n} = (x^{-1}yx)^{-p^n}y^{p^n} \in \Omega_k(G)$$

等价，亦即 $(x^{-1}yx)^{p^n} \equiv y^{p^n} \ (\bmod \Omega_k(G))$．故以群 $G/\Omega_k(G)$ 言利用论断 (i) 则知与 $(y^{-1}(x^{-1}yx))^{p^n} \equiv 1 \ (\bmod \Omega_k(G))$ 即与

$$((y^{-1}x^{-1}yx)^{p^n})^{p^k}=1$$

等价,亦即 $[y,x]^{p^{n+k}}=1$. 证完.

由定理 6 也易知 $[x^{p^\alpha},y]=1$ 与 $[x,y]^{p^\alpha}=1$ 等价, 即 x^{p^α} 与 y 可交换的充要条件是 $[x,y]^{p^\alpha}=1$; 因为 $o([x,y])=p^\alpha$ 是表示 p^α 为最小的正整数使 $[x,y]^{p^\alpha}=1$, 随而 p^α 为最小的正整数使 x^{p^α} 与 y 可交换, 这也就是说 p^α 为最小的正整数使 $x^{p^\alpha}\in Z(\{x,y\})$, 即在商群 $\{x,y\}/Z(\{x,y\})$ 中元 $xZ(\{x,y\})$ 的阶为 p^α. 故又得

推论 1 若正则 p-群 G 中元 x^{p^α} 为 x 之最小幂使 x^{p^α} 与 y 为可交换,则 $[x,y]$ 的阶为 p^α. 反之,若 $[x,y]$ 的阶为 p^α, 则在正则 p-群 G 中 x^{p^α} 为 x 的最小幂使 x^{p^α} 与 y 可交换.

推论 2 正则 p-群 G 中 $[x,y]$ 的阶为 p^α 与 $x\cdot Z(\{x,y\})$ 在商群 $\{x,y\}/Z(\{x,y\})$ 中的阶为 p^α 是等价的.

还有

推论 3 正则 p-群 G 中与元 y 为可交换的 x 之最小幂等于 x^{p^α} 以及与 x 为可交换的 y 之最小幂等于 y^{p^α}, 这二者是等价的.

事实上,据定理 6, $[x^{p^\alpha},y]=1$ 及 $[x,y^{p^\alpha}]=1$ 均与 $[x,y]^{p^\alpha}=1$ 等价.

下面的定理 7 更显示出正则 p-群与交换 p-群的紧密关系.

定理 7 设 G 为正则 p-群,则有:

(i) $o(G/\Omega_k(G))=o(\mho_k(G))$.

(ii) 令 $o(\Omega_k(G)/\Omega_{k-1}(G))=p^{\omega_k}$ 时,又有 $\omega_1\geqslant\omega_2\geqslant\cdots\geqslant\omega_\mu$, 式中 p^μ 是 G 中元的最高阶.

证明 先证 (i).

据定理 6 的 (i), 已知 $x^{p^k}=y^{p^k}$ 的充要条件是 $(xy^{-1})^{p^k}=1$, 即是 $xy^{-1}\in\Omega_k(G)$, 或 $x\Omega_k(G)=y\Omega_k(G)$. 这就说明了: 在 G 关于 $\Omega_k(G)$ 的诸陪集中, 凡属于同一陪集内的元且只有这样的元才给出相等的 p^k 次幂. 故 G 关于 $\Omega_k(G)$ 之陪集的多寡即 $o(G/\Omega_k(G))$ 就应等于 G 中相异的 p^k 次幂之总数 $|\langle x^{p^k}|x\in G\rangle|$, 故据定理 5 的推论1,得

$o(G/\Omega_k(G))=o(\mho_k(G))$. (i) 因而获证.

再证 (ii).

作商群 $\mathfrak{R}=\Omega_{k+1}(G)/\Omega_{k-1}(G)$. 考虑 $\Omega_1(\mathfrak{R})$: $x\Omega_{k-1}(G)\in\Omega_1(\mathfrak{R})$, $(x\in\Omega_{k+1}(G))$, 是在且仅在 $x^p\Omega_{k-1}(G)$ 为 $\mathfrak{R}$ 之单位元时, 即 $x^p\in\Omega_{k-1}(G)$; 而与后者等价的条件是 $(x^p)^{p^{k-1}}=x^{p^k}=1$, 即 $x\in\Omega_k(G)$. 证明了

$$\Omega_1(\mathfrak{R})=\Omega_k(G)/\Omega_{k-1}(G).$$

但 $x\in\Omega_{k+1}(G)$ 说明 $x^{p^{k+1}}=1$, $(x^{p^2})^{p^{k-1}}=1$, $x^{p^2}\in\Omega_{k-1}(G)$, 即 $(x\Omega_{k-1}(G))^{p^2}$ 为 $\mathfrak{R}$ 之单位元. 这就是说 $\mathfrak{R}$ 中元之最高阶为 p^2. 因而 $\mho_1(\mathfrak{R})=\{(x\Omega_{k-1}(G))^p\mid x\in\Omega_{k+1}(G)\}$ 中每生成元的阶为 p, 即 $(x\Omega_{k-1}(G))^p\in\Omega_1(\mathfrak{R})$, 证明了 $\mho_1(\mathfrak{R})\subseteq\Omega_1(\mathfrak{R})$.

于是利用刚证过了的论断 (i), 得知:

$$p^{\omega_{k+1}}=o(\Omega_{k+1}(G)/\Omega_k(G))$$
$$=o((\Omega_{k+1}(G)/\Omega_{k-1}(G))/(\Omega_k(G)/\Omega_{k-1}(G)))$$
$$=o(\mathfrak{R}/\Omega_1(\mathfrak{R}))=o(\mho_1(\mathfrak{R}))\leqslant o(\Omega_1(\mathfrak{R}))$$
$$=o(\Omega_k(G)/\Omega_{k-1}(G))=p^{\omega_k},$$

即 $p^{\omega_{k+1}}\leqslant p^{\omega_k}$, 或 $\omega_{k+1}\leqslant\omega_k$.

定理 7 证完.

定理 5 至定理 7 都说明正则 p-群与交换群具有类似的一些性质.

现在再转而论述正则 p-群不必与交换群具类似性质的一些特有的性质. 我们已知: 当 $o(G)=p^n$ 中的 $n\leqslant p$ 时, G 恒为正则的. 故欲 p-群 G 非正则, 则阶 $o(G)=p^n$ 之幂指数 n 至少为 $p+1$, 即非正则 p-群 G 之阶 $o(G)\geqslant p^{p+1}$. 今问: 阶为 p^{p+1} 的非正则 p-群存在吗?

今以 p^2 个文字 $1, 2, \cdots, p^2$ 上的对称群 $\mathfrak{S}_{p^2}$ 的西洛 p-子群 P 为例来说明之.

在上册第四章 §7 圈积中已知 $o(P)=p^{p+1}$, 但可令 $P=\{\alpha_1, \alpha_2, \cdots, \alpha_p, \beta\}$, 式中 $\alpha_1=(1, 2, \cdots, p)$, $\alpha_2=(p+1, p+2, \cdots, 2p)$, $\cdots$, $\alpha_p=(p^2-p+1, p^2-p+2, \cdots, p^2)$ 均为两两无公共文字的 p 项循环, 而 β 为 p 个两两无公共文字的 p 项循

环之积，如 $\beta=\prod_{i=1}^{p}(i, p+i, 2p+i, \cdots, p^2-p+i)$，即

$$\beta=(1, p+1, 2p+1, \cdots, p^2-p+1)(2, p+2, 2p+2, \cdots, p^2-p+2)\cdots(p, 2p, 3p, \cdots, p^2).$$

由是，$\beta^{-1}\alpha_i\beta=\alpha_{i+1}\ (i=1, 2, \cdots, p-1)$ 及 $\beta^{-1}\alpha_p\beta=\alpha_1$. 故令 $D=\{\alpha_1, \alpha_2, \cdots, \alpha_p\}$ 时，则 $D=\{\alpha_1\}\times\{\alpha_2\}\times\cdots\times\{\alpha_p\}$ 为初等交换的且 $D\lhd P$，而 $P=D\cdot\{\beta\}$，因之 $P/D\simeq\{\beta\}$，故 $P'=[P, P]\subseteq D$，因之对任 $c\in P'$ 应有 $c^p=1$；于是，若 P 是正则的，则对 P 之任二元 x, y，这时应满足 $(xy)^p=x^py^p$；然而 $(\alpha_1\beta^{-1})^p=\alpha_1\beta^{-1}\alpha_1\beta^{-1}\alpha_1\beta^{-1}\cdots\alpha_1\beta^{-1}\alpha_1\beta^{-1}=\alpha_1(\beta^{-1}\alpha_1\beta)(\beta^{-2}\alpha_1\beta^2)(\beta^{-3}\alpha_1\beta^3)\cdots(\beta^{-(p-1)}\alpha_1\beta^{p-1})\beta^{-p}=\alpha_1\alpha_2\alpha_3\cdots\alpha_p\neq 1=\alpha_1^p\beta^{-p}$，这又说明了取 $x=\alpha_1$, $y=\beta^{-1}$ 时又得到了 $(xy)^p\neq x^py^p$. 因而 P 不能为正则的，即证得了下面的

定理 8 对于每个素数 p，都至少有一个阶为 p^{p+1} 的非正则 p-群，例如 p^2 次对称群 $\mathfrak{S}_{p^2}$ 的西洛 p-子群.

对每素数 p，阶为 p^{p+1} 的非正则 p-群既存在，然而这样的 p-群又有下面的性质，即

定理 9 若 G 是阶 p^{p+1} 的非正则 p-群，则必有：(i) $c(G)=p$（即 G 之类表以 $c(G)$），(ii) $G'=\Phi(G)$ 且有阶 p^{p-1}，(iii) $Z(G)$ 为 p 阶循环群.

证明 由 G 之非正则性，据定理 2 之 (i) 得 $c(G)\geqslant p$. 但 $o(G)=p^{p+1}$ 又说明 $c(G)\leqslant p$（上册第二章 §5 定理 1 的推论）. 于是有 $c(G)=p$，即 (i) 为真. 因而再由 $[G:G']=[G:K_2(G)]\geqslant p^2$, $[K_2(G):K_3(G)]\geqslant p, \cdots, [K_p(G):1]\geqslant p$ 即 $p^{p+1}=[G:1]=[G:K_2(G)][K_2(G):K_3(G)]\cdots[K_p(G):1]\geqslant p^{p+1}$，不得不有 $[G:G']=p^2$，即 $o(G')=p^{p-1}$. 然而 $c(G)=p$ 当然表示了 G 非交换，因之非循环，故由上册第五章 §1 定理 11 确知 $o(G/\Phi(G))=p^d$ 中的 $d\geqslant 2$，于是从 $G'\subseteq\Phi(G)$ 及 $[G:G']=p^2$ 得：

$$p^2=[G:G']\geqslant[G:\Phi(G)]=p^d\geqslant p^2,$$

不得不有 $d=2$, $[G:\Phi(G)]=p^2$，故只能是 $G'=\Phi(G)$. 即 (ii)

获证. 又若 $o(Z(G))>p$, 则必有 $o(Z(G))\geqslant p^2$, 因而 $o(G/Z(G))\leqslant p^{p-1}$, 即 $c(G/Z(G))\leqslant p-2$(上册第二章§5定理1的推论),故作 $G/Z(G)=G/Z_1(G)$ 之上中心列时,至第 p-2 项必达到原群,即必有 $Z_{p-1}(G)=G$, 这又说明 $c(G)\leqslant p-1$, 与(i)相矛盾. 故 $o(Z(G))=p$, 即 (iii) 获证. 证完.

再将定义 4 中所介绍的 Ω_k 与 $\mho_k$ 联系到正则 p-群的换位子构造及幂构造与中心列的关系,则有下面的

定理 10 设 G 为一正则 p-群,且 $M\lhd G$, $N\lhd G$, 则有下列的诸事项:

(i) $[\mho_r(M),\mho_s(N)]=\mho_{r+s}([M,N])$, 故特有 $[\mho_r(G),\mho_s(G)]=\mho_{r+s}(G')$.

(ii) $K_j(\mho_r(G))=\mho_{rj}(K_j(G))$.

(iii) $[\mho_r(M),\underbrace{N,\cdots,N}_{k\text{个}}]=\mho_r([M,\underbrace{N,\cdots,N}_{k\text{个}}])$, 故特有(据 (ii)) $[\mho_{rj}(G),\underbrace{G,\cdots,G}_{(j-1)\text{个}}]=K_j(\mho_r(G))$.

(iv) $K_{j+1}(G)\subseteq\Omega_r(G)$ 与 $\mho_r(G)\subseteq Z_j(G)$ 等价.

(v) $[M,G]\subseteq\Omega_r(G)$ 与 $[M,\mho_r(G)]=1$ 等价.

(vi) $[\Omega_r(G),\mho_s(G)]\subseteq\Omega_{r-s}(G)$,但当 $k\leqslant0$ 时定义 $\Omega_k(G)=1$.

(vii) 对任 $x,y\in G$ 及任何自然数 m, 恒有 $t_m\in G'$ 使

$$(xy)^{p^m}=x^{p^m}y^{p^m}t_m^{p^m}.$$

证明 (i) $[\mho_r(M),\mho_s(N)]=\{[x^{p^r},y^{p^s}]\,|\,x\in M,y\in N\}$. 因 $[x,y]^{p^{r+s}}\equiv1(\mathrm{mod}\,\mho_{r+s}([M,N]))$, 故据定理 6 的 (ii) 得 $[x^{p^r},y^{p^s}]\equiv1\,(\mathrm{mod}\,\mho_{r+s}([M,N]))$——以群 $[M,N]/\mho_{r+s}([M,N])$ 言,因之有 $[\mho_r(M),\mho_s(N)]\subseteq\mho_{r+s}([M,N])$.

另方面,由 $[x^{p^r},y^{p^s}]\equiv1\,(\mathrm{mod}\,[\mho_r(M),\mho_s(N)])$ 及定理 6 的 (ii) 得

$$[x,y]^{p^{r+s}}\equiv1(\mathrm{mod}\,[\mho_r(M),\mho_s(N)]);$$

但因 $[M,N]=\{[x,y]\,|\,x\in M,y\in N\}$, 故 $[M,N]/[\mho_r(M),$

$\mho_s(N)]$ 是由阶至多为 p^{r+s} 之元生成之，因而据正则性而由定理 5 的 (i)，则知 $[M,N]/[\mho_r(M),\mho_s(N)]$ 中的元之阶至多等于 p^{r+s}，即 $\mho_{r+s}([M,N])\subseteq[\mho_r(M),\mho_s(N)]$. (i) 获证.

(ii) 当 $j=1$ 时显然成立. 今归纳地假定 j 成立，于是据(i)得知

$$K_{j+1}(\mho_r(G))=[K_j(\mho_r(G)),\mho_r(G)]=[\mho_{rj}(K_j(G)),\mho_r(G)]$$
$$=\mho_{rj+r}([K_j(G),G])=\mho_{r(j+1)}(K_{j+1}(G)).\text{ (ii) 获证.}$$

(iii) 当 $k=1$ 时，左端 $=[\mho_r(M),N]=[\mho_r(M),\mho_0(N)]=$ $=\mho_r([M,N])$ (根据 (i))，右端 $=\mho_r([M,N])$，即证明了 $k=1$ 是成立的. 今归纳地假定 k 时成立，于是就有

$$[\mho_r(M),\underbrace{N,\cdots,N,N}_{(k+1)\text{个}}]=[[\mho_r(M),\underbrace{N,\cdots,N}_{k\text{个}}],N]$$
$$=[\mho_r([M,\underbrace{N,\cdots,N}_{k\text{个}}]),N]=[\mho_r([M,\underbrace{N,\cdots,N}_{k\text{个}}])\mho_0(N)]$$
$$=\mho_r([[M,\underbrace{N,\cdots,N}_{k\text{个}}],N])=\mho_r([M,\underbrace{N\cdots,N,N}_{(k+1)\text{个}}]).$$

故 (iii) 由归纳法完全获证.

(iv) $K_{j+1}(G)\subseteq\Omega_r(G)$ 与 $\mho_r(K_{j+1}(G))=1$ 等价，而

$$\mho_r(K_{j+1}(G))=1$$

又据 (iii) 是与 $[\mho_r(G),\underbrace{G,\cdots,G}_{j\text{个}}]=1$ 等价的，但

$$[\mho_r(G),\underbrace{G,\cdots,G}_{j\text{个}}]=1$$

又显与 $\mho_r(G)\subseteq Z_j(G)$ 等价. 故 (iv) 获证.

(v) 据 (i) 得知 $[M,G]\subseteq\Omega_r(G)$ 是与

$$1=\mho_r([G,M])=[\mho_r(G),\mho_0(M)]=[\mho_r(G),M]$$

等价的. 故云.

(vi) 因 $\Omega_r(G)\lhd G$，故 $[\Omega_r(G),G]\subseteq\Omega_r(G)$，于是令 $M=\Omega_r(G)$ 而据 (v) 就有 $1=[\mho_r(G),\Omega_r(G)]$. 这证明了在 $r=s$ 时 (vi) 的确是成立的.

当 $r>s$ 时，我们来证明

$$\Omega_s(G/\Omega_{r-s}(G))=\Omega_r(G)/\Omega_{r-s}(G):$$

事实上，$(x\Omega_{r-s}(G))^{p^s}=\Omega_{r-s}(G)$ 与 $x^{p^s}\in\Omega_{r-s}(G)$，即

$$(x^{p^s})^{p^{r-s}}=x^{p^r}=1$$

等价，而 $x^{p^r}=1$ 又与 $x\in\Omega_r(G)$ 等价，随而与 $x\Omega_{r-s}(G)\in\Omega_r(G)/\Omega_{r-s}(G)$ 等价．故证明了 $\Omega_s(G/\Omega_{r-s}(G))=\Omega_r(G)/\Omega_{r-s}(G)$．

于是将刚证过了 $r=s$ 的场合应用在群 $G/\Omega_{r-s}(G)$ 上，就得到

$$[\Omega_r(G)/\Omega_{r-s}(G),\ \mho_s(G)\Omega_{r-s}(G)/\Omega_{r-s}(G)]$$
$$=[\Omega_s(G/\Omega_{r-s}(G)),\ \mho_s(G/\Omega_{r-s}(G)]=1,$$

即 $[\Omega_r(G),\mho_s(G)]\subseteq\Omega_{r-s}(G)$．故 $r>s$ 时 (vi) 亦成立．

最后，若 $r<s$，则

$$[\Omega_r(G),\mho_s(G)]\subseteq[\Omega_r(G),\mho_r(G)]=1.$$

故 (vi) 完全获证．

(vii) 当 $m=1$ 时，由 G 之正则性可知 $(xy)^p=x^py^p\cdot\prod\limits_i d_i^p$，$d_i\in\{x,y\}'\subseteq G'$．因 G' 正则，故据定理 5 的 (ii) 知必有 $t\in G'$ 使 $\prod\limits_i d_i^p=t^p$，于是 $(xy)^p=x^py^pt^p$，说明了 (vii) 在 $m=1$ 时成立．

今归纳地假定 m 时成立，即有一 $s\in G'$ 使

$$(xy)^{p^m}=x^{p^m}y^{p^m}s^{p^m}.$$

于是，由 G 之正则性，就有

$$(xy)^{p^{m+1}}=((xy)^{p^m})^p=(x^{p^m}y^{p^m}s^{p^m})^p$$
$$=(x^{p^m}y^{p^m})^ps^{p^{m+1}}\cdot\prod_i c_i^p=x^{p^{m+1}}y^{p^{m+1}}\cdot$$
$$\prod_j e_j^p\cdot s^{p^{m+1}}\cdot\prod_i c_i^p,$$

式中 $s^{p^{m+1}}\in\mho_{m+1}(G')$，故据 (i) 就得到

$$c_i\in\{x^{p^m}y^{p^m},s^{p^m}\}'\subseteq[\mho_m(G),\mho_m(G)]=\mho_{2m}(G')\subseteq\mho_{m+1}(G')$$

及

$$e_j\in\{x^{p^m},y^{p^m}\}'\subseteq[\mho_m(G),\mho_m(G)]\subseteq\mho_{m+1}(G').$$

因而 $\prod_j e_j^p \cdot s^{p^{m+1}} \cdot \prod_i c_i^p \in \mho_{m+1}(G')$，故复据定理 5 的 (ii)，应有 $\prod_j e_j^p \cdot s^{p^{m+1}} \cdot \prod_i c_i^p = t^{p^{m+1}} (t \in G')$，即

$$(xy)^{p^{m+1}} = x^{p^{m+1}} y^{p^{m+1}} t^{p^{m+1}}.$$

这说明了用归纳法完全证明了 (vii).

定理 10 至此完全解决了.

最后，谈这样一个问题，即正则 p-群的直积不必再为正则的（定理4），故欲保证直积仍为正则的，直积因子必须加以若干限制. 今问对直积因子附加怎样的限制才能保证直积为正则呢？有下面的

定理 11 若 G_1 与 G_2 都是正则 p-群，则当 G_2 之换位子群 $G_2' = [G_2, G_2]$ 中每元的阶至多为 p 或 1 时，直积 $G_1 \times G_2$ 仍是正则的.（文献[27]）

证明 G_i 的元统用 $s_i, t_i, \cdots$ 表示，即用小楷拉丁字母 s, t, u，等等并附以右下脚标 i 表示 G_i 的元.

首先注意 $G = G_1 \times G_2$ 的每个换位元恒为 G_1 的一个换位元与 G_2 的一个换位元之积.

事实上，当 $x = s_1 s_2$，$y = t_1 t_2$ 时，则 $[x, y] = [s_1 s_2, t_1 t_2] = [s_1 s_2, t_2][s_1 s_2, t_1][[s_1 s_2, t_1], t_2] = [s_1, t_2][s_1, t_2, s_2][s_2, t_2][s_1 s_2, t_1][s_1 s_2, t_1, t_2] = [s_2, t_2][s_1, t_1][s_1, t_1, s_2][s_2, t_1][([s_1, t_1][s_1, t_1, s_2][s_2, t_1], t_2] = [s_2, t_2][s_1, t_1] = [s_1, t_1][s_2, t_2]$. 故云[1].

于是，取 G 之任二元 $x = s_1 s_2$，$y = t_1 t_2$ 时，利用 G_i 之正则性及 G_2 之假设，得知：有 $c \in \{s_1, t_1\}'$ 使

$$(xy)^p = (s_1 s_2 t_1 t_2)^p = ((s_1 t_1)(s_2 t_2))^p = (s_1 t_1)^p (s_2 t_2)^p$$
$$= s_1^p t_1^p c^p s_2^p t_2^p = s_1^p s_2^p t_1^p t_2^p c^p = x^p y^p c^p.$$

然而因令 $H = \{x, y\}$ 时，则 $H' = \{[x, y]^x, [x, y]^y, [x, y]\}$，

1）当然，还可用归纳法证明 $K_n(G)$ 的每个生成元 $[x_1' x_2', x_1'' x_2'', \cdots, x_1^{(n)} x_2^{(n)}]$ 为 $K_n(G_1)$ 之一生成元与 $K_n(G_2)$ 之一生成元的积，而实际上等于 $[x_1', x_1'', \cdots, x_1^{(n)}][x_2', x_2'', \cdots, x_2^{(n)}]$.

而 $[x,y]^x=[s_1,t_1]^x[s_2,t_2]^x=[s_1,t_1]^{s_1}[s_2,t_2]^{s_2}$，同理有 $[x,y]^y=[s_1,t_1]^{t_1}[s_2,t_2]^{t_2}$，故 $([x,y]^x)^p=([s_1,t_1]^{s_1})^p$，$([x,y]^y)^p=([s_1,t_1]^{t_1})^p$，于是从 $c\in\{s_1,t_1\}'=\{[s_1,t_1],[s_1,t_1]^{s_1},[s_1,t_1]^{t_1}\}$ 得知 c^p 可写为 d^p，$d\in\{x,y\}'$．因而有 $(xy)^p=x^py^pc^p=x^py^pd^p$，说明了 $G=G_1\times G_2$ 是正则的．证完．

由这定理 11，即得下面的两个推论．

推论 1 正则 p-群与交换 p-群的直积是正则 p-群．

例如定理 11 中的 G_2 为交换时，则 $G_2'=1$．

推论 2 当 G_1 与 G_2 两 p-群的幂零类都小于 p 时，则直积 $G=G_1\times G_2$ 为正则的．

事实上，据定理 11 中的脚注 1)，可知 $K_p(G)=K_p(G_1)K_p(G_2)=1$，即 $c(G)<p$，故由定理 2 之 (i) 知 G 正则．

本章到此结束．

问题 1 设 G 为正则 p-群，则

$$[\Omega_k(G):\Omega_{k-1}(G)]=[\mho_{k-1}(G):\mho_k(G)].$$

问题 2 p-群 G 为正则的充要条件是由 G 中任二元生成的子群为正则的．

问题 3 设 x,y 为正则 p-群 G 之二元，且 $o([x,y])=p^\alpha$，则当 $\alpha_1+\alpha_2\geqslant\alpha$ 时，$x^{p^{\alpha_1}}$ 与 $y^{p^{\alpha_2}}$ 为交换可能的；若 $\alpha_1+\alpha_2<\alpha$，则 $o([x^{p^{\alpha_1}},x^{p^{\alpha_2}}])=p^{\alpha-\alpha_1-\alpha_2}$．

问题 4 设 $p>2$ 且由 p-群 G 中任二元生成的子群之换位子群是循环群．试证 G 为正则的．

问题 5 设 p-群 G 中元之最高阶为 p^μ，则 $G/\mho_{\mu-1}(G)$ 是正则的．

第八章 传输理论

传输理论是研究群的一个重要工具或方法，借助它能解决有限群中的许多重要问题. 例如在什么情况下有限群G具有一个正规子群其指数恰等于G中西洛子群的阶，又如有限单群的阶之素因数究竟为怎样的形状，以及决定有限群恒为循环、变换或幂零时其阶应为怎样形状的数之充要条件，这些问题的解决都有赖于传输理论.

§1. 有限群到子群内的传输

设A是有限群G的一子群. 考虑G关于A的一种左陪集分解$G=\sum_{i=1}^{n}Ag_i$. 当$x\in G$时，令$g_ix=a_{i,x}g_{i^{P(x)}}$, $g_{i^{P(x)}}$为$g_1, g_2, \cdots, g_n$中的某一，而$a_{i,x}=g_ixg_{i^{P(x)}}^{-1}\in A$. 因容易知道$g_ix$与$g_jx\ (i\neq j)$属于不同的陪集，故$i^{P(x)}\neq j^{P(x)}$, 于是对每$x\in G$就产生了$n$个数字$1, 2, \cdots, n$上的一个排列(置换)

$$P(x)=\begin{pmatrix} i \\ i^{P(x)} \end{pmatrix}=\begin{pmatrix} 1 & 2 & \cdots & n \\ 1^{P(x)} & 2^{P(x)} & \cdots & n^{P(x)} \end{pmatrix}.$$

应注意A中元素$\prod_{i=1}^{n}a_{i,x}=\prod_{i=1}^{n}g_ixg_{i^{P(x)}}^{-1}$不仅与$G$之元$x$有关，而且还要与陪集分解$G=\sum_{i=1}^{n}Ag_i$之同一组代表元系$g_1, g_2, \cdots, g_n$的排列次序紧密相关，故当一组代表元系$g_1, g_2, \cdots, g_n$给定之后，欲使$A$中元素$\prod_{i=1}^{n}g_ixg_{i^{P(x)}}^{-1}$与$g_1, g_2, \cdots, g_n$之排列的先后次序无关，而只是由元$x$唯一地确定，就只有在$A$为交换群时

才能是这样．于是，若 A 为非交换群时，就考虑交换群 A/A'，式中 $A'=[A,A]$，因为交换群 A/A' 中的元

$$A'\left(\prod_{i=1}^{n} a_{i,x}\right)=A'\left(\prod_{i=1}^{n} g_i x g_{i_{P(x)}}^{-1}\right)$$

的确是与 $g_1, g_2, \cdots, g_n$ 之排列的顺序无关而只与元 x 有关．我们把这个仅与元 x 有关而与 $g_1, g_2, \cdots, g_n$ 之先后顺序无关的交换群 A/A' 中的元

$$A'\left(\prod_{i=1}^{n} a_{i,x}\right)=A'\left(\prod_{i=1}^{n} g_i x g_{i_{P(x)}}^{-1}\right)$$

用符号 $V_{G\to A}(x)$ 来表示，即

$$V_{G\to A}(x)=A'\left(\prod_{i=1}^{n} a_{i,x}\right)=A'\left(\prod_{i=1}^{n} g_i x g_{i_{P(x)}}^{-1}\right). \tag{1}$$

这样就得到了 G 在交换群 $A^*=A/A'$ 内的一个映射(1)，即 $x\to V_{G\to A}(x)$．

在上面一段中说过：当 G 关于子群 A 之陪集的一组代表元系 $g_1, g_2, \cdots, g_n$ 确定后，就得到了 G 在 A/A' 内的一个映射

$$x\to V_{G\to A}(x),$$

这映射仅与元 x 有关，而与 $g_1, g_2, \cdots, g_n$ 之排列的先后次序无关．说确切些，当代表元系 $g_1, g_2, \cdots, g_n$ 已给定时，映射 $x\to V_{G\to A}(x)$ 也确定了；这也是说映射 $x\to V_{G\to A}(x)$ 从现象上看还要与代表元系 $g_1, g_2, \cdots, g_n$ 之选择有关（虽已知道当代表系选定后而与其排列之先后次序无关）．但实质上究竟怎样呢？我们可以肯定地说映射 $x\to V_{G\to A}(x)$ 与代表元系 $g_1, g_2, \cdots, g_n$ 之选择是没有关系的．即有下面的

定理 1 映射 $x\to V_{G\to A}(x)$ 与陪集分解 $G=\sum_{i=1}^{n} Ag_i$ 中代表元系 $g_1, g_2, \cdots, g_n$ 之选择无关．

证明 设 $G=\sum_{i=1}^{n} Ag_i'$ 为另一种（左）陪集分解，$g_i'=a_i g_i$，$a_i\in A$，并令 $g_i'x=a_{i,x}' g_{i_{Q(x)}}'$．于是，

$$g_i'x=\begin{cases}=a_{i,x}'g_{Q(x)}'=a_{i,x}'a_{Q(x)}g_{Q(x)},\\=a_ig_ix=a_ia_{i,x}g_{P(x)},\end{cases}$$

故不得不有 $Q(x)=P(x)$，随而 $a_{i,x}'=a_ia_{i,x}a_{P(x)}^{-1}$。故以代表系 $g_1', g_2', \cdots, g_n'$ 言，(1)式应变为

$$V_{G\to A}(x)=A'\left(\prod_{i=1}^n a_{i,x}'\right)=A'\left(\prod_{i=1}^n g_i'xg_{P(x)}'^{-1}\right)$$

但利用 A/A' 之交换性，又容易知道

$$\begin{aligned}A'\left(\prod_{i=1}^n g_i'xg_{P(x)}'^{-1}\right)&=A'\left(\prod_{i=1}^n a_i(g_ixg_{P(x)}^{-1})a_{P(x)}^{-1}\right)\\&=A'\left(\prod_{i=1}^n a_i\right)\cdot A'\left(\prod_{i=1}^n g_ixg_{P(x)}^{-1}\right)\cdot A'\left(\prod_{i=1}^n a_{P(x)}^{-1}\right)\\&=A'\left(\prod_{i=1}^n a_i\right)\cdot A'\left(\prod_{i=1}^n g_ixg_{P(x)}^{-1}\right)\cdot A'\left(\prod_{i=1}^n a_i^{-1}\right)\\&=A'\left(\prod_{i=1}^n g_ixg_{P(x)}^{-1}\right),\end{aligned}$$

即证明了定理 1.

从上面的叙述，得知：给了 G 的任一子群 A 后，确有 G 在 A/A' 内的一个确定的映射

$$x(\in G)\to V_{G\to A}(x)\left(=A'\prod_{i=1}^n a_{i,x}=A'\prod_{i=1}^n g_ixg_{P(x)}^{-1}\right),$$

式中 $G=\sum_{i=1}^n Ag_i$，$g_ix=a_{i,x}g_{P(x)}$。映射 $V_{G\to A}$ 还可以证明是同态的，即

定理 2 映射 $x\to V_{G\to A}(x)$ 为 G 在 A/A' 内的同态映射.

事实上，由定理 1 已知 $V_{G\to A}(x)$ 与陪集分解之代表元系的选择无关，所以今后干脆以 $g_1, g_2, \cdots, g_n$ 为代表元系，即 $G=\sum_{i=1}^n Ag_i$。于是利用 A/A' 之交换性，则有

$$V_{G\to A}(x)\cdot V_{G\to A}(y)=A'\left(\prod_{i=1}^n g_ixg_{P(x)}^{-1}\right)\cdot A'\left(\prod_{i=1}^n g_iyg_{P(y)}^{-1}\right)$$

$$= A'\left(\prod_{i=1}^{n} g_i x g_{i^{P(x)}}^{-1} g_i y g_{i^{P(y)}}^{-1}\right) = A'\left(\prod_{i=1}^{n} g_i x g_{i^{P(x)}}^{-1} g_{i^{P(x)}} y g_{i^{P(x)P(y)}}^{-1}\right)$$

$$= A'\left(\prod_{i=1}^{n} g_i x y g_{i^{P(x)P(y)}}^{-1}\right);$$

但由 $g_i x = a_{i,x} g_{i^{P(x)}}$ 得 $(g_i x)y = a_{i,x}(g_{i^{P(x)}} y) = a_{i,x} a_{i^{P(x)},y} g_{i^{P(x)P(y)}}$，以及又有 $(g_i x)y = g_i(xy) = a_{i,xy} g_{i^{P(xy)}}$，故 $Ag_{i^{P(x)P(y)}} = Ag_{i^{P(xy)}}$，因而据代表元系的意义就不得不有 $i^{P(x)P(y)} = i^{P(xy)}$，即 $P(xy) = P(x)P(y)$；由是代人上式中得

$$V_{G\to A}(x)\cdot V_{G\to A}(y) = A'\left(\prod_{i=1}^{n} g_i(xy) g_{i^{P(xy)}}^{-1}\right) = V_{G\to A}(xy),$$

即证明了 $x \to V_{G\to A}(x)$ 为 G 在 A/A' 内的同态映射. 定理 2 证完.

由定理 2 即得下面的

推论 1 $V_{G\to A}(G') = A'$，但 $G' = [G, G]$，$A' = [A, A]$. 这也就是说映射 $V_{G\to A}$ 使 $G' = [G, G]$ 之元变为 A/A' 之单位元，或与之等价的是 G' 包含在同态映射 $V_{G\to A}$ 的核内.

事实上，因 $x \to V_{G\to A}(x)$ 是 G 在 A/A' 内的同态映射，故若令这同态的核为 K，就有 $G/K \simeq H^* \subseteq A^* = A/A'$，随而 G/K 为交换群，因之有 $G' \subseteq K$. 故云.

推论 2 由 $G = \sum_{i=1}^{n} Ag_i$ 得 $g_i x = a_{i,x} g_{i^{P(x)}}$ 所产生的 G 在 n 次对称群 $\mathfrak{S}_n$ 内的映射 $x \to P(x)$ 为同态映射.

事实上，在定理 2 的证明过程中已经证明了 $P(xy) = P(x)P(y)$，故 $x \to P(x)$ 确为同态映射（G 在 $\mathfrak{S}_n$ 内）. 证完.

注意由 $A^* = A/A'$ 之子群 H^* 的形成方法（上推论 1 中的），容易知道 $H^* = V_{G\to A}(G)/A'$. 我们叫 $V_{G\to A}(G)$ 为群 G 到子群 A 的**传输群**，而叫同态映射 $x \to V_{G\to A}(x)$ 为 G 到子群 A 内的**传输**.

传输具有传递律的性质，即

定理 3 设 $B\subseteq A\subseteq G$，则 $V_{G\to B}(x)=V_{A\to B}(V_{G\to A}(x))$.

证明 令 $G=\sum_{i=1}^{n}Ag_i$，$A=\sum_{j=1}^{m}Bh_j$，于是

$$G=\sum_{i=1}^{n}\left(\sum_{j=1}^{m}Bh_j\right)g_i=\sum_{i=1}^{n}\sum_{j=1}^{m}Bh_jg_i.$$

若令 $g_ix=a_{i,x}g_{i'}$ $(a_{i,x}\in A)$，$h_ja=b_{j,a}h_{j'}$ $(a\in A,\ b_{j,a}\in B)$，则有

$$V_{A\to B}(a)=B'\left(\prod_{j=1}^{m}b_{j,a}\right);\tag{2}$$

且因 $(h_jg_i)x=h_ja_{i,x}g_{i'}=b_{j,a_{i,x}}h_{j'}g_{i'}$，故又有

$$V_{G\to B}(x)=B'\left(\prod_{j=1}^{m}\prod_{i=1}^{n}b_{j,a_{i,x}}\right).\tag{3}$$

另方面，从 $V_{G\to A}(x)=A'\left(\prod_{i=1}^{n}a_{i,x}\right)$ 及 $V_{A\to B}(A')=B'$（定理 2 的推论 1），以及 $a\to V_{A\to B}(a)$ 为同态映射的道理，又知道

$$\begin{aligned}V_{A\to B}(V_{G\to A}(x))&=V_{A\to B}\left(A'\prod_{i=1}^{n}a_{i,x}\right)\\&=V_{A\to B}(A')\cdot\prod_{i=1}^{n}V_{A\to B}(a_{i,x})=B'\cdot\prod_{i=1}^{n}B'\left(\prod_{j=1}^{m}b_{j,a_{i,x}}\right)\\&\text{（利用了(2)式）}=B'\cdot\prod_{i=1}^{n}\prod_{j=1}^{m}b_{j,a_{i,x}}=V_{G\to B}(x)\end{aligned}$$

（利用了(3)式）. 证完了定理 3.

特当 $A\lhd G$ 时，又有

定理 4 若 $A\lhd G$，则 $V_{G\to A}(G)\lhd G$.

事实上，据定义已知 $V_{G\to A}(G)$ 之元是且只能是 $a'\cdot\prod_{i=1}^{n}g_ixg_{iP(x)}^{-1}$ $(a'\in A',\ x\in G)$，但 $G=\sum_{i=1}^{n}Ag_i$. 由于 $A\lhd G$，知道对任 $g\in G$

时，$\bar{g}_i=gg_i\ (i=1, 2, \cdots, n)$ 也是G关于A之左陪集分解的一组代表元系，这是因为 $A\bar{g}_i = A\bar{g}_j$ 即 $Agg_i=A_{gg_j}$ 与 $gg_ig_j^{-1}g^{-1}\in A$ 等价，随而也与 $g_ig_j^{-1}\in g^{-1}Ag=A$ 等价的缘故. 因而就有 $G=\sum_{i=1}^{n}A\bar{g}_i$.

又由 $A'=[A, A]\lhd\lhd A$ 及 $A\lhd G$ 得 $A'=[A, A]\lhd G$，故 $ga'g^{-1}\in A'$. 因之，

$$g\left(a'\prod_{i=1}^{n}g_ixg_{iP(x)}^{-1}\right)g^{-1}=(ga'g^{-1})\cdot\prod_{i=1}^{n}(gg_i)x(gg_{iP(x)})^{-1}$$

$$=(ga'g^{-1})\cdot\prod_{i=1}^{n}(\bar{g}_ix\bar{g}_{iP(x)}^{-1})$$

即为属于 $A'\cdot\prod_{i=1}^{n}\bar{g}_ix\bar{g}_{iP(x)}^{-1}$ 之元. 但据定理 1 又知

$$A'\cdot\prod_{i=1}^{n}\bar{g}_ix\bar{g}_{iP(x)}^{-1}=A'\cdot\prod_{i=1}^{n}g_ixg_{iP(x)}^{-1}=V_{G\to A}(x).$$

这就证明了 $g\cdot V_{G\to A}(G)\cdot g^{-1}=V_{G\to A}(G)$，即 $V_{G\to A}(G)\lhd G$，证完.

较定理 4 尚有更广泛的结果，即下面的

定理 5 设A是Ω-群G的容许子群，而Ω为G之某些自同构所成的集合，则 $V_{G\to A}(G)$ 也是G的容许子群.

特当 $\Omega=I(G)$ 时，$A\lhd G$，这时定理 5 之结论为 $V_{G\to A}(G)\lhd G$，即定理 4 实际上为定理 5 的一个特例.

证明 若 $\sigma\in\Omega$，则因 $\sigma\in A(G)$ 且A又是G之容许子群，故从 $G=\sum_{i=1}^{n}Ag_i$ 就得到

$$G=G^\sigma=\sum_{i=1}^{n}A^\sigma g_i^\sigma=\sum_{i=1}^{n}Ag_i^\sigma,$$

即示 $g_1^\sigma, g_2^\sigma, \cdots, g_n^\sigma$ 亦为G关于A之左陪集分解中的一组代表元系. 然而 $A^\sigma=A$ 及 $\sigma\in A(G)$ 又说明了σ为A的一个自同构，故从 $A'=[A, A]\lhd\lhd A$ 得 $A'^\sigma=A'$，即 $A'=[A, A]$为G之容许

子群. 于是,当 $a' \in A' = [A, A]$ 时,可知

$$\left(a' \cdot \prod_{i=1}^{n} g_i x g_{iP(x)}^{-1}\right)^{\sigma} = a'^{\sigma} \cdot \prod_{i=1}^{n} g_i^{\sigma} x^{\sigma} (g_{iP(x)}^{\sigma})^{-1}$$

中 $a'^{\sigma} \in A'$, 且由 $g_i x = a_{i,x} g_{iP(x)}$ 得 $g_i^{\sigma} x^{\sigma} = a_{i,x}^{\sigma} g_{iP(x)}^{\sigma}$ 后又知

$$V_{G \to A}(x^{\sigma}) = A' \cdot \prod_{i=1}^{n} g_i^{\sigma} x^{\sigma} (g_{iP(x)}^{\sigma})^{-1},$$

于是

$$\left(a' \cdot \prod_{i=1}^{n} g_i x g_{iP(x)}^{-1}\right)^{\sigma} = a'^{\sigma} \cdot \prod_{i=1}^{n} g_i^{\sigma} x^{\sigma} (g_{iP(x)}^{\sigma})^{-1} \in V_{G \to A}(x^{\sigma}),$$

即证明了 $[V_{G \to A}(G)]^{\sigma} \subseteq V_{G \to A}(G)$, 或 $V_{G \to A}(G)$ 是容许子群. 证完.

注意上述的证明过程,已知

$$\left(A' \cdot \prod_{i=1}^{n} g_i x g_{iP(x)}^{-1}\right)^{\sigma} = A' \cdot \prod_{i=1}^{n} g_i^{\sigma} x^{\sigma} (g_{iP(x)}^{\sigma})^{-1},$$

即 $V_{G \to A}(x)^{\sigma} = V_{G \to A}(x^{\sigma})$, 故特当 $\Omega = I(G)$,即 $A \lhd G$ 时,则 σ 得视为由 G 之元 g 所诱导的同构,即 $g^{-1} \cdot V_{G \to A}(x) \cdot g = V_{G \to A}(g^{-1}xg)$. 但据定理 4 的证明方法又知

$$g^{-1} \cdot V_{G \to A}(x) \cdot g = V_{G \to A}(x).$$

故结果得知: 当 $A \lhd G$ 时,确有

$$V_{G \to A}(x) = g^{-1} \cdot V_{G \to A}(x) \cdot g = V_{G \to A}(g^{-1}xg).$$

即又证得下面的

推论 当 $A \lhd G$ 时,则 $V_{G \to A}(x) = V_{G \to A}(g^{-1}xg)$. 这就是说 G 中凡属同一共轭类的元到正规子群内的传输恒为相等的.

如若 G 是交换群, 则 $A' = [A, A] = 1$, 故 $x \to V_{G \to A}(x)$ 即为 G 在 A **内**的同态映射;且再利用 G 之交换性得

$$V_{G \to A}(x) = \prod_{i=1}^{n} g_i x g_{iP(x)}^{-1} = \left(\prod_{i=1}^{n} g_i\right) \cdot x^{n} \cdot \left(\prod_{i=1}^{n} g_{iP(x)}^{-1}\right) = x^{n},$$

于是又证得了下面的

定理 6 设有限交换群 G 之子群 A 的指数为 n, 即 $[G:A] =$

n,则 G 在 A 内的传输 $x \to V_{G\to A}(x)$ 就是 G 的自同态 $x \to x^n$.

这定理 6 说明了：当 G 为交换群时，欲求 G 在子群 A 内的传输,特别简单，即使 G 之每元 x 对应于它的 n 乘幂 x^n 之 G 的自同态,但 $n=[G:A]$. 于是就问：当 G 非交换群时，又怎样实际去计算传输呢？实际计算的方法如下.

先确定陪集的一组代表元系，如 $G=\sum_{i=1}^{n} Ag_i$. 因为对任 $x\in G$，已经知道 $g_ix\ (i=1,2,\cdots,n)$ 亦为另一组代表元系，故

$$\begin{pmatrix} Ag_i \\ Ag_ix \end{pmatrix} = \begin{pmatrix} Ag_1 & Ag_2 & \cdots & Ag_n \\ Ag_1x & Ag_2x & \cdots & Ag_nx \end{pmatrix}$$

是 n 个陪集 $Ag_1, Ag_2, \cdots, Ag_n$ 上的一个置换.

再将置换 $\begin{pmatrix} Ag_i \\ Ag_ix \end{pmatrix}$ 分解为循环之积,且使任二个循环因子无公共元. 因为置换 $\begin{pmatrix} Ag_i \\ Ag_ix \end{pmatrix}$ 是用元 x 去右乘各陪集而得,故将 $\begin{pmatrix} Ag_i \\ Ag_ix \end{pmatrix}$ 分解为两两不相交的循环因子之积时，每个循环因子必是 $(Ag_i, Ag_ix, Ag_ix^2, \cdots, Ag_ix^{f-1})$ 的形状（f 项循环），于是可假定置换 $\begin{pmatrix} Ag_i \\ Ag_ix \end{pmatrix}$ 已分解成 r 个循环之积且第 i 个循环是 f_i 项循环,如

$$\begin{pmatrix} Ag_i \\ Ag_ix \end{pmatrix} = \prod_{i=1}^{r} (At_i, At_ix, At_ix^2, \cdots, At_ix^{f_i-1}),$$

由是显然有 $\sum_{i=1}^{r} f_i = n$. 因 $At_ix^{f_i} = At_i$, 而在 $k < f_i$ 时，$At_ix^k \neq At_i$，故使 $t_ixt_i^{-1}$ 之最低次幂属于 A 的其幂等于 $(t_ixt_i^{-1})^{f_i} = t_ix^{f_i}t_i^{-1}$，因而 $f_i | o(x)$. 且显然又知 $t_i, t_ix, t_ix^2, \cdots, t_ix^{f_i-1}\ (i=1,2,\cdots,r)$ 这 n 个元得为 G 关于 A 之左陪集分解的一组代表元.

最后,依定理 1 可取 $t_i, t_ix, t_ix^2, \cdots, t_ix^{f_i-1}\ (i=1,2,\cdots,r)$ 为代表元来计算 $V_{G\to A}(x)$. 如令符号 $\overline{t_ix^a \cdot x}$ 表示元素 $t_ix^a \cdot x$ 所在之陪集 Ag_j 中的代表元 g_j, ,则因

$$\overline{t_i x^{\alpha}\cdot x}=\begin{cases}t_i x^{\alpha+1}, & \text{当 } \alpha < f_i - 1 \text{ 时},\\ t_i, & \text{当 } \alpha = f_i - 1 \text{ 时},\end{cases}$$

故

$$V_{G\to A}(x)=A'\prod_{i=1}^{r}\prod_{\alpha=0}^{f_i-1} t_i x^{\alpha}\cdot x\cdot\overline{t_i x^{\alpha}\cdot x}^{-1}=A'\prod_{i=1}^{r} t_i x^{f_i} t_i^{-1}. \tag{4}$$

这就是一般计算 $V_{G\to A}(x)$ 的方法或公式.

例 1 设 $G=\mathfrak{A}_5=\{(123),(124),(125)\}$ 为五次交代群，$A=\mathfrak{A}_4=\{(123),(124)\}$ 为四次交代群. 试求 $V_{G\to A}(x)$，但 $x=(12345)$.

解 $G=A+A(152)+A(153)+A(154)+A(14325)$，

而置换 $\begin{pmatrix}Ag_i\\ Ag_i x\end{pmatrix}$ 可写为

$$\begin{pmatrix}A & A(152) & A(153) & A(154) & A(14325)\\ A(12345) & A(345) & A(23)(45) & A(234) & A(152)\end{pmatrix}$$

$$=\begin{pmatrix}A & A(152) & A(153) & A(154) & A(14325)\\ A(14325) & A(153) & A(154) & A & A(152)\end{pmatrix}$$

$$=(A,\ A(14325),\ A(152),\ A(153),\ A(154)),$$

说明了这时公式(4)中 $r=1$，而 $f=f_1=5$. 但因四次交代群 A 的换位子群 $A'=\mathfrak{K}_4$ 为克莱茵四元群，故知 $V_{G\to A}(x)=\mathfrak{K}_4\cdot(12345)^5=\mathfrak{K}_4$ 为 A/A' 之单位元.

附注 上面叙述这例 1 的方法不过是想借计算传输的公式(4)来说明的. 实际上，对这例 1 言，还有较简单的方法来计算 $V_{G\to A}(x)$，述于下. 因为 G 是单群，故从 $o(A/A')<60$，可知 G 在 A/A' 内的同态只能是恒等同态，即 G 之每元恒对应于 A/A' 的单位元，故当然有 $V_{G\to A}(x)=\mathfrak{K}_4$. 由是可看出计算传输的公式(4)只能供作参考，对具体问题在某些场合可能有更简单的计算方法，不可拘泥于公式(4).

例 2 试求 $G=\{a,b\}$ 在子群 $A=\{a\}$ 内的传输 $x\to V_{G\to A}(x)$，但 $a^{p^{n-1}}=1=b^p$，$b^{-1}ab=a^{1+p^{n-2}}$，p 是奇素数且 $n\geq 3$.

解 因 $G=A+Ab+Ab^2+\cdots+Ab^{p-1}$，故可取 $1, b,$

$b^2, \cdots, b^{p-1}$ 为一组代表元. 令 $x = a^\lambda b^\mu \in G$, 则因

$$\begin{cases} 1 \cdot x = a^\lambda \cdot b^\mu, \\ b \cdot x = (ba^\lambda b^{-1})b^{\mu+1} = a^{\lambda(1-p^{n-2})} \cdot b^{\mu+1}, \\ b^2 \cdot x = (b^2a^\lambda b^{-2})b^{\mu+2} = a^{\lambda(1-2p^{n-2})} \cdot b^{\mu+2}, \\ \qquad \cdots\cdots\cdots\cdots\cdots\cdots\cdots\cdots\cdots \\ b^{p-1} \cdot x = (b^{p-1}a^\lambda b^{-(p-1)})b^{\mu+p-1} = a^{\lambda[1-(p-1)p^{n-2}]} \cdot b^{\mu+p-1}, \end{cases}$$

故直接据定义得

$$\begin{aligned} V_{G\to A}(x) &= (1 \cdot x \cdot b^{-\mu})(b \cdot x \cdot b^{-\mu-1}) \\ &\quad \cdot (b^2 \cdot x \cdot b^{-\mu-2})\cdots(b^{p-1} \cdot x \cdot b^{-\mu-p+1}) \\ &= xb^{-\mu+1} \cdot xb^{-\mu+1}\cdots xb^{-\mu+1} \\ &= (xb^{-\mu+1})^p = (a^\lambda b)^p = b^p a^{\lambda\left[p+\frac{p(p+1)}{2}\cdot p^{n-2}\right]} = a^{\lambda p}. \end{aligned}$$

这同时也说明了传输 $x \to V_{G\to A}(x)$ 得使 $G \sim \{a^p\} = Z(G)$, 它实际上是使 G 之元 $a^\lambda b^\mu$ 映射为 $a^{\lambda p}$ 而得.

另一种方法: 再按公式 (4) 来计算 $V_{G\to A}(x)$. 因 $A \lhd G$, 故当 $x=a^\lambda b^\mu$ 中 $\mu \equiv 0 \pmod p$ 时, $x \in A$, $b^k \cdot x \in Ab^k$, 于是这时公式 (4) 中 $r = p$, 每 $f_i=1$, 故 $V_{G\to A}(x)=V_{G\to A}(a^\lambda)=A' \cdot x \cdot bxb^{-1} \cdot b^2xb^{-2} \cdot b^3xb^{-3} \cdot \cdots\cdots b^{p-1}xb^{-(p-1)}=A'(xb)^p=A'(a^\lambda b)^p = A'a^{\lambda p} = a^{\lambda p}$. 再考虑 $(\mu, p) = 1$, 这时因 $Ab^i \cdot x = Ab^{i+\mu}$, 且有

$$\begin{pmatrix} A & Ab & \cdots & Ab^{p-1} \\ Ab^\mu & Ab^{\mu+1} & \cdots & Ab^{\mu+p-1} \end{pmatrix} = (A, Ab^\mu, Ab^{2\mu}, Ab^{3\mu}, \cdots, Ab^{(p-1)\mu}),$$

即 (4) 中 $r = 1$, $f = f_1 = p$, 故 (4) 式就变为

$$\begin{aligned} V_{G\to A}(x) &= A' \cdot 1x^p1^{-1} = A'x^p = A'(a^\lambda b^\mu)^p \\ &= b^{\mu p} a^{\lambda\left[p+\frac{p(p+1)}{2}\mu p^{n-2}\right]} = a^{\lambda p}. \end{aligned}$$

由这例 2 也看出利用公式 (4) 去计算, 反而麻烦些. 所以公式 (4) 只不过是说明可利用来计算传输, 但一般地说它不是计算传输的最好的方法.

问题 1 问 $x \to V_{G\to G}(x)$ 是 G 之怎样的同态映射? 又 $x \to V_{G\to 1}(x)$ 是什么样的同态映射?

问题 2 问 $V_{G\to G'}(G')$ 与 G'' 有什么关系? 但 $G' = [G, G]$,

$G'' = [G', G']$.

§2. 单 项 表 现

上节我们直接引入了传输概念，但较传输概念意义更广的是单项表现的概念.

仍令 A 为有限群 G 的一子群，其左陪集分解为 $G = \sum_{i=1}^{n} Ag_i$，式中 $n = [G:A]$.

今设 $N \lhd A$，并用记号 $\mathfrak{M}$ 表示 G 关于 N 之所有左陪集为元之集，还特地令

$$\mu_k = Ng_k \ (k = 1, 2, \cdots, n),$$

于是 $\mu_1, \mu_2, \cdots, \mu_n$ 当然是 $\mathfrak{M}$ 中的 n 个元(彼此互异).

又 $\mathfrak{M}$ 中的每元之形状为

$$\mu = Ng = Nag_i = aNg_i = a\mu_i \ (g = ag_i, \ a \in A);$$

但因从 $a_1\mu_i = a_2\mu_j$ 得 $a_1Ng_i = a_2Ng_j$, $Ag_i = Ag_j$, 不得不有 $i=j$, 故 $a_1N = a_2N$, $a_1 \equiv a_2 \pmod N$. 这说明了

$$a_1\mu_i = a_2\mu_j \Rightarrow \begin{cases} i = j, \\ a_1 \equiv a_2 \pmod N. \end{cases}$$

由是则知集 $\mathfrak{M}$ 的每元 μ 只能用唯一的方法写为 $\mu = a\mu_i$ 的形状，即 μ 得唯一地决定了数码 i 与商群 $A^* = A/N$ 中的代表元 $a(a \in A)$.

于是令 $g_ig = a_{i,g}g_{iP(g)} \in Ag_{iP(g)}$时，就有

$$\mu_ig = Ng_ig = Na_{i,g}g_{iP(g)} = a_{i,g}Ng_{iP(g)} = a_{i,g}\mu_{iP(g)},$$

即
$$\mu_ig = a_{i,g}\mu_{iP(g)} (i = 1, 2, \cdots, n). \tag{1}$$

再将(1)式中 n 个式子具体地写出，就是

$$\left.\begin{array}{l} \mu_1g = a_{1,g}\mu_{1P(g)} \\ \mu_2g = a_{2,g}\mu_{2P(g)} \\ \quad\cdots\cdots \\ \mu_ng = a_{n,g}\mu_{nP(g)} \end{array}\right\} \cdots\cdots \text{(I)}$$

因之，若将群G之元g形式地看做以$\mu_1, \mu_2, \cdots, \mu_n$为基底的形式空间$\mathfrak{M}$的线性变换，则(I)中$n$个式子表示着这样的意义，即相应于每$g \in G$就有一个确定的$n$级矩阵

$$M_g = (a_{i,g}),$$

使M_g之第i行第$i^{P(g)}$列交叉处的元为$a_{i,g}\ (i=1, 2, \cdots, n)$，而其他位置的元全为零．换言之，先将$n$级单位矩阵$E_n$的第1，2，…，$n$列顺次换为第$1^{P(g)}, 2^{P(g)}, \cdots, n^{P(g)}$列，再将所得的排列矩阵中的$i \times i^{P(g)}$处的1换为$a_{i,g}$.

因为$\mu_i(gg')=(\mu_i g)g' = (a_{i,g}\mu_{i^{P(g)}})g' = a_{i,g}a_{i^{P(g)},g'}\mu_{i^{P(g)P(g')}}$，且由(1)式直接又有$\mu_i(gg') = a_{i,gg'}\mu_{i^{P(gg')}}$，故据表示法之唯一性，必有

$$\begin{cases} i^{P(g)P(g')} = i^{P(gg')} \quad (i = 1, 2, \cdots, n), \\ a_{i,g}a_{i^{P(g)},g'} \equiv a_{i,gg'} \pmod N. \end{cases}$$

这说明了$P(g)P(g') = P(gg')$——这早在§1定理2的推论2中就证过；并说明了矩阵$M_{gg'} = (a_{i,gg'})$的第$i \times i^{P(gg')}$处的元为$a_{i,g}a_{i^{P(g)},g'} \pmod N$．然而$M_g$之第$i$行是

$$(\underbrace{0, \cdots, 0}_{(i^{P(g)}-1)\text{个}}, a_{i,g}, 0, \cdots, 0),$$

而$M_{g'}$的第$i^{P(g)P(g')} = i^{P(gg')}$列是

$$\begin{pmatrix} \left.\begin{matrix} 0 \\ \vdots \\ 0 \end{matrix}\right\} (i^{P(g)}-1)\text{ 个} \\ a_{i^{P(g)},g'} \\ 0 \\ \vdots \\ 0 \end{pmatrix},$$

于是根据矩阵之通常的乘法规则去实行$M_gM_{g'}$，可知$M_gM_{g'}$的第$i \times i^{P(gg')}$处的元为$a_{i,g}a_{i^{P(g)},g'}$．故证明了$M_{gg'} = M_gM_{g'}$，这是说映射$g \to M_g$为群G的一个表现，叫做G的**单项表现**.

因为这单项表现中每个矩阵 M_g 之元或为零或为商群 $A^*=A/N$ 的元(用陪集之代表元代替之)，故有时为清楚起见就将 M_g 记为 $M_g^{A/N}$，即 $M_g^{A/N}=M_g$，而将这样一些矩阵所成的集合记为 $M_G=M_G^{A/N}$，于是有

$$G\sim M_G^{A/N}=M_G.$$

这个同态的核K是由G中这样一些元素 g 组成的，即使 $M_g\equiv E_n(\bmod N)$，因而其充要条件是置换

$$\begin{pmatrix}1 & 2 & \cdots & n\\ 1^{P(g)} & 2^{P(g)} & \cdots & n^{P(g)}\end{pmatrix}$$

为恒同置换 **1** 且每个 $a_{i,g}\in N$，与它等价的条件是 $g_ig\in Ng_i$，即 $g\in g_i^{-1}Ng_i\ (i=1,2,\cdots,n)$，故核 $K=\bigcap\limits_{i=1}^{n}g_i^{-1}Ng_i$.

于是证得了下面的

定理 1 设有限群G关于子群A的左陪集分解为

$$G=\sum_{i=1}^{n}Ag_i.$$

若$N\lhd A$，并令 $\mu_i=Ng_i\ (i=1,2,\cdots,n)$，随而从 $g_ig=a_{i,g}g_{i^{P(g)}}$ 得 $\mu_ig=a_{i,g}\mu_{i^{P(g)}}$，那么$G$之每元 g 可对应于一个 n 级矩阵 $M_g^{A/N}$，使它的第 $i\times i^{P(g)}$ 处的元为 $a_{i,g}\ (\bmod N)\ (i=1,\cdots,n)$ 而其他位置的元全是 0，且映射

$$g\to M_g^{A/N}$$

为G的同态映射(叫做G的单项表现)，又这同态的核令为K时就有 $K=\bigcap\limits_{i=1}^{n}g_i^{-1}Ng_i$. 简记这同态关系为 $G\sim M_G^{A/N}(=M_G)$.

这里应注意的是：定理 1 内单项表现中的每个矩阵 M_g 不仅是与G之元 g 有关，而且还与G关于A之左陪集分解中的代表元系 $g_1,g_2,\cdots,g_n$ 的选择有关. 于是问：当代表元系不同时，属于各个代表系的单项表现间的关系怎样呢？

今设 $g_1',g_2',\cdots,g_n'$ 是另一组代表系，即 $g_i'=a_ig_i\ (i=1,2,$

$\cdots, n)$，$a_i \in A$，因而 $Ag'_i = Ag_i$，$G = \sum_{i=1}^{n} Ag'_i$. 再仿照上面说的那样，又可作形式空间 $\mathfrak{M}$ 的另一组形式基底 $\nu_1, \nu_2, \cdots, \nu_n$，即 $\nu_i = Ng'_i\,(i = 1, 2, \cdots, n)$。于是，$\nu_i = Ng'_i = Na_ig_i = a_iNg_i = a_i\mu_i$，即新旧形式基底间的关系是

$$\nu_i = a_i\mu_i\,(i = 1, 2, \cdots, n), \tag{2}$$

但 a_i 可取为陪集 $a_iN = Na_i$ 中的任何元.

由是，如作变换矩阵 $T = \mathrm{diag}\,(a_1, a_2, \cdots, a_n)$ 时，则 (2) 式可以形式地表写为矩阵的形状，如

$$\begin{pmatrix} \nu_1 \\ \nu_2 \\ \vdots \\ \nu_n \end{pmatrix} = T \begin{pmatrix} \mu_1 \\ \mu_2 \\ \vdots \\ \mu_n \end{pmatrix}.$$

又 (I) 式也可形式地写为矩阵之形，如

$$\begin{pmatrix} \mu_1 g \\ \mu_2 g \\ \vdots \\ \mu_n g \end{pmatrix} = \begin{pmatrix} \mu_1 \\ \mu_2 \\ \vdots \\ \mu_n \end{pmatrix} g = M_g \begin{pmatrix} \mu_1 \\ \mu_2 \\ \vdots \\ \mu_n \end{pmatrix},$$

故若令对新形式基底 $\nu_i\,(i = 1, 2, \cdots, n)$ 言，G 的单项表现为 $g \to \widetilde{M}_g$，则同样有

$$\begin{pmatrix} \nu_1 g \\ \nu_2 g \\ \vdots \\ \nu_n g \end{pmatrix} = \begin{pmatrix} \nu_1 \\ \nu_2 \\ \vdots \\ \nu_n \end{pmatrix} g = \widetilde{M}_g \begin{pmatrix} \nu_1 \\ \nu_2 \\ \vdots \\ \nu_n \end{pmatrix},$$

因之，联系新旧形式基底与新旧单项表现，并令 $T^{-1} = \mathrm{diag}\,(a_1^{-1}, a_2^{-1}, \cdots, a_n^{-1})\,(\mathrm{mod}\,N)$，就得到

$$\widetilde{M}_g \begin{pmatrix} \nu_1 \\ \nu_2 \\ \vdots \\ \nu_n \end{pmatrix} = \begin{pmatrix} \nu_1 \\ \nu_2 \\ \vdots \\ \nu_n \end{pmatrix} g = T \begin{pmatrix} \mu_1 \\ \mu_2 \\ \vdots \\ \mu_n \end{pmatrix} g = TM_g \begin{pmatrix} \mu_1 \\ \mu_2 \\ \vdots \\ \mu_n \end{pmatrix} = TM_gT^{-1} \begin{pmatrix} \nu_1 \\ \nu_2 \\ \vdots \\ \nu_n \end{pmatrix},$$

于是再据表示的唯一性就不得不有

$$\widetilde{M}_g \equiv TM_gT^{-1} \pmod N.$$

故又证得了下面的

定理 2 在定理 1 的假设条件下，若又有 $G = \sum_{i=1}^{n} Ag'_i$，但 $Ag'_i = Ag_i$，随而 $g'_i g = b_{i,g} g'_{i^{P(g)}}$，故令 $v_i = Ng'_i$ 时则有 $v_i g = b_{i,g} v_{i^{P(g)}}$，那么所得到的 G 之另一个单项表现

$$g \to \widetilde{M}_g \equiv (b_{i,g}) \pmod N$$

是与 M_g 等价的，即对每 $g \in G$ 恒有一个与 g 无关的矩阵 T 使得

$$\widetilde{M}_g \equiv TM_gT^{-1} \pmod N.$$

同样，当代表系 $g_1, g_2, \cdots, g_n$ 虽固定，但先后次序更改了，例如说 $g'_1 = g_{k_1}, g'_2 = g_{k_2}, \cdots, g'_n = g_{k_n}$，其中 $k_1, k_2, \cdots, k_n$ 是 1，2，…，n 的一个排列，那么这时 (2) 式就变为 $v_i = \mu_{k_i}$，随而这时令 T 表示这样的矩阵，即其元全为 0，除了第 $i \times k_i$ 处可为 N 之任意元 n_{ik_i} 外 $(i = 1, 2, \cdots, n)$，则 T^{-1} 表示在第 $k_i \times i$ 处的元为 $n_{ik_i}^{-1}$ 而其他位置全为 0，也有类似定理 2 的结果，即

推论 在定理 1 的假设条件下，如只将代表元系 $g_1, g_2, \cdots, g_n$ 的先后次序变更所得的另一个单项表现令为 $g \to \widetilde{M}_g$ 时，则 $\widetilde{M}_g$ 与 M_g 等价.

证明的详细推导就留给读者.

单项表现的意义既明，下面就问 $N = 1$ 以及 $N = A$ 时所成的两个特殊单项表现究竟是什么表现？并讨论它们与一般单项表现的关系.

当 $N = A$ 时，由 $G = \sum_{i=1}^{n} Ag_i$ 即知 $\mathfrak{M}$ 含有 n 个元，为 $\mu_i = Ag_i$ $(i = 1, 2, \cdots, n)$，因而 $\mu_i g = Ag_{i^{P(g)}} = \mu_{i^{P(g)}}$，故这时 M_g 即为排列矩阵，也就是 M_g 为将单位矩阵 E_n 的第 i 列 $(i = 1, 2, \cdots, n)$ 调换成为第 $i^{P(g)}$ 列后所成的矩阵. 所以这时的单项表现就像上册第三章 §6 里面所说的正则表现相类似，不过要注意它不是一群的正则表现，因为 $\mu_1, \mu_2, \cdots, \mu_n$ 不成群(因 A 非 G 之正规子

群)且 $\mu_i g = \mu_{iP(g)}$ 中的 g 又不为某 μ_k 的缘故.

至于在 $N=1$ 时，$g\to M_g^A=(a_{i,g})$ 中 A 之元 $a_{i,g}$ 是这样得来的,即从 $G=\sum_{i=1}^{n}Ag_i$ 而对每 $g\in G$ 令 $g_i g=a_{i,g}g_{iP(g)}$ 就得到 A 中由 g 所唯一确定的元. 由定理 1, 知道这时同态的核 $K=1$, 故单项表现 $g\to M_g^A$ 是同构表现,即 $G\simeq M_G^A$.

有了 $G\simeq M_G^A$ 以后，则 $N\neq 1$ 时的一般单项表现 $G\sim M_G^{A/N}$ 可用下述的方法去求得：即只将 $M_g^A=(a_{i,g})$ 中各元 $a_{i,g}$ 换为陪集 $Na_{i,g}=a_{i,g}N$ 的任何代表元就得到单项表现 $g\to M_g^{A/N}$.

例 1 设 $G=\{a,b\}$, $a^4=1$, $b^2=a^2$, $b^{-1}ab=a^{-1}$(即 G 为四元数群), $A=\{a\}$, $N=Z(G)=\{a^2\}$. 试求 M_G^A 及 $M_G^{A/N}$. 并求 $M_G^{A/A}$.

解 因 $G=A+Ab$ 说明了 1, b 为陪集分解的一组代表元，今用 g_1, g_2 分别表示 1, b, 又因 G 之元 g 或为 a^λ 形或为 $a^\lambda b$ 形,而

$$\begin{cases}g_1g=g_1a^\lambda=a^\lambda=a^\lambda\cdot g_1,\\ g_2g=g_2a^\lambda=ba^\lambda=a^{-\lambda}b=a^{-\lambda}g_2,\end{cases}\quad\begin{cases}g_1\cdot a^\lambda b=a^\lambda b=a^\lambda\cdot g_2,\\ g_2a^\lambda b=ba^\lambda b=a^{-\lambda}b^2=a^{-\lambda+2}g_1,\end{cases}$$

故 $M_G^A(\simeq G)$ 中分别与 G 之八个元对应的矩阵为

$$1\to\begin{pmatrix}1&0\\0&1\end{pmatrix},\quad a\to\begin{pmatrix}a&0\\0&a^{-1}\end{pmatrix},\quad a^2\to\begin{pmatrix}a^2&0\\0&a^2\end{pmatrix},\quad a^3\to\begin{pmatrix}a^{-1}&0\\0&a\end{pmatrix},$$

$$b\to\begin{pmatrix}0&1\\a^2&0\end{pmatrix},\quad ab\to\begin{pmatrix}0&a\\a&0\end{pmatrix},\quad a^2b\to\begin{pmatrix}0&a^2\\1&0\end{pmatrix},\quad a^3b\to\begin{pmatrix}0&a^{-1}\\a^{-1}&0\end{pmatrix}.$$

于是将 a^2 换为 1 ($\because Na^2=N$) 即得 $M_G^{A/N}$ 之各元为

$$M_1^{A/N}=\begin{pmatrix}1&0\\0&1\end{pmatrix},\quad M_a^{A/N}=\begin{pmatrix}a&0\\0&a\end{pmatrix},$$

$$M_{a^2}^{A/N}=\begin{pmatrix}1&0\\0&1\end{pmatrix},\quad M_{a^3}^{A/N}=\begin{pmatrix}a&0\\0&a\end{pmatrix},$$

$$M_b^{A/N}=\begin{pmatrix}0&1\\1&0\end{pmatrix},\quad M_{ab}^{A/N}=\begin{pmatrix}0&a\\a&0\end{pmatrix},$$

$$M_{a^2b}^{A/N}=\begin{pmatrix}0&1\\1&0\end{pmatrix},\quad M_{a^3b}^{A/N}=\begin{pmatrix}0&a\\a&0\end{pmatrix}.$$

于是，$M_G^{A/A}$ 之各元为

$$M_1^{A/A}=M_a^{A/A}=M_{a^2}^{A/A}=M_{a^3}^{A/A}=\begin{pmatrix}1&0\\0&1\end{pmatrix},$$

$$M_b^{A/A}=M_{ab}^{A/A}=M_{a^2b}^{A/A}=M_{a^3b}^{A/N}=\begin{pmatrix}0&1\\1&0\end{pmatrix}.$$

例 2 设 $G=\mathfrak{S}_3$ 为 3 次对称群，$A=\{(12)\}$ 为 G 之二阶循环子群. 试求 M_G^A 及 $M_G^{A/A}$.

解 因 $G=A+A\cdot(13)+A\cdot(23)$，故 $g_1=1$，$g_2=(13)$，$g_3=(23)$ 为陪集分解的一组代表元. 又因 $g_i\cdot 1=1\cdot g_i\,(i=1,2,3)$；

$g_1\cdot(12)=(12)\cdot g_1$，　$g_2\cdot(12)=(12)\cdot g_3$，　$g_3\cdot(12)=(12)\cdot g_2$；
$g_1\cdot(13)=1\cdot g_2$，　$g_2\cdot(13)=1\cdot g_1$，　$g_3\cdot(13)=(12)\cdot g_3$；
$g_1\cdot(23)=1\cdot g_3$，　$g_2\cdot(23)=(12)\cdot g_2$，　$g_3\cdot(23)=1\cdot g_1$；
$g_1\cdot(123)=(12)\cdot g_2$，　$g_2\cdot(123)=1\cdot g_3$，　$g_3\cdot(123)=(12)\cdot g_1$；
$g_1\cdot(132)=(12)\cdot g_3$，　$g_2\cdot(132)=(12)\cdot g_1$，　$g_3\cdot(132)=1\cdot g_2$；

故 $M_G^A(\simeq G)$ 之六个元为

$$M_1^A=\begin{pmatrix}1&0&0\\0&1&0\\0&0&1\end{pmatrix},\quad M_{(12)}^A=\begin{pmatrix}(12)&0&0\\0&0&(12)\\0&(12)&0\end{pmatrix},$$

$$M_{(13)}^A=\begin{pmatrix}0&1&0\\1&0&0\\0&0&(12)\end{pmatrix},\quad M_{(23)}^A=\begin{pmatrix}0&0&1\\0&(12)&0\\1&0&0\end{pmatrix},$$

$$M_{(123)}^A=\begin{pmatrix}0&(12)&0\\0&0&1\\(12)&0&0\end{pmatrix},\quad M_{(132)}^A=\begin{pmatrix}0&0&(12)\\(12)&0&0\\0&1&0\end{pmatrix}.$$

又 $M_G^{A/A}$ 之各元为

$$M_1^{A/A}=\begin{pmatrix}1&0&0\\0&1&0\\0&0&1\end{pmatrix},\ M_{(12)}^{A/A}=\begin{pmatrix}1&0&0\\0&0&1\\0&1&0\end{pmatrix},\ M_{(13)}^{A/A}=\begin{pmatrix}0&1&0\\1&0&0\\0&0&1\end{pmatrix},$$

$$M_{(23)}^{A/A}=\begin{pmatrix}0&0&1\\0&1&0\\1&0&0\end{pmatrix},\ M_{(123)}^{A/A}=\begin{pmatrix}0&1&0\\0&0&1\\1&0&0\end{pmatrix},\ M_{(132)}^{A/A}=\begin{pmatrix}0&0&1\\1&0&0\\0&1&0\end{pmatrix}.$$

下一个问题是问单项表现与传输究竟有怎样的联系?

我们知道：建立单项表现的概念是取 G 之子群 A 的任意正规子群 N 为基础的. 这时，虽然建立了矩阵 $M_g^{A/N}$ 的意义，但由于 A/N 一般不是交换群，故不能像通常一样可从矩阵 $M_g^{A/N}$ 去建立行列式的概念. 若取 $N=A'=[A,A]$ 为 A 之换位子群，则 $A/N=A/A'$ 就是交换群了，因之这时的单项表现 $M_G^{A/A'}=M_G$ 中每矩阵 M_g 之元或为 0 或为交换群 $A^*=A/A'$ 之元(即 A 关于 A' 之陪集的代表元)，于是能像通常一样由 M_g 可引进行列式 $\det M_g$ 的意义，只是这时不需要冠以正负号，例如当

$$M_g=\begin{pmatrix}0&a_1&0\\a_2&0&0\\0&0&a_3\end{pmatrix}$$

时，就定义 $\det M_g=a_1a_2a_3$. 因为 M_g 中的元 a_i 能用陪集 $A'a_i=a_iA'$ 的任何元替换之，故实际上应定义

$$\det M_g=A'a_1a_2a_3\quad(\text{为商群 } A/A' \text{ 之元}).\tag{3}$$

由这定义，易知 $\det M_{g_1g_2}=\det M_{g_1}M_{g_2}=\det M_{g_1}\cdot\det M_{g_2}$，故映射 $g\to\det M_g$ 为群 G 在交换群 $A^*=A/A'$ 内的一个同态映射，因而有

$$G\sim H^*\subseteq A^*=A/A'.$$

这个同态的核是凡由 $\det M_g = A'$ 的 G 之元 g 所组成.

然而 $g \to \det M_g$ 究竟是怎样的同态映射呢?这就要牵涉到 M_g 之形成的方法.我们知道:当 $G = \sum_{i=1}^{n} Ag_i$ 时,若令 $g_i g = a_{i,g} g_{i^{P(g)}}$,就有 $M_g = (a_{i,g})$ 即 n 阶矩阵 M_g 的第 $i \times i^{P(g)}$ 处之元为 $a_{i,g} \pmod{A'}$ $(i = 1, 2, \cdots, n)$ 而其他位置之元为 0. 于是,由(3)式知 $\det M_g = A' \cdot \prod_{i=1}^{n} a_{i,g} = A' \prod_{i=1}^{n} g_i g g_{i^{P(g)}}^{-1}$, 恰与 §1 的(1)式中的 $V_{G\to A}(g)$ 一致. 这是说此时的映射 $g \to \det M_g$ 就变成了 §1 的传输 $g \to V_{G\to A}(g)$. 这就阐明了单项表现与传输的关系.

问题 1　利用单项表现,重新给出 §1 定理 1 的一个简捷的证明.

问题 2　若 $A = 1$, 则 G 在 A 上的单项表现 M_G^A 为正则表现.

问题 3　试从右陪集分解的观点重新建立单项表现随而传输的概念.

§3. 传输的简单应用

这一节是传输理论的一个简单的应用. 主要是解决下面的斑赛特定理(定理 2).

首先来谈一谈利用传输概念可证明一个与换位子群及中心有关的命题,即

定理 1　设 H 为有限群 G 之子群. 若 $([G:H], [H:H']) = 1$, 则 $H \cap G' \cap Z(G) \subseteq H'$.

于是特当 H 是交换子群且 $([G:H], o(H)) = 1$ 时,就有

$$H \cap G' \cap Z(G) = 1.$$

为此,需先证明

引理 1　设 $A < G$, $x \in Z(G)$. 若 $[G:A] = n$, 则 $V_{G\to A}(x) = A'x^n$.

证明 设 $G = \sum_{i=1}^{n} Ag_i$，依 §1 定理 6 后面的叙述可将置换 $\begin{pmatrix} Ag_i \\ Ag_i x \end{pmatrix}$ 分解为 r 个循环之积使第 i 个循环为 f_i 项循环，如

$$\begin{pmatrix} Ag_i \\ Ag_i x \end{pmatrix} = \prod_{i=1}^{r} (At_i,\ At_i x,\ At_i x^2,\ \cdots,\ At_i x^{f_i-1}),$$

因而以 $t_i, t_i x, t_i x^2, \cdots, t_i x^{f_i-1}$ $(i = 1, 2, \cdots, r)$ 为陪集之代表元系，就得知

$$V_{G\to A}(x) = A' \cdot \prod_{i=1}^{r} t_i x^{f_i} t_i^{-1};$$

但 $x \in Z(G)$，故 $t_i x^{f_i} t_i^{-1} = x^{f_i}$，于是 $V_{G\to A}(x) = A' \prod_{i=1}^{r} x^{f_i} = A' x^n$，证完.

定理 1 的证明 令 $x \in H \cap G' \cap Z(G)$. 于是从 $x \in Z(G)$ 而由引理 1 就得到 $V_{G\to H}(x) = H' \cdot x^{[G:H]}$，再从 $x \in G'$ 而据 §1 定理 2 的推论 1 又得 $V_{G\to H}(x) = H'$，故 $H' \cdot x^{[G:H]} = H'$，即 $x^{[G:H]} \in H'$. 但 $x \in H$ 又说明了 xH' 为商群 H/H' 的元，因而 $(xH')^{[H:H']}$ 为商群 H/H' 的单位元，即 $x^{[H:H']}H' = H'$，或 $x^{[H:H']} \in H'$. 故再据 $x^{[G:H]} \in H'$ 及 $x^{[H:H']} \in H'$，以及 $([G:H], [H:H']) = 1$，就不得不有 $x \in H'$. 定理 1 证完.

为了解决本节的主要问题，即斑赛特定理，先证明下面的

引理 2 设有限群 G 之西洛 p-子群 P 的两个子集 K 与 L 在 P 内都是正规的(意义是说对每 $x \in P$ 恒有 $x^{-1}Kx = K$ 与 $x^{-1}Lx = L$)，并且它们在 G 内又互为共轭的，那末 K 与 L 在 $N_G(P)$ 内也共轭.

事实上，由题设已知 $P \subseteq N_G(K)$ 及 $P \subseteq N_G(L)$. 又据题设知有 $g \in G$ 使 $L = g^{-1}Kg$，故 $N_G(L) = g^{-1} \cdot N_G(K) \cdot g$，于是再利用 $P \subseteq N_G(K)$ 可知

$$g^{-1}Pg \subseteq g^{-1} \cdot N_G(K) \cdot g = N_G(L).$$

既然 P 与 $g^{-1}Pg$ 都在 $N_G(L)$ 内，故它们当然是 $N_G(L)$的西洛 p-子群，因之必有 $h\in N_G(L)$ 使

$$P=h^{-1}(g^{-1}Pg)h=(gh)^{-1}P(gh),$$

即 $gh\in N_G(P)$. 而这时又有

$$(gh)^{-1}K(gh)=h^{-1}(g^{-1}Kg)h=h^{-1}Lh=L,$$

即说明了K与L在$N_G(P)$内的共轭性. 证完.

现在来谈本节的主要问题，即

定理 2（斑赛特定理） 设有限群G之西洛 p-子群 P 包含在它的正规化子之中心内，即$P\subseteq Z(N_G(P))$，则G必有一正规子群$N(N\lhd G)$，具下述三个等价的性质：

(i) $[G:N]=o(P)$；

(ii) P为N在G内的补子群；

(iii) P之全部元可充当N在G内的陪集分解之一组代表元系.

证明 $P\subseteq Z(N_G(P))$ 已说明了P是交换群，故$P'=[P,P]=1$（注意$P\subseteq Z(N_G(P))$ 当然说明了当 $x\in N_G(P)$ 时也必有 x 与 P 之各元可交换，即 $x\in Z_G(P)$，故不得不有 $Z_G(P)=N_G(P)$. 反之，$Z_G(P)=N_G(P)\Rightarrow P\subseteq N_G(P)=Z_G(P)$，即 P 之各元与 P 之每元可交换，即P交换，因而$P\subseteq Z(N_G(P))$). 故$G\sim V_{G\to P}(G)\subseteq P$；若令这同态的核为$K$，则$G/K\simeq V_{G\to P}(G)\subseteq P$，式中$K$含且仅含使$V_{G\to P}(x)=1$的$G$之元$x$.

如果能证明 $V_{G\to P}(P)=P$，则从 $V_{G\to P}(P)\subseteq V_{G\to P}(G)\subseteq P$，当然应有 $V_{G\to P}(G)=P$，故再利用

$$G/K\simeq V_{G\to P}(G)=P,$$

就得到 $[G:K]=o(P)$，问题就完全解决了. 所以今后的任务是证明 $V_{G\to P}(P)=P$. 述于下.

因 $V_{G\to P}(x)$ 与陪集分解之代表元系的选择无关，故当 $x\in P$ 时，从陪集分解 $G=\sum_{i=1}^{n}Pg_i$ 得另一陪集分解 $G=\sum_{i=1}^{n}Pg_ix$ 后，如

同在§1定理6后面叙述的那样可把置换$\begin{pmatrix}Pg_i\\Pg_ix\end{pmatrix}$写为循环表示，

如$\begin{pmatrix}Pg_i\\Pg_ix\end{pmatrix}=\prod_{i=1}^{r}(Pt_i, Pt_ix, Pt_ix^2, \cdots, Pt_ix^{f_i-1})$,

即等于r个循环之积，而第i个循环因子是f_i项的循环．由是$V_{G\to P}(x)=\prod_{i=1}^{r}t_ix^{f_i}t_i^{-1}$．但因$t_ix^{f_i}t_i^{-1}(\in P)$与$x^{f_i}(\in P)$在$G$内共轭，且由$P$之交换性又知它们在$P$内当然是正规的，故据引理2得知$t_ix^{f_i}t_i^{-1}$与$x^{f_i}$在$N_G(P)$内共轭，即有$h\in N_G(P)$使$t_ix^{f_i}t_i^{-1}=h^{-1}x^{f_i}h$．然而从$P\subseteq Z(N_G(P))$又知$x^{f_i}=h^{-1}x^{f_i}h$，因而$t_ix^{f_i}t_i^{-1}=x^{f_i}$，即$V_{G\to P}(x)=\prod_{i=1}^{r}t_ix^{f_i}t_i^{-1}=\prod_{i=1}^{r}x^{f_i}=x^{\Sigma f_i}=x^n=x^{[G:P]}$；但$([G:P], o(P))=1$，故当$x$跑遍$P$时，$x^{[G:P]}=x^n$也跑遍$P$，于是等式$V_{G\to P}(x)=x^n$（当$x$跑遍$P$时）就足够说明$V_{G\to P}(P)=P$，故定理2证完．

斑赛特定理说明了：设P为群G之西洛p-子群，当$P\subseteq Z(N_G(P))$时（或与之等价的是$Z_G(P)=N_G(P)$），G必有一正规子群N使指数$[G:N]$等于$o(P)$．为今后叙述简洁起见就叫这N为G之**正规p-补**，于是$P\subseteq Z(N_G(P))$是G有**正规p-补**的充分条件．注意$P\subseteq Z(N_G(P))$决不是G有正规p-补的必要条件，例如幂零群必有正规p-补，但西洛p-子群不必为交换的．

既然知道$P\subseteq Z(N_G(P))$就能保证G有正规p-补，于是欲问G是否有正规p-补，就自然会问是否有$P\subseteq Z(N_G(P))$．所以决定$P\subseteq Z(N_G(P))$是否成立的条件是一个非常重要的问题，定理3解决了这个问题，即

定理 3 设P是有限群G之西洛p-子群，则$P\subseteq Z(N_G(P))$的充要条件是$(o(G'), p)=1$，但$G'=[G, G]$．

证明 当$P\subseteq Z(N_G(P))$时，据定理2有$A\lhd G$，使$[G:A]=o(P)$，即$G=AP$且$A\cap P=1$，故$G/A\simeq P$，因而从P之交换性知

G/A 交换，而应有 $G' = [G, G] \subseteq A$，故 $o(G') | o(A)$，由是再据 $(o(A), p) = 1$ 得 $(o(G'), p) = 1$，即条件的必要性获证.

反之，若 $(o(G'), p)=1$，则 $G' \cap P=1$，故当 $t \in N_G(P)$ 时，只要 $x \in P$ 就有 $t^{-1}xt \in P$，$x^{-1}t^{-1}xt \in P$，因而不得不有 $x^{-1}t^{-1}xt \in G' \cap P = 1$，$xt = tx$，即 $P \subseteq Z(N_G(P))$，证明了条件的充分性. 证完.

推论 若 $p | o(G)$ 且 $(o(G'), p) = 1$，则 G 必有正规 p-补.

利用斑赛特定理，可以得到一系列的结果. 例如判断有限群是否为单群，则有

定理 4 阶为合成数的单群只有两种可能性，即：

(i) 阶或能被 12 整除；

(ii) 阶或能被它的最小素因数的立方所整除.

证明 设单群 G 之阶 $o(G)$ 为合成数，因而 G 不是交换群. 今令 p 是 $o(G)$ 之最小素因数. 假定 $p^\delta \| o(G)$ 的 $\delta \leqslant 2$，我们的目的就是要证明 $p = 2$ 且 $12 | o(G)$.

事实上，取 G 之一西洛 p-子群 P，则因 $o(P)=p^\delta$ 中的 $\delta \leqslant 2$，故 P 为交换的，因而由 G 之单纯性据斑赛特定理则知 $P \not\subseteq Z(N_G(P))$，即有 $t \in N_G(P)$ 使 t 不能与 P 之每元都可交换，于是从 $t^{-1}Pt=P$ 可知 t 能诱导出 P 的一个非恒同自同构，也就是说对任 $x \in P$，映射 $x \to x^\sigma = t^{-1}xt$ 为 P 之非恒同自同构，即 $\sigma \neq \mathbf{1}$.

因 P 是 $N_G(P)$ 中唯一的一个西洛 p-子群，故 $N_G(P)$ 中凡阶为 p 幂的元必在 P 内，因而从 $t \bar{\in} P$ 得知 $o(t) = m$ 至少含一个素因数 $\neq p$（当然，m 中任何非 p 的素因数都大于 p），故 $m = o(t) = p^\lambda m_1$，式中 $0 \leqslant \lambda \leqslant \delta \leqslant 2$，$m_1 > 1$ 且 m_1 之任何素因数都大于 p. 由是，从 $o(t^{m_1}) = p^\lambda$ 知 $t^{m_1} \in P$，故由 P 之交换性即知由 t^{m_1} 所诱导的 P 之自同构为 $\mathbf{1}$，即 $\sigma^{m_1}=\mathbf{1}$，或对任 $x \in P$ 有 $x^{\sigma^{m_1}}=t^{-m_1}xt^{m_1}=x$.

今能断言 P 不是循环群. 因若 P 循环，则 $o(A(P))= \varphi(p^\delta) | p \cdot (p-1)$ $(\because \delta \leqslant 2)$，故 $\sigma^{p(p-1)} = \mathbf{1}$；又因 m_1 的任何素因数大于 p，故 $(m_1, p(p-1)) = 1$，于是从 $\sigma^{m_1} = \mathbf{1} = \sigma^{p(p-1)}$ 即得 $\sigma = \mathbf{1}$，而与 $\sigma \neq \mathbf{1}$ 相矛盾，不可. 所以说 P 不是循环群. 由是必有 $\delta = 2$ 且 P 是 p^2 阶初等交换群，因而 $o(A(P)) = (p^2-1)(p^2-p) =$

$p(p-1)^2(p+1)$，就有 $\sigma^{p(p-1)^2(p+1)}=\mathbf{1}$.

又可断言 $p=2$、因若 $p>2$，则从 $p+1=\frac{p+1}{2}\cdot 2$ 即得 $\frac{p+1}{2}<p$，可知 $p+1$ 不能被大于 p 的素数整除，因而 $(p(p-1)^2(p+1), m_1)=1$，故由 $\sigma^{m_1}=\mathbf{1}$ 及 $\sigma^{p(p-1)^2(p+1)}=\mathbf{1}$ 得 $\sigma=\mathbf{1}$，显非所许. 所以说必有 $p=2$.

于是，$p+1=3$，故令 $o(\sigma)=k$ 时，则从 $k|m_1$ 及 $k|p(p-1)^2(p+1)=6$ 以及这时的 $(m_1, p)=(m_1, 2)=1$（因之 m_1 是奇数），就知道必是 $k=3$，即 $N_G(P)$ 有阶可被 3 整除的元素 t，因之 $2^2\cdot 3=12|o(N_G(P))$，故 $12|o(G)$，证完.

利用斑赛特定理，还可证明下面的

定理 5 凡西洛子群都是循环的有限群必为可解群.

证明 假定 $o(G)$ 之相异素因数的个数 $r>2$（因为 $r\leqslant 2$ 时，G 当然是可解的）. 今归纳地假定：当群之阶的不同素因数之个数不超过 $r-1$ 时，我们的定理是成立的.

设 p 是 $o(G)$ 之最小素因数，取 G 之一西洛 p-子群 P. 由上册第一章 §9 定理 5，已知 $N_G(P)/Z_G(P)\subseteq A(P)$，因而有 $o(N_G(P)/Z_G(P))|o(A(P))$.

设 $o(P)=p^n$，则 P 之循环性保证了 $o(A(P))=\varphi(p^n)=p^{n-1}(p-1)$，以及 $P\subseteq Z_G(P)$ 因而就必有 $(o(N_G(P)/Z_G(P)),p)=1$，故结果有

$$o(N_G(P)/Z_G(P))|(p-1). \tag{1}$$

因 p 是 $o(G)$ 的一个最小素因数，故欲 (1) 成立，只能是 $N_G(P)=Z_G(P)$，因而 $P\subseteq Z(N_G(P))$，据斑赛特定理知有使

$$K\lhd P,\ G=KP,\ K\cap P=1$$

之 K 存在. 又据归纳法的假设得知 K 为可解群，因而从 $G/K\simeq P$ 即得 G 之可解性. 证完.

由这定理 5，即得下面的

推论 若有限群 G 之阶 $o(G)$ 无平方因子（即 $o(G)$ 等于不同素数之积），则 G 必是可解群.

利用斑赛特定理，固然解决了凡西洛子群均为循环的有限群必是可解的，但这样可解群的构造究竟怎样呢？为此，先证明两个引理.

引理 3 在群 G 之换位子群的序列

$$G'\supseteq G''\supseteq G'''\supseteq\cdots\supseteq G^{(k)}\supseteq G^{(k+1)}\supseteq G^{(k+2)}\supseteq\cdots$$

中若 $G^{(k)}/G^{(k+1)}$ 与 $G^{(k+1)}/G^{(k+2)}$ 都是循环的 $(k\geqslant 1)$，则必有

$$G^{(k+1)}=G^{(k+2)}.$$

(G 有限无限均可)

证明 令 $H=G^{(k-1)}/G^{(k+2)}$ [$k=1$ 时 $G^{(k-1)}=G$]. 于是，

$$H'=[H,H]=G^{(k)}/G^{(k+2)},\ H''=[H',H']=G^{(k+1)}/G^{(k+2)}.$$

因假定了 H'' 是循环，故可令 $H''=\{a\}$，于是

$$Z_H(H'')=N_H(a).$$

然而 $N_H(H'')/Z_H(H'')\simeq S\subseteq A(H'')$ (上册第一章 §9 定理 5)，故从 $H''=\{a\}$ 之循环性知 $A(H'')$ 交换，因而 $N_H(H'')/Z_H(H'')$ 交换，故

$$[N_H(H''),N_H(H'')]\subseteq Z_H(H'')=N_H(a).$$

但 $H''\lhd H$ 已保证了 $N_H(H'')=H$，故上式则表明了 $H'=[H,H]\subseteq N_H(a)$，即 H' 之每元都与 a 可交换，因之 H' 之每元得与 H'' 的各元可交换，故由 $H''\subseteq H'$ 就不得不有 $H''\subseteq Z(H')$. 于是

$$H'/Z(H')\simeq(H'/H'')/Z(H')/H'',$$

因而再由 $H'/H''\simeq G^{(k)}/G^{(k+1)}$ 之循环性又知 $H'/Z(H')$ 是循环的，故 $H'=[H,H]$ 必为交换群(上册第一章 §7 的定理 10)，于是有 $H''=1$，即 $G^{(k+1)}=G^{(k+2)}$. 证完.

引理 4 若有限群 G 之西洛子群都是循环群，则换位子群 G' 与换位商群 G/G' 也必都是循环的.

证明 首先应注意的是，当 G 之西洛子群都是循环群时，那末 G 之任何子群的西洛子群也都是循环的，又 G 之任何商群的西洛子群也都是循环的. 这些都容易理解.

若 G 交换，则 G 为西洛子群的直积，因而据西洛子群的循环性可知 G 此时必为循环群，故 G' 与 G/G' 为循环自明(实际上有

$G'=1$ 及 $G/G'=G$).

若 G 非交换，则因 G/G' 之西洛子群均为循环的，故由 G/G' 之交换性即得 G/G' 必是循环的. 于是剩下只要解决 G' 是循环的就行了.

事实上，由 G'/G'' 与 G''/G''' 之交换性，以及它们的西洛子群都是循环的，即知 G'/G'' 与 G''/G''' 都必是循环的，故由引理 3 则得 $G''=G'''$. 故再据定理 5 即 G 之可解性就不得不有 $G''=G'''=\cdots=1$，因而 $G>G'>G''=1$，于是 $G'/G''=G'$ 之交换性以及其西洛子群的循环性，就保证了 G' 是循环的. 证完.

反之，当 G' 与 G/G' 都为循环群时，则 G 之西洛子群怎样，尚未完全解决；但若 p 为 $o(G)$ 之最小素因数，则西洛 p-子群确为循环的. 读者如感需要，可参看 *Amer. Math. Monthly* (1977), No.7 (p. 577).

由引理 3 与引理 4，就可以解决西洛子群全为循环的有限群之构造，即下面的

定理 6 有限群 G 之西洛子群都是循环的充要条件是 $G=\{a, b\}$ 且具定义关系

(i) $a^n=1,\ b^m=1,\ b^{-1}ab=a^r$;

(ii) $nm=o(G)$;

(iii) $(n, (r-1)m)=1$;

(iv) $r^m\equiv 1 \pmod n$.

证明 先假定 G 之西洛子群都是循环的. 由引理 4 知 G' 与 G/G' 都是循环的，故可令 $G'=\{a\}$ 及 $G/G'=\{bG'\}$，即 $G=\{a, b\}$ 为 G' 被循环群 G/G' 之扩张. 故若 $o(a)=n$, $o(G/G')=m$ 即 $b^m=a^t$，并令 $b^{-1}ab=a^r$，则据霍尔特定理知 $o(G)=mn$，且 $r^m\equiv 1 \pmod n$，即 (ii) 与 (iv) 成立.

因 $G=\{a, b\}$ 之每元可写为 $a^\lambda b^\mu$ 形，且因

$$
\begin{aligned}
&(a^{\lambda_1}b^{\mu_1})^{-1}(a^{\lambda_2}b^{\mu_2})^{-1}(a^{\lambda_1}b^{\mu_1})(a^{\lambda_2}b^{\mu_2})\\
&\quad=(b^{-\mu_1}a^{-\lambda_1}b^{\mu_1})(b^{-\mu_1-\mu_2}a^{\lambda_1-\lambda_2}b^{\mu_1}a^{\lambda_2}b^{\mu_2})\\
&\quad=(b^{-\mu_1}a^{-\lambda_1}b^{\mu_1})(b^{-\mu_1-\mu_2}a^{\lambda_1-\lambda_2}b^{\mu_1+\mu_2})(b^{-\mu_2}a^{\lambda_2}b^{\mu_2})
\end{aligned}
$$

$$= a^{-\lambda_1 r^{\mu_1}} a^{(\lambda_1-\lambda_2) r^{\mu_1+\mu_2}} a^{\lambda_2 r^{\mu_2}} = a^{\lambda_1 r^{\mu_1}(r^{\mu_2}-1)-\lambda_2 r^{\mu_2}(r^{\mu_1}-1)}$$

$$= (a^{r-1})^s,$$

式中

$$s = \lambda_1 r^{\mu_1} \cdot \frac{r^{\mu_2}-1}{r-1} - \lambda_2 r^{\mu_2} \cdot \frac{r^{\mu_1}-1}{r-1}$$

为整数，故G中每个换位元都是a^{r-1}的幂，因之G'中每元也等于a^{r-1}的幂，因而当然有$a = a^{(r-1)k}$，不得不有$(r-1)k \equiv 1 \pmod{n}$，随而$(r-1, n)=1$；故再由霍尔特定理得$t(r-1) \equiv 0 \pmod{n}$后就应有$t \equiv 0 \pmod{n}$，即$b^m = 1$，证明了(i).

最后，若有一素数p使$p|n$及$p|m$，则令$x = a^{\frac{n}{p}}$，$y = b^{\frac{m}{p}}$时，就有$x^p = 1 = y^p$，$y^{-1}xy = x^{r_1}$ ($r_1 = r^{\frac{m}{p}}$)，故据霍尔特定理知$H = \{x, y\}$为G的p^2阶子群（$\because r_1^p = r^m \equiv 1 \pmod{p}$），因之$H$是交换的而有$xy = yx$，于是$H$中每元($\neq 1$)的阶为$p$，即$H$不是循环的，与题设矛盾了，不可.故必有$(n, m)=1$，因而$(n, (r-1)m)=1$，即(iii)为真．证明了必要条件.

再假定群$G = \{a, b\}$满足定义关系(i)，(ii)，(iii)，(iv)．条件(ii)说明G为mn阶的，故再由条件(i)与(iv)而据霍尔特定理知n阶循环群$\{a\} \lhd G$，且$G/\{a\}$为m阶循环群．由于

$$[a, b] = a^{-1}b^{-1}ab = a^{r-1} \in G' = [G, G],$$

且据条件(iii)知有$(r-1, n)=1$，即$\{a\} = \{a^{r-1}\} \subseteq G'$；但从$G/\{a\}$之交换性又有$G' \subseteq \{a\}$．故结果得知$G' = \{a\}$，随而$G/G'$ ($\simeq \{b\}$)亦循环.

由于$o(G) = mn$及$(n, m) = 1$，可知当素数$p|n$时，G中每个西洛p-子群P必为$G' = \{a\}$的子群，因而是循环的；若$p|m$，则G中每个西洛p-子群P与$G' = \{a\}$除单位元外再无公共元，因而从G/G'之循环性及关系式

$$G/G' \supseteq G'P/G' \simeq P/G' \cap P = P$$

又知P为循环的．条件的充分性也获证.

这一节的主要问题是斑赛特定理(定理2)，利用它已得到上

述的定理 4，5，6．斑赛特定理的结论是说有限群 G 有正规 p-补．由是可知有正规 p-补的有限群的重要性，因此对这样的群特给以命名，叫做 **p-幂零群**．下面我们还要对 p-幂零群作深入地探索，本节到此结束．

问题 1　设偶阶群 G 之西洛 2-子群是循环群．试证 $G'=[G, G]$ 之阶为奇数，且 G 不为单群．

问题 2　比问题 1 更广的结果：设 p 是有限群 G 之阶的最小素因数，且 G 之西洛 p-子群为循环群，试证 $o([G, G])$ 与 p 互素．

问题 3　若对 $o(G)$ 之每个素因数 p，G 之西洛 p-子群 P 常有 $P\subseteq Z(N_G(P))$，试证 G 是交换群．

问题 4　引理 4 中 $(o(G'), o(G/G'))=1$，且 $o(G')$ 为奇数．

问题 5　设 G 为有限非交换单群．试证对 G 之任何交换子群 A，恒有 $V_{G\to A}(G)=1$．

问题 6　设 $G=\mathfrak{S}_4$ 为四次对称群，$A=\mathfrak{K}_4$ 为克莱茵四元群，试求 $V_{G\to A}(x)$．

问题 7　设 $G=\mathfrak{S}_4$ 为 1，2，3，4 上的四次对称群，$A=\mathfrak{S}_3$ 为 1，2，3 上的三次对称群．求 $V_{G\to A}(G)$．

问题 8　设 $G=\{a, b\}$ 为广义四元数群：$a^{2^{n-1}}=1$，$b^2=a^{2^{n-2}}$，$b^{-1}ab=a^{-1}$．令 $A=\{a\}$，求 $V_{G\to A}(G)$．

§4. p-换位子群，　p-正规，　p-幂零

传输理论的应用远不止 §3 中所说的斑赛特定理，它有更深刻的应用，如下节中要讨论的格律恩（Grün）定理．为此，先叙述 p-换位子群与 p-正规群两个重要概念，为下节讲格律恩定理做准备．同时也将前节末所提到的 p-幂零群作进一步地探索．

我们已经知道：凡使商群 G/N_α 为交换群的 G 中一切这样的正规子群 N_α 之交 $\bigcap\limits_{\alpha} N_\alpha$ 是 G 之换位子群 $G'=[G, G]$，或与之等价的是：使商群 G/N_α 为交换群的 G 中一切这样正规子群 N_α

之最小的等于 $G'=[G,G]$.

与换位子群的概念相对照，有 p-换位子群这个概念，即下面的

定义 1 设 G 是有限群. 若 $N_1, N_2, \cdots$ 是 G 中一切这样的正规子群，即以之为模的每个商群 G/N_i 都是交换 p-群，则这些 N_i 的交 $\bigcap_i N_i$ 叫做 G 的 p-换位子群，表为 $G'(p)$；即 $G'(p)=\bigcap_i N_i$ 而每 G/N_i 为交换 p-群.

因每 $N_i \lhd G$，故 $G'(p)=\bigcap_i N_i \lhd G$；又从 G/N_i 为交换 p-群以及 $G/G'(p)=G/\bigcap_i N_i \subseteq G/N_1 \times G/N_2 \times \cdots$（上册第一章§11 定理 9）即得 $G/G'(p)$ 也是交换 p-群. 故 $G' \subseteq G'(p)$，而得

定理 1 设 G 为有限群，则有：

(i) $G'=[G,G]\subseteq G'(p)$；

(ii) $G/G'(p)$ 是交换 p-群，因之 $G'(p)$ 是使 G 之商群 $G/G'(p)$ 为交换 p-群的 G 中一个最小正规子群.

再设 $o(G)=p_1^{\alpha_1}p_2^{\alpha_2}\cdots p_n^{\alpha_n}$ 为素因数分解. 据定理 1，已知 $G'=[G,G]\subseteq G'(p_i)$ $(i=1,2,\cdots,n)$，故

$$G'=[G,G]\subseteq G'(p_1)\cap G'(p_2)\cap\cdots\cap G'(p_n)=D,$$

说明了 G/D 之交换性.

反之，由 G/G' 之交换性得知

$$G/G'=A_1/G'\times A_2/G'\times\cdots\times A_n/G',$$

但 A_j/G' 为交换 p_j-群，于是

$$G\Big/\prod_{i\neq j}A_i\simeq (G/G')\Big/\Big(\prod_{i\neq j}A_i/G'\Big)\simeq A_j/G'$$

为交换 p_j-群，因而据定义应有 $D\subseteq G'(p_j)\subseteq \prod_{i\neq j} A_i (j=1,2,\cdots,n)$，故 $G'\subseteq G'D\subseteq \prod_{i\neq j} A_i$ $(j=1,2,\cdots,n)$，又得到

$$G'D/G' \subseteq A_1/G' \times \cdots \times A_{j-1}/G' \times A_{j+1}/G' \times \cdots \times A_n/G';$$
但右端的阶与 p_j 互素，故

$$(o(G'D/G'), p_j) = 1 \quad (j = 1, 2, \cdots, n),$$

于是就有 $(o(G'D/G'), o(G)) = 1$，不得不有 $o(G'D/G') = 1$，即 $G'D = G'$，与之等价的是 $D \subseteq G'$.

综合上述的两段，就有 $D = G'$，即得

定理 2 设群 G 之阶的素因数分解为 $o(G) = p_1^{\alpha_1} p_2^{\alpha_2} \cdots p_n^{\alpha_n}$，则 G 之换位子群 $G' = [G, G]$ 等于 G 之一切 p-换位子群的交，即 $G' = G'(p_1) \cap G'(p_2) \cap \cdots \cap G'(p_n)$.

此外，尚有

定理 3 $G/G' \simeq G/G'(p_1) \times G/G'(p_2) \times \cdots \times G/G'(p_n)$.

证明 因 $G/G'(p_i)$ 为(交换) p_i-群，故 $G'(p_i)$ 的阶必为 $o(G'(p_i)) = p_1^{\alpha_1} \cdots p_{i-1}^{\alpha_{i-1}} p_{i+1}^{\alpha_{i+1}} \cdots p_n^{\alpha_n} p_i^{\beta_i}$，$\beta_i \leqslant \alpha_i$ $(i = 1, 2, \cdots, n)$ 形. 于是，$G'(p_2)$，$G'(p_3)$，$\cdots$，$G'(p_n)$ 在 G 内的指数分别等于 $p_2^{\alpha_2-\beta_2}$，$p_3^{\alpha_3-\beta_3}$，$\cdots$，$p_n^{\alpha_n-\beta_n}$，而为两两互素，因之可知

$$B_1 = G'(p_2) \cap G'(p_3) \cap \cdots \cap G'(p_n)$$

的阶等于

$$o(B_1) = (o(G'(p_2)), o(G'(p_3)), \cdots, o(G'(p_n)))$$
$$= p_1^{\alpha_1} p_2^{\beta_2} p_3^{\beta_3} \cdots p_n^{\beta_n}.$$

同理可知 $G' = \bigcap_{i=1}^{n} G'(p_i)$ 的阶为

$$o(G') = p_1^{\beta_1} p_2^{\beta_2} p_3^{\beta_3} \cdots p_n^{\beta_n}.$$

由是就有

$$o(B_1/G') = p_1^{\alpha_1-\beta_1}.$$

同理，若令 $B_i = \bigcap_{\substack{j=1 \\ j \neq i}}^{n} G'(p_j)$，又有

$$o(B_i/G') = p_i^{\alpha_i-\beta_i} \ (i = 1, 2, \cdots, n).$$

但 B_i/G' 是交换群 G/G' 的子群，故 $B_i/G' \lhd G/G'$，于是再由于 B_i/G' $(i = 1, 2, \cdots, n)$ 的阶两两互素，就有直积

$$B_1/G' \times B_2/G' \times \cdots \times B_n/G',$$

其阶等于 $p_1^{\alpha_1-\beta_1} p_2^{\alpha_2-\beta_2} \cdots p_n^{\alpha_n-\beta_n}$，恰为 $o(G/G')$，不得不有

$$G/G' = B_1/G' \times B_2/G' \times \cdots \times B_n/G'. \tag{1}$$

另方面,因 $[G:G'(p_1)]=p_1^{\alpha_1-\beta_1}$ 与 $[G:B_1]=p_2^{\alpha_2-\beta_2}p_3^{\alpha_3-\beta_3}\cdots\cdot p_n^{\alpha_n-\beta_n}$ 互素,故 $G=G'(p_1)\cdot B_1$,由是就有

$$G/G'(p_1) \simeq B_1/B_1\cap G'(p_1) = B_1\Big/\bigcap_{i=1}^{n} G'(p_i) = B_1/G',$$

同理又有

$G/G'(p_2)\simeq B_2/G'$, $G/G'(p_3)\simeq B_3/G'$, $\cdots$, $G/G'(p_n)\simeq B_n/G'$.
于是再与(1)式比较即得定理 3,证完.

注意定理 1 说明了 $G/G'(p)$ 是交换 p-群,且它的阶又不小于 G 中任何交换 p-商群 G/N 的阶,因而叫 $G/G'(p)$ 为 **G 之最大交换 p-商群**. 于是若视同构的群为相等的,则定理 3 的意义就是说有限群 G 的换位商群 G/G' 等于它的所有最大交换 p-商群的直积.又 G 之每个最大交换 p-商群与 G 之西洛 p-子群的关系体现在定理 4 中,即

定理 4 $G/G'(p)\simeq S_p/S_p\cap G'$, S_p 为 G 之西洛 p-子群.

证明 因 $[G:G'(p)]$ 为 p 的幂,故 $([G:G'(p)],[G:S_p])=1$,于是 $G=G'(p)\cdot S_p$,随而有

$$G/G'(p)\simeq S_p/S_p\cap G'(p). \tag{2}$$

因 $S_p\cap G'(p)$ 为 $G'(p)$ 之西洛 p-子群,故如令 $p=p_i$,则据定理 3 中证明方法得知 $o(S_p\cap G'(p))=p_i^{\beta_i}$;又因 $S_p\cap G'$ 为 G' 之西洛 p-子群,故同理又知 $o(S_p\cap G')=p_i^{\beta_i}$;于是 $o(S_p\cap G')=o(S_p\cap G'(p))$,但从 $G'\subseteq G'(p)$ 已保证了 $S_p\cap G'\subseteq S_p\cap G'(p)$,故不得不有 $S_p\cap G'=S_p\cap G'(p)$,以之代入(2)式即得定理 4.

在证明定理 4 的过程中还附带地解决了下面的

推论 对 $o(G)$ 之任一个素因数 p 与 G 之任一个西洛 p-子群 S_p 恒有 $S_p\cap G'=S_p\cap G'(p)$ 之关系.

定义 1 是从有限群 G 之商群为交换 p-群来着手的. 若对"交换"二字置之不理,只考虑商群为 p-群,又有下面的

定义 2 设 G 是有限群. 若 N_1, N_2, $\cdots$ 是 G 之一切这样的正规子群,即以之为模的每个商群 G/N_i 都是 p-群,那末这些 N_i

的交 $\bigcap_i N_i$ 叫做 G 的 p-模子群，表以 $D_p(G)$，即 $D_p(G)=\bigcap_i N_i$.

与证定理 1 完全类似，可证下面的

定理 5 设 G 为有限群，则有：

(i) $D_p(G)\lhd G$;

(ii) $G/D_p(G)$ 为 p-群，因之 p-模子群 $D_p(G)$ 是使商群 $G/D_p(G)$ 为 p-群的 G 中最小的正规子群.

定理 5 说明了 $G/D_p(G)$ 为 p-群，且它的阶又不小于 G 中任何 p-商群 G/N 的阶，因之叫 $G/D_p(G)$ 为 **G 之最大 p-商群**，即 G 之 p-商群中阶最大者为 $G/D_p(G)$.

关于 p-模子群 $D_p(G)$，有一个重要性质，即

定理 6 设 G 为有限群，则 $D_p(D_p(G))=D_p(G)$.

证明 先说明 $D_p(G)\lhd\lhd G$. 事实上，若 $N_1, N_2, \cdots, N_t$ 为 G 之所有这样的正规子群，即每 G/N_i 为 p-群，则 $D_p(G)=\bigcap_{i=1}^{t} N_i$; 因之，当 $\sigma\in A(G)$ 时，$N_1^\sigma, N_2^\sigma, \cdots, N_t^\sigma$ 也必两两互异，且由于 N_i^σ 在 $G^\sigma(=G)$ 内之关系正如 N_i 在 G 内之关系又知 $G^\sigma/N_i^\sigma=G/N_i^\sigma$ 为 p-群，故 $N_1^\sigma, N_2^\sigma, \cdots, N_t^\sigma$ 为 $N_1, N_2, \cdots, N_t$ 的一个排列，即 $D_p(G)^\sigma=\bigcap_{i=1}^{t} N_i^\sigma=\bigcap_{i=1}^{t} N_i=D_p(G)$，证明了 $D_p(G)\lhd\lhd G$.

于是，根据同样的道理又有 $D_p(D_p(G))\lhd\lhd D_p(G)$，因而 $D_p(D_p(G))\lhd\lhd G$，而有商群 $G/D_p(D_p(G))$; 由是从

$$G/D_p(D_p(G))/D_p(G)/D_p(D_p(G))\simeq G/D_p(G)$$

以及 $G/D_p(G)$ 与 $D_p(G)/D_p(D_p(G))$ 均为 p-群(定理 5 之 (ii))，即得 $G/D_p(D_p(G))$ 也必为 p-群，随而据定义就必有 $D_p(G)\subseteq D_p(D_p(G))$，因之只能是 $D_p(D_p(G))=D_p(G)$. 证完.

除了 p-换位子群 $G'(p)$ 这个重要概念以外，还有另一个重要概念 (p-正规群)，即下面的

定义 3 如果在有限群 G 中能找出一个西洛 p-子群 P，使得对 G 之任何西洛 p-子群 P_1 恒有从 $Z(P)\subseteq P_1$ 得 $Z(P)=Z(P_1)$ 的

关系，就叫G是p-正规群.

定义3的要求是说先有一个固定的P，但实际上有下面的

定理 7 有限群G为p-正规的充要条件是对G之任二个西洛p-子群Q与R，从$Z(Q)\subseteq R$恒得$Z(Q)=Z(R)$.

证明 先设G为p-正规的. 于是如定义3中的西洛p-子群P必存在. 因有$x\in G$使$Q=x^{-1}Px$，故$Z(Q)=x^{-1}\cdot Z(P)\cdot x$，于是题设$Z(Q)\subseteq R$变为$x^{-1}Z(P)x\subseteq R$，即$Z(P)\subseteq xRx^{-1}$，故再据$p$-正规的定义就应该有$Z(P)=Z(xRx^{-1})=xZ(R)x^{-1}$，即$Z(R)=x^{-1}Z(P)x$，也就是$Z(R)=Z(Q)$，证明了条件的必要性.

至于条件的充分性自明，因为这时可取任一个西洛p-子群充当定义3中的P. 证完.

仅用有限群G的一个西洛p-子群来判定G是否为p-正规的，则有

定理 8 有限群G为p-正规的充要条件是对G之任一个西洛p-子群Q言，从$x^{-1}\cdot Z(Q)\cdot x\subseteq Q$恒有$x^{-1}\cdot Z(Q)\cdot x=Z(Q)$[即$x\in N_G(Z(Q))$].

证明 先设G是p-正规的. 因从$x^{-1}Z(Q)x\subseteq Q$而有$Z(Q)\subseteq xQx^{-1}$，故据定理7则得$Z(Q)=Z(xQx^{-1})=x\cdot Z(Q)\cdot x^{-1}$，证明了条件的必要性.

反之，假定对G之任一个西洛p-子群Q，从$x^{-1}Z(Q)x\subseteq Q$恒得$x^{-1}Z(Q)x=Z(Q)$. 这时，再取G之一个西洛p-子群R，则因有$g\in G$使$g^{-1}Rg=Q$，故若$Z(Q)\subseteq R$，就有$g^{-1}Z(Q)g\subseteq g^{-1}Rg=Q$，因而由假定知$g^{-1}Z(Q)g=Z(Q)$；另方面，有

$$Z(Q)=Z(g^{-1}Rg)=g^{-1}Z(R)g;$$

故$g^{-1}Z(Q)g=g^{-1}Z(R)g$，即$Z(Q)=Z(R)$，于是据定理7得知G是p-正规的. 证完.

G为p-正规的定义是从$Z(P)\subseteq P_1$应有$Z(P)=Z(P_1)$，式中P与P_1都是G之西洛p-子群. $Z(P)=Z(P_1)$的要求太严，事实上可将它改为$Z(P)\lhd P_1$，即有

定理 9 有限群G为p-正规的充要条件是从$Z(P)\subseteq P_1$恒得$Z(P)\lhd P_1$，但P与P_1是G之西洛p-子群.

证明 条件的必要性自明，因为当G为p-正规时，据定义已知从$Z(P)\subseteq P_1$得$Z(P)=Z(P_1)\lhd P_1$. 因之下面只需证条件的充分性：事实上，若从$Z(P)\subseteq P_1$恒得$Z(P)\lhd P_1$，则因有$x\in G$使$P_1=x^{-1}Px$，故$x^{-1}Z(P)x=Z(P_1)$，于是由§3的引理2知必有元$t\in N_G(P_1)$使$Z(P_1)=t^{-1}Z(P)x$. 但$Z(P_1)\lhd\lhd P_1$与$P_1\lhd N_G(P_1)$，故有$Z(P_1)\lhd N_G(P_1)$，不得不有

$$Z(P)=tZ(P_1)t^{-1}=Z(P_1),$$

即G为p-正规的. 证完.

再从群G的阶这个定量关系来叙述一个为以后要引用的判断G为p-正规的充分条件，即

定理 10 设$p^n\|o(G)$，p为素数. 若$(o(G),k_n)=1$，式中$k_n=(p^n-1)(p^{n-1}-1)\cdots(p^2-1)(p-1)$，则$G$必是$p$-正规的.

定理10的证明有赖于下面的

引理 1 设G是有限群，P是G的一个p-子群. 假定G中有西洛p-子群含P为其正规子群，也有西洛p-子群虽含P但不以P为其正规子群. 试证必有$x\in G$且有G的一个p-子群Q使得用x变Q的形为Q的一个自同构，并且这个自同构的阶$q(q>1)$是与p互素的(注意$x\in N_G(Q)$).

证明 既已假定了G中有这样的西洛p-子群，即它包含P为子群，但P非其正规子群，于是在这样一些西洛p-子群中总可以选择一个，如$\mathfrak{S}$，使具有下述的三个性质：

(i) $P<\mathfrak{S}$;

(ii) P不是$\mathfrak{S}$的正规子群;

(iii) 交$D=\mathfrak{S}\cap N_G(P)$为最大[1].

1) 交$D=\mathfrak{S}\cap N_G(P)$最大之意义是这样的，即$G$中若又有西洛$p$-子群$\mathfrak{T}$使$P<\mathfrak{T}$且$P$在$\mathfrak{T}$内非正规，那末$D=\mathfrak{S}\cap N_G(P)\not\subset\mathfrak{T}\cap N_G(P)$.

故 $D=\mathfrak{S}\cap N_G(P)=N_{\mathfrak{S}}(P)$，且有 $P\lhd D$ 及 $P<D$.

因 $D<\mathfrak{S}(D=\mathfrak{S}\Rightarrow\mathfrak{S}\subseteq N_G(P)\Rightarrow P\lhd\mathfrak{S}$，不可)，故 $P<D<N_{\mathfrak{S}}(D)\subseteq N_G(D)$，于是从

$$P<N_{\mathfrak{S}}(P)=D<N_{\mathfrak{S}}(D)\subseteq N_G(D),$$

可知 P 不是 $N_{\mathfrak{S}}(D)$ 的正规子群，因而 P 亦非 $N_G(D)$ 的正规子群. 由是，若令 $P_1(=P), P_2, \cdots, P_t$ 为 P 在 $N_G(D)$ 内的所有共轭子群，就应有 $t>1$.

因为用 $N_G(D)$ 的元变 D 的形会产生 D 的一个自同构，故由于有 $x_i\in N_G(D)$ 使 $P_t=x_i^{-1}Px_i$，就得到 $P_t=x_i^{-1}Px_i\lhd x_i^{-1}Dx_i=D$，因而

$$Q=P_1P_2\cdots P_t\lhd D<N_G(D),$$

式中 Q 显然也是 p-群. 据上册第一章 § 7 定理 4，又有 $Q\lhd N_G(D)$，故 $N_G(D)\subseteq N_G(Q)$；因之 P 在 $N_G(Q)$ 内的共轭子群除上述的 $P_1(=P), P_2, \cdots, P_t$ 外可能还有其他的，于是得令 $P_1(=P)$，$P_2, \cdots, P_t, \cdots, P_r$ 为 P 在 $N_G(Q)$ 内的一切共轭子群 $(r\geqslant t>1)$. 但因用 $N_G(Q)$ 之元变 Q 的形得产生 Q 的一个自同构，故由于 $P<Q\subseteq D$ 及 $P\lhd D$ 可知 $P\lhd Q$，因而有 $y_t\in N_G(Q)$ 使

$$P_t=y_i^{-1}Py_t\lhd y_t^{-1}Qy_t=Q,$$

即每 $P_t\lhd Q$，不得不有 $Q=P_1P_2\cdots P_t\cdots P_r$.

然而由 $D\subseteq N_G(D)\cap N_G(P)$，得知使 $D\subseteq P^*\subseteq N_G(D)\cap N_G(P)$ 成立的 $N_G(D)\cap N_G(P)$ 之西洛 p-子群 P^* 存在，故又有适合关系式

$$P<D\subseteq P^*\subseteq A\subseteq N_G(P)$$

的 $N_G(P)$ 之西洛 p-子群 A，因而 $P\lhd A$. 据题设，有 G 之西洛 p-子群 S 使 $P\lhd S$，故 $P<S\subseteq N_G(P)$，即 S 也是 $N_G(P)$ 的西洛 p-子群，因而 A 为 G 的西洛 p-子群，于是 $D<A$，随之有 $D<N_A(D)=A\cap N_G(D)$.

但 $P^*\subseteq N_G(D)\cap A\subseteq N_G(D)\cap N_G(P)$ 及 P^* 在 $N_G(D)\cap N_G(P)$ 内的西洛性就保证了 P^* 是 $N_G(D)\cap A$ 的西洛 p-子群，不得不有 $P^*=N_G(D)\cap A=N_A(D)$，故得 $D<N_A(D)=P^*$.

然而不等式

$$N_G(D)\cap N_G(P)\subseteq N_G(Q)\cap N_G(P)\subseteq N_G(Q)\subseteq G$$

又保证了它们的西洛 p-子群间的不等式为

$$P^*\subseteq \bar{P}\subseteq \mathscr{P}\subseteq \mathfrak{P},$$

于是 $P^*\subseteq N_G(P)\cap \mathfrak{P}$，故 $D<N_G(P)\cap\mathfrak{P}$，由是再据选择 $\mathfrak{S}$ 的意义就不得不有 $P\lhd\mathfrak{P}$，因之 $\mathfrak{P}\subseteq N_G(P)$，当然就有 $\mathscr{P}\subseteq N_G(P)$.

再从 $\mathscr{P}\subseteq N_G(P)$ 及 $\mathscr{P}\subseteq N_G(Q)$ 可知

$$\mathscr{P}\subseteq N_G(Q)\cap N_G(P)=N_{N_G(Q)}(P),$$

不得不有 $\bar{P}=\mathscr{P}$，因之得到

$$([N_G(Q):N_{N_G(Q)}(P)],\ p)=1;$$

但 $[N_G(Q):N_{N_G(Q)}(P)]=r$，故 $(r,\ p)=1$.

今令 $[N_{N_G(Q)}(P):1]=p^a k$，$(k,\ p)=1$，则 $[N_G(Q):1]=p^a kr$，$(kr,\ p)=1$ 且 $kr>1$. 故 $N_G(Q)$ 有阶为 kr 的因数的元素.如果 $N_G(Q)$ 中凡阶为 kr 之因数的元素全在 $N_{N_G(Q)}(P)$ 内面，则对 kr 的每个素因数 p_1，$N_G(Q)$ 之每个西洛 p_1-子群全都包含在 $N_{N_G(Q)}(P)$ 内面，因而 $kr\,|\,[N_{N_G(Q)}(P):1]$，故

$$p^a kr\,|\,[N_{N_G(Q)}(P):1]=p^a k,$$

不得不有 $r=1$，而与上述的 $r>1$ 相矛盾，不可.

这就证明了必有一元 $x\in N_G(Q)$，$(o(x),\ p)=1$ 且

$$x\bar{\in} N_{N_G(Q)}(P)(=N_G(Q)\cap N_G(P)).$$

由是，$x^{-1}Px\neq P$，故用元素 x 去变 Q 的形就产生了 Q 的一个自同构，它的阶为 $q>1$ 且有 $(q,\ p)=1$.

引理 1 于是完全获证.

有了这个引理，定理 10 的证明就容易了.

事实上，在定理 10 的假设条件下如果 G 不是 p-正规的，那末取了 G 的一个西洛 p-子群 P 以后，就必有另一个西洛 p-子群 P_1，使得虽有 $Z(P)\subseteq P_1$，但 $Z(P)$ 不是 P_1 的正规子群（定理 9）；因之再根据上面的引理 1，就知道有元 $x\in G$ 及 G 的一个 p-子群 $Q(\supset Z(P))$，使得用 x 变 Q 的形为 Q 之一自同构且其阶 $q(>1)$ 是与 p 互素的，于是再据上册第五章 § 4 定理 4，必得 $q\,|\,k_n$；但 $q\,|\,o(x)$，故 $q\,|\,o(G)$，因而有 $q\,|\,(o(G),\ k_n)=1$，得 $q=1$，又与 $q>1$ 相

矛盾，不可．所以说定理 10 中的 G 必是 p-正规的．证完．

有了 p-换位子群 $G'(p)$，p-模子群 $D_p(G)$，以及 p-正规群的概念，就对前节末所提到的 p-幂零群可作深入地探索了．

注意：所谓有限群 G 是 p-幂零的，指的是 G 有正规 p-补，即有 $N \lhd G$ 使 $G = NP$，$N \cap P = 1$，但 P 为 G 之西洛 p-子群，因而 $G/N \simeq P$，不得不有 $D_p(G) \subseteq N$；但这时若 $D_p(G) < N$，则 $o(G/D_p(G)) > [G:N] = o(P)$，说明了 $G/D_p(G)$ 非 p-群，不可；故必有 $D_p(G) = N$．反之，当 $o(G/D_p(G)) = o(P)$ 时，又显然可知 $D_p(G)$ 为 G 之正规 p-补．说明了 G 为 p-幂零的充要条件是 p-模子群 $D_p(G)$ 为 G 之正规 p-补．

下面我们来探索 p-幂零群究竟有些什么性质．不难证明下面的两个引理．

引理 2 p-幂零群的子群及商群也都是 p-幂零的．

事实上，设 G 为 p-幂零的，若 $H \subseteq G$，则因 $D_p(G)$ 为 G 之正规 p-补，故从 $H \cap D_p(G) \lhd H$ 有

$$o(H \cdot D_p(G)/D_p(G)) = o(H/H \cap D_p(G)),$$

以及 $(o(H \cap D_p(G)), p) = 1$ 与 $o(H \cdot D_p(G)/D_p(G)) \mid o(G/D_p(G))$，就得知 $o(H/H \cap D_p(G))$ 为 p 的幂，因而 $H \cap D_p(G)$ 为 H 的正规 p-补，证明了 H 是 p-幂零的．

其次，设 $N \lhd G$．于是，$D_p(G) \cdot N/N \lhd G/N$，且有 $[G/N: D_p(G) \cdot N/N] = [G: D_p(G) \cdot N] \mid [G: D_p(G)]$ 即说明了

$$(G/N)/(D_p(G)N/N) \text{ 为 } p\text{-群},$$

以及 $o(D_p(G) \cdot N/N) = o(D_p(G)/D_p(G) \cap N)$ 与 p 互素，这就证明了 $D_p(G) \cdot N/N$ 为 G/N 的正规 p-补，即 G/N 为 p-幂零的．引理 2 证完．

引理 3 设 G 为 p-幂零群，而 N 为 G 之极小正规子群且 $p \mid o(N)$，则 $N \subseteq Z(G)$．

事实上，由于 $D_p(G)$ 为 G 之正规 p-补，故有 $p \nmid o(D_p(G))$，再据 $p \mid o(N)$ 就知道 $D_p(G) \cap N < N$．于是由 N 在 G 内的极小正规性得 $D_p(G) \cap N = 1$，因而 $[D_p(G), N] \subseteq D_p(G) \cap N = 1$．故

$o(N)=o(N\cdot D_p(G)/D_p(G))$ 为 p 之幂. 今令 P 为 G 的一西洛 p-子群，则从 $N\lhd G$ 可知对任 $x\in G$ 恒有 $x^{-1}Nx=N$，且又有 G 之西洛 p-子群 P_1 使 $N\subseteq P_1$ 以及有元 $x\in G$ 使 $x^{-1}P_1x=P$，故结果就知道 $N=x^{-1}Nx\subseteq x^{-1}P_1x=P$，因之 $1<N\lhd P$，由之又得 $1<N\cap Z(P)$. 再由 $[D_p(G),N]=1$ 可知 $N\cap Z(P)\lhd D_p(G)\cdot P=G$，于是由 N 在 G 内的极小正规性就不得不有 $N\cap Z(P)=N$，即 $N\subseteq Z(P)$，故 N 之每元与 P 之各元可交换；再因 $[D_p(G),N]=1$ 也说明了 N 之每元与 $D_p(G)$ 之各元可交换，于是结果则知 N 之每元与 $D_p(G)\cdot P=G$ 之各元亦必可交换，即 $N\subseteq Z(G)$. 引理 3 获证.

注意幂零群是 p-幂零群的一个特例，因易知有限群 G 为幂零的充要条件是对 $o(G)$ 之每个素因数 p，G 都是 p-幂零的. 判定有限群 G 是否为幂零，其特征就是利用它的中心列（上册第二章 §4）. 有了引理 2 与引理 3，就如同利用中心列的特征来判断幂零性那样，我们可用主群列的特征来判断 p-幂零性，实际上有下面的

定理 11 设 G 为有限群，则下列三性质是等价的：

a） G 为 p-幂零的.

b） 若 $1=G_0<G_1<G_2<\cdots<G_r=G$ 为 G 之主群列，则从 $p\mid o(G_i/G_{i-1})$ 恒得 $G_i/G_{i-1}\subseteq Z(G/G_{i-1})$.

c） G 有一个主群列

$$1=G_0<G_1<G_2<\cdots<G_r=G$$

具有性质 $p\nmid o(G_i/G_{i-1})$ 或 $G_i/G_{i-1}\subseteq Z(G/G_{i-1})$ 对每 i 言都成立.

证明 a)⇒b).

事实上，引理 2 已保证了 G/G_{i-1} 是 p-幂零的，因而由于 G_i/G_{i-1} 为 G/G_{i-1} 之极小正规子群，据引理 3 即得 $G_i/G_{i-1}\subseteq Z(G/G_{i-1})$. 故由 a) 得 b).

b)⇒c).

事实上，若 b) 为真，则对 G 之任一个主群列 $1=G_0<G_1<G_2<\cdots<G_r=G$，因或 $p\nmid o(G_i/G_{i-1})$ 或 $p\mid o(G_i/G_{i-1})$，二者必有一，故据 b) 可知在 $p\mid o(G_i/G_{i-1})$ 时必有 $G_i/G_{i-1}\subseteq Z(G/G_{i-1})$，这

就是说 c) 为真，即由 b) 得 c).

c) ⇒ a).

设 G 有满足条件 c) 的主群列 $1=G_0<G_1<\cdots<G_r=G$，而来考虑商群 $Q=G/G_1$. 令 $Q_i=G_i/G_1\ (i=1,2,\cdots,r)$，则易知 $1=Q_1<Q_2<\cdots<Q_r=Q$ 为 Q 之一主群列. 由题设知对每 i 言或 $p\nmid o(G_i/G_{i-1})$ 或 $G_i/G_{i-1}\subseteq Z(G/G_{i-1})$，因而或 $p\nmid o(Q_i/Q_{i-1})$ 或 $Q_i/Q_{i-1}\subseteq Z(Q/Q_{i-1})$，即群 Q 满足条件 c)，于是由于 $o(Q)<o(G)$ 而据群阶用归纳法就知道 Q 是 p-幂零的，故 $Q=G/G_1$ 有正规 p-补，令为 L/G_1，即 $L\lhd G$ 且 $o(G/L)$ 为 p 之幂，而 $(o(L/G_1),p)=1$.

若 $p\nmid o(G_1)$，则 $p\nmid o(L)$，故 L 已是 G 的正规 p-补.

若 $p\mid o(G_1)$，则在条件 c) 成立之假设下就有 $G_1\subseteq Z(G)$，因而 G_1 的任何子群都是 G 之正规子群，故由 G_1 在 G 内的极小正规性就知道 G_1 没有除 1 外的真子群，故这时 G_1 必为 p 阶循环群，当然 $o(G_1)=p$. 但 $(o(L/G_1),p)=1$，故 G_1 在 L 内有补子群 R，即 $L=G_1R$ 而有 $G_1\cap R=1$. 于是再由 $G_1\subseteq Z(G)$ 可推知 $R\lhd G_1R=L$，因而 $L=G_1\times R$，$(o(R),p)=1$，故得 $R\lhd\lhd L$；由是从 $L\lhd G$ 得 $R\lhd G$，且还有 $o(G/R)=o(G)/(o(L)/o(G_1))=o(G/L)\cdot o(G_1)=p\cdot o(G/L)$ 为 p 之幂，即 R 为 G 之正规 p-补，即 G 是 p-幂零的. 故证明了由 c) 得 a).

关于 p-幂零与 p-正规的联系，还有下面的

定理 12 设 G 为 p-幂零的，则 G 也必定是 p-正规的.

证明 G 之 p-幂零性说明了有 $N\lhd G$，且 $N\cap P=1$ 及 $G=NP$，但 P 为 G 的西洛 p-子群. 由是，可证

$$Z(G/N)=Z(P)\cdot N/N.$$

事实上，若 $gN\in Z(G/N)$，则对 G 之任元 x 有 $[g,x]\in N$；于是令 $g=r_1s_1$，$x=rs\ (r_1,r\in N;\ s_1,s\in P)$，则得

$$\begin{aligned}N\ni[g,x]&=[r_1s_1,rs]=[r_1s_1,s]\cdot[r_1s_1,r]^s\\&=[r_1,s]^{s_1}[s_1,s][r_1,r]^{s_1s}[s_1,r]^s,\end{aligned}$$

且由 $N\lhd G$ 知 $[r_1,s]^{s_1}$，$[r_1,r]^{s_1s}$，$[s_1,r]^s$ 都在 N 内，故 $[s_1,s]\in N$，

因而 $[s_1, s] \in N \cap P = 1$，即 s_1 得与 P 之任何元 s 可交换，因而 $s_1 \in Z(P)$，$g = r_1 s_1 \in Z(P) \cdot N$. 反之，$s_1 \in Z(P)$ 时，$gN = r_1 s_1 N = s_1 N$ 与 G/N 之任元 $xN = rsN = sN$ 可交换易明. 故 $Z(G/N) = Z(P) \cdot N/N$.

于是可知：对于 G 之每元 g，恒有

$$Z(P)N = g^{-1}(Z(P)N)g = g^{-1}Z(P)g \cdot N.$$

故当 $g^{-1}Z(P)g \subseteq P$ 时，就得到

$$\begin{aligned} g^{-1} \cdot Z(P) \cdot g \subseteq P \cap g^{-1}Z(P)g \cdot N &= P \cap Z(P) \cdot N \\ &= Z(P) \cdot (P \cap N) = Z(P), \end{aligned}$$

据定理 8 可知 G 为 p–正规的. 证完.

问题 1　有限群 G 为交换的充要条件是：对 $o(G)$ 之每个素因数 p，恒有 $(o(G'(p)), [G:G'(p)]) = 1$ 及 $G'(p) < G$. 同样，G 为幂零的充要条件是：对 $o(G)$ 之每个素因数 p，恒有 $(o(D_p(G)), [G;D_p(G)]) = 1$ 及 $D_p(G) < G$.

问题 2　$2m$ 阶群 G（m 为奇数）中 $D_2(G)$ 与 $G'(2)$ 有什么关系?

问题 3　若 G 有一西洛 p–子群 P 使 $P \cap G' = 1$，则 G 为 p–幂零的. 由是推知对任何西洛 p–子群 P_1 言也恒有 $P_1 \cap G' = 1$ 且西洛 p–子群为交换的. 因而当西洛 p–子群非交换时，必有 $P \cap G' \neq 1$.

问题 4　西洛 p–子群为交换的有限群一定是 p–正规的.

问题 5　证明下列诸事项：

a）当 $D_p(G) = G'(p)$ 时，有 $G'(p)'(p) = G'(p)$；

b）当 $H \subseteq G$ 时，有 $D_p(H) \subseteq H \cap D_p(G)$；

c）当 $N \lhd G$ 时，有 $D_p(G/N) \subseteq D_p(G)N/N$.

问题 6　若有限群 G 为幂零的，则对 $o(G)$ 之每个素因数 p，G 至少有一个西洛 p–子群 P 使 $P \cap G' \subseteq \Phi(P)$，实际上是 $P \cap G' = P'$.

问题 7　设 G 为 p–幂零的，而 x_1 与 x_2 是 G 之西洛 p–子群 P 中的二元. 若有元 $g \in G$ 使 $g^{-1}x_1 g = x_2$（即 x_1 与 x_2 在 G 内共轭），则 x_1 与 x_2 也必在 P 内共轭.

§5. 格律恩(Grün)定理

这一节讨论有深刻意义的格律恩的两个主要结果，这也是传输理论的直接应用.

设 P 为有限群 G 的一个西洛 p- 子群. 若 K 为同态映射 $x \to V_{G\to P}(x)(\in P/P')$ 的核,则

$$G/K \simeq V_{G\to P}(G)/P' \subseteq P/P', \tag{1}$$

且 K 是由且仅由 G 中具性质 $V_{G\to P}(x) = P'$ 的一切元素 x 所成.

因 PK/K 是 G/K 的西洛 p- 子群，据(1)式又知 G/K 为 p-群,故不得不有 $G = PK$, 因而

$$G/K \simeq P/D, \tag{2}$$

式中 $D = P \cap K$.

这节的任务就是要把 K 与 D 具体地表示出,即要证明

$$D(=P\cap K) = P\cap G', \tag{3}$$

与

$$K = G'(p). \tag{4}$$

而问题的关键是在(3)式：因为若(3)式成立，则由(1),(2)两式就有

$$G/K \simeq V_{G\to P}(G)/P'(\subseteq P/P') \simeq P/D = P/P\cap G',$$

于是再由 $G/G'(p) \simeq P/P\cap G'$ (前节的定理 4), 则知

$$o(K) = 0(G'(p));$$

由(1)式又知 G/K 为交换 p- 群，因而 $G'(p)\subseteq K$，故必有 $K = G'(p)$, 即(4)式成立.

所以今后的任务就在证明(3)式.

首先要注意的是 G/K 之交换性保证了 $G'\subseteq K$，故 $P\cap G'\subseteq P\cap K = D$.

由是, $P\cap N_G(P)'\subseteq P\cap G'\subseteq D$. 又从 $N_G(P)' \lhd N_G(P)$ 得

$$N_G(P)' \lhd P\cdot N_G(P)'(\subseteq N_G(P)),$$

因而得 $P\cap N_G(P)' \lhd P$.

又当 $x\in P$ 时，因为

$$x(P\cap tP't^{-1})x^{-1}=xPx^{-1}\cap(xt)P'(xt)^{-1}=P\cap(xt)P'(xt)^{-1}$$

说明了

$$P\cap(xt)P'(xt)^{-1} \text{ 与 } P\cap tP't^{-1}$$

在 P 内共轭，故若令

$$G=Pt_0+Pt_1+Pt_2+\cdots+Pt_{s-1}$$

为 G 关于 P 的左陪集分解(式中 $t_0=1$)，则

$$\prod_{x\in P}P\cap(xt_i)P'(xt_i)^{-1}$$

为 $P\cap t_iP't_i^{-1}$ 在 P 内的一切共轭子群的积，因之据上册第一章 §7 的定理 4，可知

$$\prod_{x\in P}P\cap(xt_i)P'(xt_i)^{-1}\lhd P,$$

故

$$\prod_{t\in G}P\cap tP't^{-1}=\prod_{i=0}^{s-1}\prod_{x\in P}P\cap(xt_i)P'(xt_i)^{-1}\lhd P,$$

于是再与上面的 $P\cap N_G(P)'\lhd P$ 合并就得到

$$A=[P\cap N_G(P)']\cdot\prod_{t\in G}P\cap tP't^{-1}\lhd P.$$

再将 $P\cap tP't^{-1}\subseteq P\cap tG't^{-1}=P\cap G'\subseteq P\cap K=D$ 与已证过了的 $P\cap N_G(P)'\subseteq D$ 合并，则知 $A\subseteq D$，故当然也有 $A\lhd D$.

今用反证法，假定 $A<D$. 令 y 是 D 中不属于 A 且有最小阶的一个元素. 对这个元 y 言，若有 $k>0$ 使 $ty^{p^k}t^{-1}\in P$，则因

$$V_{G\to P}(ty^{p^k}t^{-1})=V_{G\to P}(t)\cdot V_{G\to P}(y^{p^k})\cdot V_{G\to P}(t)^{-1}=V_{G\to P}(y^{p^k})$$

及 $y^{p^k}\in D\subseteq K$，故

$$V_{G\to P}(ty^{p^k}t^{-1})=V_{G\to P}(y^{p^k})=P'$$

为 P/P' 之单位元(利用核 K 的意义)，于是 $ty^{p^k}t^{-1}\in K$，因之 $ty^{p^k}t^{-1}\in D$；但 $ty^{p^k}t^{-1}$ 与 y^{p^k} 有相同的阶，因而小于 y 的阶，故据 y 之假设条件应有 $ty^{p^k}t^{-1}\in A$. 这证明了

$$ty^{p^k}t^{-1}\in P(k>0)\Rightarrow ty^{p^k}t^{-1}\in A. \tag{5}$$

再把 P 在 G 内的 s 个陪集 Pt_i $(i=0, 1, \cdots, s-1)$ 当作置换的文字，于是当 $x \in G$ 时，就产生了 s 个文字(陪集) Pt_i $(i=0, 1, \cdots, s-1)$ 上的一个置换

$$\begin{pmatrix} Pt_i \\ Pt_ix \end{pmatrix} = \begin{pmatrix} Pt_0, & Pt_1, & Pt_2, & \cdots, & Pt_{s-1} \\ Pt_0x, & Pt_1x, & Pt_2x, & \cdots, & Pt_{s-1}x \end{pmatrix},$$

且映射

$$x \to \begin{pmatrix} Pt_i \\ Pt_ix \end{pmatrix} = \pi_x$$

为 G 的同态映射，故当 x 跑遍 P 时，就得到了 P 之同态映射. 但以 G 言，易知 π_x 所成的置换群是可迁的(例如 $Pt_0 = P$ 可被置换为 Pt_i 当取 $x = t_i$ 时)——上册第一章 § 12；可是对子群 P 言，与 P 成同态的诸 π_x 所成之集合(群) Δ_P 又的确不是可迁的(这是因为当 $x \in P$ 时总是有关系式 $Pt_0x = Pt_0$).

于是，取定 Pt_i $(i=0, 1, \cdots, s-1)$ 中任一个如 Pt_{k_1} 以后，则凡由 Δ_P 之置换使 Pt_{k_1} 发生变化所得到的诸陪集 $Pt_{k_1}, Pt_{k_2}, \cdots, Pt_{k_u}$ 中的 $u < s$. 但因 Δ_P 成群，故当 Δ_P 中有使 Pt_{k_1} 变成 Pt_{k_j} 之置换以及又有使 Pt_{k_1} 变成 Pt_{k_i} 之置换时，那末 Δ_P 中也必含有使 Pt_{k_i} 变为 Pt_{k_j} 之置换，因之 Δ_P 中的置换只能使 u 个陪集 $Pt_{k_1}, Pt_{k_2}, \cdots, Pt_{k_u}$ 在它们自身间互相置换之，而决不能使其中任一变为不属于这 u 个中之陪集. 用这样的方法，就可以把 s 个陪集 Pt_i $(i=0, 1, \cdots, s-1)$ 分类，使属于同类中二陪集得能用 Δ_P 的置换使互相变化，而任何一类中某陪集决不能用 Δ_P 之置换变为他类中的陪集. 象这样的每一个类中所含的诸陪集叫做关于 Δ_P 的**可迁系**.

因之在关系式 $P \sim \Delta_P$ 的非迁置换群 Δ_P 中，被施行置换的文字(即 s 个陪集 $Pt_0, Pt_1, \cdots, Pt_{s-1}$)可分成若干个**可迁系**，如 k' 个而令为 $\tau_1\tau_2, \cdots, \tau_{k'}$，使得用 P 的元右乘一可迁系 τ_i 中诸陪集所得之结果仍为 τ_i 中诸陪集的一个排列，且 τ_i 中每陪集得用 P 之适当的元去右乘使变为 τ_i 中的任一陪集. 注意 $k' \geqslant 2$.

因为 Δ_P 之每置换 $\pi_x(x \in P)$ 可表写为

$$\pi_x = \pi_x^{(\tau_1)}\pi_x^{(\tau_2)}\cdots\pi_x^{(\tau_{k'})}$$

形，式中 $\pi_x^{(\tau_i)}$ 仅为属于可迁系 τ_i 之陪集上的置换，故当 $x' \in P$ 时，再令

$$\pi_{x'} = \pi_{x'}^{(\tau_1)}\pi_{x'}^{(\tau_2)}\cdots\pi_{x'}^{(\tau_{k'})},$$

由于 τ_i 与 τ_j $(i \neq j)$ 无公共文字(陪集)，故应有

$$\pi_{xx'} = \pi_x\pi_{x'} = (\pi_x^{(\tau_1)}\pi_{x'}^{(\tau_1)})(\pi_x^{(\tau_2)}\pi_{x'}^{(\tau_2)})\cdots(\pi_x^{(\tau_{k'})}\pi_{x'}^{(\tau_{k'})}),$$

即 $x \to \pi_x^{(\tau_i)}$ 也是 P 的同态映射，这说明了仅由 $\pi_x^{(\tau_i)}(x \in P)$ 所成之集也是置换群，令为 $\Delta_P^{(\tau_i)}$，且 $\Delta_P^{(\tau_i)}$ 是可迁的，并有

$$P \sim \Delta_P^{(\tau_i)}.$$

由 $\Delta_P^{(\tau_i)}$ 之可迁性，则知含在可迁系 τ_i 内陪集的个数等于 $\Delta_P^{(\tau_i)}$ 之阶的因数，因之也必为 $o(P)$ 之因数，故必是 p^{λ_i} 的形状.

对于可迁系 τ_i 所含的 p^{λ_i} 个陪集如用 (5) 式中所说的元素 y 去右乘，其结果当然是这 p^{λ_i} 个陪集间的排列，故它可以写为无公共文字的某些循环的积，且每个循环所含陪集的个数为该循环的阶，因而是这置换的阶之因数；然而这置换的阶又是 $o(y)$ 之因数，故每个循环的阶等于 p 之幂．于是得以总结为：**用 P 之特定元 y 右乘可迁系 τ_i 内 p^{λ_i} 个陪集，由之所产生的置换可以分解为 l 个两两无公共文字的 p^{m_1} 项、p^{m_2} 项、$\cdots p^{m_l}$ 项的一些循环的积**．因之，$p^{m_1} + p^{m_2} + \cdots + p^{m_l} = p^{\lambda_i}$（$m_j = 0$ 的可能性是允许的）.

今从 τ_i 中选一个陪集 Pt 使之属于上述有最小长 p^μ 的循环里面．因 Pt 属于可迁系 τ_i 内，故 τ_i 中 p^{λ_i} 个陪集都是 Pta 的形状 $(a \in P)$．下分 $t \in N_G(P)$ 与 $t \bar{\in} N_G(P)$ 两款来讨论.

（一）$t \bar{\in} N_G(P)$. 这时，至少有一元 $a \in P$ 使 $tat^{-1} \bar{\in} P$，因之 $Pta \neq Pt$，故 $p^{\lambda_i} > 1$，即 $\lambda_i > 0$．于是这时若令 p^{m_j} 项循环 $(j=1, 2, \cdots, l)$ 为

$$(Pta_j, Pta_jy, Pta_jy^2, \cdots, Pta_jy^{p^{m_j}-1}),$$

即 $Pta_jy^{p^{m_j}} = Pta_j$，则与陪集之代表元 $ta_j, ta_jy, \cdots, ta_jy^{p^{m_j}-1}$ 相应的 $V_{G\to P}(y)$ 之传输因子应为

$$[ta_j \cdot y \cdot (ta_jy)^{-1}][ta_jy \cdot y \cdot (ta_jy^2)^{-1}]\cdots[ta_jy^{p^{m_j}-1} \cdot y \cdot (ta_j)^{-1}] = ta_jy^{p^{m_j}}(ta_j)^{-1} \in P.$$

但由选取 Pt 之意义又知 $\mu \leqslant m_j$. 同理，由循环

$$(Pt, Pty, Pty^2, \cdots, Pty^{p^\mu - 1})$$

相应之陪集的代表元 $t, ty, ty^2, \cdots, ty^{p^\mu - 1}$ 所产生的 $V_{G\to P}(y)$ 之传输因子是

$$[t \cdot y \cdot (ty)^{-1}][ty \cdot y \cdot (ty^2)^{-1}]\cdots[ty^{p^\mu - 1} \cdot y \cdot t^{-1}]$$
$$= ty^{p^\mu}t^{-1} \in P,$$

由是就有 $ty^{p^{m_j}}t^{-1} = (ty^{p^\mu}t^{-1})^{p^{m_j - \mu}} \in P$, 故 P 之元

$$ta_jy^{p^{m_j}}(ta_j)^{-1} \cdot (ty^{p^{m_j}}t^{-1})^{-1} = t(a_jy^{p^{m_j}}a_j^{-1}y^{-p^{m_j}})t^{-1}$$
$$= t \cdot [a_j^{-1}, y^{-p^{m_j}}] \cdot t^{-1} \in tP't^{-1},$$

因之有

$$ta_jy^{p^{m_j}}(ta_j)^{-1} \cdot (ty^{p^{m_j}}t^{-1})^{-1} \in P \cap tP't^{-1} \subseteq A,$$

即 $ta_jy^{p^{m_j}}(ta_j)^{-1} \equiv ty^{p^{m_j}}t^{-1} (\mathrm{mod}\ A)$ $(j = 1, 2, \cdots, l)$.

于是，若令属于 τ_i 之诸陪集的代表元系相应的 $V_{G\to P}(y)$ 之传输因子为 a_{τ_i}, 则 $a_{\tau_i} \in P$ 且实际上有

$$a_{\tau_i} = \prod_{j=1}^{l} ta_jy^{p^{m_j}}(ta_j)^{-1} \equiv \prod_{j=1}^{l} ty^{p^{m_j}}t^{-1} (\mathrm{mod}\ A).$$

但

$$\prod_{j=1}^{l} ty^{p^{m_j}}t^{-1} = ty^{\sum_{j=1}^{l} p^{m_j}}t^{-1} = ty^{p^{\lambda_i}}t^{-1}, \text{ 故}$$

$$a_{\tau_i} \equiv ty^{p^{\lambda_i}}t^{-1} (\mathrm{mod}\ A).$$

然而从 $ty^{p^{m_j}}t^{-1} \in P$ 可知 $ty^{p^{\lambda_i}}t^{-1} \in P$, 因而据(5)式则有 $ty^{p^{\lambda_i}}t^{-1} \in A$, 故结果就不得不有 $a_{\tau_i} \in A$.

（二）$\boldsymbol{t \in N_G(P)}$. 这时，因 $tyt^{-1} \in P$, 故 $Pty = Pt$; 且对任 $a \in P$ 也仍然有 $Pta = Pt$. 这就是说可迁系 τ_i 只含有一个陪集，故 $P^{\lambda_i} = 1$ 即 $\lambda_i = 0$. 由是在 $V_{G\to P}(y)$ 中相应于 τ_i 的传输因子这时应为 tyt^{-1} (t 为 τ_i 内唯一个陪集 Pt 的代表元). 然而由 $t \in N_G(P)$ 及 $y \in P \subseteq N_G(P)$ 又可知

$$tyt^{-1}y^{-1} = [t^{-1}, y^{-1}] \in [N_G(P), N_G(P)] = N_G(P)';$$

以及由 $y^{-1} \in P$ 与 $tyt^{-1} \in P$ 又得 $tyt^{-1}y^{-1} \in P$, 故

$$tyt^{-1}y^{-1} \in P \cap N_G(P)' \subseteq A,$$

即 $tyt^{-1} \equiv y \pmod A$.

总结上述的(一),(二)两款,可知: $s = [G:P]$ 个陪集当分解成 k' 个可迁系 $\tau_1, \tau_2, \cdots, \tau_{k'}$ 以后(对置换群 Δ_P 言),再令每可迁系 τ_i 中选取如上面所说的那样的陪集(即用 y 右乘所产生的)而令为 $Pt^{(i)}$, 且 τ_i 中所含陪集之个数令为 p^{λ_i} [当然有 $p^{\lambda_1} + p^{\lambda_2} + \cdots + p^{\lambda_{k'}} = s$], 那末 $t^{(i)} \in N_G(P)$ 的充要条件是 $\lambda_i = 0$ (或 τ_i 仅含一个陪集). 为简单计,设 $\lambda_1 = \cdots = \lambda_m = 0$, $\lambda_{m+1}\lambda_{m+2}\cdots\lambda_{k'} \neq 0$, 于是 $Pt^{(1)}, \cdots, Pt^{(m)}$ 各为 $\tau_1, \cdots, \tau_m$ 中的唯一个陪集,即 $t^{(1)}, \cdots, t^{(m)}$ 都在 $N_G(P)$ 内, 而 $\tau_{m+1}, \cdots, \tau_{k'}$ 中之陪集的代表元 $t^{(i)}$ 都不在 $N_G(P)$ 内. 故不得不有

$$N_G(P) = Pt^{(1)} + Pt^{(2)} + \cdots + Pt^{(m)},$$

即 $[N_G(P):P] = m$, 因之 $(m, p) = 1$.

据(一)与(二)两款,还知道 $a_{\tau_{m+1}} a_{\tau_{m+2}} \cdots a_{\tau_{k'}} \in A$, $t^{(1)} y t^{(1)^{-1}} \equiv y$, $t^{(2)} y t^{(2)^{-1}} \equiv y$, $\cdots$, $t^{(m)} y t^{(m)^{-1}} \equiv y \pmod A$, 故

$$\prod_{j=1}^{m} t^{(j)} y t^{(j)^{-1}} \equiv y^m \pmod A,$$

即

$$\prod_{j=1}^{m} t^{(j)} y t^{(j)^{-1}} \equiv y^{[N_G(P):P]} \pmod A.$$

但因 $P' \subseteq P \cap N_G(P)' \subseteq A$, 故从

$$V_{G\to P}(y) = P' \cdot a_{\tau_{m+1}} a_{\tau_{m+2}} \cdots a_{\tau_{k'}} \cdot \prod_{j=1}^{m} t^{(j)} y t^{(j)^{-1}},$$

即得

$$V_{G\to P}(y) = P' \cdot a y^m (a \in A, P' \subseteq A). \tag{6}$$

然而 $o(y) = p^c (c > 0)$, 故由 $(m, p) = 1$ 得知有二个整数 v, w 使 $vm + wp^c = 1$, 因而

$$y = y^{vm + wp^c} = (y^m)^v (y^{p^c})^w = (y^m)^v,$$

于是从 $y \bar{\in} A$ 有 $y^m \bar{\in} A$, 故据 (6) 式得 $V_{G\to P}(y) \neq P'$. 但另一方面, 由 $y \in D = P \cap K \subseteq K$ 而据 K 之意义又知 $V_{G\to P}(y) = P'$. 这两个互相矛盾的结论是根据 $A < D$ 得来的. 所以不得不是 $A = D$, 即

$$D = A = [P \cap N_G(P)'] \cdot \prod_{t \in G} P \cap tP't^{-1}.$$

再因 $N_G(P)' \subseteq G'$，$tP't^{-1} \subseteq tG't^{-1} = G'$，故从 A 的构造即得 $A \subseteq P \cap G'$，因而 $D \subseteq P \cap G'$. 于是再从上面已证得了的 $P \cap G' \subseteq D$ 合并，就有 $D = P \cap G'$，即证明了 (3) 式，随而 (4) 式也真.

合并 (1)，(2)，(3)，(4)，就证得了下面的

定理 1（格律恩第一定理） 有限群 G 到西洛 p- 子群 P 内的传输群 $V_{G\to P}(G)$ 关于 P' 之商群 $V_{G\to P}(G)/P'$ 是与 P 关于模 $P \cap G'$ 的商群 $P/P \cap G'$ 成同构的，而

$$P \cap G' = [P \cap N_G(P)'] \cdot \prod_{t \in G} P \cap tP't^{-1},$$

因之 $G/G'(p) \simeq V_{G\to P}(G)/P' \simeq P/P \cap G'$.

附注 格律恩第一定理是文献 [28] 内的 Satz 9，下面的格律恩第二定理则是文献 [28] 内的 Satz 5. 但现行的群论书中都已分别叫做格律恩第一定理与格律恩第二定理，例如文献[2]，[14]，[29] 里面都是这样记载的. 不过在所列举的这些文献里面都写为 $V_{G\to P}(G) \simeq P/P \cap G'$，而 $P \cap G' = [P \cap N_G(P)'] \cdot \prod_{t \in G} P \cap tP't^{-1}$，而我们在这里改写 $V_{G\to P}(G)$ 为 $V_{G\to P}(G)/P'$，这是由于我们规定了 $V_{G\to P}(G)$ 的意义不同，这都不是本质上的差异.

注意上述定理 1 的证明是说 G 在交换群 P/P' 内的同态映射 $x \to V_{G\to P}(x)$ 之核 $K = G'(p)$，故由 $V_{G\to P}(K) = V_{G\to P}(G'(p)) = P'$ 以及 $G = G'(p) \cdot P$ 就得知

$$V_{G\to P}(G) = V_{G\to P}(G'(p) \cdot P) = V_{G\to P}(G'(p)) \cdot V_{G\to P}(P),$$

即 $V_{G\to P}(G) = V_{G\to P}(P)$. 故得下面的

推论 设 P 为有限群 G 的西洛 p- 子群，则

$$V_{G\to P}(G) = V_{G\to P}(P).$$

下面再讨论 G 为 p- 正规时的格律恩第二定理，即

定理 2（格律恩第二定理） p- 正规群 G 的最大交换 p- 商群是和它的西洛 p- 子群 P 之中心的正规化子的最大交换 p- 商群成同构的，即

$$G/G'(p) \simeq N_G(Z(P))/N_G(Z(P))'(p).$$

证明 注意 $P\subseteq N_G(Z(P))$，可知 P 也是 $N_G(Z(P))$ 的西洛 p-子群．于是，据 §4 的定理 4，就有 $G/G'(p) \simeq P/P\cap G'$ 及

$$N_G(Z(P))/N_G(Z(P))'(p) \simeq P/P\cap N_G(Z(P))'.$$

于是我们只需证明 $P\cap G'=P\cap N_G(Z(P))'$ 就行了．但 $N_G(Z(P))'\subseteq G'$ 显然就有 $P\cap N_G(Z(P))'\subseteq P\cap G'$． 所以下面的任务就只要证明 $P\cap G'\subseteq P\cap N_G(Z(P))'$．

由定理 1，已知

$$P\cap G' = [P\cap N_G(P)'] \cdot \prod_{t\in G} P\cap tP't^{-1}. \tag{7}$$

从 $Z(P)\lhd\lhd P$ 及 $P\lhd N_G(P)$ 得 $Z(P)\lhd N_G(P)$，故有 $N_G(P)\subseteq N_G(Z(P))$． 所以 $P\cap N_G(P)'\subseteq P\cap N_G(Z(P))'$；于是，若能证明 $P\cap tP't^{-1}\subseteq P\cap N_G(Z(P))'$，则从 (7) 式就得到

$$P\cap G'\subseteq P\cap N_G(Z(P))'.$$

故今后的任务是在证明

$$P\cap tP't^{-1}\subseteq P\cap N_G(Z(P))'. \tag{8}$$

令 $C=P\cap tP't^{-1}$． 因 $C\subseteq tP't^{-1}\subseteq tPt^{-1}$，故 $Z(tPt^{-1})=tZ(P)t^{-1}$ 与 C 之元素间两两可交换，即得 $Z(tPt^{-1}) = tZ(P)t^{-1}\subseteq N_G(C)$；同理，由 $C\subseteq P$ 又得 $Z(P)\subseteq N_G(C)$． 由是使

$$Z(P)\subseteq Q\subseteq N_G(C) \text{ 及 } tZ(P)t^{-1}\subseteq Q_1\subseteq N_G(C)$$

成立的 $N_G(C)$ 中两个西洛 p-子群 Q 及 Q_1 存在，故有 $s\in N_G(C)$ 使 $sQ_1s^{-1} = Q$，因之

$$\begin{aligned}(st)\cdot Z(P)\cdot(st)^{-1} &= s[t\cdot Z(P)\cdot t^{-1}]s^{-1}\subseteq sQ_1s^{-1}\\ &= Q\subseteq S\subseteq G,\end{aligned}$$

式中 S 为 G 的西洛 p-子群． 因 $Z(P)\subseteq Q\subseteq S$ 以及 $st\cdot Z(P)\cdot(st)^{-1}\subseteq S$，故由 G 之 p-正规性而据 §4 的定理 7 即得到

$$Z(P) = Z(S) = (st)Z(P)\cdot(st)^{-1},$$

因而有 $st\in N_G(Z(P))$． 于是再从

$$C = sCs^{-1} = sPs^{-1}\cap(st)P'(st)^{-1}\subseteq(st)P'(st)^{-1}$$

及

$$P\subseteq N_G(Z(P)),$$

就得到

$$C\subseteq(st)P'(st)^{-1}\subseteq(st)\cdot N_G(Z(P))'\cdot(st)^{-1}=N_G(Z(P))',$$

因而就有

$$P\cap tP't^{-1}=C\subseteq P\cap N_G(Z(P))',$$

即(8)式获证．定理2证完．

在证明定理2的过程中还解决了下面的

推论 1 对于 p-正规群 G 的任一个西洛 p-子群 P 恒有

$$P\cap G'=P\cap N_G(Z(P))'.$$

又因为西洛 p-子群是交换群的群必为 p-正规的（前节的问题4)，故由推论1又有

推论 2 当有限群 G 之西洛 p-子群为交换群时，则对 G 之任一个西洛 p-子群 P 恒有关系式 $P\cap G'=P\cap N_G(P)'$.

当 G 是 p-正规时，定理2解决了 $G/G'(p)\simeq N/N'(p)$，但 $N=N_G(Z(P))$，而 P 为 G 之西洛 p-子群．由于 $P\subseteq N=N_G(Z(P))$，则知 P 也是 N 的西洛 p-子群，故据定理1又有

$$G/G'(p)\simeq V_{G\to P}(G)/P' \text{ 与 } N/N'(p)\simeq V_{N\to P}(N)/P'.$$

于是当 G 为 p-正规时就必有

$$V_{G\to P}(G)/P'\simeq V_{N\to P}(N)/P',$$

因之 $V_{G\to P}(G)$ 与 $V_{N\to P}(N)$ 有相等的阶；但又因 $V_{G\to P}(G)=V_{N\to P}(V_{G\to N}(G))$ 与 $V_{G\to N}(G)\subseteq N$，故 $V_{G\to P}(G)=V_{N\to P}(V_{G\to N}(G))\subseteq V_{N\to P}(N)$；不得不有 $V_{G\to P}(G)=V_{N\to P}(N)$．这就证明了下面的

推论 3 p-正规群 G 之每个西洛 p-子群 P 恒有 $V_{G\to P}(G)=V_{N\to P}(N)$ 之关系，式中 $N=N_G(Z(P))$.

下面再来讨论格律恩第一、二两定理的一些应用．

利用斑赛特定理及格律恩第一定理可证下面的

定理 3 设有限群 G 中西洛 2-子群 P 为第五章 §3 定理10之(iv)型，即 $P=\{a,b\}$ 而具定义关系 $a^{2^{n-1}}=b^2=1$ 及 $b^{-1}ab=a^{1+2^{n-2}}$ $(n\geqslant 4)$，则 G 必为 2-幂零的，即 $D_2(G)\cap P=1$．（文献[30])

证明 因 $[a, b] = a^{2^{n-2}}$，且由计算知 $[a^\lambda, a^\mu b] = a^{2^{n-2}\lambda}$ 及 $[a^\lambda b, a^\mu b] = a^{(\mu-\lambda)2^{n-2}}$，故 $P' = [P, P] = \{a^{2^{n-2}}\}$ 为 2 阶循环群. 并易验证 P 中阶 2 的元仅有 b，$a^{2^{n-2}}$ 及 $a^{2^{n-2}}b$ 共三个.

(a) 我们先解决 $A(P)$ 为 2-群.

事实上，当 $\alpha \in A(P)$ 时，因 $(b^\alpha)^{-1}a^\alpha b^\alpha = (a^\alpha)^{1+2^{n-2}}$，且由

$$(a^\lambda b)^m = b^m a^{\lambda\left[m+\frac{m(m+1)}{2}\cdot 2^{n-2}\right]}$$

又知 $o(a^\lambda b) = o(a) = 2^{n-1}$ 的充要条件是 $\lambda \not\equiv 0 \pmod 2$，因而或有 $a^\alpha = a^x$ 或 $= a^x b$ 而 $(x, 2) = 1$，故不论 $a^\alpha = a^x$ 或 $= a^x b$，总不可能出现 $b^\alpha = a^{2^{n-2}}$；于是对任 $\alpha \in A(P)$，只有 $b^\alpha = b$ 或 $b^\alpha = a^{2^{n-2}}b$，仅这二个可能.

又易知凡使 $b^\alpha = b$ 的 $A(P)$ 中一切这样的 α 所成之集 V 为 $A(P)$ 的子群，且容易检验使 $b^\sigma = a^{2^{n-2}}b$ 及 $a^\sigma = a$ 之映射 $\sigma \in A(P)$（因而 $\sigma^2 = 1$），故 V 为 $A(P)$ 之真子群；因而又当 $\sigma, \tau \in A(P)$ 且 $\bar{\in} V$ 时，由于 $b^\sigma = a^{2^{n-2}}b$ 及 $b^\tau = a^{2^{n-2}}b$，就必有 $b^{\sigma\tau^{-1}} = (b^\sigma)^{\tau^{-1}} = (a^{2^{n-2}}b)^{\tau^{-1}} = b$，说明了 $\sigma\tau^{-1} \in V$，即 $V\sigma = V\tau$，这证明了 $[A(P): V] = 2$. 但在 $\alpha \in V$ 时（即 $b^\alpha = b$），因或有

$$a^\alpha = a^x, \ (x, 2) = 1,$$

或有

$$a^\alpha = a^x b, \ (x, 2) = 1,$$

且所有这样的映射 α 又的确是 P 的自同构，故 $o(V) = 2 \cdot 2^{n-2} = 2^{n-1}$，因之 $o(A(P)) = 2^n$，即 $A(P)$ 为 2-群.

(b) 再证明 $N_G(P) = P \times D$（直积）.

事实上，因 $P \lhd N_G(P)$ 且 $([N_G(P):P], o(P)) = 1$，故据上册第四章 §6 定理 1（舒尔），知 P 在 $N_G(P)$ 内有补子群，即 $N_G(P) = PD$，$P \cap D = 1$，且 $2 \nmid o(D)$. 但从 $P \lhd N_G(P)$ 可知任元 $d \in D$ 得诱导 P 的一个自同构，即对任 $z \in P$ 恒有 $d^{-1}zd = z^{\sigma_d} \in P$ 而 $\sigma_d \in A(P)$，故由 $o(d) = k$（k 为奇数）得 $\sigma_d^k = 1$；另方面，$\sigma_d \in A(P)$ 而据 (a) 又知道 $o(\sigma_d) = 2^t (t \leqslant n)$，于是 $\sigma_d^{2^t} = 1$. 因之，由于 $(2^t, k) = 1$ 得知 $\sigma_d = 1$，即 $d^{-1}zd = z$ 对任 $d \in D$ 及任 $z \in P$ 恒成立，故 $D \lhd N_G(P)$ 而有 $N_G(P) = P \times D$.

(c) 再证明 $P\cap G'\subseteq\Omega_1(P)=\{a^{2^{n-2}},b\}$.

事实上,据格律恩第一定理,有

$$P\cap G'=[P\cap N_G(P)']\cdot\prod_{t\in G}P\cap tP't^{-1}.$$

然而 $N_G(P)'=P'\times D'$ (由 (b) 可知)可保证(利用狄氏律)

$$P\cap N_G(P)'=P\cap P'D'=P'\cdot(P\cap D')=P',$$

且因 $o(P')=2$ 以及 P 中阶 2 的元全都在

$$\Omega_1(P)=\{a^{2^{n-2}},b\}=\{a^{2^{n-2}}\}\times\{b\}$$

内,故 $P\cap N_G(P)'=P'\subseteq\Omega_1(P)$. 同理,由于 $P\cap tP't^{-1}$ 中的元也是 P 中阶 2 的元,故 $P\cap tP't^{-1}\subseteq\Omega_1(P)$.故 $P\cap G'\subseteq\Omega_1(P)$, 即为所求.

(d) 再令 $o(G/G')=2^mk$ 时,$(k,2)=1$,则 $m\geqslant n-2$.

事实上,$o(P)=2^n$ 及 $o(\Omega_1(P))=4$ 保证了 $o(P/\Omega_1(P))=2^{n-2}$, 而据 (c) 有 $P\cap G'\subseteq\Omega_1(P)$, 因之 $o(P/\Omega_1(P))=2^{n-2}|o(P/P\cap G')=o(PG'/G')$, 故再由 $o(PG'/G')|o(G/G')=2^mk$, 就得到 $2^{n-2}|2^mk$, 即 $m\geqslant n-2$.

(e) 再证 G 有子群 S 使 $[G:S]=2$ (因而 $S\lhd G$) 且 $P\cap S=\{a^2,b\}=\{a^2\}\times\{b\}$.

事实上,据 (d) 知 G/G' 为 2^mk 阶 (k 为奇数) 的交换群,故 G/G' 有一个阶 k 之子群 T/G', 因而 $G'\subseteq T\subseteq G$. 今敢断言 $P\cap T=P\cap G'$, 这是因为从 $o(T)=o(G')\cdot k$ 得知 T 之西洛 2-子群 $P\cap T$ 与 G' 之西洛 2-子群 $P\cap G'$ 有相等的阶,且又显然有 $P\cap G'\subseteq P\cap T$ 的缘故. 于是再令 $S=\{a^2,b\}\cdot T$ 时,利用狄氏律得到 $P\cap S=P\cap\{a^2,b\}T=\{a^2,b\}\cdot(P\cap T)=\{a^2,b\}\cdot(P\cap G')=\{a^2,b\}$. 因而只需解决 $[G:S]=2$:

因 $\{a,b\}\cdot T/T$ 为 G/T 之西洛 2-子群,而 $o(G/T)=2^m$, 故 $2^m=o(\{a,b\}\cdot T/T)=o(\{a,b\}/\{a,b\}\cap T)=2^n/o(\{a,b\}\cap T)$, 即 $o(\{a,b\}\cap T)=o(P\cap T)=2^{n-m}$, $o(P\cap G')=2^{n-m}$; 但 $P'\subseteq G'$ 又说明了 $P'\subseteq P\cap G'$, $2|o(P\cap G')$, 故 $n-m\geqslant 1$, 于是再与 (d) 合并可知 $n-1\geqslant m\geqslant n-2$, 随而 $m=n-1$ 或 $=n-2$, 只这二个可能.

当 $m=n-1$ 时，$o(P\cap T)=2=o(P')$；但 $P'\subseteq P\cap T$，故不得不有 $P\cap T=P'=\{a^{2^{n-2}}\}\subseteq\{a^2, b\}\cap T\subseteq P\cap T=P'=\{a^{2^{n-2}}\}$，即 $\{a^2, b\}\cap T=\{a^{2^{n-2}}\}$，$o(\{a^2, b\}\cap T)=2$，$o(S)=\dfrac{2^{n-1}\cdot o(T)}{2}=$

$=2^{n-2}\cdot o(T)$；而这时的 $o(G)=2^m\cdot o(T)=2^{n-1}\cdot o(T)$，故 $[G:S]=2$。

当 $m=n-2$ 时，得 $o(P\cap T)=2^{n-m}=2^2$，但上面又已证得 $P\cap S=\{a^2, b\}$，故 $o(P\cap S)=2^{n-1}$，因而从 $2<n-1<n$，不得不有 $T<S<G$。又 $G'\subseteq T$ 保证了 $S\lhd G$，因而 $SP/S\simeq P/P\cap S$ 之阶为 $2^n/2^{n-1}=2$；然而 $SP=PS=\{a, b\}\cdot\{a^2, b\}\cdot T=\{a, b\}\cdot T=P\cdot T$ 又保证了 $o(SP)=\dfrac{2^n\cdot o(T)}{o(P\cap T)}=\dfrac{2^n\cdot o(T)}{2^2}=2^{n-2}\cdot o(T)=2^m\cdot o(T)=o(G)$，故 $SP=G$，因之 $[G:S]=2$。

(f) 再证 S 有一个指数为 2^{n-1} 的正规子群 N，即 $N\lhd S$ 且 $[S:N]=2^{n-1}$。

事实上，据 (e) 已知 $2^{n-1}\| o(S)$，而 $S=\{a^2, b\}\cdot T$ 中 $o(\{a^2, b\})=2^{n-1}$，故 $\{a^2,b\}=\{a^2\}\times\{b\}$ 为 S 的西洛 2-子群。又交换 2-群 $\{a^2, b\}$ 之自同构群 $A(\{a^2, b\})$ 的阶等于 $2^{n-1}=o(\{a^2\}\cdot\{b\})$：这可仿照 (a) 款证 $o(A(P))=2^n$ 类似地证之。事实上，$B=\{a^2,b\}=\{a^2\}\times\{b\}$ 中阶 2 之元仅为 $b, a^{2^{n-2}}, a^{2^{n-2}}b$ 共三个；又 $\sigma\in A(B)$ 时，只能是 $(a^2)^\sigma=a^{2x}$ 或 $=a^{2x}b$，但 $(x,2)=1$，说明了 $(a^2)^\sigma$ 共有 2^{n-2} 个可能性；然而在 $(a^2)^\sigma=a^{2x}$ 时，$(x, 2)=1$，令 $b^\sigma=b$ 或 $b^\sigma=a^{2^{n-2}}b$ 之 σ 又确为 B 之自同构，即 $\sigma\in A(B)$，而 $(a^2)^\sigma=a^{2x}$ 及 $b^\sigma=a^{2^{n-2}}$ 之 $\sigma\bar{\in}A(B)$ 显然；至于在 $(a^2)^\sigma=a^{2x}b$ 时，$(x,2)=1$，也可检验 $b^\sigma=b$ 或 $=a^{2^{n-2}}b$ 之 $\sigma\in A(B)$，而 $(a^2)^\sigma=a^{2x}b$ 及 $b^\sigma=a^{2^{n-2}}$ 之 $\sigma\bar{\in}A(B)$，这是由于 $b\bar{\in}\{a^{2x}b, a^{2^{n-2}}\}$ 的缘故。所以 $o(A(B))=2^{n-2}+2^{n-2}=2^{n-1}=o(\{a^2\}\times\{b\})$。于是再据 $[G:S]=2$ 得 $2^{n-1}\| o(S)$ 可知 $B=\{a^2, b\}$ 为 S 的西洛 2-子群，且由 B 之交换性知 $B\subseteq Z_s(B)$，因而 $[N_s(B):Z_s(B)]$ 与 2 互素；然而 $[N_s(B):Z_s(B)]\mid o(A(B))=2^{n-1}$（上册第一章 §9 定理 5），

故不得不有 $N_s(B)=Z_s(B)$，于是据斑赛特定理（§3 定理 2）知 S 为 2-幂零的，即有 $N\lhd S$ 使 $S=NB$ 及 $N\cap B=1$，故 $[S:N]=o(B)=2^{n-1}$.

(g) 最后可证 G 是 2-幂零的.

事实上，由 (f) 知 N 为 S 的正规 2-补，即 $N=D_2(S)$，故 $N\lhd\lhd S$，而据 (e) 有 $S\lhd G$，故 $N\lhd G$，因之再由 $[G:N]=[G:S][S:N]=2^n=o(P)$ 即知 $N=D_2(G)$. 定理 3 证完.

利用格律恩第二定理可证下面的

定理 4（弗罗扁尼斯定理） 设 $p^n\|o(G)$，$(o(G),k_n)=1$，但 $k_n=(p^n-1)(p^{n-1}-1)\cdots(p^2-1)(p-1)$，则 G 之最大 p-商群 $G/D_p(G)\simeq P$，但 P 为 G 之西洛 p-子群，即 G 是 p-幂零的.

证明 当 $n=1$ 时，$o(G)=pm$，$(p,m)=1$. 由于这时 $o(P)=p$，则知 $o(A(P))=p-1$；因而当 $x\in N_G(P)$ 时，由于映射 $y\to y^\sigma=x^{-1}yx$ 为 P 之自同构，知必有 $\sigma^{p-1}=\mathbf{1}$. 又 $x^{o(G)}=1$ 也导出 $\sigma^{o(G)}=\mathbf{1}$. 故利用 $1=(o(G),k_n)=(o(G),k_1)=(o(G),p-1)$ 就得到 $\sigma=\mathbf{1}$，即 $xy=yx$，或 $P\subseteq Z(N_G(P))$，因而据斑赛特定理知 G 为 p-幂零的，即有 $M\lhd G$，使 $G/M\simeq P$，说明在 $n=1$ 时定理 4 成立.

再用归纳法假定定理 4 对于西洛 p-子群的阶小于 p^n 的群确成立，而来考虑 G 中西洛 p-子群 P 的阶为 p^n 的场合.

这时，若 P 交换，则当令陪集分解为

$$N_G(P)=P+Px_1+\cdots+Px_{\lambda-1},\ [N_G(P):P]=\lambda$$

时，由于 P 是 $N_G(P)$ 的唯一个西洛 p-子群，可不损普遍性能假定 $o(x_i)=n_i$ 与 p 互素，即 $(n_i,p)=1$. 因映射 $y\to y^{\sigma_i}=x_i^{-1}yx_i(y\in P)$ 为 P 的自同构 $(\sigma_i\in A(P))$，故 $\sigma_i^{p^tk_n}=\mathbf{1}$，$t=\dfrac{1}{2}n(n-1)$（上册第五章 §4 定理 4）；另方面，由 $o(x_i)=n_i$ 又知 $\sigma_i^{n_i}=\mathbf{1}$；于是从 $n_i|o(G)$，$(o(G),k_n)=1$ 及 $(n_i,p)=1$ 得知 $(n_i,p^tk_n)=1$，故不得不有 $\sigma_i=\mathbf{1}$，即当 $y\in P$ 时恒有 $yx_i=x_iy$，因而由 P 之交换性得 $P\subseteq Z(N_G(P))$，而据斑赛特定理知 G 是 p-幂零的，即 $G/D_p(G)\simeq$

P，说明在 P 为交换时定理 4 确成立(这时不需用归纳法)．

当 P 非交换时，有 $1 < Z(P) < P$，故令 $p^{n'} \| o(N_G(Z(P))/Z(P))$ 时就必有 $n' < n$． 今令 $o(N_G(Z(P))/Z(P)) = h$，由于 $h | o(G)$，$k_{n'} | k_n$，故从 $(o(G), k_n) = 1$ 得 $(h, k_{n'}) = 1$，因之据归纳法的假设可知 $N_G(Z(P))/Z(P)$ 为 p- 幂零的，即有一个指数为 $p^{n'}$ 的正规子群 $M/Z(P)$，故 $o(N_G(Z(P))/M) = p^{n'}$． 然而从 $Z(P) < P \subseteq N_G(Z(P))$ 又知 $n' \geqslant 1$，即 $N_G(Z(P)) > M$． 于是当令 $\bar{N} = N_G(Z(P))$ 时，由于 $\bar{N}/M (\neq 1)$ 为 p- 群，知有 A 使 $A/M < \bar{N}/M$ 及 $A \lhd \bar{N}$，且 $(\bar{N}/M)/(A/M) (\simeq \bar{N}/A)$ 是交换群，故 $\bar{N}'(p) < \bar{N}$，即 $\bar{N}/\bar{N}'(p)$ 是交换 p- 群且异于 1，因之据 G 之 p-正规性(§ 4 的定理 10)而由格律恩第二定理，就得到 $G/G'(p) \simeq \bar{N}/\bar{N}'(p)$，由是可知 $G'(p) < G$，随而也必有 $D_p(G) < G$．

今能断言 $p \nmid o(D_p(G))$． 为什么呢? 若 $p | o(D_p(G))$，则从 $o(G) = p^n m$，$(m, p) = 1$，可知 $o(D_p(G)) = p^{n_1} m$，但 $1 \leqslant n_1 < n$；于是从 $k_{n_1} | k_n$ 及 $(o(G), k_n) = 1$ 知 $(o(D_p(G)), k_{n_1}) = 1$，故再据归纳法的假定，可知 $D_p(G)$ 为 p- 幂零的，即

$$D_p(G)/D_p(D_p(G)) \simeq \text{阶 } p^{n_1} \text{ 的群},$$

因而 $D_p(G) \neq D_p(D_p(G))$，这显非所许(§ 4 的定理 6)． 所以说 $p \nmid o(D_p(G))$，因而 $G/D_p(G) \simeq P$，即 G 为 p-幂零的． 证完．

格律恩第二定理牵涉到有限群 G 为 p-正规的概念，然而西洛 p-子群为交换的有限群 G 又确为 p- 正规的(前节的问题 4)，象这样的特殊 p- 正规群除上面已论述过的以外，尚有下列的一些结果首先有，

定理 5 设 G 之西洛 p-子群 P 是交换的，则当 $P \lhd G$ 时，有 $P = (P \cap G') \times (P \cap Z(G))$ 与 $V_{G \to P}(G) = P \cap Z(G)$．

证明 因 $P' = [P, P] = 1$，故 $G \sim V_{G \to P}(G) \subseteq P$；若令这同态的核为 K，则 $G/K \simeq V_{G \to P}(G) \subseteq P$，故 $[G:K] | o(P)$，不得不 $([G:K], [G:P]) = 1$，因而 $G = PK$，$V_{G \to P}(G) = V_{G \to P}(P) \cdot V_{G \to P}(K) = V_{G \to P}(P)$ ($\because V_{G \to P}(K) = P' = 1$)，即

$$V_{G \to P}(G) = V_{G \to P}(P) \tag{9}$$

(实际上,(9)式早已获知——定理1的推论).

今令G关于P之陪集分解为$G=\sum_{1}^{n}Pg_i$，于是当$x\in P$时由于$P'=1$就有

$$V_{G\to P}(x)=\prod_{i=1}^{n}g_ixg_{iP(x)}^{-1},\quad g_ix=a_{i,x}g_{iP(x)}(a_{i,x}\in P);$$

但 $P\lhd G$ 保证了 $g_{iP(x)}=g_i$，因之有

$$V_{G\to P}(x)=\prod_{i=1}^{n}g_ixg_i^{-1},\ 每\ g_ixg_i^{-1}\in P(当\ x\in P时);$$

再利用P之交换性则得

$$V_{G\to P}(x)=x^n\cdot\prod_{i=1}^{n}[(g_ixg_i^{-1})x^{-1}]=x^n\cdot\prod_{i=1}^{n}[g_i^{-1},x^{-1}];$$

但$[g_i^{-1},x^{-1}]\in G'$，又$[g_i^{-1},x^{-1}]=(g_ixg_i^{-1})x^{-1}\in P$，故$[g_i^{-1},x^{-1}]\in P\cap G'$，于是则有:

$$x\in P\Rightarrow V_{G\to P}(x)\equiv x^n(\mathrm{mod}\,P\cap G'),\tag{10}$$

式中$n=[G:P]$.

我们先证下面的

$$P=(P\cap G')\times V_{G\to P}(P).\tag{11}$$

事实上,从$y\in(P\cap G')\cap V_{G\to P}(P)$，有$x\in P$使$y=V_{G\to P}(x)\in P\cap G'$，因而由(10)式知$x^n\in P\cap G'$；又因$x^{o(P)}=1$，故从$(o(P),n)=1$知有二整数$\lambda$，$\mu$使$\lambda n+\mu\cdot o(P)=1$，于是

$$x=x^{\lambda n+\mu\cdot o(P)}=(x^n)^\lambda\cdot(x^{o(P)})^\mu=(x^n)^\lambda\in P\cap G',$$

故从G/K之交换性得$x\in P\cap G'\subseteq G'\subseteq K$，因而$V_{G\to P}(x)=1$；证明了

$$(P\cap G')\cap V_{G\to P}(P)=1.\ \cdots\cdots(\mathrm{i})$$

由(10)式又知：$x\in P\Rightarrow x^n=s\cdot V_{G\to P}(x)$，$s\in P\cap G'$，故有$x^n\in(P\cap G')\cdot V_{G\to P}(P)$；但由$(o(P),n)=1$又知：当$x$跑遍$P$时，$x^n$也跑遍$P$，因而$P\subseteq(P\cap G')\cdot V_{G\to P}(P)$，不得不

$$P=(P\cap G')\cdot V_{G\to P}(P).\ \cdots\cdots(\mathrm{ii})$$

P 之交换性又说明了

$$P\cap G'\lhd P \text{ 及 } V_{G\to P}(P)\lhd P. \quad \cdots\cdots(\text{iii})$$

因之，合并 (i)，(ii)，(iii)，即得 (11) 式之正确性.

于是，今后的任务就只需证明

$$V_{G\to P}(G)=P\cap Z(G). \tag{12}$$

事实上，由 $V_{G\to P}(G)\lhd G$ (§ 1 的定理 4)，则知对任 $t\in G$ 与任 $x\in V_{G\to P}(G)$，有 $[t, x]\in V_{G\to P}(G)$；但 $V_{G\to P}(G)\subseteq P\lhd G$ 又保证了 $[t, x]\in P\cap G'$；故结果可知

$$[t, x]\in(P\cap G')\cap V_{G\to P}(G)=(P\cap G')\cap V_{G\to P}(P)=1,$$

即 $tx=xt$. 这证明了 $V_{G\to P}(G)$ 之每元与 G 之各元可交换，即 $V_{G\to P}(G)\subseteq Z(G)$. 故 $V_{G\to P}(G)\subseteq P\cap Z(G)$. 另方面，由 $y\in P\cap Z(G)$ 又得

$$V_{G\to P}(y)=\prod_{i=1}^{n} g_i y g_{iP(x)}^{-1}=\prod_{i=1}^{n} g_i y g_i^{-1}=y^n \quad (\because g_i y g_i^{-1}=y),$$

故

$$y=y^{\lambda n+\mu\cdot o(P)}=y^{\lambda n}=[V_{G\to P}(y)]^{\lambda}\in V_{G\to P}(G),$$

又证得了 $P\cap Z(G)\subseteq V_{G\to P}(G)$. 故 (12) 成立，证完.

除定理 5 外，还有下面的

定理 6 设 G 之西洛 p- 子群 P 是交换的，则有 $V_{G\to P}(G)=P\cap Z(N_G(P))\simeq G/G'(p)$.

证明 由 P 之交换性知 $P'=[P, P]=1$，故由格律恩第一定理得 $G/G'(p)\simeq V_{G\to P}(G)$. 又由格律恩第二定理的推论 3 有 $V_{G\to P}(G)=V_{N_G(P)\to P}(N_G(P))$；但 $P\lhd N_G(P)$，故据定理 5，有

$$V_{N_G(P)\to P}(N_G(P))=P\cap Z(N_G(P)),$$

结果得 $V_{G\to P}(G)=P\cap Z(N_G(P))$. 证完.

据这定理 6 及 (9) 式即得下面的

推论 设 P 为 G 之西洛 p-子群. 若 $P\subseteq Z(N_G(P))$，则

$$G/G'(p)\simeq P=V_{G\to P}(G)=V_{G\to P}(P).$$

问题 1 设 G 之西洛 p-子群 P 为交换的试证

$$G/G'(p)\simeq N_G(P)/(N_G(P))'(p).$$

问题 2　设G之西洛p-子群P为交换的，试证$V_{G\to P}(G)\simeq P/P\cap G'$.

问题 3　设$G=\mathfrak{A}_5$为五个文字 1, 2, 3, 4, 5 上的交代群，$\mathfrak{K}_4$为四个文字 1, 2, 3, 4 上的克莱茵四元群．试直接利用上题计算$V_{G\to\mathfrak{K}_4}(G)$.

问题 4　设A为有限群G之交换正规子群，且其阶与指数互素，即$(o(A),[G:A])=1$．试证:

$$A=(A\cap G')\times(A\cap Z(G))\text{ 及 }V_{G\to A}(G)=A\cap Z(G).$$

问题 5　当偶阶群G之西洛 2-子群P为循环群时，试证

$$P\cap G'=1.$$

问题 6　设有限群G之西洛p-子群P含有指数为p的循环子群，且$(o(G),p\pm1)=1$．证明G是p-幂零的，即$G/D_p(G)\simeq P$．但p是奇素数.

提示：设$p^n\|o(G)$．$n=1$时，$o(P)=p$，$o(A(P))=p-1$，故从$x\in N_G(P)$所得$y\to y^\sigma=x^{-1}yx$中的$\sigma\in A(P)$（任$y\in P$），应有$\sigma^{p-1}=1$；又$x^{o(G)}=1$也说明$\sigma^{o(G)}=1$；故从$(o(G),p-1)=1$知必有$\sigma=1$，即$xy=yx$，$P\subseteq Z(N_G(P))$，故由斑赛特定理知G为p-幂零的．再用归纳法假定对西洛p-子群的阶小于p^n的群，定理为真．若P交换，由于P是$N_G(P)=P+Px_1+\cdots+Px_{\lambda-1}$之唯一个西洛$p$-子群，故可令$o(x_i)=n_i$与$p$互素；又因$y\to y^{\sigma_i}=x_i^{-1}yx_i(y\in P)$中$\sigma_i\in A(P)$，故在$P$为循环时有$o(A(P))=\varphi(p^n)=p^{n-1}(p-1)$，而当$P$交换并非循环时，可完全与上册第五章 §4 问题 5 一样得知$o(A(P))|p^n(p-1)^2$（$n>2$时），或在$n=2$时由P之初等交换性有$o(A(P))=p(p+1)(p-1)^2$，总之恒有$o(A(P))|p^n(p+1)(p-1)^2$，于是不得不有$\sigma_i^{n_i}=1$及$\sigma_i^{p^n(p+1)(p-1)^2}=1$；因之再由$n_i|o(G)$可知$(n_i,p^n(p+1)(p-1)^2)=1$，$\sigma_i=1$，$x_iy=yx_i$，故从$P$之交换性得$P\subseteq Z(N_G(P))$，因之据斑赛特定理知$G$为$p$-幂零的．如果$P$非交换，$1<Z(P)<P$，因之$p^{n'}\|[N_G(Z(P))/Z(P):1]$中$n'<n$；再令$o(N_G(Z(P))/Z(P))=h$，则由$h|o(G)$得$(h,p\pm1)=1$，故据归纳法的假定则知（由于$N_G(Z(P))/Z(P)$的西洛$p$-子群$P/Z(P)$含有指数为$p$的循环子群）$N_G(Z(P))/Z(P)$为$p$-幂零，即如$Z(P)\subseteq M\lhd N_G(Z(P))$且有$[N_G(Z(P)):M]=p^{n'}$之$M$存在；然而从$Z(P)<P\subseteq N_G(Z(P))$又得$n'\geqslant 1$，故$N_G(Z(P))>M$．再令$\bar{N}=N_G(Z(P))$，由于$\bar{N}/M$为$p$-群，故使$A/M<$

$\bar{N}/M$ 且 $A \lhd \bar{N}$ 而 $(\bar{N}/M)/(A/M) \simeq \bar{N}/A$ 是交换的 A 必存在，因之 $\bar{N}'(p) < \bar{N}$，即 $\bar{N}/\bar{N}'(p)$ 为非单位群的交换 p- 群．若 G 不为 p- 正规的，则 G 必有另一个西洛 p-子群 P_1 使 $Z(P) \subseteq P_1$，但 $Z(P) \ntriangleleft P_1$，故由 §4 的引理 1 知有 $x \in G$ 及 G 的一个 p-子群 $Q(Q > P)$，使用 x 变 Q 之形为 Q 的自同构，且这自同构的阶 $q > 1$ 并有 $(q, p) = 1$；然而因 Q 含有指数为 p 的循环子群（上册第五章 §3 的问题 2），故与证上册第五章 §4 问题 5 类似，可得知 $o(A(Q)) | p^n(p-1)^2$，因而 $q | (p-1)^2$，于是再由 $o(x) | o(G)$ 又知 $q | o(G)$，故 $q | (o(G), (p-1)^2) = 1$，$q = 1$，得到了矛盾．于是 G 必为 p-正规的，故由格律恩第二定理知 $G/G'(p) \simeq \bar{N}/\bar{N}'(p)$，于是因已证得 $\bar{N}'(p) < \bar{N}$，故 $G'(p) < G$，因而也必有 $D_p(G) < G$．今能断言 $p \nmid [D_p(G):1]$．为什么呢？因从 $p | o(D_p(G))$ 及 $(o(D_p(G)), p-1) = 1$，以及 $D_p(G)$ 之西洛 p-子群含有指数为 p 的循环子群，则由归纳法的假设可知 $D_p(G)$ 是 p-幂零的，即 $D_p(G)/D_p(D_p(G))$ 与 $D_p(G)$ 之西洛 p-子群同构，故 $D_p(G) \neq D_p(D_p(G))$，这显非所许．既然 $p \nmid [D_p(G):1]$，故必有 $G/D_p(G) \simeq P$.

§6. 群阶与群属性的关系

有限群的阶是怎样的自然数对于群的属性有很大的关系，例如阶为素数的群是循环的（因而其型唯一），又如阶为素数之平方的群仅有二型（一为循环，一为初等交换），阶为 $p^a q^b$（p，q 是两个不同的素数）的群是可解的，等等．我们现在问：n 阶群欲恒为循环的，或恒为交换的，或恒为幂零的，自然数 n 应满足的充要条件是什么？本节的任务是利用传输理论回答这些问题．

令 $n = p_1^{\alpha_1} p_2^{\alpha_2} \cdots p_t^{\alpha_t}$ 为自然数 n 的素因数分解．设 $o(G) = n$.

若 n 阶群 G 恒为循环的，则首先敢断言每个 $\alpha_i = 1$．因为例如若 $\alpha_1 \geqslant 2$，则由于有阶为 $p_1^{\alpha_1}$ 的初等交换群 H_1（直接作 α_1 个 p_1 阶循环群之直积），故这时只需令 H_i $(i = 2, \cdots, t)$ 为阶 $p_i^{\alpha_i}$ 的循环群，那末直积 $G = H_1 \times H_2 \times \cdots \times H_n$ 的阶为 n 且非循环的，这与我们的假设"n 阶群恒为循环"的前提相矛盾．故欲使 n 阶群恒为循环的，就不得不有每个 $\alpha_i = 1$，即 $n = \prod_{i=1}^{t} p_i$，因而 $\varphi(n) =$

$\prod_{i=1}^{t}(p_i-1)$.

若 $(\varphi(n), n) \neq 1$，则至少有一个 p_i-1 被某 p_j 整除，如令 $p_2|(p_1-1)$，据上册第四章§3中的霍尔特定理可知由定义关系为

$$x^{p_1}=1,\ y^{p_2}=1,\ y^{-1}xy=x^r,\ r^{p_2}\equiv 1 \text{ 但 } r\not\equiv 1 \pmod{p_1}^{1)}$$

所决定的集 $H=\{x, y\}$ 是一个 p_1p_2 阶的非循环群，于是直积 $G=H\times H_3\times\cdots\times H_t$ 之阶为 $n=p_1p_2p_3\cdots p_t$ 且非循环的（H_i 为 p_i 阶循环群，$i=3, \cdots, t$），又与假设矛盾了.

故得：当阶 n 的群恒为循环的，就必有 $(\varphi(n), n)=1$ 之关系（这关系已包含了每个 $\alpha_i=1$）.

反之，设 $o(G)=n$，且 $(\varphi(n), n)=1$. 于是，这时每个 $\alpha_i=1$，即 $n=p_1p_2\cdots p_t$ 无平方因子，因而 $\varphi(n)=\prod_{i=1}^{t}(p_i-1)$. 今令 $P_i(i=1, 2, \cdots, t)$ 为 G 的西洛 p_i-子群，于是 P_i 为 p_i 阶循环，有 $o(A(P_i))=p_i-1$. 又 $x\in N_G(P_i)$ 之 x 得诱导 P_i 的一个自同构 σ，即对每个 $y\in P_i$，映射 $y\to y^\sigma=x^{-1}yx$ 为 P_i 的自同构，故 $\sigma^{p_i-1}=1$；但 $x^n=1$ 又导出 $y^{\sigma^n}=x^{-n}yx^n=y$，即又有 $\sigma^n=1$. 于是利用 $(p_i-1, n)=1$ 即得 $\sigma=1$，即 $y=x^{-1}yx$，说明了 P_i 之每元 y 得与 $N_G(P_i)$ 之各元 x 可交换，即 $P_i\subseteq Z(N_G(P))$，故据§3的定理3就知道 $(o(G'), p_i)=1\ (i=1, 2, \cdots, t)$，因而 $(o(G'), n)=1$，即 $o(G')=1$，$G'=[G, G]$ 为单位元群. 故 G 交换. 由是每 $P_i\lhd G$，而得 $G=P_1\times P_2\times\cdots\times P_t$，因之从 P_i 之循环性则知 G 循环.

于是证得了下面的

定理 1 凡阶 n 的群为循环的充要条件是 $(n, \varphi(n))=1$.

至于判定阶 n 的群恒为交换的充要条件是下面的

---

1) 令 ρ 为模 p_1 的一个原根，则 $\rho^{p_1-1}\equiv 1 \pmod{p_1}$，$\rho^k\not\equiv 1 \pmod{p_1}$ 当 $1\leqslant k<p_1-1$ 时；于是令 $r=\rho^{\frac{p_1-1}{p_2}}$，则这 r 即合乎要求.

定理 2 凡阶 $n=p_1^{\alpha_1}p_2^{\alpha_2}\cdots p_t^{\alpha_t}$ 的群恒为交换的充要条件是：(i) 每 $\alpha_i\leqslant 2$ 及 (ii) 对任 i, j 常有 $(p_j, p_i^{\alpha_i}-1)=1$.

证明 先设阶 $n=p_1^{\alpha_1}p_2^{\alpha_2}\cdots p_t^{\alpha_t}$ 的群恒为交换的.若有(例如) $\alpha_1\geqslant 3$, 则据霍尔特定理,可知由定义关系

$$x^{p_1^{\alpha_1-1}}=1,\ y^{p_1}=1,\ y^{-1}xy=x^{1+p_1^{\alpha_1-2}}$$

所定之集 $H=\{x, y\}$ 为一个阶 $p_1^{\alpha_1}$ 的非交换群,因之取阶为 $n/p_1^{\alpha_1}$ 的任一群 M 而作直积 $G=H\times M$ 时,则这 G 显非交换的且阶 $o(G)=n$, 与题设矛盾.故必有每 $\alpha_i\leqslant 2$. 如果条件 (ii) 不成立,例如说有 $(p_2, p_1^{\alpha_1}-1)\neq 1$, 则 $p_2|(p_1^{\alpha_1}-1)$; 今作阶 $p_1^{\alpha_1}$ 的一个初等交换群 N, 并作 N 之全形 $H(N)$, 于是由于

$$o(A(N))=p_1^{\frac{1}{2}\alpha_1(\alpha_1-1)}(p_1^{\alpha_1}-1)\cdots(p_1-1),$$

以及 $o(A(N))|o(H(N))$ 与 $p_2|(p_1^{\alpha_1}-1)$, 易知 $p_2|o(H(N))$, 因而 $H(N)$ 有一个 p_2 阶子群 A; 但因 $Z_{H(N)}(N)=N$ (上册第一章 §12 的问题 5),故 $A\not\subset Z_{H(N)}(N)$, 即在 A 内至少有一元与 N 之各元不全是可交换的,因而从 $N\lhd H(N)$ 可知 $C=NA$ 是一个阶 $p_1^{\alpha_1}p_2$ 的非交换群(还可断言 C 不是幂零解——上册第二章 §5 的定理 4); 再作阶 $n/p_1^{\alpha_1}p_2$ 的任何群 S, 并作直积 $G=C\times S$, 则这 G 显非交换的且有 $o(G)=n$, 也与题设矛盾.故必对任 i, j 恒有 $(p_j, p_i^{\alpha_i}-1)=1$.总之,当阶 n 的群恒为交换时,则条件 (i) 与 (ii) 必成立.

反之,设群 G 之阶 $n=p_1^{\alpha_1}p_2^{\alpha_2}\cdots p_t^{\alpha_t}$ 中每 $\alpha_i\leqslant 2$ 且对任 i, j 有 $(p_j, p_i^{\alpha_i}-1)=1$. 取 G 之一个西洛 p_1-子群 P_1, 于是 P_1 为交换群 ($\because \alpha_1\leqslant 2$). 再令

$$N_G(P_1)=\sum_{j=0}^{\lambda-1}P_1x_j=P_1x_0+P_1x_1+\cdots+P_1x_{\lambda-1}$$

为 $N_G(P_1)$ 关于 P_1 的陪集分解 ($x_0=1$), 由于 P_1 是 $N_G(P_1)$ 的唯一个西洛 p_1- 子群,则知 $N_G(P_1)$ 中凡阶为 p_1 之幂的元全在 P_1 内,故可不失普遍性能假定每个 $o(x_i)$ 与 p_1 互素,即 $(o(x_i), p_1)=1$.因对每 $y\in P_1$, 映射 $y\to y^\sigma=x_i^{-1}yx_i$ 是 P_1 的自同构,故从

$$o(A(P_1))|p_1(p_1^2-1)(p_1-1)$$

(上册第五章 §4 的定理 4) 应有

$$\sigma^{p_1(p_1^2-1)(p_1-1)}=1;$$

又若 $o(x_i)=m$，则因 $(m, p_1)=1$，故据假设条件 (ii)，就有 $(p_1(p_1^2-1)(p_1-1), m)=1$，因而再从 $x_i^m=1$ 得 $\sigma^m=1$，于是与上式比较可得 $\sigma=1$. 这证明了 x_i 与 P_1 的每元 y 可交换，故再由 P_1 的交换性可知陪集 P_1x_i 中每元都与 P_1 的各元可交换，即 $P_1\subseteq Z(N_G(P_1))$. 故由 § 3 的定理 3 得 $(o(G'), p_1)=1$. 同理，对每 p_j 言也有 $(o(G'), p_j)=1$ $(j=1, 2, \cdots, t)$. 因之 $(o(G'), n)=1$，不得不有 $o(G')=1$，即 $G'=[G, G]$ 为单位元群，故 G 是交换的. 定理 2 证完.

关于判断阶 n 的群恒为幂零的则有

定理 3 凡阶 $n=p_1^{\alpha_1}p_2^{\alpha_2}\cdots p_t^{\alpha_t}$ 的群恒为幂零的充要条件是：对任 i 与 j 常有 $\left(p_i, \prod\limits_{\lambda=1}^{\alpha_j}(p_j^\lambda-1)\right)=1$.

证明 先证条件的必要性，即假定凡阶为 $n=p_1^{\alpha_1}p_2^{\alpha_2}\cdots p_t^{\alpha_t}$ 的群恒为幂零的，而要证明

$$\left(\prod_{s=1}^{\alpha_j}(p_j^s-1), p_i\right)=1 \quad (i, j=1, 2, \cdots, t).$$

事实上，若有 $\left(\prod\limits_{s=1}^{\alpha_1}(p_1^s-1), p_2\right)\neq 1$，则必有

$$p_2\mid(p_1^{\alpha_1}-1)(p_1^{\alpha_1-1}-1)\cdots(p_1^2-1)(p_1-1);$$

于是作一个阶 $p_1^{\alpha_1}$ 的初等交换群 N，并作 N 的全形 $H(N)$，则同证定理 2 时完全一样，可知 $H(N)$ 含有 p_2 阶子群 A，且 $C=NA$ 是 $p_1^{\alpha_1}p_2$ 阶的非幂零群. 故当 S 为阶 $n/p_1^{\alpha_1}p_2$ 的任一群时，则直积 $G=C\times S$ 非幂零且有 $o(G)=n$，而与凡阶 n 之群恒为幂零之假定相矛盾，不可. 故必有 $\left(\prod\limits_{s=1}^{\alpha_1}(p_1^s-1), p_2\right)=1$. 同理，对凡 $i, j=1, 2, \cdots, t$ 之 i, j 皆有

$$\left(\prod_{s=1}^{\alpha_j}(p_j^s-1), p_i\right)=1,$$

即证明了条件的必要性.

反之,假定已知对任 i, j 常有 $\left(\prod_{s=1}^{\alpha_j}(p_j^s-1), p_i\right)=1$ $(i, j=1, 2, \cdots, t)$, 而来证明 G 之幂零性.

因已假定了 $\left(\prod_{s=1}^{\alpha_j}(p_j^s-1), p_i\right)=1$ $(i, j=1, 2, \cdots, t)$ 且 $o(G)=p_1^{\alpha_1}p_2^{\alpha_2}\cdots p_t^{\alpha_t}$, 故 $\left(\prod_{s=1}^{\alpha_j}(p_j^s-1), o(G)\right)=1$, 于是据 §5 的定理 4(弗罗扁尼斯定理),得知 G 是 p_i- 幂零的,因而由于 p_i 可为 $o(G)$ 之任一素因数, 马上得到了 G 之幂零性. 定理 3 证完. (文献 [31, 32])

用完全类似的方法可证下面的

定理 4 设 $p^\alpha \| n$, 则凡阶 n 之群恒为 p-幂零的充要条件是

$$(n, (p^\alpha-1)(p^{\alpha-1}-1)\cdots(p^2-1)(p-1))=1.$$

例如证明条件的必要性时,如定理 3 一样先有 $p_1^{\alpha_1}p_2$ 阶非幂零群 $C=NA$, 因而 C 必非 p_1-幂零的(因否则有 $A=D_{p_1}(C)\lhd C$ 而有 $C=N\times A$, 不可). 详细的叙述与推导留给读者.

定理 3 与 4 的证明都有赖于弗罗扁尼斯定理(§5 的定理 4), 弗罗扁尼斯定理用处很大,利用它还可决定偶阶单群之阶的形状, 即

定理 5 阶为偶合成数之单群的阶必能被 12, 16 或 56 这三数中的某一个所整除.

证明 设单群 G 之阶 $o(G)=2^n m$, $n\geqslant 1$, $(2, m)=1$. 由 G 之单纯性及 $n\geqslant 1$, 根据 §3 的问题 1 可知必有 $n>1$, 即 $n\geqslant 2$. 下分三款来讨论.

(i) $n=2$. 这时取 $p=2$ 而有 $k_n=(2^2-1)(2-1)=3$, 于是由 G 之单纯性及弗罗扁尼斯定理,可知

$$(o(G), k_n)=(o(G), 3)\neq 1,$$

因而 $3\mid o(G)$, 即得 $12\mid o(G)$.

(ii) $n=3$. 这时取 $p=2$ 而有 $k_n=(2^3-1)(2^2-1)(2-$

$1) = 3 \times 7$，仍如款 (i) 一样由 G 之单纯性及弗罗扁尼斯定理，可知 $(o(G),\ k_n)=(o(G),\ 3\times 7) \neq 1$，故或 $3|o(G)$ 或 $7|o(G)$，二者至少有一. 在 $3|o(G)$ 时有 $24|o(G)$，在 $7|o(G)$ 时有 $56|o(G)$. 说明当然有 $12|o(G)$ 或 $56|o(G)$.

(iii) $n = 4$. 这时显有 $16|o(G)$.

定理 5 证完.

有了本节的定理 1，2，3，4 后，对于决定阶为已知数的群究有多少个或它的构造怎样，是很有助益的. 例如在上册第四章 § 3 的例 1 里说过 pq 阶群 $(q<p)$ 在 $q\nmid(p-1)$ 时只有一个而为循环群；若利用本节的定理 1 去解决，这结论显然正确，因为 $(pq,\ \varphi(pq)) = (pq,\ (p-1)(q-1)) = 1$ 的缘故. 又如上册第四章 § 5 的例 1 中所讨论的 pq^2 阶群 $G(q<p,\ q$ 与 p 都是奇素数且 $q\nmid(p-1))$，由于这时 pq^2 确满足本节定理 2 的条件，故 G 必是交换的，因而 G 或循环或初等交换，只这二个可能性.

本章到此结束.

问题 1　定理 1，2，3 可用统一的形式表写为：凡阶 $n = p_1^{\alpha_1} p_2^{\alpha_2}\cdots p_t^{\alpha_t}$ 的群恒为

(i)　循环的充要条件是 $\left(n,\ \prod\limits_{s=1}^{\alpha_i}(p_i^s-1)\right) = 1$ 及每 $\alpha_i = 1$，

(ii)　交换的充要条件是 $\left(n,\ \prod\limits_{s=1}^{\alpha_i}(p_i^s-1)\right) = 1$ 及每 $\alpha_i \leqslant 2$，

(iii) 幂零的充要条件是 $\left(n,\ \prod\limits_{s=1}^{\alpha_i}(p_i^s-1)\right) = 1$.

问题 2　每 $\alpha_i \leqslant 2$ 的奇阶 $n = p_1^{\alpha_1} p_2^{\alpha_2}\cdots p_t^{\alpha_t}$ 的群恒为可解的.

问题 3　用符号 $N(k)$ 表示 k 阶群中互不同构之个数. 设 $n = p_1^{\alpha_1} p_2^{\alpha_2}\cdots p_t^{\alpha_t}$，则 $N(n) = \prod\limits_{i=1}^{t} N(p_i^{\alpha_i})$ 的充要条件是 n 阶群恒为幂零群.

问题 4　凡阶为小于 1000 之奇数的单群必是素数阶的，试证之.

第九章　半单群与群之分解及 Π-性质

这一章准备谈三个问题：(一)半单群，(二)群之分解，(三)群之 Π-性质. 第一个问题虽非近来研究有限群之趋势，但它与单群紧密相关，不可忽视. 第二、三两个问题都是近年研究有限群的趋势，其根源可以说是在可解群.

§1.　半　单　群

为什么要讨论半单群呢？我们知道：域上有限阶结合环的构造完全解决了. 事实上，域上有限阶结合环 R 总可以写为它的**根基** (radical) N 与一个**半单环** (semi-simple sing) S 的直和，如 $R=N\dotplus S$（当然，R 应满足某些附加条件）. 但半单环 S 可写为单环之直和，而单环又得与一个非交换域上的全矩阵环同构。这说明了半单环的构造完全解决了. 关于**李代数**与**约旦代数**的构造亦有类似的结果. 于是，研究有限群也产生了相应的问题.

然而环之根基是环的最大幂零理想，由它而得的商环再也没有幂零理想了，即商环为半单环. 可是对有限群言，由它的最大幂零正规子群(即费丁子群)所作的商群还有可能为幂零的，例如三次对称群 $\mathfrak{S}_3$ 之费丁子群为三次交代群 $\mathfrak{A}_3$，而商群 $\mathfrak{S}_3/\mathfrak{A}_3$ 又是幂零的. 故群之根基及半单群的意义不能从幂零正规子群这个角度来考虑.

但有限群中，可解群大量地存在，且可解群的构造问题大体上可以说是解决了的(即除等价者外只有唯一的一组西洛基底)，于是研究有限非可解群时，就来考虑其中可解正规子群间的关系，实际上它们之间的关系恰好与某域上有限阶结合环中幂零理想间的关系相类似，说具体一些，就是有下面的

定理 1 有限群 G 必有唯一个最大的可解正规子群 H，且 G 之任何可解正规子群都是 H 的子群，并且商群 G/H 再也没有异于 1 的可解正规子群.

证明 G 之有限性说明了 G 中可解正规子群之个数只有有限多个，令它们为 $A_1, A_2, \cdots, A_n$，于是它们的积 $A_1A_2\cdots A_n$ 亦为 G 之可解正规子群 H，这 H 即为所求之最大可解正规子群. 又若 K/H 为 G/H 之可解正规子群，则从 K/H 及 H 之可解性得知 K 为可解的，故 K 是 G 之可解正规子群，于是由 H 之最大性就必有 $K=H$，即 G/H 没有异于 1 的可解正规子群. 证完.

由这定理 1 可引进

定义 1 有限群 G 之(唯一的)最大可解正规子群叫做 G 的根基，表为 $R_0(G)$. 当有限群 G 没有异于 1 的可解正规子群时，则叫 G 是半单群.

于是由定理 1 可知 G 之根基 $R_0(G)$ 包含 G 的一切可解正规子群，且商群 $G/R_0(G)$ 还为半单群.

容易验证 $R_0(G)\lhd\lhd G$: 事实上，当 $\sigma\in A(G)$ 时，则知 $R_0(G)^\sigma$ 应为 $G^\sigma=G$ 的根基，故不得不有 $R_0(G)^\sigma=R_0(G)$，即 $R_0(G)\lhd\lhd G$.

由定理 1 又易知下面的两个推论.

推论 1 有限群 G 为半单群的充要条件是 G 没有异于 1 的交换正规子群.

证明 当 G 为半单群时，G 没有异于 1 的可解正规子群，当然也没有异于 1 的交换正规子群. 反之，若 $R_0(G)\neq 1$，则从 $R_0(G)$ 之可解性知 $R_0(G)$ 的换位群列中倒数第二项是交换的且为 $R_0(G)$ 的特征子群，因而必是 G 的正规子群，说明 G 有异于 1 的交换正规子群；故当 G 没有异于 1 的交换正规子群时，就不得不有 $R_0(G)=1$，即 G 为半单群. 证完.

推论 2 每个有限群必为一可解群被半单群的扩张. (文献[33])

事实上，$G/R_0(G)$ 之半单性就证明了推论 2.

这推论 2 实际上说明了研究有限群的关键是可解群、半单群以及扩展理论这样三个大问题. 但有限可解群的构造早在上册第二章里可以说是已解决了的，即除等价者外有唯一的一组西洛基底;而扩展理论也曾在上册第四章内论述过;于是剩下要讨论的是半单群这个问题,下面就来探索半单群.

首先,有下面的

定理 2 设有限群 G 为可解群 A 被另一群 B 的扩张，则 B 为半单群的充要条件是 $A=R_0(G)$.

证明 $A \lhd G$ 及 A 之可解性保证了 $A \subseteq R_0(G)$. 故当 $A=R_0(G)$ 时,由 $G/A \simeq B$ 得 $G/R_0(G) \simeq B$,即证明了 B 之半单性.反之,若 B 已为半单时,若 $A < R_0(G)$,则 $R_0(G)/A$ 为 G/A 之一个异于 1 的可解正规子群,说明了 $G/A \simeq B$ 不是半单的,不可,故这时必有 $A=R_0(G)$. 证完.

由定理 1 之推论 2 及定理 2，可知任何有限群能用下面的方法求得:

让 A_α, A_β, A_γ, …… 跑遍一切非同构的有限可解群，并让 B_λ, B_μ, B_ν, …… 跑遍一切非同构的有限半单群，再令 $G_{\alpha\lambda}$ 是 A_α 被 B_λ 的任一个扩张；于是据定理 1 的推论 2 可知任一有限群确为某个 $G_{\alpha\lambda}$. 如果 $G_{\alpha\lambda} \simeq G_{\beta\mu}$，则当令 $G_{\alpha\lambda}$ 之正规子群 A_α 借这同构关系对应于 $G_{\beta\mu}$ 之正规子群为 A 时，由定理 2 因已知 $A_\alpha = R_0(G_{\alpha\lambda})$，故 $A=R_0(G_{\beta\mu})$，于是复据定理 2 因已有 $A_\beta = R_0(G_{\beta\mu})$，故不得不有 $A=A_\beta$，这就说明了下面的诱导关系

$$G_{\alpha\lambda} \simeq G_{\beta\mu} \Rightarrow A_\alpha \simeq A_\beta \Rightarrow \alpha=\beta \Rightarrow G_{\alpha\lambda} \simeq G_{\alpha\mu}.$$

因而得 $B_\lambda \simeq G_{\alpha\lambda}/A_\alpha \simeq G_{\alpha\mu}/A_\alpha \simeq B_\mu$，不得不有 $\lambda=\mu$. 这证明了从 $G_{\alpha\lambda} \simeq G_{\beta\mu}$ 必得 $\alpha=\beta$ 与 $\lambda=\mu$，故当数偶 $(\alpha, \lambda) \neq$ 数偶 (β, μ) 时，$G_{\alpha\lambda}$ 与 $G_{\beta\mu}$ 决不能成同构.

于是有这样的结论：让 A 跑遍一切非同构的有限可解群，让 B 跑遍一切非同构的有限半单群，并作 A 被 B 的一切非同构的扩张，那末每个有限群(同构者认为相等)都能用这样扩张的方法只一次地得到. 由于可解群及扩展理论早已讨论过了，故今后要探

索的是半单群．然而半单群的实质问题就是以非交换单群为核心的问题，这在文献[33]里面阐述得很详细，转载于下．

首先问：怎样的群是半单群呢？显然，非交换单群是半单群（因它没有异于1的正规子群，所以当然没有异于1的可解正规子群）；而交换单群因必为素数阶的循环群，故它自身就是异于1的可解正规子群，因之交换单群决不是半单群．这已揭示了半单群与非交换单群之间的初步联系．我们还有下面的

定理 3 有限非交换单群之直积G也必为半单群（即没有中心的有限完全分裂群为半单群）．

证明 若G不为半单群，则G必有一交换正规子群$B\neq 1$（定理1的推论1），于是由于B必为G的一直因子（上册第一章§11定理14），故这时不得不有$1<B=Z(B)\subseteq Z(G)$，而与G无中心相矛盾，不可．

再问定理3的逆定理怎样？我们说有限半单群虽不敢保证等于有限多个有限非交换单群之直积，但确与这样的直积有紧密的联系．为要说明这个紧密联系是什么，有一些预备知识需先说明清楚，今用引理的形式述于下．

引理 1 设群G（有限无限均可）有两个完全分裂的且都无中心的正规子群A与B，则AB也是G之一个完全分裂且无中心的正规子群．

证明 若令$D=A\cap B$，则$D\lhd G$，当然也有$D\lhd A$，于是从A之完全分裂性可知$A=D\times A_1$，故对每$g\in G$则有$A=D\times g^{-1}A_1g$，因而据上册第一章§11的引理1，得$A_1=g^{-1}A_1g$（因A无中心），证明了$A_1\lhd G$，且同时又知A_1是没有中心的完全分裂群．于是从$AB=\{D, A_1, B\}=\{A_1, B\}$，$A_1\lhd\{A_1, B\}$，$B\lhd\{A_1, B\}$，以及$A_1\cap B=1$[1)]，可知$AB=A_1\times B$，故由$A_1$与$B$之完全分裂性则知$AB$为完全分裂的，且有$Z(AB)=Z(A_1)\times$

1) 因同理可知$B=D\times B_1$，故若$x\in A_1\cap B$，则从$x\in B$得$x=db_1(d\in D, b_1\in B_1)$，故$b_1=d^{-1}x$，于是从$x\in A_1\subseteq A$知$b_1\in A$，因而$b_1\in A\cap B=D$，即$b_1\in D\cap B_1=1$，所以$b_1=1$，故$x=d\in A_1\cap D=1$。

$Z(B)=1$. 证完.

据这引理 1 不难证明下面的

推论 每个有限群 G 只有唯一个最大的完全分裂且无中心的正规子群 H(因而 $H \triangleleft\triangleleft G$), 且 G 中任一个完全分裂而无中心的正规子群必为 H 的子群.

当然, 这个唯一的最大完全分裂且无中心的正规子群 H 可能为单位元群; 但在 G 为半单群时, 却有下面的

引理 2 设 G 是一个有限半单群, 则 G 之最大完全分裂正规子群 H 一定没有中心且不为单位元群.

证明 先注意这样一个事实, 即有限半单群 G 之每个正规子群 A 也是半单的. 这是因为若 $R_0(A) \neq 1$, 则从 $R_0(A) \triangleleft\triangleleft A$ 及 $A \triangleleft G$ 知 $R_0(A) \triangleleft G$, 说明了 G 有异于 1 的可解正规子群 $R_0(A)$, 而与 G 之半单性相矛盾, 不可.

今证明 $Z(H)=1$. 事实上, 从 $1<Z(H) \triangleleft\triangleleft H$ 及 $H \triangleleft G$ 就有 $1<Z(H) \triangleleft G$, 说明了 G 有交换正规子群 $Z(H) \neq 1$, 与 G 之半单性矛盾了. 故 $Z(H)=1$.

再证 $H \neq 1$. 因 G 或为单群或为非单群, 只这二个可能; 当 G 为单群时, 它的最大完全分裂正规子群 H 必为 G 自身, 即 $H=G \neq 1$; 当 G 非单群时, 则如 $1<A<G$ 及 $A \triangleleft G$ 的 A 存在, 于是据上述的注意事项得知 A 为半单的, 因而从 $o(A)<o(G)$ 而利用归纳法的假定可知 A 有一个异于 1 的最大完全分裂正规子群 B (已归纳地假定了凡阶小于 $o(G)$ 的半单群具有异于 1 的最大完全分裂正规子群), 并据刚证过了的结论又必知 $Z(B)=1$, 故由引理 1 的推论就有 $B \triangleleft\triangleleft A$, 于是从 $A \triangleleft G$ 又知 $B \triangleleft G$, 即 G 有异于 1 的完全分裂且无中心的正规子群 B, 因而再由引理 1 之推论可知 $B \subseteq H$, 即 $H \neq 1$. 总之, 我们证明了恒有 $H \neq 1$. 证完.

引理 2 虽然说了有限半单群的最大完全分裂正规子群 $H \neq 1$, 而 $Z(H)=1$; 但 $Z(H) \subseteq Z_G(H)$ 显然, 我们还可断言 $Z_G(H)=1$, 即有下面的

引理 3 设 G 为有限半单群, 则 G 之最大完全分裂正规子群

H之中心化子 $Z_G(H)$ 为单位元群，即 $Z_G(H)=1$.

证明 令 $C=Z_G(H)$. 因 $H\lhd G$, 故 $C\lhd G$, 因之 C 是半单的(参看引理 2 之证明开头所说的注意).但 $C\cap H=Z_G(H)\cap H=Z(H)=1$ (引理 2),故得 $\{C,H\}=C\times H$.

若 $C\neq 1$, 则由引理 2 就知道 C 之最大完全分裂正规子群 $F\neq 1$, 且 $Z(F)=1$, 故从引理 1 之推论则有 $F\lhd\lhd C$, 因之再据 $C\lhd G$ 得 $F\lhd G$. 于是, $FH=F\times H$ 是 G 的一个完全分裂正规子群且无中心,这显然与 H 之最大性相矛盾，不可，故不得不有 $C=Z_G(H)=1$. 证完.

有了上面的这些预备知识,可研究半单群的构造.

设 G 是一个有限半单群.令 H 是 G 之最大完全分裂正规子群.于是, $H\neq 1$ 且 $Z(H)=1$ (引理 2),故由引理 1 的推论就有 $H\lhd\lhd G$, 且 H 在 G 内是唯一的并包含 G 之任一个完全分裂且无中心的正规子群. 再作 H 的自同构群 $\Gamma=A(H)$. 因 $Z(H)=1$, 故 $H\simeq I(H)\subseteq\Gamma=A(H)$.

因 $H\lhd G$, 故用 G 之元 g 变 H 的形就产生了 H 的一个自同构 σ_g, 即 $h\longleftrightarrow h^{\sigma_g}=g^{-1}hg$ (任 $h\in H$). 于是 $g\to\sigma_g$ 为群 G 在群 $\Gamma=A(H)$ 内的一个映射. 由于对任 $h\in H$, 恒有

$$h^{\sigma_{g_1}\cdot\sigma_{g_2}}=(h^{\sigma_{g_1}})^{\sigma_{g_2}}=g_2^{-1}(h^{\sigma_{g_1}})g_2=g_2^{-1}g_1^{-1}hg_1g_2=h^{\sigma_{g_1g_2}},$$

即 $\sigma_{g_1g_2}=\sigma_{g_1}\cdot\sigma_{g_2}$, 故映射 $g\to\sigma_g$ 为 G 在 Γ 内的同态映射. 又因 $\sigma_{g_1}=\sigma_{g_2}$ 的充要条件是 $g_1^{-1}hg_1=g_2^{-1}hg_2$ 对每 $h\in H$ 都成立, 即 $g_1g_2^{-1}\in Z_G(H)=1$ (引理 3),或 $g_1=g_2$, 故映射 $g\to\sigma_g$ 为同构映射. 于是令 $\Gamma=A(H)$ 中一切 σ_g (g 跑遍 G) 而成之集为 Λ 时,则 Λ 为 $\Gamma=A(H)$ 之子群且有

$$G\simeq\Lambda\subseteq\Gamma=A(H).$$

因对每 $h\in H$ 有 $I_h=\sigma_h(\in\Lambda)$, 故

$$H\simeq I(H)\subseteq\Lambda(\simeq G)\subseteq\Gamma=A(H).$$

这说明了有限半单群 G 必为其最大完全分裂正规子群 H 之自同构群 $A(H)$ 的子群,并包含 H 之内自同构群为子群(将同构的群看作相等). 说通俗一点,就是说 G 介于 $I(H)$ 和 $A(H)$ 之间,即

$$I(H)\subseteq G\subseteq A(H).$$

反之，设H是任一个无中心的有限完全分裂群，并作H的自同构群$\Gamma=A(H)$，于是有$H\simeq I(H)\subseteq\Gamma=A(H)$. 在$\Gamma=A(H)$内任取一个包含$I(H)$的子群$F$，即$I(H)\subseteq F\subseteq\Gamma=A(H)$. 今敢断言：$F$是半单群，且$I(H)(\simeq H)$即为$F$的最大完全分裂正规子群.

事实上，设$\gamma\in\Gamma=A(H)$. 若$\gamma\in Z_\Gamma(I(H))$，则对任$h, h_1\in H$，就有

$$h_1^{-1}h^\gamma h_1=(h^\gamma)^{I_{h_1}}=(h^{I_{h_1}})^\gamma=(h_1^{-1}hh_1)^\gamma=(h_1^\gamma)^{-1}\cdot h^\gamma\cdot h_1^\gamma,$$

即
$$h^\gamma\cdot[h_1(h_1^\gamma)^{-1}]=[h_1(h_1^\gamma)^{-1}]\cdot h^\gamma;$$

但h^γ如h一样得同时跑遍H，故上式说明了

$$h_1\cdot(h_1^\gamma)^{-1}\in Z(H)=1,$$

即对每$h_1\in H$恒有$h_1=h_1^\gamma$，故$\gamma=\mathbf{1}\in A(H)$，即$Z_\Gamma(I(H))=1$.

今令K是F的一个可解正规子群. 于是，$I(H)\cap K\lhd I(H)$，且$I(H)\cap K$是可解的，故由$I(H)\simeq H$之半单性(定理 3)知$I(H)\cap K=1$，因而从$I(H)$与K在F内的正规性可知$I(H)\cdot K=I(H)\times K$为直积，不得不有$K\subseteq Z_\Gamma(I(H))$，因之利用$Z_\Gamma(I(H))=1$得知$K=1$，即证明了$F$的半单性.

最后，$I(H)\simeq H$及H的完全分裂性保证了$I(H)$是F的一个完全分裂正规子群. 又因F的完全分裂正规子群$\bar{H}$如有关系式$I(H)\leqslant\bar{H}\subseteq F$时，则由$I(H)\lhd\bar{H}$可知$I(H)$为$\bar{H}$的一个直因子，即有使$\bar{H}=I(H)\times H^*$之$H^*$存在，因之不得不有$H^*\subseteq Z_\Gamma(I(H))=1$，即$H^*=1$，$\bar{H}=I(H)$，故$I(H)$是$F$的最大完全分裂正规子群.

概括上述，就证得了

定理 4 有限半单群构造的存在性：设

(i) 取任意有限多个有限非交换单群之直积H，

(ii) 作H的自同构群$\Gamma=A(H)$，

(iii) 取适合关系$I(H)\subseteq F\subseteq A(H)$的$\Gamma$之任何子群$F$，

那末F必为半单群，且$I(H)(\simeq H)$是F的最大完全分裂正规子

群，并且任一个有限半单群 G 都可用这类似的方法得到（即 G 与适当地选取 H 后再像上面所说的某 F 成同构）.

下面深入地研究定理 4 中两个 F 成同构时的情况. 我们的结论是：若

$$I(H) \subseteq \left\{ \begin{matrix} F_1 \\ F_2 \end{matrix} \right. \subseteq \Gamma = A(H), \text{ 且 } F_1 \simeq F_2,$$

那末 F_1 与 F_2 在 $\Gamma = A(H)$ 内必互为共轭的.

为什么呢？注意同构关系 $H \simeq I(H)$ 是由 1-1 映射 $h \leftrightarrows I_h$ 产生的 $(h \in H,\ I_h \in I(H))$. 故当 $\gamma \in \Gamma = A(H)$ 时，若 h 跑遍 H，则 h^γ 也必跑遍 H，因之 I_{h^γ} 跑遍 $I(H)$，于是据 H 之自同构对应 $h \leftrightarrows h^\gamma$，可知 $I_h \leftrightarrows I_{h^\gamma}$ 为 $I(H)$ 的自同构对应，用图表表示于下：

$$\left.\begin{array}{ccc} H & \simeq & I(H) \\ \Psi & & \Psi \\ h & \leftrightarrows & I_h \\ h^\gamma & \leftrightarrows & I_{h^\gamma} \end{array}\right\} \Longrightarrow h \leftrightarrows h^\gamma \text{ 产生了 } I_h \leftrightarrows I_{h^\gamma}.$$

这就是说映射 $I_h \to I_h^{\gamma^{(0)}} = I_{h^\gamma}$ 为 $I(H)$ 的自同构[1)]，即由 $H \simeq I(H)$ 得知

$$\Gamma = A(H) \simeq \Gamma^{(0)} = A(I(H)),$$

也就是说 $\gamma \leftrightarrows \gamma^{(0)} \Longrightarrow \Gamma \simeq \Gamma^{(0)}$.

但 $I(H) \lhd A(H)$，而实际上有 $\gamma^{-1} \cdot I_h \cdot \gamma = I_{h^\gamma}$，故 $I_h^{\gamma^{(0)}} = \gamma^{-1} I_h \gamma (= I_{h\gamma})$，这就是说：上述由 $\gamma \in \Gamma$ 所产生的 $\gamma^{(0)} \in \Gamma^{(0)} = A(I(H))$ 实际上等于用 γ 去变 $I(H)$ 的形而得. 再令 1-1 对应 $\gamma \leftrightarrows \gamma^{(0)}$ 所得 $\Gamma \simeq \Gamma^{(0)}$ 间的同构映射用 φ 表示，即 $\gamma^\varphi = \gamma^{(0)}$ 或 $\Gamma^\varphi = \Gamma^{(0)}$，并令

$$F_1^\varphi = F_1^{(0)} \subseteq \Gamma^{(0)} = A(I(H)),$$
$$F_2^\varphi = F_2^{(0)} \subseteq \Gamma^{(0)} = A(I(H)).$$

---

1) 也可直接证明于下：事实上，因为 $(I_h I_{h_1})^{\gamma^{(0)}} = I_{hh_1}^{\gamma^{(0)}} = I_{(hh_1)^\gamma} = I_{h^\gamma h_1^\gamma} = I_{h^\gamma} I_{h_1^\gamma} = I_h^{\gamma^{(0)}} I_{h_1}^{\gamma^{(0)}}$，并且由 $I_h^{\gamma^{(0)}} = I_{h_1}^{\gamma^{(0)}}$ 得 $I_{h^\gamma} = I_{h_1^\gamma}$，故 $h^\gamma = h_1^\gamma$，因而有 $h = h_1$，不得不有 $I_h = I_{h_1}$，这证明了 $I_h \to I_h^{\gamma^{(0)}} = I_{h^\gamma}$ 为 $I(H)$ 的自同构，即 $\gamma^{(0)} \in \Gamma^{(0)} = A(I(H))$.

据定理 4 已知 F_1 与 F_2 都是半单的，且 $I(H)$ 是 $F_i(i=1,2)$ 的最大完全分裂正规子群．由假设，知有一个同构映射 θ 使 F_1 映到 F_2 上，即

$$F_1 \simeq F_2 = F_1^\theta.$$

于是，

$$\left.\begin{array}{l} I(H)\subseteq F_1, \\ I(H) \text{ 为 } F_1 \text{ 之最大完全} \\ \quad\text{分裂正规子群,} \end{array}\right\} \Longrightarrow \left.\begin{array}{l} I(H)^\theta \subseteq F_1^\theta = F_2, \\ I(H)^\theta \text{ 为 } F_1^\theta = F_2 \text{ 之最大完} \\ \quad\text{全分裂正规子群.} \end{array}\right\}$$

故由唯一性之理就知道 $I(H)^\theta = I(H)$，这说明了 F_1 到 F_2 上的同构映射 θ 诱导出 $I(H)$ 的一个自同构，故有 $\tilde{\gamma} \in \Gamma^{(0)} = A(I(H))$ 使得

$$I_h^{\tilde{\gamma}} = I_h^\theta \ (\text{任 } h \in H). \tag{1}$$

然而当 f_1 跑遍 F_1 时，由于 $f_1^{(0)} = f_1^{\tilde{\gamma}}$ 以及对每 $h \in H$ 有

$$I_h^{f_1^{(0)}} = f_1^{-1} \cdot I_h \cdot f_1 (= I_{h^{f_1}}),$$

故相应地可知 f_1^θ 跑遍了 $F_2 = F_1^\theta$，且有 $(f_1^\theta)^{(0)} = (f_1^\theta)^{\tilde{\gamma}}$，并且还应有

$$I_h^{(f_1^\theta)^{(0)}} = (f_1^\theta)^{-1} \cdot I_h \cdot f_1^\theta (= I_{h^{f_1^\theta}});$$

这就是说：映射 $f_1^{(0)} \to (f_1^\theta)^{(0)}$ 可产生

$$F_1^{(0)} \simeq F_2^{(0)} = (F_1^\theta)^{(0)}.$$

既已知道 $f_1^{(0)}$ 是 $I(H)$ 的一个这样的自同构，即对每 $h \in H$ 常有 $I_h^{f_1^{(0)}} = f_1^{-1} \cdot I_h \cdot f_1 (= I_{h^{f_1}})$，当然相应地也知道 $(f_1^\theta)^{(0)}$ 是 $I(H)$ 的一个这样的自同构，即对每 $h \in H$ 常有

$$I_h^{(f_1^\theta)^{(0)}} = (f_1^\theta)^{-1} \cdot I_h \cdot f_1^\theta (= I_{h^{f_1^\theta}}).$$

由是利用 (1) 式就知道

$$\begin{aligned} (I_h^{\tilde{\gamma}})^{\tilde{\gamma}^{-1} f_1^{(0)} \tilde{\gamma}} &= I_h^{f_1^{(0)} \tilde{\gamma}} = (I_h^{f_1^{(0)}})^{\tilde{\gamma}} = (f_1^{-1} \cdot I_h \cdot f_1)^{\tilde{\gamma}} = (I_{h^{f_1}})^{\tilde{\gamma}} \\ &= I^\theta{}_{h^{f_1}} = (f_1^{-1} I_h f_1)^\theta = (f_1^\theta)^{-1} \cdot I_h^\theta \cdot f_1^\theta \\ &= (f_1^\theta)^{-1} \cdot I_h^{\tilde{\gamma}} \cdot f_1^\theta = (I_h^{\tilde{\gamma}})^{(f_1^\theta)^{(0)}}, \end{aligned}$$

但因 $I_h^{\tilde{\gamma}}$ 如 I_h 一样可跑遍 $I(H)$，故不得不有

$$(f_1^\theta)^{(0)} = \tilde{\gamma}^{-1} f_1^{(0)} \tilde{\gamma},$$

这等式对 $F_1^{(0)}$ 之一切元 $f_1^{(0)}$ 都成立，即证明了 $F_1^{(0)}$ 与 $F_2^{(0)}$ 在 $\Gamma^{(0)}$ 内是共轭的，于是相应地也知道 F_1 与 F_2 在 Γ 内共轭.

因而又证得了下面的

定理 5 有限半单群构造的唯一性：设

(i) 取任有限多个有限非交换单群的直积 H,

(ii) 作 H 的自同构群 $\Gamma = A(H)$,

(iii) 取适合关系 $I(H)\subseteq F\subseteq A(H)$ 的 Γ 之一切子群 F，并把它们分成共轭子群类(在 Γ 中),

(iv) 再从 (iii) 中所说的每个共轭类里面任取一代表群,

那末任一有限半单群(同构者看做相同)都能用这样的方法可唯一次地得到.

由是可知有限半单群的研究能归宿为有限非交换单群的研究. 但能否像一域上有限阶结合环那样，说有限半单群恒可写为非交换单群的直积呢？我们说：有限非交换单群的直积为半单群，固早已为定理 3 所揭示，但反之却有有限半单群不必常为有限非交换单群之直积的现象，这只要令定理 5 中的 $H=\mathfrak{A}_n$ $(n\geqslant 5,\ n\neq 6)$ 为 n 次交代群即可看出. 事实上，$H=\mathfrak{A}_n$ 之自同构群 $\Gamma=A(H)=A(\mathfrak{A}_n)=\mathfrak{S}_n$ 为 n 次对称群(上册第一章 § 12 定理 7)，据定理 5 确知 $\mathfrak{S}_n$ 是半单群；然而 $\mathfrak{S}_n=\mathfrak{A}_n\cdot\{(12)\}$ 显然不能等于非交换单群之直积，这是因为 $\mathfrak{S}_n$ 只有唯一个异于 1 的最大真正规子群 $\mathfrak{A}_n$ 的缘故(参看上册第一章 § 13 末之例的证明方法).

虽然半单群的归宿问题是单群，而它又不见得恒能表写为单群的直积，可是任一个有限半单群 F 确有唯一个最大的完全分裂正规子群 H，且上面一段中的例 $\mathfrak{S}_n=\mathfrak{A}_n\cdot\{(12)\}$ 又说明了 $H=\mathfrak{A}_n$ 在 $\mathfrak{S}_n$ 内有补子群，于是会问：是不是任一个有限半单群恒能为它的最大完全分裂正规子群的分离扩张呢？又任一个有限群附加某些条件后能否像域上有限阶结合环那样可表写为其根基与某半单群之直积呢？或者要求松一点能说它为其根基的分离扩张吗？这样一些问题都应值得注意.

问题 1 设 G 是有限群且 $N\lhd G$. 试证 $R_0(N)=N\cap R_0(G)$.

如果N又是可解群时，则 $R_0(G/N)=R_0(G)/N$，并利用之再证明 $G/R_0(G)$ 是半单的.

问题 2　有限半单群的正规子群也必是半单的，试利用问题 1 之结果重新证明它.

问题 3　有限半单群之商群或子群恒为半单的吗？

问题 4　设G为有限群，并取G之所有极大可解子群 M_1, M_2, $\cdots$, M_s. 试证：$R_0(G)=\bigcap_{i=1}^{s} M_i$.

问题 5　设N为有限群G的次正规子群，证明 $R_0(N)=N\cap R_0(G)$.

§2. 群之分解

所谓群之分解指的是有限群G可表写为它的某些子群的积. 利用有限群G之各种不同性质可以得到各种类型的分解方法. 例如当G为可解时，G得表写为它的西洛基底之积；又若 $A\lhd G$ 且 $(o(A),[G:A])=1$ 时，则G可分解为 $G=AB$，使 $A\cap B=1$；等等. 把有限群G分解为子群之积是研究有限群的一个很重要的方法，因为从子群的特性往往可看出原群的许多性质，这方面的工作很多，在上册序言中列举的文献 [1] 与 [2] 里叙述较详；但所有这些工作都或多或少、或直接或间接地与可解群之西洛基底有联系. 这方面的工作也是近来研究有限群动向之一.

由于这方面的工作太多，不可能一一列举，也无此必要. 我们在这一节里只讲一个有较大影响的工作，也就是要问可解群的分解为西洛基底之定理能否为更广泛一类之分解规律的特例呢？换言之，想寻找有限群分解为它的某些特定子群之积的一般方法，而使可解群之西洛基底之分解是这个一般分解方法的特例，这可能吗？这个问题乍看起来似不可能，因为西洛基底之分解是群为可解的充要条件. 但在文献 [34] 与 [35] 里利用合成群列而引进**合成块**的概念，却使这问题获得解决. 今介绍这个工作.

定义 1 设$\mathfrak{N}$是一些大于1的自然数的一个有限集合，$\mathfrak{N}$中所含的数可能有相等的.若 $n_1, n_2 \in \mathfrak{N}$（当然，可能是 $n_1=n_2$）并在$\mathfrak{N}$中能取一些数而与 n_1, n_2 合并后组成一个数列使 n_1 与 n_2 分别为这数列的首末两项，而又使列中任二个相邻的数不互素，这时就叫 n_1 与 n_2 在$\mathfrak{N}$内相连.

特当 $(n_1, n_2)>1$ 时，因 n_1 与 n_2 这两个数可组成定义 1 中要求的数列，故 n_1 与 n_2 在$\mathfrak{N}$内相连. 应注意的是：$\mathfrak{N}$中二数 n_1 与 n_2 虽有 $(n_1, n_2)=1$，但也不排斥 n_1 与 n_2 在$\mathfrak{N}$内为相连的可能性，例如当 $n_1=2$，$n_2=3$ 而又有 $6\in\mathfrak{N}$ 时，则考虑$\mathfrak{N}$中的数列 2，6，3，就知道 2 与 3 在$\mathfrak{N}$内相连. 当然，$\mathfrak{N}$中二数 n_1 与 n_2 有关系 $(n_1, n_2)=1$ 时，也可能发生 n_1 与 n_2 在$\mathfrak{N}$内不相连的情况. 又$\mathfrak{N}$中任一数 n 由于 $(n, n)>1$ 的关系也叫做与它自身是相连的.

于是，容易验证集合$\mathfrak{N}$中二数相连的概念满足自反律、对称律及传递律. 因而，集合$\mathfrak{N}$可以分为若干个子集，使属于同一子集内的数都互为相连的（在$\mathfrak{N}$内），属于相异子集中的数在$\mathfrak{N}$内决不相连.

定义 2 如上所述把$\mathfrak{N}$分成的诸子集都叫做$\mathfrak{N}$的相连类，而每相连类中诸数的积叫做集合$\mathfrak{N}$的块.

因任一相连类中各数与另一相连类中每个数互素，故集合$\mathfrak{N}$的诸块两两互素. 当然，$\mathfrak{N}$的每块都大于 1 .

今将定义 1 与定义 2 应用到一个有限群 $G(o(G)>1)$ 的合成群列之诸指数所成的集合上，因任二个合成群列等价，故有限群G之合成群列之诸指数所成的集不会因合成群列之选取不同而有所差异，因而按定义 1 与定义 2 所定义的块恒由群G自身唯一地被确定，由是有

定义 3 有限群 $G(o(G)>1)$ 之合成群列的指数集中的块叫做G的合成块.

显然，G之所有合成块的积等于阶 $o(G)$. 又单位元群是没有合成块的唯一的一个有限群.

本节的目的是解决这样一个问题，即设 $m_1, m_2, \cdots, m_k$ 为有

限群G之全部合成块，因而$o(G)=\prod_1^k m_i$，则G可分解为两两可交换且阶分别等于 $m_1, m_2, \cdots, m_k$ 的子群 $M_1, M_2, \cdots, M_k$之积．即 $G=M_1M_2\cdots M_k$, $M_iM_j=M_jM_i$ $(i\neq j)$ 且 $o(M_i)=m_i$． 由之可推导出有限可解群之西洛基底分解定理是它的一特例．

先证明几个要引用的结果，以引理的形式来描述．

引理 1 有限群G之每子群$H(\neq 1)$的任一合成块一定是G之某合成块的因数且只能是G中一个合成块的因数．

证明 设 $G=G_0>G_1>G_2>\cdots>G_{r-1}>G_r=1$ 为G之合成群列，$n_i=[G_{i-1}:G_i]$，于是G之合成指数的集为 $\mathfrak{N}=\{n_1, n_2, \cdots, n_r\}$．今令 $\widetilde{H}_i=G_i\cap H$，则

$$H=\widetilde{H}_0\supseteq\widetilde{H}_1\supseteq\widetilde{H}_2\supseteq\cdots\supseteq\widetilde{H}_{r-1}\supseteq\widetilde{H}_r=1 \qquad (1)$$

为H的一次正规群列，其指数之集为 $\widetilde{\mathfrak{H}}=\{\tilde{h}_1, \tilde{h}_2, \cdots, \tilde{h}_r\}$，但$\tilde{h}_i=[\widetilde{H}_{i-1}:\widetilde{H}_i]$．由于

$$\widetilde{H}_{i-1}/\widetilde{H}_i=\widetilde{H}_{i-1}/G_i\cap\widetilde{H}_{i-1}\simeq G_i\widetilde{H}_{i-1}/G_i\subseteq G_{i-1}/G_i,$$

可知 $\tilde{h}_i|n_i$ $(i=1, 2, \cdots, r)$．

去掉(1)中的重复项，就可得到H的一个无重复项的次正规群列

$$H=\overline{H}_0>\overline{H}_1>\cdots>\overline{H}_{s-1}>\overline{H}_s=1\ (s\leqslant r), \qquad (2)$$

其指数之集为 $\overline{\mathfrak{H}}=\{\bar{h}_1, \bar{h}_2, \cdots, \bar{h}_s\}$，但 $\bar{h}_i=[\overline{H}_{i-1}:\overline{H}_i]$．再将(2)加细到$H$的合成群列

$$H=H_0>H_1>H_2>\cdots>H_{t-1}>H_t=1\ (t\geqslant s), \qquad (3)$$

其合成指数的集合为 $\mathfrak{H}=\{h_1, h_2, \cdots, h_t\}$，但 $h_i=[H_{i-1}:H_i]$．

因从$\widetilde{\mathfrak{H}}$中去掉所有的1而成之$\widetilde{\mathfrak{H}}$的子集为$\overline{\mathfrak{H}}$，故 $\bar{h}_1\bar{h}_2\cdots\bar{h}_s=\tilde{h}_1\tilde{h}_2\cdots\tilde{h}_r$，且 $\bar{h}_i=\tilde{h}_{p_i}|n_{p_i}$ $(p_i\geqslant i)$．又集 $\mathfrak{H}=\{h_1, h_2, \cdots, h_t\}$ 具这样的性质，即从 h_1 开始顺次向后数，使某几个相邻 h 的积等于 $\bar{h}_1$，然后又是某几个相邻 h 的积等于 $\bar{h}_2$，等等，一直到最后某几个相邻 h 的积等于 $\bar{h}_s$．不妨令

$$h_1h_2\cdots h_{j_1}=\bar{h}_1|n_{p_1}\ (p_1\geqslant 1),$$

$$h_{j_1+1}h_{j_1+2}\cdots h_{j_1+j_2}=\bar{h}_2|n_{p_2}\ (p_2\geqslant 2),$$
$$\cdots\cdots\cdots\cdots$$
$$h_{j_1+\cdots+j_{s-1}+1}h_{j_1+\cdots+j_{s-1}+2}\cdots h_{j_1+\cdots+j_{s-1}+j_s}=\bar{h}_s|n_{p_s}\ (p_s\geqslant s),$$

式中 $p_1<p_2<\cdots<p_s$. 注意 $\sum_{i=1}^{s} j_i=t$.

再作$\mathfrak{H}$的 s 个子集

$$\mathscr{C}_1=\{h_1, h_2, \cdots, h_{j_1}\},$$
$$\mathscr{C}_2=\{h_{j_1+1}, h_{j_1+2}, \cdots, h_{j_1+j_2}\},$$
$$\cdots\cdots\cdots\cdots$$
$$\mathscr{C}_s=\{h_{j_1+\cdots+j_{s-1}+1}, h_{j_1+\cdots+j_{s-1}+2}, \cdots, h_{j_1+\cdots+j_{s-1}+j_s}\}.$$

设 $c=h_{i_1}h_{i_2}\cdots h_{i_k}$ 是H的一合成块，其各因子 h 之右下脚标是依从小到大的顺序来排列的，即 $i_1<i_2<\cdots<i_k$. 于是，从 h_{i_1} 开始顺次向后数令属于上述 s 个子集 $\mathscr{C}$ 中的同一子集内的诸 h 之积为 c_1，再顺次向后推令同属于一子集 $\mathscr{C}$ 内的诸 h 之积为 c_2，等等，一直到最后几个同属一子集 $\mathscr{C}$ 内的诸 h 之积为 c_λ. 由于 $i_1<i_2<\cdots<i_k$，故 $c_1, c_2, \cdots, c_\lambda$ 中各个所含因子 h 所在之子集 $\mathscr{C}$ 的右下脚标也是从小至大的，不失一般性可令它们顺次为 $\mathscr{C}_1, \mathscr{C}_2, \cdots, \mathscr{C}_\lambda$（为简单计）. 因而就有

$$c_1|\bar{h}_1,\ c_2|\bar{h}_2,\ \cdots\cdots,\ c_\lambda|\bar{h}_\lambda,$$

故
$$c_1|n_{p_1},\ c_2|n_{p_2},\ \cdots,\ c_\lambda|n_{p_\lambda}.$$

今敢断言 $c=h_{i_1}h_{i_2}\cdots h_{i_k}=c_1c_2\cdots c_\lambda$ 中每 c_i 必与其余的某一 c_j 不互素. 为什么呢？例如说$(c_1, c_2, c_3\cdots c_\lambda)=1$，则 c_1之诸因子 h 只能在它们互相之间才相连，这与 c 为H之合成块的意义矛盾了，不可. 于是 c_1 必与 $c_2, \cdots, c_\lambda$ 中某一不互素，为简单计不妨令 $(c_1, c_2)>1$. 又 c_1, c_2 中也必有一个与 $c_3, \cdots, c_\lambda$ 中的某一如 c_3 不互素，理由同上. 然后据同样道理又知 c_1, c_2, c_3 中也必有一个与非这三者之他一 c_i 如 c_4 不互素，等等，最后可推知 $c_1, c_2, \cdots, c_{\lambda-1}$ 中必有一个与 c_λ 不互素. 由是可知 $(n_{p_1}, n_{p_2})>1$，而 n_{p_1} 与 n_{p_2} 中又必有一与 n_{p_3} 不互素，又 $n_{p_1}, n_{p_2}, n_{p_3}$ 中也有一与 n_{p_4} 不互素，等等，最后得知 $n_{p_1}, n_{p_2}, \cdots, n_{p_{\lambda-1}}$ 中有一与 n_{p_λ} 不互

素.这已足够说明了 $n_{p_1}, n_{p_2}, \cdots, n_{p_\lambda}$ 在 $\mathfrak{N}$ 内是两两互为相连的,即 $n_{p_1}n_{p_2}\cdots n_{p_\lambda}$ 为 G 之一合成块之因子. 但因 $c=c_1c_2\cdots c_\lambda | n_{p_1}n_{p_2}\cdots n_{p_\lambda}$,故证得了 c 为 G 之一合成块之因子. 又因 G 之任二个合成块互素,故 c 只能是 G 之一个合成块的因数. 引理 1 证完.

引理 2 设有限群 G 之正规子群 $A<G$,则商群 G/A 之每合成块必为 G 中一个且仅一个合成块之因子.

证明 因 $A(\neq G)\lhd G$,故 G 必有一合成群列含 A 为其一项,如令为

$G=G_0>G_1>\cdots>G_{s-1}>G_s(=A)>G_{s+1}>\cdots>G_r=1$,

并有合成指数之集 $\mathfrak{N}=\{n_1, n_2, \cdots, n_r\}$,式中 $n_i=[G_{i-1}:G_i]$.因为

$$G/A=G_0/A>G_1/A>\cdots>G_{s-1}/A>G_s/A=1$$

是 G/A 的合成群列,且

$$(G_{i-1}/A)/(G_i/A)\simeq G_{i-1}/G_i,$$

故 G/A 之合成指数的集 $\mathfrak{N}_0=\{n_1, n_2, \cdots n_s\}$ 为 $\mathfrak{N}$ 之子集[1]. 因之,若令 $c=n_{i_1}n_{i_2}\cdots n_{i_t}$ $(1\leqslant i_1, i_2, \cdots, i_t\leqslant s$, 且当 $\lambda\neq\mu$ 时有 $i_\lambda\neq i_\mu)$ 为 G/A 之一合成块,则 $n_{i_1}, n_{i_2}, \cdots, n_{i_t}$ 中任二数在 $\mathfrak{N}_0$ 内相连,故当然在 $\mathfrak{N}$ 内也相连,这说明了 $c=n_{i_1}n_{i_2}\cdots n_{i_t}$ 为 G 之一合成块的因子,因而也只能是 G 中一个合成块之因子. 于是,引理 2 证完.

引理 3 设有限群 G 之子群 H 的阶与 G 之一合成块 m 有最大公约 $m'>1$,即 $(o(H), m)=m'>1$,则 m' 就等于 H 中凡能整除 m 的所有合成块之积.

证明 令 $c_1, c_2, \cdots, c_t$ 为能整除 m 的 H 中所有的合成块,我们的目的是证明 $m'=c_1c_2\cdots c_t$,简写为

$$m'=\prod_{\substack{c_i \frown H\\ c_i|m}} c_i.$$

1) 虽然 G/A 之合成指数的集是 G 之合成指数的集之子集,但可能 G/A 之合成块之个数多于 G 之合成块之个数. 同样, G 之子群 $H(\neq1)$ 之合成块之个数也可能多于 G 之合成块之个数. 这些都应注意.

事实上，若令 $k_1, k_2, \cdots, k_s$ 是 H 中除 $c_1, c_2, \cdots, c_t$ 之外其余的一切合成块，则 $o(H) = c_1c_2\cdots c_tk_1k_2\cdots k_s$. 因 $i \neq j$ 时，$(c_i, c_j) = 1$，且又每 $c_i | m$，故 $c_1c_2\cdots c_t | m$. 另方面，由引理 1 及我们的假设又知每 k_i 必能整除异于 m 的 G 之某合成块，故 $(k_i, m) = 1$ $(i = 1, 2, \cdots, s)$，因之有 $(k_1k_2\cdots k_s, m) = 1$，于是有

$$\begin{aligned} m' &= (o(H), m) = (c_1c_2\cdots c_tk_1k_2\cdots k_s, m) \\ &= (c_1c_2\cdots c_t, m) = c_1c_2\cdots c_t, \end{aligned}$$

证完.

引理 4 设 $A \lhd G$ 且 $(o(G/A), m) = m' > 1$，式中 m 为 G 之一合成块，则 m' 就等于 G/A 中凡能整除 m 的一切合成块之积，即

$$m' = \prod_{\substack{c_i \pitchfork G/A \\ c_i | m}} c_i.$$

证明 因 $\prod\limits_{\substack{c_i \pitchfork G/A \\ c_i | m}} c_i$ 中每 $c_i | m$，且 $i \neq j$ 时有 $(c_i, c_j) = 1$，故

$$\Big(\prod_{\substack{c_i \pitchfork G/A \\ c_i | m}} c_i\Big) \Big| m.$$

但据假设及引理 2 又知若 $k_1, k_2, \cdots, k_s$ 为 G/A 中除 $c_1, c_2, \cdots, c_t$ 之外其余的一切合成块，就有每 k_i 能整除 G 中异于 m 的合成块，故 $(k_i, m) = 1$，于是有

$$m' = (o(G/A), m) = (\Pi c_i \cdot \Pi k_i, m) = (\Pi c_i, m) = \Pi c_i.$$

证完.

有了引理 1 — 引理 4，就可解决有限群必有阶等于合成块的子群，事实上，有下面一般化的

定理 1 如果 $o(G)$ 之因数 h 恰等于 G 之某合成块或某几个合成块之积，则 G 至少有一个阶 h 的子群.

证明 用反证法，假定我们的定理不真，即 $o(G)$ 有一个因数 h 等于 G 之一合成块或某几个合成块的积，但 G 又没有阶 h 的子群，并令 G 是这样一些群中阶为最小的一个.

因 $h|o(G)$，且 G 又没有阶 h 之子群，故必有 $h<o(G)$. 于是，由于合成块大于 1，则知 $1<h<o(G)$.

设 L 是 G 的一个极小正规子群. 首先能断言 $L<G$. 为什么呢? 因 $L=G$ 说明了 G 为单群，故 G 只有唯一个合成群列 $G>1$，因而 $o(G)$ 是 G 之唯一的一个合成块，不得不有 $h=o(G)$，而与 $1<h<o(G)$ 相矛盾.

由于 L 在 G 内的极小正规性可知 L 是特征单群，故 L 或为单群或为有限多个同构单群之直积，因而 $o(L)=n^{\alpha}(\alpha\geqslant 1)$，式中 n 为一单群之阶，故在 G 之合成指数之集中有等于 n 者且其个数不少于 α，所以 $o(L)=n^{\alpha}$ 必为 G 之某合成块 m 的因数. 又因 G 中相异的合成块互素，故从 $h<o(G)$ 可知 G 必有与 m 相异的合成块，随而它也与 n^{α} 互素. 有下面两种可能性.

(I) 被 n^{α} 整除的合成块 m 能整除 $h(m|h)$.

令 $h=m_1m_2\cdots m_{\nu}$，$\nu\geqslant 1$，而 $m_1,\cdots,m_{\nu}$ 都是 G 的合成块. 这时由于 $m|h$，可知 m 必为这 ν 个 m_i 中的一个，不妨令 $m=m_1$，即 $n^{\alpha}|m_1$.

在 $\nu=1$ 时，有 $h=m_1=m$. 因 G 没有阶 h 的子群，且 $o(L)=n^{\alpha}$，而 $n^{\alpha}|m=h$，故必有 $n^{\alpha}<h=m=m_1$，因之 $m_1/n^{\alpha}=h/n^{\alpha}>1$；再由 $h/n^{\alpha}|o(G)/o(L)=o(G/L)$ 及 $h/n^{\alpha}|h=m_1$，且商 $o(G/L)/(h/n^{\alpha})=o(G)/h$ 与商 $m_1/(h/n^{\alpha})=n^{\alpha}$ 互素，不得不有 $(o(G/L),m_1)=h/n^{\alpha}>1$；故据引理 4 知 h/n^{α} 或为 G/L 的一合成块或为 G/L 之几个合成块的积，于是由 $o(G/L)<o(G)$ 并利用关于 G 之假设，可知 G/L 有阶等于 h/n^{α} 之子群 H/L，因而 $o(H)=h$，与 G 没有阶 h 之子群的假定相矛盾. 故必有 $\nu>1$.

但在 $\nu>1$ 时，$m_1/n^{\alpha}=1$ 或 >1，只这二个可能. 然而 $m_1/n^{\alpha}=1$ 导出 $h/n^{\alpha}=m_2m_3\cdots m_{\nu}$；由于 $(o(G)/n^{\alpha},m_i)=m_i$ $(i=2,\cdots,\nu)$，而据引理 4 可知 $m_i(i=2,\cdots,\nu)$ 为 G/L 之几个合成块的积，因之 h/n^{α} 也是 G/L 的一些合成块的积，于是从 $o(G/L)<o(G)$ 而利用关于 G 的假定得知 G/L 有阶 h/n^{α} 之子群 H/L，故 $o(H)=h$，仍与 G 没有阶 h 的子群之假定相抵，不可. 这

说明了在 $\nu > 1$ 时只能是 $m_1/n^{\alpha} > 1$，而这时又必有

$$h/n^{\alpha} = (m_1/n^{\alpha})m_2 \cdots m_{\nu},$$

且 $(o(G)/n^{\alpha}, m_i) = m_i$ $(i = 2, \cdots, \nu)$，$(o(G)/n^{\alpha}, m_1) = m_1/n^{\alpha}$，故再利用引理 4 可知 m_1/n^{α} 及 m_i $(i > 1)$ 都等于 G/L 的一些合成块之积，因而 $h/n^{\alpha} = (m_1/n^{\alpha})m_2 \cdots m_{\nu}$ 也必为 G/L 的某些合成块之积，于是从 $o(G/L) < o(G)$ 又知 G/L 有阶 h/n^{α} 之子群 H/L，故 $o(H) = h$，仍与 G 无阶 h 之子群的原假设相抵，不可。

总之，说明了 (I) 款不成立。

(II) 被 n^{α} 整除的合成块 m 不能整除 $h(m \nmid h)$。

仍令 $h = m_1 m_2 \cdots m_{\nu}$，$\nu \geqslant 1$，$m_i$ 为 G 之合成块。因 $m \nmid h$，故 $(m, m_i) = 1$ $(i \geqslant 1)$。由于 $(o(G)/n^{\alpha}, m_i) = m_i$ $(i = 1, 2, \cdots, \nu)$，据引理 4 可知每 m_i（随而其积 h）等于 G/L 的一些合成块的积，因而从 $o(G/L) < o(G)$ 并据 G 之题设则知 G/L 有阶 h 的子群 H^*/L，故 $o(H^*) = hn^{\alpha}$ 且有 $L < H^*$。因为 $n^{\alpha} | m$ 及 $(m, m_i) = 1$，故 $(n^{\alpha}, m_i) = 1$，因之 $(n^{\alpha}, h) = 1$，于是据上册第四章中的舒尔定理得知 H^* 有阶 h 之子群，又与 G 无阶 h 之子群的假定相抵。这说明 (II) 款也不成立。

故由反证法证明了定理 1。

由这定理 1 易知下面的

推论 1 对于有限群 G 之阶 $o(G)$ 的每个表示式 $o(G) = h_1 h_2 \cdots h_{\lambda}$，式中每 h_i $(i = 1, 2, \cdots, \lambda)$ 或为 G 之合成块或为某几个合成块之积，G 恒可分解为子群之积的表示式如，

$$G = H_1 H_2 \cdots H_{\lambda}$$

使 $o(H_i) = h_i$。

证明 显然，只需考虑 $\lambda > 1$。由定理 1，知 G 有阶 h_1 的子群 H_1（即 $o(H_1) = h_1$）以及阶 $h_2 \cdots h_{\lambda}$ 的子群 H_1^*（即 $o(H_1^*) = h_2 h_3 \cdots h_{\lambda}$）；因为 $(o(H_1), o(H_1^*)) = 1$，故 $H_1 H_1^*$ 包含了 G 中 $h_1 h_2 \cdots h_{\lambda}$ 个元素，即 G 之所有元，不得不有 $G = H_1 H_1^*$。

再令 $h_2 = m_1 m_2 \cdots m_{\mu}$ $(\mu \geqslant 1)$，m_i 是 G 之合成块。于是

$$(h_2 h_3 \cdots h_{\lambda}, m_i) = m_i \quad (i = 1, 2, \cdots, \mu),$$

故据引理 3 知 m_i 等于 H_1^* 之一些合成块的积，因而 $h_2 = m_1m_2\cdots m_\mu$ 也为 H_1^* 的某些合成块之积，故据定理 1 知 H_1^* 有阶 h_2 之子群 H_2. 又因这时仿上述同样的道理可知 $h_3h_4\cdots h_\lambda$ 等于 H_1^* 之一些合成块的积，故由定理 1 知 H_1^* 有阶 $h_3h_4\cdots h_\lambda$ 之子群 H_2^*. 既已 $o(H_2) = h_2$, $o(H_2^*) = h_3h_4\cdots h_\lambda$, 故 $(o(H_2), o(H_2^*)) = 1$, 因之 $H_2H_2^*$ 包含了 H_1^* 的 $h_2h_3\cdots h_\lambda$ 个元，即 H_1^* 的一切元，不得不有 $H_1^* = H_2H_2^*$.

继续利用引理 3 与定理 1 在群 H_2^* 上，又知 H_2^* 有阶 h_3 之子群 H_3 及阶 $h_4\cdots h_\lambda$ 之子群 H_3^*，且有 $H_2^* = H_3H_3^*$. 这样反复进行，可推得 $H_{i-1}^* = H_iH_i^*$ $(i = 1, 2, \cdots, \lambda-1)$, $o(H_i)=h_i$, $o(H_i^*) = o(G)/h_1h_2\cdots h_i$, 但 $H_0^* = G$. 故

$$G = H_1H_1^* = H_1H_2H_2^* = \cdots = H_1H_2\cdots H_{\lambda-1}H_{\lambda-1}^*,$$

式中 $o(H_{\lambda-1}^*) = o(G)/h_1h_2\cdots h_{\lambda-1} = h_\lambda$, 故令 $H_{\lambda-1}^* = H_\lambda$ 就得到

$$G = H_1H_2\cdots H_\lambda, o(H_i) = h_i.$$

证完.

于是特当推论 1 中每 h_i 为 G 之合成块时，就有

推论 2 设 $o(G)$ 表写为 G 之一切合成块 $m_1, m_2, \cdots, m_k$ 之积如 $o(G) = m_1m_2\cdots m_k$ 时，G 必有阶分别为 $m_1, m_2, \cdots, m_k$ 的一组子群 $M_1, M_2, \cdots, M_k$ 存在使得 $G = M_1M_2\cdots M_k$.

这推论 2 只说明了 G 得分解为阶等于所有合成块之子群的积，但这样的一组子群是否可选取使之两两能交换呢？答案是肯定的.

事实上，如令 $m_1, m_2, \cdots, m_k$ 为有限群 G 之所有的合成块，因之 $o(G)=m_1m_2\cdots m_k$, 则由定理 1 知 G 有子群 H_i $(i=1, 2,\cdots, k)$ 使 $[G:H_i] = m_i$. 今令

$$M_j = \bigcap_{\lambda \neq j} H_\lambda = H_1 \cap \cdots \cap H_{j-1} \cap H_{j+1} \cap \cdots \cap H_k,$$

并让 j 跑遍 $1, 2, \cdots, k$ 时[当然，$j = 1$ 时令 $H_1 \cap \cdots \cap H_{j-1} = 1$, 在 $j = k$ 时令 $H_{j+1} \cap \cdots \cap H_k = 1$]，就得到了 G 之 k 个子群 $M_1, M_2, \cdots, M_k$. 据 $[G:H_i] = m_i$, 得知

$$[G:M_j]=\prod_{\lambda\neq j} m_\lambda = o(G)/m_j,$$

即 $o(M_j)=m_j\ (j=1,2,\cdots,k)$，说明了 $M_1, M_2, \cdots, M_k$ 是阶分别等于 G 之所有合成块 $m_1, m_2, \cdots, m_k$ 的子群.

再令 $D_{ij}=\bigcap_{\lambda\neq i,j} H_\lambda$，于是 $D_{ij}=D_{ji}$，并有 $[G:D_{ij}]=\prod_{\lambda\neq i,j} m_\lambda=o(G)/m_i m_j$，故 $o(D_{ij})=m_i m_j$. 因 $\bigcap_{\lambda\neq i} H_\lambda \subseteq \bigcap_{\lambda\neq i,j} H_\lambda$，故 $M_i\subseteq D_{ij}$；同理有 $M_j\subseteq D_{ij}$. 于是，M_iM_j 为群 D_{ij} 的一子集，但从 $(m_i,m_j)=1$ 又知 M_iM_j 包含了 D_{ij} 的 m_im_j 个元，故必有 $D_{ij}=M_iM_j$，因而有 $M_iM_j=M_jM_i$. 这证明了 $M_1, M_2, \cdots, M_k$ 为我们所需要的一组子群，即得下面的

定理 2 设 $m_1, m_2, \cdots, m_k$ 为 G 之所有的合成块，因而

$$o(G)=m_1m_2\cdots m_k,$$

则 G 必可表写为两两可交换的且阶分别等于 $m_1, m_2, \cdots, m_k$ 的子群 $M_1, M_2, \cdots, M_k$ 之积，即

$$G=M_1M_2\cdots M_k, M_iM_j=M_jM_i\ (i\neq j), \text{且 } o(M_i)=m_i.$$

定理 2 是这节的主要问题，解决了分解为子群之积的表示法的存在性. 唯一性又怎样呢？也就是说，除定理 2 中的 $M_1, M_2, \cdots, M_k$ 这一组子群之外，如果尚有另一组子群 $\bar{M}_1, \bar{M}_2, \cdots, \bar{M}_k$ 使 $G=\bar{M}_1\bar{M}_2\cdots\bar{M}_k$ 且 $\bar{M}_i\bar{M}_j=\bar{M}_j\bar{M}_i$ 及 $o(\bar{M}_i)=m_i$ 时，则 $\bar{M}_1, \bar{M}_2, \cdots, \bar{M}_k$ 与 $M_1, M_2, \cdots, M_k$ 之关系能否像在上册第二章 §7 里讨论有限可解群之西洛基底那样是等价的吗？或许不等价而有别的有意义的关系吗？这些问题都有待我们去探索.

定理 2 之所以重要是因为利用它可以解决有限可解群的重要性质，先叙述今后常用的

引理 5 有限群 G 为可解的充要条件是它的合成块全为素数的幂.

证明 G 之可解性说明了它的合成指数全为素数，因之合成指数之集中二数相连的充要条件只能是它们相等，这无异乎是说

G之合成块全为素数的幂．反之，若G之合成块全为素数的幂，则合成指数只能是素数或素数之幂；但由于合成指数实际上不能等于素数的幂，因为从$B \lhd A$及$[A:B]=p^{\alpha}$（p为素数）知A/B为p-群，故当$\alpha>1$时应有$H/B \lhd A/B$使$[A:H]=p$，说明了G之次正规群列中如有一商因子为素数幂阶的群，则这次正规群列必可加细到一次正规群列使其中相应商因子之阶只能是素数的一次幂，这也就是说：当合成块全为素数幂时，则合成指数只能全是素数，故群为可解的．证完．

现在来谈定理2在可解群上的应用．

由定理2，易知下面的

推论 1 有限可解群有西洛基底．

事实上，有限可解群G之阶的素因数分解如令为$o(G)=p_1^{\alpha_1}p_2^{\alpha_2}\cdots p_n^{\alpha_n}$，则由引理5已知$G$之合成块全为素数幂，但因相异的合成块又必互素，故这时G就有n个合成块，分别为$p_1^{\alpha_1}$，$p_2^{\alpha_2}$，…$p_n^{\alpha_n}$，于是据定理2则知G能够分解成$G=P_1P_2\cdots P_n$形，但$o(P_i)=p_i^{\alpha_i}$且还有$P_iP_j=P_jP_i$之关系，这就是说G有西洛基底．

附注 利用合成块的概念可导出有限可解群之分解的存在性定理（即西洛基底存在），而且这里的证明还直接些也简单性．由此可见这定理2的价值．

由定理1又易证下面的

推论 2 设G是有限可解群，则当分解$o(G)=mn$使$(m,n)=1$时，G就恒有阶m的子群．

事实上，由于G之合成块只能是素数幂（引理5），故从$o(G)=mn$及$(m,n)=1$可知m必等于G之某几个合成块的积，于是由定理1可知G有阶m的子群．

附注 这推论2也是在上册第二章§7里讲过了的关于有限可解群之子群的存在性的定理．这里是利用合成块的概念来解决的，也较在第二章内所用的方法简单些．

上面的推论1和推论2是有限可解群的两个很重要的性质，我们现在利用合成块的概念已很简单地解决了，这说明合成块的概念在有限群理论中的重要性. 既已谈了合成块这个概念在有限可解群中所起的作用，我们就索性将合成块与可解群的联系深入地探索一下. 关于这个联系，有下面一个重要结果，即

定理 3 设 $m_1, m_2, \cdots, m_k$ 为有限群 G 之所有的合成块，并对每 m_i 言，G 都有阶 m_i 的可解子群 M_i，那末 G 自身也是可解群.

定理 3 之证明有赖于下面的

引理 6 设有限群 G 之子群 H 的阶 $o(H)=h$ 恰等于 G 的一个合成块，则 H 之合成指数的集为 G 之合成指数的集之一子集.

证明 设 $G=G_0>G_1>G_2>\cdots>G_{r-1}>G_r=1$ 为 G 之一合成群列，其合成指数之集 $\mathfrak{N}=\{n_1, n_2, \cdots, n_r\}$，式中 $n_i=[G_{i-1}:G_i]$. 令 $\overline{H}_i=G_i\cap H$，就得到 H 的一次正规群列:

$$H=\overline{H}_0\supseteq\overline{H}_1\supseteq\overline{H}_2\supseteq\cdots\supseteq\overline{H}_{r-1}\supseteq\overline{H}_r=1,$$

其指数之集为 $\overline{\mathfrak{H}}=\{\bar{h}_1, \bar{h}_2, \cdots, \bar{h}_r\}$，式中 $\bar{h}_i=[\overline{H}_{i-1}:\overline{H}_i]$. 由于

$$\overline{H}_{i-1}/\overline{H}_i=\overline{H}_{i-1}/G_i\cap\overline{H}_{i-1}\simeq G_i\overline{H}_{i-1}/G_i\subseteq G_{i-1}/G_i,$$

可知 $\bar{h}_i\mid n_i(i=1, 2, \cdots, r)$. 在 $H=\overline{H}_0, \overline{H}_1, \cdots, \overline{H}_r=1$ 中可能有相同的，但因 $H\neq 1$，故它们决不会完全相同，于是若令相同的归为一类，则至少可分成两类使每类中只含相同的群，如令

$$H=\overline{H}_0=\overline{H}_1=\cdots=\overline{H}_{j_0}(=H_0),$$
$$\overline{H}_{j_0+1}=\overline{H}_{j_0+2}=\cdots=\overline{H}_{j_1}(=H_1),$$
$$\overline{H}_{j_1+1}=\overline{H}_{j_1+2}=\cdots=\overline{H}_{j_2}(=H_2),$$
$$\cdots\cdots\cdots\cdots$$
$$\overline{H}_{j_{s-2}+1}=\overline{H}_{j_{s-2}+2}=\cdots=\overline{H}_{j_{s-1}}(=H_{s-1}),$$
$$\overline{H}_{j_{s-1}+1}=\overline{H}_{j_{s-1}+2}=\cdots=\overline{H}_{j_s}=\overline{H}_r=1(=H_s=1),$$

且 $\overline{H}_{j_0}>\overline{H}_{j_0+1}, \overline{H}_{j_1}>\overline{H}_{j_1+1}, \cdots, \overline{H}_{j_{s-1}}>\overline{H}_{j_{s-1}+1}$ $(s\geqslant 1$ 及 $s\leqslant r)$. 于是，$H=H_0>H_1>H_2>\cdots>H_{s-1}>H_s=1$ 为 H 的无重复项的次正规群列，其指数之集为 $\mathfrak{H}=\{h_1, h_2, \cdots, h_s\}$，式中 $h_i=[H_{i-1}:H_i]$.

因为 $H_{i-1}/H_i=\overline{H}_{j_{i-1}}/\overline{H}_{j_i}=\overline{H}_{j_{i-1}}/\overline{H}_{j_{i-1}+1}\subseteq G_{j_{i-1}}/G_{j_{i-1}+1}$，故 $h_i\mid n_{j_{i-1}+1}$. 若令 $j_{i-1}+1=p_i$，则因 $j_0<j_1<j_2<\cdots<j_{s-1}$，故 $p_1<p_2<\cdots<p_s$，且 $h_i\mid n_{p_i}$.

现在考虑下面的两组数列:

$$n_{p_1}, n_{p_2}, \cdots, n_{p_s}; \quad \text{(i)}$$

$$h_1, h_2, \cdots, h_s. \quad \text{(ii)}$$

可断言(i)中任二数在 $\mathfrak{N}$ 内相连.

事实上,例如以 n_{p_1} 与 n_{p_2} 而言,由于 h 为 G 的一合成块,故 h 等于集 $\mathfrak{N}=\{n_1, n_2, \cdots, n_r\}$ 中互为相连的数所成之类中一切数的乘积,如令为 $h=\alpha_1\alpha_2\cdots\alpha_\lambda$,每 $\alpha_i\in\mathfrak{N}$. 但因 $h=h_1h_2\cdots h_s$,故若 p, q 分别是 h_1, h_2 的素因数,则从 $p|h$ 及 $q|h$ 可知必有 α_i 与 α_j $(1\leqslant i, j\leqslant\lambda)$ 使 $p|\alpha_i$ 与 $q|\alpha_j$(注意 $i=j$ 的可能性是允许的);因 $p|h_1$, $h_1|n_{p_1}$,故 $p|n_{p_1}$, $p|(n_{p_1}, \alpha_i)$;同理又知 $q|(n_{p_2}, \alpha_j)$. 这说明了在 $\mathfrak{N}$ 内 n_{p_1} 与 α_i 相连,且 n_{p_2} 与 α_j 相连. 但 α_i 与 α_j 在 $\mathfrak{N}$ 内相连,于是则知 n_{p_1} 与 n_{p_2} 在 $\mathfrak{N}$ 内相连. 这证明了(i)中任二数在 $\mathfrak{N}$ 内相连.

再令(i)中诸数之积为 $h^*=n_{p_1}n_{p_2}\cdots n_{p_s}$. 于是,$h^*$ 必为 G 之某合成块 m 之因数,设为 $m=h^*h'$, $h'\geqslant 1$. 另方面,由于 $h_i|n_{p_i}$,又得到 $h=h_1h_2\cdots h_s|n_{p_1}n_{p_2}\cdots n_{p_s}=h^*$,故不得不有 $h|m$. 但 h 与 m 都是 G 之合成块,因而有 $m=h$,故 $h=h^*=m$,由是再据 $h_i|n_{p_i}$ 可得到

$$h_1=n_{p_1}, h_2=n_{p_2}, \cdots, h_s=n_{p_s}.$$

这说明了 H 的次正规群列

$$H=H_0>H_1>H_2>\cdots>H_{s-1}>H_s=1$$

之指数的集 $\mathfrak{H}=\{h_1, h_2, \cdots, h_s\}$ 确为 G 之合成指数之集 $\mathfrak{N}=\{n_1, n_2, \cdots, n_r\}$ 的一个子集 $\{n_{p_1}, n_{p_2}, \cdots, n_{p_s}\}$.

既已知道 $h_i=n_{p_i}$,而阶 h_i 的群 H_{i-1}/H_i 又是阶 n_{p_i} 的群 $G_{j_{i-1}}/G_{j_{i-1}+1}$ 之子群(以同构意义言),故不得不有

$$H_{i-1}/H_i\simeq G_{j_{i-1}}/G_{j_{i-1}+1};$$

因之由 $G=G_0>G_1>G_2>\cdots>G_r=1$ 为 G 之合成群列知 $G_{j_{i-1}}/G_{j_{i-1}+1}$ 是单群,故 H_{i-1}/H_i 为单群,即

$$H=H_0>H_1>\cdots>H_s=1$$

为 H 的合成群列. 引理 6 证完.

有了引理 6，就可解决定理 3 了.

定理 3 的证明 事实上，据引理 6 可知每个 M_i 的合成指数之集都是 G 的合成指数之集的子集；但 M_i 之阶 $o(M_i)=m_i$ 又是 M_i 的一切合成指数之积，故据 M_i 之可解性得知 M_i 的合成指数全是素数，于是令 $p_1^{(i)}, p_2^{(i)}, \cdots, p_{t_i}^{(i)}$ 为 M_i 之一切合成指数，则每 $p_j^{(i)}$ 为素数且 $m_i=\prod\limits_{j=1}^{t_i} p_j^{(i)}$，而 $p_1^{(i)}, p_2^{(i)}, \cdots, p_{t_i}^{(i)}$ 又是 G 之一部分的合成指数；但 m_i 为 G 之一合成块，故表示式 $m_i=\prod\limits_{j=1}^{t_i} p_j^{(i)}$ 中的 $p_1^{(i)}, p_2^{(i)}, \cdots, p_{t_i}^{(i)}$ 不仅是 G 之一部分合成指数，而且应是 G 中互为相连的一切合成指数，于是由于它们都是素数就不得不全都相等，即

$$p_1^{(i)}=p_2^{(i)}=\cdots=p_{t_i}^{(i)}\ (=p\ \text{令}),$$

说明了 $m_i=p^{t_i}$，即 G 之每合成块为一素数的幂，故由引理 5 得知 G 是可解群. 定理 3 证完.

注意在证明定理 3 的过程中，还附带地证明了下列的

推论 若 m 是有限群 G 的一个合成块，且 G 中又有阶 m 的可解子群，则 m 必等于素数幂：$m=p^{\alpha}$.

由定理 2 与定理 3 尚可得知这样的结论：设 $m_1, m_2, \cdots, m_k$ 是有限群 G 之所有的合成块，那末 G 为可解的充要条件是 $G=M_1M_2\cdots M_k$，且 $o(M_i)=m_i$ 中每 M_i 是可解群（当然还应有 $M_iM_j=M_jM_i$）. 但因相异的合成块互素，即 $m_1, m_2, \cdots, m_k$ 两两互素，故从表示式 $G=M_1M_2\cdots M_k$ 及 $o(M_i)=m_i$ 中每 M_i 为可解群之理就知道 G 自身亦必为可解的这一事实出发，在我们思想上可能引起这样一个问题，即当有限群 G 能表写为两两可交换且阶又是两两互素的一些可解子群的积时，这群 G 自身是可解的吗？我们说这答案是否定的，例如五次交代群 $\mathfrak{A}_5$ 是单群，已不是可解的了，但 $\mathfrak{A}_5=\mathfrak{A}_4\cdot\{(12345)\}$，式中 $\mathfrak{A}_4$ 为四次交代群，而 $\{(12345)\}$ 为由置换 (12345) 所生成的 5 阶循环群. 既然有限群虽能表写为两两可交换且阶又是两两互素的一些可解子群之积，而

这有限群仍有为非可解群的可能性，但若将可解子群中“可解”二字换为“幂零”后，情况又怎样呢？也就是说，如果有限群G得表写为两两可交换且阶又是两两互素的一些幂零子群之积时，则G是可解的吗？我们说这答案是肯定的，而且只要G能表写为两两可交换的一些幂零子群之积时，G就是可解的．关于这方面的工作可参阅文献［19，20］与文献［21］的 269 页及 273 页，或文献［2］的第六章（674—684 页），我们在这里不详细叙述．我们现在还是围绕着合成块这个概念来讨论群之分解．

我们知道：素数幂阶的群为幂零群，而阶仅含两个相异的素因数的群是可解群．今问：阶仅含三个相异的素因数的群又怎样呢？也就是说，如果有限群G之阶的素因数分解为$o(G)=p^aq^b r^c$形时（p，q，r 为互不相等的素数），G究竟是怎样的群呢？

设m_1，m_2，$\cdots$，m_k是G之所有的合成块，于是$p^aq^br^c=o(G)=m_1m_2\cdots m_k$；由于相异的合成块互素，故有$k\leqslant 3$．如若$k=2$，则$m_1m_2=p^aq^br^c$，因之$m_1$与$m_2$中必有一个为$p^a$或$q^b$或$r^c$；不失一般性得令$m_1=p^a$，随而$m_2=q^br^c$；于是因合成块等于合成指数集合中互为相连的合成指数之积，故G之合成指数或为p之幂随而必定是p（参看引理 5 之证明），或为$q^\lambda r^\mu$的形状（λ与μ中可能有一个为零，随而另一为 1），这就是说，G有合成群列

$$G=G_0>G_1>G_2>\cdots>G_{n-1}>G_n=1$$

使每$[G_{i-1}:G_i]=p$或$=q^\lambda r^\mu$形，但不管是哪一种，都说明了G_{i-1}/G_i是可解群，因之从$G_{n-1}=G_{n-1}/G_n$之可解性可顺次推出G_{n-2}，$\cdots$，G_1，$G_0=G$之可解性．

当$k=3$时，则知m_1，m_2，m_3均为素数幂，不妨令$m_1=p^a$，$m_2=q^b$，$m_3=r^c$，因而这时合成指数全为素数，G当然是可解的了．

于是证得了下面的

定理 4 阶仅含三个相异素因数的有限群或为可解群或为只有一个合成块的群．（文献［36］）

在这节的开头谈过，所谓群之分解指的是有限群G可表写为

它的某些子群之积．属于这方面的工作大致可分为两大类．一类是，当原群G具有某特征时，问G能分解为怎样一些子群之积？例如G为可解时，G得分解为西洛基底之积；又如G有正规子群A具性质$(o(A),[G:A])=1$时，则G可分解成$G=AB$使$A\cap B=1$；等等；上面所讲的关于利用合成块概念去分解任一个有限群G，也是属于这一类的工作．属于这一类的工作虽多，但在这节开头我们就谈了：我们只谈一个问题，即上面的合成块．关于群之分解的另一类工作是这样的，即当群G分解为子群之积时，从子群的属性往往可判断G之特征．简言之，前者（即前一类）由G之属性要判断所分解出的子群的性质，而后者（即后一类）的任务恰相反，它是要从所分解出的子群的属性来判断原群G的性质．上面关于前一类的工作我们只谈了一个与合成块有关的，关于后一类的工作在第六章 § 6 里也已说了一个，即该节的第（三）个问题，现在结束本节以前，再谈一个关于这后一类的工作，述于下．

我们知道：p^aq^b阶群是可解的，从它的西洛基底之表示法可知它等于两个指数互素的素数幂阶群之积．于是推广之而问：当有限群G得表写为指数互素的两个幂零子群之积时，G是可解的吗？文献［2］的第六章里已有详细记载，说明这答案的正确性．但当有限群G写为两个指数互素的可解子群之积时，G已不必再为可解的了，上面早已说明了，例如$\mathfrak{A}_5=\mathfrak{A}_4\cdot\{(12345)\}$．可是当有限群$G$得写为指数两两互素的三个可解子群之积时，$G$自身确是可解的，这也是由H.维兰德[1]解决的，在文献［2］的 662 页转载了．我们现在也来论述这个问题，以结束这一节．

但要注意，在上册第二章 § 7 里面曾经说过：若有限群G具有两个指数互素的子群A，B，则$G=AB$．于是上面要讨论的问题可以改写为

定理 5 设有限群G有三个可解子群H_1，H_2，H_3，其指数两两互素，则G自身必也是可解的．

1) *Jour. Australian Math. Soc.*, 1 (1960), 143—146.

证明 由于$([G:H_1],[G:H_2])=1$，当然有 $G=H_1H_2$，因而有 $[G:H_2]=[H_1:H_1\cap H_2]$. 若 $H_1=1$，则 $G=H_2$ 已是可解的了. 于是只需考虑 $H_1\neq 1$ 的场合. 令 N 为 H_1 之一个极小正规子群，因而由 H_1 之可解性得知 $o(N)=p^n$（p 为素数)，由是从$([G:H_2],[G:H_3])=1$ 可知 $[G:H_2]$ 与 $[G:H_3]$ 中至少有一个与 p 互素.

不失普遍性可令 $p\nmid[G:H_2]$，这时就令 $D=H_1\cap H_2$，于是从 $N\lhd H_1$ 得知 ND 为 H_1 的一子群，应有

$$[ND:D]=[N:N\cap D]\mid o(N)=p^n,$$

由之得 $[N:N\cap D]=[ND:D]\mid[H_1:D]=[H_1:H_1\cap H_2]=[G:H_2]$，故再利用 $(o(N),[G:H_2])=1$ 不得不有 $[N:N\cap D]=1$，即 $N\subseteq D$.

因 G 之元恒表为 $g=h_1h_2$ 形 $(h_i\in H_i)$，故由 $N\lhd H_1$ 可知

$$N^{I_g}=N^{I_{h_1h_2}}=(N^{I_{h_1}})^{I_{h_2}}=N^{I_{h_2}}\subseteq D^{I_{h_2}}\subseteq H_2$$

(式中符号 $I_x\in I(G)$, $x\in G$). 于是若令 C 为由凡形状是 N^{I_g} 之子群之集所生成的子群，即 $C=\{N^{I_g}\mid g\in G\}$，则 $1<C\lhd G$ 且必有 $C\subseteq H_2$，因而 C 为可解的.

显然，$H_iC/C\simeq H_i/H_i\cap C$ 及 H_i 之可解性说明了 H_1C/C，H_2C/C，H_3C/C 为 G/C 之三个可解子群；并因 $[G/C:H_iC/C]=[G:H_iC]\mid[G:H_i]$，故据 H_i 之假设则知三个指数 $[G/C:H_iC/C]$ $(i=1,2,3)$ 是两两互素的；于是由于 $o(G/C)<o(G)$，而关于群阶用归纳法，就知道 G/C 为可解群，因而从 C 之可解性即知 G 自身亦必可解. 证完.

问题 1 有限群 G 为可解的充要条件是 G 之合成块的个数等于 $o(G)$ 中相异素因数之个数.

问题 2 试决定 n 次对称群 $\mathfrak{S}_n$ 的合成块.

问题 3 试证有限群之任一个合成块所含相异素因数的个数不能恰为 2.

问题 4 有限群的合成指数能否为 $p_1p_2\cdots p_t$ 的形状？式中 $p_1,p_2,\cdots,p_t$ 为两两互异的素数.

问题 5　证明具有至少两个合成块的有限非可解群之阶最低是 420，而且也确有一个阶 420 的非可解群其合成块的个数为 2.

问题 6　试从有限群之主群列的指数的集合像定义 1，2，3 那样去建立相连与相连类的概念，从而定义主群块的意义. 证明每个主群块或等于一合成块，或等于几个合成块的积.

问题 7　有限可解群之主群块与合成块的关系怎样？

§3. 群之Π-性质

所谓群之 Π-性质就是西洛性质的推广. 西洛性质是西洛定理的同义语. 回忆西洛定理(上册第二章 §1)，其意义是这样的，即设有限群 G 满足条件

(i) $o(G)=g$，(ii) $h|g$ 且 $\left(h, \frac{g}{h}\right)=1$，(iii) h 为素数幂

时，则 G 至少有一个阶 h 的子群，而任二个阶 h 之子群是共轭的，且 G 中凡阶为 h 之因数的子群一定是 G 中某个阶 h 之子群的子群. P. 霍尔将条件 (iii) 改为条件：

(iii)′ G 为可解群

后，也得到了同样的结论，这在上册第二章 §7 里面早已讨论过，在那里已提到 P. 霍尔的三篇文章. 这三篇文章虽不长，但对有限群的发展，影响很大. 这些工作概括之可分为两个方面：一为群之分解，一为群之 Π-性质. 为了今后叙述的简洁，将上面三个结论分别叫做子群的存在性、共轭性与包含性. P. 霍尔的该三篇文献的中心思想有两个：一个是将有限可解群 G 分解为子群的积（如西洛基底)，另一个是子群的存在性、共轭性与包含性.前者的推广是近来研究的一个动向，为有限群的一个方面的工作，我们在上一节里讨论了一般的分解方法，使 P. 霍尔所得到的可解群中分解定理为这一般分解方法的特例. 这一节将讨论群的 Π-性质，它是西洛性质的推广，简言之就是讨论子群的存在性、共轭性与包含

性，这也是近来研究有限群的另一个方面的工作.

所谓群的 Π-性质（西洛性质的推广）指的是把含一个素数 p 的西洛定理推广到含多个素数之集 Π 上去，看类似的西洛定理是否成立而加以探索的问题.

属于 Π-性质方面的问题，工作也很多，我们选取文献 [37] 中的问题来讨论，这个问题是保留了上述条件 (i) 和 (ii)，只将条件 (iii) 改换为条件

(iii)″ G 包含一个阶 h 的幂零子群后，仍有相应的结论，即前述有关子群的存在性、共轭性与包含性的结论也都是成立的. 说具体些，即有下面的

定理 1 若有限群 G 含有一个阶 h 的幂零子群 H，且

$$\left(h, \frac{o(G)}{h}\right) = 1,$$

则 G 中凡阶 h 的子群都是幂零的且都互相共轭，并且 G 中任一个阶 m 的子群 M 在 $m|h$ 时必为 G 中某个阶 h 之子群的子群.

这定理 1 就是将古典的西洛定理推广到含 h 之一切素因数之集合 Π 上的相应的结果，不过这时只需在 G 上附加具有阶 h 的幂零子群之假定.

首先要解决下面的两个引理.

引理 1 在定理 1 的假设条件下，若再令 P 是 G 之一 p- 子群，但 $p|h$，则 $G^* = N_G(P)$ 必有一个幂零子群 H^* 使 $P \subseteq H^* \subseteq t^{-1}Ht$（$t$ 可在 G 内适当地选取），并有 $(o(H^*), o(G^*)/o(H^*))=1$，且 $o(H)/o(H^*)$ 又为 p 的幂.

证明 H 的幂零性保证了 H 只有唯一个西洛 p- 子群 H_p，而 $\left(h, \frac{o(G)}{h}\right) = 1$ 又说明了这 H_p 也必是 G 的一个西洛 p-子群. 再从 $P \subseteq N_G(P) = G^*$ 又知道 G^* 有一个西洛 p-子群 G_p^* 使 $P \subseteq G_p^*$ ($\subseteq G^*$)，于是又有 G 之西洛 p-子群 G_p 使 $P \subseteq G_p^* \subseteq G_p$. 因而有 $t \in G$ 使 $G_p = t^{-1}H_pt$，故 $P \subseteq G_p^* \subseteq G_p = t^{-1}H_pt$. 再令

$$H^* = G^* \cap t^{-1}Ht = N_G(P) \cap t^{-1}Ht,$$

则 $P\subseteq G_p^*\subseteq G^*$ 及 $P\subseteq G_p^*\subseteq t^{-1}H_pt\subseteq t^{-1}Ht$ 保证了 $P\subseteq H^*(\subseteq t^{-1}Ht)$，故由 H 之幂零性可知 H^* 为幂零的，证明了引理 1 的第一个结论.

其次，如令 $o(H)=p^\alpha q^\beta\cdots r^\gamma$ ($p, q, \cdots, r$ 是两两互异的素数)，则 $t^{-1}Ht$ 之幂零性可保证 $t^{-1}Ht=P_1\times A$，式中 P_1 为 $t^{-1}Ht$ 的唯一个西洛 p-子群，故 $o(P_1)=p^\alpha$, $o(A)=q^\beta\cdots r^\gamma$；但 $P\subseteq t^{-1}Ht$ 又保证了 P 必为 $t^{-1}Ht$ 之唯一个西洛 p-子群 P_1 的子群，即 $P\subseteq P_1$；因而 A 的每元与 P 的每元两两可交换，由是得

$$A\subseteq N_G(P)=G^*,\ A\subseteq G^*\cap t^{-1}Ht=H^*,\ q^\beta\cdots r^\gamma\mid o(H^*).$$

于是再利用 $o(H^*)\mid o(H)=p^\alpha q^\beta\cdots r^\gamma$ 可知 $o(H)/o(H^*)$ 只能等于 p 的幂，即 $o(H^*)=p^\rho q^\beta\cdots r^\gamma$ ($\rho\leqslant\alpha$)．证明了引理 1 的最后的结论.

又因 $H^*\subseteq G^*$，故 $o(G^*)=cp^\rho q^\beta\cdots r^\gamma$；但

$$o(G^*)\mid o(G),\left(h,\frac{o(G)}{h}\right)=1$$

及 $h=o(H)=p^\alpha q^\beta\cdots r^\gamma$ 保证了 $q^\beta, \cdots, r^\gamma$ 是含在 $o(G)$ 中的 $q, \cdots, r$ 的最高幂，因而也是含在 $o(G^*)$ 内的 $q, \cdots, r$ 之最高幂，故 $(c, q^\beta\cdots r^\gamma)=1$．另方面，从 $p^\rho\mid o(G^*)$ 可知 G^* 中西洛 p-子群 G_p^* 的阶 $o(G_p^*)\geqslant p^\rho$；但从 $G_p^*\subseteq G^*$ 及 $G_p^*\subseteq t^{-1}Ht$ 又知道 $H^*=G^*\cap t^{-1}Ht\supseteq G_p^*$，因而由 $p^\rho\| o(H^*)$ 得知 $o(G_p^*)\leqslant p^\rho$；两相比较即知 $o(G_p^*)=p^\rho$，或 $p^\rho\| o(G^*)$，故 $(c, p)=1$，因之就有

$$1=(c, p^\rho q^\beta\cdots r^\gamma)=(o(G^*)/o(H^*), o(H^*)),$$

证明了引理 1 之第二个结论．于是，引理 1 完全获证.

引理 2 在定理 1 的假设条件下，如果 G 中阶 m 的子群 M 在 $m\mid h$ 时为可解群，则必有元 $t\in G$ 使 $M\subseteq t^{-1}Ht$.

证明 令 $o(G)=g>1$，并归纳地假定当群之阶小于 g 时引理 2 是成立的．这时可假定 $m>1$ (因为 $m=1$ 时 M 为单位元群，引理 2 能成立自明)．由 M 之可解性，知 M 有一个极小正规子群 P，而 $o(P)=p^\lambda$，p 是一素数．故 $p^\lambda\mid m$，因之 $p^\lambda\mid h$．再令 $G^*=N_G(P)$．若 $G^*=G$，则 $P\lhd G$，于是因 $P\subseteq G_p\subseteq G$ (G_p 为 G 之一西洛 p-子群)，以及 H 之幂零性保证了 H 只有唯一个西洛 p-子群 H_p，

故由$\left(h, \frac{o(G)}{h}\right)=1$又知$H_p$为$G$之一西洛$p$-子群，因而有$x\in G$，使$H_p=x^{-1}G_px$，$x^{-1}Px\subseteq x^{-1}G_px=H_p$，由是利用$P\lhd G$知$x^{-1}Px=P$，$P\subseteq H_p\subseteq H$，当然也有$P\lhd H$；于是有下列诸商群

$$G_1=G/P,\ H_1=H/P,\ M_1=M/P,$$

其阶分别为$g_1=g/p^\lambda$，$h_1=h/p^\lambda$，$m_1=m/p^\lambda$．因H_1是幂零的，且$(h_1, g_1/h_1)=(h/p^\lambda, g/h)=1$，而又$m_1|h_1$，故从$M_1$的可解性而利用关于归纳法的假定，就知道有$t_1\in G_1$使得$M_1\subseteq t_1^{-1}H_1t_1$；但$t_1=tP(t\in G)$，故

$$M/P=M_1\subseteq t_1^{-1}H_1t_1=(t^{-1}P)(H/P)(tP)=t^{-1}Ht/P,$$

即$M\subseteq t^{-1}Ht$，问题就解决了．

所以要考虑的是$G^*\neq G$，即$G^*<G$的情况．这时据引理1知G^*有一个幂零子群H^*使$P\subseteq H^*\subseteq t^{-1}Ht(t\in G)$，及$(h^*, g^*/h^*)=1$，式中$h^*=o(H^*)$，$g^*=o(G^*)$．但$P\lhd M$保证了$M\subseteq N_G(P)=G^*$．今能断言$m|h^*$．为什么呢？因$M\subseteq G^*$保证了$m|g^*$，而由引理1又知$g^*=ch^*$中$(c, h^*)=1$，$h^*=p^\rho q^\beta\cdots r^\gamma$，$h=p^\alpha q^\beta\cdots r^\gamma$ $(\rho\leqslant\alpha)$；又从$m|h$得知$m=p^{\alpha'}q^{\beta'}\cdots r^{\gamma'}(\alpha'\leqslant\alpha, \beta'\leqslant\beta, \cdots, \gamma'\leqslant\gamma)$；故不得不有$(c, m)=1$，因之由$m|g^*=ch^*$知$m|h^*$，即为所求．

再从$g^*<g$，而据归纳法的假定则知有$y\in G^*$使

$$M\subseteq y^{-1}H^*y\subseteq y^{-1}(t^{-1}Ht)y=x^{-1}Hx(x=ty),$$

也说明了引理2之正确性．故引理2完全获证．

有了引理1与引理2，不难解决定理1．

定理1的证明 易知满足定理1中条件的子群M恒为可解的．为什么呢？因为在$m=1$时显然，故令$m>1$，并归纳地假定凡阶为h之因数且又小于m的群是可解的，于是因$m|h$，故M之子群N的阶$o(N)$也有$o(N)|h$之关系，随而据归纳法的假定可知M的真子群是可解的，故据引理2知有$t\in G$使$N\subseteq t^{-1}Ht$，因而从H的幂零性又知N是幂零的．这就说明了M的每个真子群都是

幂零的，因而M自身为可解群．由是再度利用引理 2 可知有 $x\in G$ 使 $M\subseteq x^{-1}Hx$，故从H之幂零性得知M是幂零的．这说明了G中凡阶m的子群M在 $m|h$时必为H之某共轭的子群，因而G中任一个阶 h 的子群也是H之某共轭的子群，不得不等于H之某共轭而为幂零的．定理 1 完全获证．

定理 1 的意义是把古典的西洛定理(即含一个素数之集)推广到含 h 之一切素因数之集 $\Pi=\Pi(h)$ 上是成立的，当然这时只须把前面的条件 (iii) 改为

(iii)″ 假定G有一个阶 h 的幂零子群．

若将定理 1 中H的幂零性这一个假设条件改换为可解性时，是否仍有相应的结论呢？说具体些，若有限群G含有一个阶 h 的可解子群 H，且 $\left(h,\dfrac{o(G)}{h}\right)=1$，则$G$中凡阶 h 的子群都是可解的吗？又都互相共轭吗？而G中任一个阶m的子群M在 $m|h$ 时必为G中某个阶 h 之子群的子群吗？这都未获解决．如果对可解子群H附加一个限制即其西洛子群全为循环群时，那末上面所提问题之答案是正确的(文献 [38])．

属于 Π- 性质方面的工作较多，在这一节里我们仅列举了上面的定理 1 作为这方面的一个代表性的工作．为什么把这定理 1 来作为 Π-性质方面的代表性工作呢？原因是在有限群里近来关于这方面的一些较重要的工作或许要利用这定理 1 或许在它的基础上推广而把它作为一个特例，例如文献 [39] 与 [40] 都是这样一些工作．

关于 Π- 性质方面的工作，R. 贝尔与 H. 维兰德以及 C. A. 居里亨这些人的工作较多．上面说的定理 1 就是 H. 维兰德的工作．下面再将 R. 贝尔与 C.A. 居里亨在 Π-性质方面有代表性的工作叙述一二，但不给以证明，便于读者需要时有所查考．

C.A. 居里亨在 Π- 性质方面有代表性的工作是两个重要的概念，即 **Π-分离群**(文献 [41]，[42]) 与 **Π-可解群**(文献 [43])．现叙述于下．

设Π为某些素数的集合．如果有限群G的每个合成指数或与Π中的素数都互素，或者只能被Π中一个素数的幂所整除，那末就叫G为**Π-分离群**．注意：若Π表示一切素数之集，或Π表示$o(G)$之一切素因数的集，则这时的Π-分离群就是通常所说的可解群，故可解群得视为Π-分离群的一个特例．又如Π只包含一个素数时，则每个有限群都是**Π-分离**的．由此可见Π-分离群所包含之意义的广泛，显示出研究Π-分离群的意义．

与可解群中霍尔定理相当，在Π-分离群里有类似的结果，它是这样叙述的：

将Π-分离群G之阶$o(G)$分解为$o(G)=mn$而使$(m,n)=1$且m之素因数全在集合Π内时，则G恒有阶m的子群且G中凡阶m的子群都互共轭．反之，若对$o(G)$之任何这样的因数分解，G都有阶m与阶n之子群，那末G一定是Π-分离的．

仍设Π为一些素数之集．若有限群G之每个合成指数或与Π中的素数都互素，或者仅能等于Π中的一个素数，那末就叫G为**Π-可解群**．当Π为一切素数之集，或Π为$o(G)$之一切素因数之集，或者Π是丢掉$o(G)$之一个素因数后而由$o(G)$之其余的素因数所成的集，都很容易验证一些这样的Π-可解群就是通常所说的可解群．由此可见可解群是这Π-可解群概念的特例，因而可知Π-可解群所含意义之广泛，也显示出研究Π-可解群之价值．

在Π-可解群里，也有相当于可解群中霍尔定理的一个类似的结果，即：

将Π-可解群G之阶$o(G)$分解为$o(G)=mn$而使$(m,n)=1$且m之素因数全在集合Π内时，则G恒有阶m与阶n之子群．特当m之素因数虽全在Π内，但n之任何素因数又不在Π内时，则Π-可解群G中任一个阶m'之子群在$m'|m$时必为某个阶m之子群的子群，且G中任一个阶n'之子群在$n'|n$时也必为某个阶n之子群的子群．

R. 贝尔在这方面的典型代表工作是文献［44］，他引进了**n-**

交换与 **n-可解**的概念．当有限群G之任二元x，y恒满足$(xy)^n=x^ny^n$之关系时，就叫G是 **n-交换群**．显然，交换群对任n为n-交换的，而2-交换群又显为交换群（易证），(—1)-交换群也是交换群．当有限群G之合成群列中每商群都是n-交换群时，就叫G为 **n-可解群**．显然，可解群对任意的n都是n-可解的，而2-可解群或(—1)-可解群又是通常的可解群．

文献[44]的主要结果是：

设n-可解群G之阶$o(G)=hk$，$(h,k)=1$，且$n(n-1)$与h或k中的至少一个是互素的，那末必可分解为$G=HK$，使$o(H)=h$，$o(K)=k$，而且凡阶h（或阶k）的子群都共轭．

前节讨论的群之分解以及这节所讨论的群之Π-性质，都是近来在有限群的研究趋向上的两个方面的工作，它们的渊源大都来自霍尔的上述三篇文献．但的确也有些工作是与这两方面都有牵连的，不能机械地说归属于群之分解或群之Π-性质，例如刚才所说的关于n-可解群（文献[44]）之结论，其中使$G=HK$的问题是属于§2（群之分解）的范畴，而凡阶h（或k）的子群都共轭的问题又是属于这一节有关群之Π-性质的范畴．

本节到此结束．

问题1　定理1中阶h之子群的个数与h互素，证之．

问题2　设素数之集Π只含一个素数p时，就叫Π-可解群是p-可解的．证明p-可解群之子群与商群也都是p-可解的．

问题3　有限群G为可解的充要条件是对任一素数p，G都是p-可解的．

问题4　设有限群G是p-可解的，但$p|o(G)$．证明G必有一合成块m等于p的幂，且G中凡阶m的子群都互相共轭．

第十章　超可解群

有限幂零群可写为其西洛子群的直积，而有限可解群却只有西洛基底，不能为西洛子群的直积，因之其西洛子群可能全非正规的．于是可能有这样一些有限可解群，即在它的一组西洛基底里面某些西洛子群是正规的，而另一些是非正规的；像这样的一些可解群虽然都也不是幂零的，但总比西洛基底里面西洛子群都不是正规的一般可解群要特殊些，因而这样一些非幂零的可解群当然较一般的有限可解群有更多的特征．这节的目的就是要探索一些非幂零但具某些特征的有限可解群．

为什么要研究这样的一些有限可解群呢？原因是：除了幂零群(包括循环与交换)以外，经常碰到的有限群大体分为两类，即单群与可解群．已知凡阶等于 p^aq^b 的群 (p,q 是两个互异的素数)恒可解，阶等于不同素数之积的群也可解，近来又解决了奇阶群之可解性，故有限可解群可以说几乎普遍地存在，因而前几章讨论可解群只能说研究了可解群的共性，而对大量存在的有限可解群里面各个的特性这个重要的一面则不得不引起我们的注意．这就是我们要研究的原因．

下一个问题是什么东西才算是特性呢？也就是我们从什么地方去着眼的问题．考虑着眼的路径不同，得到的结论当然也不同．先回忆一下可解群的共性：若 G 可解，则由 $G\sim H\,(\neq 1)$ 知 H 也可解，故 H 有非单位的交换正规子群．如将“交换”改为“循环”，要求当然严了，文献 [45] 是以满足这样要求的群命名为**超可解群**．我们不像这样来考虑，为什么呢？因为当 G 可解时，G 之任一个同态像 $H(\neq 1)$ 含有非单位的交换正规子群只是必要条件；而仅在 G 满足极大条件(对子群言)时，上述条件才是使 G 为可解的充分条件(参看后面的问题 1)． 我们知道“群 G 为可解的充要条件是

G有一个正规群列使列中每商因子都是交换的”，若将这个充要条件中的“交换”改为“循环”而研究这样一些特性的可解群，岂不比光从可解群之任一个同态像 $H(\neq 1)$ 含有非单位的交换正规子群这个必要条件中将“交换”改为“循环”来考虑，更显得有意义吗？文献 [14] 及 [21] 都是这样处理的．具体地说，有下面的

定义 若群G有一个正规群列

$$G = G_0 > G_1 > G_2 > \cdots > G_{r-1} > G_r = 1,$$

使列中每商群 $G_{i-1}/G_i(i = 1, 2, \cdots, r)$ 都是循环的，就叫G为超可解群.

§ 1. 超可解群的基本性质

由超可解性之定义易知：G_{i-1}/G_i 的循环性保证了 G_{i-1}/G_i 的交换性．故超可解群当然是可解的．又由 G_{i-1}/G_i 之循环性说明了有元 $b_{i-1} \in G_{i-1}$ 使 $G_{i-1} = \{b_{i-1}, G_i\}$，因之 $G = \{b_0, b_1, \cdots, b_{r-1}\}$，故得

定理 1 超可解群G恒具有有限多个生成元.

因交换群恒为幂零的，而交换群不一定具有有限多个生成元，故无限幂零群不见得为超可解的．这就是说：对无限群言，超可解群不是介乎幂零与可解两类之间的一类群．但有限幂零群G又怎样呢？这时由于G之主群列就是它的合成群列，故列中每商群为素数阶的循环群，而主群列自然为正规群列，于是据定义确知G为超可解的．故证得下面的

定理 2 有限幂零群必为超可解的.

然而因三次对称群 $\mathfrak{S}_3$ 是超可解的（因 $\mathfrak{S}_3 > \mathfrak{A}_3 > 1$ 为正规群列，且列中商因子 $\mathfrak{S}_3/\mathfrak{A}_3$ 及 $\mathfrak{A}_3$ 分别为 2 阶及 3 阶循环）但非幂零的，又四次交代群 $\mathfrak{A}_4$ 只是可解而不是超可解的（因 $\mathfrak{A}_4 > \mathfrak{K}_4 > 1$ 为 $\mathfrak{A}_4$ 之唯一的正规群列，$\mathfrak{K}_4$ 为克莱茵四元群，非循环的），故对有限群言，超可解群确为介乎幂零与可解两类之间的另一类.

已知幂零群之子群及商群仍然都是幂零的，可解群之子群及

商群也仍然均为可解的．对超可解群言也有类似的结果，即

定理 3 超可解群之子群及商群均仍为超可解的．

证明 G之超可解说明G有正规群列

$$G = A_0 > A_1 > A_2 > \cdots > A_{r-1} > A_r = 1$$

使每商群 A_{i-1}/A_i 为循环的 $(i = 1, 2, \cdots, r)$．

先考虑G的子群 H．作H的递降子群链

$$H = C_0 \supseteq C_1 \supseteq C_2 \supseteq \cdots \supseteq C_{r-1} \supseteq C_r = 1, \tag{1}$$

式中 $C_i = H \cap A_i$．一方面，有 $C_i = H \cap A_i \lhd H$，另方面据同构定理又有

$$\begin{aligned} C_i/C_{i+1} &= H \cap A_i / H \cap A_{i+1} = H \cap A_i / A_{i+1} \cap (H \cap A_i) \\ &\simeq A_{i+1}(H \cap A_i)/A_{i+1} \subseteq A_i/A_{i+1}, \end{aligned}$$

故 C_i/C_{i+1} 或为单位元群或为循环群． 因之去掉列 (1) 中的重复项以后，剩下的即为使H为超可解群之定义中所需要的正规群列．

再考虑G之商群 $\bar{G} = G/N$．令G之正规子群 A_i 据自然同态 $G \sim \bar{G} = G/N$ 在 $\bar{G}$ 内的像为 $\bar{B}_i$，于是 $\bar{B}_i \lhd \bar{G}$ 且实际上有 $\bar{B}_i = A_iN/N$，故列

$$\bar{G} = \bar{B}_0 \supseteq \bar{B}_1 \supseteq \bar{B}_2 \supseteq \cdots \supseteq \bar{B}_{r-1} \supseteq \bar{B}_r = 1 \tag{2}$$

中每项均为 $\bar{G}$ 之正规子群． 当令 $A_{i-1} = \{x_{i-1}, A_i\}$ 时，又有 $\bar{B}_{i-1}/\bar{B}_i = (A_{i-1}N/N)/(A_iN/N) \simeq A_{i-1}N/A_iN = \{x_{i-1}\} \cdot A_iN/A_iN$，即 $\bar{B}_{i-1}/\bar{B}_i$ 或为单位元群或为循环群． 于是删去 (2) 中的重复项后，剩下无重复项的列确为 $\bar{G}$ 之一正规群列，且列中商因子都是循环群，故 $\bar{G}$ 为超可解群．证完．

将定理 3 与定理 1 合并，可知超可解群G及其每子群都有有限多个生成元，故若令

$$B_1 \subseteq B_2 \subseteq B_3 \subseteq \cdots \subseteq B_n \subseteq \cdots \tag{3}$$

为G之任一个递升子群链，则凡属于链 (3) 中 B_i 之元素全部而成G之子集合令为B时，那末从 $x, y \in B$ 知有使 $x \in B_j$ 及 $y \in B_k$ 的 B_j 及 B_k 出现在链 (3) 中，因之只要 $i \geqslant j$ 与 $i \geqslant k$ 时当然也有 $x \in B_i$, $y \in B_i$，故 $xy^{-1} \in B_i$，即 $xy^{-1} \in B$，说明了B是G之子群．G之超可解也保证了B是超可解的，故 $B = \{x_1, \cdots, x_n\}$ (定理

1). 今令 B_{j_1} 为链(3)中第一个含有元 x_1 之子群，一般令 B_{j_s} 为链(3)中第一个含有元 x_s 的子群 ($s=1, 2, \cdots, n$)，再令 $\max(j_1, \cdots, j_n)=m$，显然可知 $x_i \in B_m (i=1, \cdots, n)$，因之凡 B_i 之并集 $\sum B_i = B$ 不得不与 B_m 一致，即 $B = B_m = B_{m+1} = \cdots$，这说明了 G 之任一个递升子群链(如(3))必有界，即有最大者. 因之，若 $\mathfrak{M}$ 为超可解群 G 之任意无限多个子群而成之集合，则首先随意取某 $B_1 \in \mathfrak{M}$，再取任 $B_2 \in \mathfrak{M}$ 使 $B_1 < B_2$ (如这样的 B_2 存在)；若 $\mathfrak{M}$ 中尚有含 B_2 为真子群的子群存在，就随意取一个名 B_3，即 $B_1 < B_2 < B_3$ 且 $B_3 \in \mathfrak{M}$. 这样继续下去可得如(3)之一个递升子群链，因之据刚才证得的结论可知这链必有界，即 $\mathfrak{M}$ 必有一个极大的，故又有

定理 4 超可解群必满足极大条件(对子群言).

上面已说过超可解群即令是有限群也不见得为幂零的，故对无限群言更是如此. 但超可解群的换位子群又怎样呢? 确有下面的

定理 5 超可解群之换位子群恒为幂零的.

证明 设 G 为超可解. 故有正规群列

$$G = A_0 > A_1 > \cdots > A_{r-1} > A_r = 1$$

使每 A_{i-1}/A_i 为循环的. 令 $H_i = G' \cap A_i$，但 $G' = [G, G]$. 于是列

$$G' = H_0 \supseteq H_1 \supseteq H_2 \supseteq \cdots \supseteq H_{r-1} \supseteq H_r = 1 \tag{4}$$

中每 $H_i \lhd G' = [G, G] = H_0$，且有

$$\begin{aligned} H_{i-1}/H_i &= G' \cap A_{i-1}/G' \cap A_i = G' \cap A_{i-1}/A_i \cap (G' \cap A_{i-1}) \\ &\simeq A_i(G' \cap A_{i-1})/A_i \subseteq A_{i-1}/A_i, \end{aligned}$$

故 H_{i-1}/H_i 或为单位元群或为循环的. 因而去掉列(4)中的重复项以后所得的新列如令为

$$G' = K_0 > K_1 > \cdots > K_{s-1} > K_s = 1, \tag{5}$$

则每商群 K_{i-1}/K_i 是循环的. 由于每 K_i 为某 H_j，即为 G 之二正规子群 G' 与 A_j 的交，故每 $K_i \lhd G$，于是 K_{i-1}/K_i 为 G/K_i 之一个循环正规子群. 由 K_{i-1}/K_i 在 G/K_i 内的正规性可知 G/K_i 的每

元 xK_i 得诱导 K_{i-1}/K_i 之一个自同构 σ_x，即

$$k_{i-1}K_i \Longleftrightarrow (k_{i-1}K_i)^{\sigma_x} = x^{-1}K_i \cdot k_{i-1}K_i \cdot xK_i = x^{-1}k_{i-1}xK_i$$

为 K_{i-1}/K_i 的一个自同构映射（$k_{i-1} \in K_{i-1}$）；然而 K_{i-1}/K_i 之循环性保证了 K_{i-1}/K_i 之自同构群为交换的，故对 G 之任二元 x，y 恒有 $\sigma_x\sigma_y = \sigma_y\sigma_x$，因之 $\sigma_{x^{-1}y^{-1}xy}$ 为 K_{i-1}/K_i 之恒等自同构，于是对每 $g' \in G' = [G, G]$ 恒有

$$g'^{-1}K_i \cdot k_{i-1}K_i \cdot g'K_i = k_{i-1}K_i,$$

即 $g'^{-1}k_{i-1}g'k_{i-1}^{-1} \in K_i$，说明了 $[G', K_{i-1}] \subseteq K_i$，即 $K_{i-1}/K_i \subseteq Z(G'/K_i)$，这证明了列(5)为 G' 之中心列，故 G' 是幂零群．定理 5 证完．

注意定理 5 的逆不成立，即可解群之换位子群虽为幂零时，这可解群可以不是超可解的，例如四次交代群 $\mathfrak{A}_4$ 可解，其换位子群 $\mathfrak{A}_4' = [\mathfrak{A}_4, \mathfrak{A}_4]$ 为克莱茵四元群 $\mathfrak{K}_4$，它不仅为幂零的且还是交换的，但 $\mathfrak{A}_4$ 不是超可解群．至于可解群具有幂零换位子群的充要条件在文献 [46] 内已获解决，即有限群 G 之换位子群 G' 为幂零的充要条件是 G 为可解群，且 G 中阶与指数互素的子群之换位子群在 G 内为正规的．我们现在还是围绕超可解群这个概念来讨论问题．

据定义，凡有使商因子均为循环的正规群列之群都叫做超可解群．现在将证明：满足这定义中的正规群列还可以像下面定理 6 所说的那样去选择，即

定理 6 超可解群 G 恒有这样的正规群列

$$G = C_0 > C_1 > C_2 > \cdots > C_{k-1} > C_k = 1,$$

使每商 C_{i-1}/C_i 或为无限循环或为素数阶循环；并当 C_{i-1}/C_i 与 C_i/C_{i+1} 均为素数阶 p_i 与 p_{i+1} 时，可令为 $p_i \leqslant p_{i+1}$．

证明 设 $G = A_0 > A_1 > A_2 > \cdots > A_{r-1} > A_r = 1$ 为定义超可解群 G 之正规群列，即每 A_{i-1}/A_i 为循环．若 A_{j-1}/A_j 是有限阶的，令为 $o(A_{j-1}/A_j) = p_1p_2\cdots p_s$（$p_i$ 为素数，允许其中有相等的），则 A_{j-1}/A_j 就有阶分别等于 p_1，p_1p_2，$\cdots$，$p_1p_2\cdots p_{s-1}$ 的子群 B_1/A_j，B_2/A_j，$\cdots$，B_{s-1}/A_j，且当然有

$$B_1/A_j < B_2/A_j < \cdots < B_{s-1}/A_j,$$
及每 $B_i/A_j \lhd \lhd A_{j-1}/A_j$，但 $A_{j-1}/A_j \lhd G/A_j$，故每 $B_i/A_j \lhd G/A_j$，即 $B_i \lhd G$，且列

$$A_{j-1} > B_{s-1} > B_{s-2} > \cdots > B_2 > B_1 > A_j$$

中任二个相邻项而成之商群为素数阶的循环群．用类似方法，能使每有限循环群 A_{i-1}/A_i 中 A_{i-1} 与 A_i 间插进若干个G之正规子群，使相邻项之商均为素数阶的循环群．这样做了以后，结果可以得到G之一正规群列

$$G = N_0 > N_1 > N_2 > \cdots > N_{k-1} > N_k = 1, \qquad (6)$$

使每商 N_{i-1}/N_i 或为无限循环或为素数阶循环．

若 N_{i-1}/N_i 与 N_i/N_{i+1}分别为素数阶 q 与 p 的 $(q > p)$，则从

$$(N_{i-1}/N_{i+1})/(N_i/N_{i+1}) \simeq N_{i-1}/N_i$$

可知 $o(N_{i-1}/N_{i+1}) = pq$，故由西洛定理知 N_{i-1}/N_{i+1} 有唯一个 q 阶子群 N_i^*/N_{i+1}，不得不有 $N_i^*/N_{i+1} \lhd \lhd N_{i-1}/N_{i+1}$，于是从 $N_{i-1}/N_{i+1} \lhd G/N_{i+1}$ 得 $N_i^*/N_{i+1} \lhd G/N_{i+1}$，$N_i^* \lhd G$，且列

$$N_{i-1} > N_i^* > N_{i+1}$$

中 $o(N_{i-1}/N_i^*) = p$ 及 $o(N_i^*/N_{i+1}) = q$．这说明了将列 (6) 中的 N_i 换为 N_i^* 后，即可得到如定理 6 所要求的那样．证完．

据定理 6，易证下列的

定理 7 设G为有限阶的超可解群．若令 $o(G) = p_1p_2\cdots p_r$ $(p_1 \leqslant p_2 \leqslant \cdots \leqslant p_r)$，$p_i$ 均为素数，则G有这样的主群列

$$G = A_0 > A_1 > A_2 > \cdots > A_{r-1} > A_r = 1$$

使 $o(A_{i-1}/A_i) = p_i$．

事实上，定理 6 保证了G有正规群列

$$G = A_0 > A_1 > A_2 > \cdots > A_{r-1} > A_r = 1,$$

使 $o(A_{i-1}/A_i) = p_i$．说明了 A_i 是包含在 A_{i-1} 内的G之极大正规子群（$\because [A_{i-1}:A_i] = p_i$ 为素数），亦即列为主群列．证完．

我们已知幂零群（有限、无限均可）的极大子群之指数是素数（上册第二章 § 5），并在那里提到这性质的逆定理不是幂零群而是超可解群．现在就来解决这个问题．先需要下面的

引理 设有限群 G 之每个极大子群的指数为素数或素数之平方，则 G 必为可解群.

证明 用归纳法假定凡阶小于 $o(G)$ 而又具引理中所说性质的群都是可解的. 今令 p 是 $o(G)$ 的一个最大素因数，而令 S 为 G 之一个西洛 p- 子群，则或 (i) $N_G(S)=G$，或 (ii) $N_G(S)<G$.

若 (i) $N_G(S)=G$，则 $S\lhd G$，而据 G 之假设条件知 G/S 之每个极大子群的指数或为素数或为一素数之平方，故从 $o(G/S)<o(G)$ 并由归纳的假设可知 G/S 是可解群，因而 G 也可解.

若 (ii) $N_G(S)<G$，则在 G 内选取包含 $N_G(S)$ 的 G 之一个极大子群 H，即 $N_G(S)\leqslant H<G$ 且 H 于 G 内极大，于是因 $N_H(S)=N_G(S)\cap H=N_G(S)$，故据西洛定理知

$$[G:N]=1+k_1p,\quad [H:N]=1+k_2p,$$

式中 $N=N_G(S)=N_H(S)$，因而由 $[G:H]=\dfrac{1+k_2p}{1+k_1p}=\lambda$ 得 $\lambda\equiv 1 \pmod p$，即 $[G:H]=1+kp\ (k>0)$. 但据题设又知 $[G:H]=q$ 或 q^2（q 为素数），故从 $q\leqslant p$ 就不得不有 $1+kp=q^2$，$kp=(q-1)(q+1)$，故必有 $p\mid(q+1)$，$p\leqslant q+1$；于是再与 $p>q$ 相比得 $p=q+1$，这只能是 $q=2$，$p=3$. 由于 p 是 $o(G)$ 之最大素因数，则知 $o(G)=2^a3^b$ 形，即 G 为可解的. 证完.

依这引理，可证我们需要的

定理 8 有限群 G 为超可解的充要条件是 G 之每极大子群的指数为素数.（文献 [47]）

证明 G 之超可解说明了它有正规群列

$$G=A_0>A_1>A_2>\cdots>A_{r-1}>A_r=1$$

使每 $o(A_{i-1}/A_i)$ 为素数(定理 6). 设 M 为 G 之一极大子群，由 $M\supseteq A_r=1$ 及 $M\not\supseteq A_0=G$ 得知在数列 $1,2,\cdots,r$ 中必有一 j 使 $M\supseteq A_j$ 及 $M\not\supseteq A_{j-1}$. 于是 $A_{j-1}>M\cap A_{j-1}\supseteq A_j$，故由 $[A_{j-1}:A_j]=p$（素数）不得不有 $M\cap A_{j-1}=A_j$，因之 $[MA_{j-1}:M]=[A_{j-1}:M\cap A_{j-1}]=[A_{j-1}:A_j]=p$. 然而由 M 之极大性及 $M\not\supseteq A_{j-1}$ 又知 $G=MA_{j-1}$，故 $p=[MA_{j-1}:M]=[G:M]$，证明了必要条件.

条件的充分性用反证法，即假定极大子群之指数都为素数的有限群不必为超可解的，而令G是这样一些非超可解群中阶是最小的一个. 据上引理知G可解，令N为G之极小正规子群，故$o(N)=p^{\alpha}$(p为素数)且N是初等交换的. 由于G/N之极大子群的指数是素数且$o(G/N)<o(G)$，故据归纳法之假定知G/N超可解,因而G/N有主群列

$$G/N=A_0/N>A_1/N>\cdots>A_k/N>1,$$

其各商因子皆为素数阶的循环群,随而

$$G=A_0>A_1>A_2>\cdots>A_k>N>1$$

为G之主群列,于是由$[A_{i-1}:A_i]$与$[A_k:N]$皆素数，且G非超可解，故N不可为循环的,即$\alpha>1$. 因G之任二个主群列等价，故G中任何极小正规子群的阶都为p^{α}.

再令H/N为G/N之一极小正规子群,于是由G/N之超可解可知$o(H/N)=q$为素数(定理7).仅有二个可能:(一)$[H:N]=q\neq p$,(二)$[H:N]=q=p$. 下面将证明这两款即(一)与(二)都不可能成立，于是条件的充分性获证. 所以下面只证明款(一)与款(二)都不能成立就行了.

若(一)$[H:N]=q\neq p$，则$o(H)=p^{\alpha}q$，令Q为H的一西洛q-子群，则因$g^{-1}Qg\subseteq g^{-1}Hg=H(\forall g\in G)$，故据西洛定理有$h=xy\in H=QN(x\in Q, y\in N)$使

$$g^{-1}Qg=h^{-1}Qh=y^{-1}Qy,$$

因之$gy^{-1}\in N_G(Q)=T, g\in NT$,不得不有$G=N\cdot T$，故有$N\cap T\lhd T$; 然而$N$之交换性又保证了$N\cap T\lhd N$，于是$N\cap T\lhd NT=G$，故从$N$在$G$内的极小正规性得知或$N\cap T=1$或$N\cap T=N$. 然而$N\cap T=N\Longrightarrow N\subseteq T\Longrightarrow G=NT=T=N_G(Q)\Longrightarrow Q\lhd G\Longrightarrow Q$在$G$内是极小正规的($\because o(Q)=$素数$q$)，与$G$中任何极小正规子群的阶为$p^{\alpha}$之结论矛盾了. 又$N\cap T=1$时，如有$T<T_1<G$之$G$的子群$T_1$存在，则当然有$G=NT_1$，$G/N\simeq T_1/N\cap T_1$，故$o(T)=o(G/N)=o(T_1)/o(N\cap T_1)$，因而从$o(T)<o(T_1)$有$o(N\cap T_1)>1$，即$N\cap T_1>1$，因而由$N\cap T_1\lhd T_1$及

$N\cap T_1\lhd N$ 知 $N\cap T_1\lhd G$ 后再据N之极小正规性得 $N\cap T_1=N\Longrightarrow N\subseteq T_1$，故 $G=NT_1=T_1$ 又与 $T_1<G$ 相抵，不可；这说明在 $N\cap T=1$ 时，T 必为G之一极大子群，且有 $[G:T]=o(N)=p^\alpha$，而与题设又矛盾了（$\because \alpha>1$）. 总之，说明了款(一) $[H:N]=q\neq p$ 必不可.

再研究款(二) $[H:N]=p$. 这时 $o(H)=p^{\alpha+1}$，若H非交换，必有 $H'=[H,H]>1$，于是由于 $[H:H']$ 必含 p^2 为因数且由 H/N 为 p 阶的，不得不有 $H'<N$，故 $1<H'<N$；另方面，$H'\lhd\lhd H$ 及 $H\lhd G\Longrightarrow H'\lhd G$，故$N$不是$G$之极小正规子群，不可. 因而$H$必是交换的. 若$H$含 p^2 阶的元 x，则令 $y=x^p$ 时，有 $o(y)=p$，$x\bar{\in}N$，$y=x^p\in N$，故有陪集分解 $H=\sum\limits_{i=0}^{p-1}Nx^i$，且由 $\alpha>1$ 又知 $\{y\}<N$；今若 $\sigma\in A(H)$，则 $y^\sigma=(x^\sigma)^p=(nx^i)^p=n^p(x^p)^i=(x^p)^i=y^i\in\{y\}$，式中 $n\in N$，这说明了 $\{y\}\lhd\lhd H$，故 $\{y\}\lhd G$，又与N在G内的极小正规性矛盾；故H无 p^2 阶的元. 因而H是初等交换 p-群.

今作G之子集 $K=\{a\mid a\in G$，且对每 $x\in H$ 有 $a^{-1}xa=x^{m(a)}\}$，但整数 $m(a)$ 仅与元 a 有关而与 x 无关，当然 $(m(a),p)=1$. 由于 $1\in K$ 知K非空集. 又若 $a,b\in K$，则对每 $x\in H$ 恒有

$$(ab)^{-1}x(ab)=b^{-1}x^{m(a)}b=(b^{-1}xb)^{m(a)}=x^{m(b)\cdot m(a)},$$

且 $m(a)m(b)$ 又与 x 无关，故 $ab\in K$，即K为子群. 且据证明方法尚知映射 $a\to m(a)$ 使 $K\sim Z_p^*$（模 p 既约剩余类群）内，即 $K\sim S\subseteq Z_p^*$，这同态的核是由 $m(a)=1$ 的K中元素 a 所组成，亦即由 $a^{-1}xa=x$（每 $x\in H$）之元 a 所组成，故核为 $Z_G(H)$，因而 $K/Z_G(H)\simeq S\subseteq Z_p^*$，即 $K/Z_G(H)$ 为循环的且阶与 p 互素. 又当 $g\in G$，$a\in K$ 时，还有：

$$\begin{aligned}[g,a]^{-1}\cdot x\cdot[g,a]&=a^{-1}g^{-1}a(gxg^{-1})a^{-1}ga\\&=a^{-1}g^{-1}(gxg^{-1})^{m(a^{-1})}ga=a^{-1}x^{m(a^{-1})}a=(a^{-1}xa)^{m(a^{-1})}\\&=x^{m(a)\cdot m(a^{-1})}=x,\end{aligned}$$

即 $[g,a]\in Z_G(H)$，或 $K/Z_G(H)\subseteq Z(G/Z_G(H))$，故 $K/Z_G(H)\lhd$

$G/Z_G(H)$, $K \lhd G$. 又 $a \in K, x \in H \Longrightarrow a^{-1}xa = x^{m(a)}$ 也说明了H的子群在K内正规，因之N之子群也是K之正规子群，故由N在G内的极小正规性不得不有 $K < G$，故得 $N < H \subseteq Z_G(H) \subseteq K < G$ 与 $K \lhd G$，且 $(o(K/Z_G(H)), p) = 1$.

再令 M/K 为 G/K 之一极小正规子群，于是 G/K 之超可解性保证了 $[M:K]$ 为素数. 敢断言 $[M:K] \neq p$:

若 $[M:K] = p$，则 $M = \{K, c\}$，$c \bar{\in} K$，$c^p \in K$，并能选 c 使 $c^p \in Z_G(H)$[1)]，于是

$$M/Z_G(H) = \{K, Z_G(H), c\}/Z_G(H)$$
$$= K/Z_G(H) \cdot \{Z_G(H), c\}/Z_G(H),$$

且有

$$K \cap \{Z_G(H), c\} = K \cap Z_G(H) \cdot \{c\} = Z_G(H) \cdot (K \cap \{c\})$$
$$= Z_G(H) \cdot \{c^p\} = Z_G(H),$$

这说明了: $M/Z_G(H) = K/Z_G(H) \cdot M_1/Z_G(H)$, $K/Z_G(H) \cap M_1/Z_G(H) = 1$，但 $M_1 = \{Z_G(H), c\}$. 然而从 $K/Z_G(H) \subseteq Z(G/Z_G(H))$ 易知 $M_1/Z_G(H) \lhd M/Z_G(H)$，故

$$M/Z_G(H) = K/Z_G(H) \times M_1/Z_G(H).$$

于是再因 $K/Z_G(H)$ 为阶与 p 互素的循环群，$M_1/Z_G(H)$为 p 阶循环，故知 $M/Z_G(H)$ 是循环群，因而 $M_1/Z_G(H) \lhd \lhd M/Z_G(H)$，不得不 $M_1/Z_G(H) \lhd G/Z_G(H)$，即 $M_1 \lhd G$.

再令 $\pi = \begin{pmatrix} n_i \\ c^{-1} n_i c \end{pmatrix}$ $(i = 1, 2, \cdots, p^\alpha - 1)$，而 n_i 跑遍 N $(n_i \neq 1)$；由 $N \lhd G$ 知 $c^{-1}n_i c = n_{\lambda_i}$，而 $\lambda_1, \lambda_2, \cdots, \lambda_{p^\alpha-1}$ 为 1, 2, $\cdots$, $p^\alpha - 1$ 之一排列，故 $\pi = \begin{pmatrix} n_i \\ c^{-1} n_i c \end{pmatrix}$ 为 $p^\alpha - 1$ 个文字 $n_1, n_2, \cdots, n_{p^\alpha-1}$ 上的置换，因之从 $c^p \in Z_G(H)$ 必有 $n_i = c^{-p} n_i c^p$，说明了 $\pi^p = \mathbf{1}$ 为恒等置换，即 $\pi \neq \mathbf{1}$ 时有 $o(\pi) = p$；因而将 π 表写为无公共文字之循环之积时，则每循环或为一项的或为 p 项的；故因

1) 因 $(o(K/Z_G(H)), p) = 1$，故从 $c^p \in K$ 得 $c^{p\lambda} \in Z_G(H)$，$\lambda = o(K/Z_G(H))$，故 $(\lambda, p) = 1$，于是令 $c_1 = c^\lambda$ 时有 $c_1^p \in Z_G(H) \subseteq K$，而 $c_1 \bar{\in} K$，且 $M = \{K, c_1\}$，故取 c_1 代换 c 即可.

$p \nmid (p^a - 1)$，就知道循环因子中至少有一个一项循环，即至少有一元 $x(\neq 1) \in N$ 使 $cx = xc$，因之 $x \in Z(M_1)$，即 $1 < N \cap Z(M_1) \subseteq N$. 然而 $Z(M_1) \lhd \lhd M_1 \lhd G \Longrightarrow Z(M_1) \lhd G \Longrightarrow N \cap Z(M_1) \lhd G$，故由 N 之极小正规性必得 $N \cap Z(M_1) = N$，即 $N \subseteq Z(M_1)$，故

$$[N, M_1] = 1.$$

H 之初等交换性保证了 $H = N \times \{d\}$，$d^p = 1$；于是 $H = c^{-1}Hc = c^{-1}Nc \times \{c^{-1}dc\} = N \times \{c^{-1}dc\}$，$c^{-1}dc = nd^{\mu}$，但 $n \in N$，$(\mu, p) = 1$；再利用 $[N, M_1] = 1$ 得 $c^{-2}dc^2 = c^{-1}nd^{\mu}c = nc^{-1}d^{\mu}c = n(nd^{\mu})^{\mu} = n^{1+\mu}d^{\mu^2}$，且归纳地得 $c^{-p}dc^p = n^{1+\mu+\cdots+\mu^{p-1}}d^{\mu^p}$，即 $d = n^{1+\mu+\cdots+\mu^{p-1}}d^{\mu^p}$，不得不有 $\mu \equiv \mu^p \equiv 1 \pmod p$，故 $c^{-1}dc = nd = dn$，$[d, c] = n = [c, d]^{-1}$. 因而 $[H, M_1]$ 的任何生成元为 ($m_1 \in M_1$，$h \in H \Longrightarrow h = n'd^s$，$n' \in N$)

$$\begin{aligned}[h, m_1] &= [n'd^s, m_1] = [d^s, m_1] \quad (\text{利用了 } [N, M_1] = 1) \\ &= [d^s, zc^t] \quad (M_1 = Z_G(H) \cdot \{c\} \Longrightarrow m_1 = zc^t, z \in Z_G(H)) \\ &= [d^s, c^t];\end{aligned}$$

但 $[d, c] = n \Longrightarrow [d, c] \cdot d = d \cdot [d, c]$，又 $[N, M_1] = 1 \Longrightarrow [d, c] \cdot c = c \cdot [d, c]$，故知 $[d^s, c^t] = [d, c]^{st} = n^{st}$，即 $[H, M_1]$ 之任一生成元恒为 $[d, c] = n$ 之幂，故 $[H, M_1] = \{n\}$. 若 $n = 1$，即 $dc = cd$，则利用 $[N, M_1] = 1$ 可知 c 与 H 的每元可交换，因而有 $c \in Z_G(H)$，$M_1 = Z_G(H) \cdot \{c\} = Z_G(H)$，与 $M_1/Z_G(H)$ 为 p 阶循环相抵，故确有 $[d, c] = n \neq 1$，于是 $o(n) = p$，即 $[H, M_1] = \{n\}$ 为 p 阶循环，因而 $1 < [H, M_1] < N(\because \alpha > 1)$. 可是 $H \lhd G$，$M_1 \lhd G$ 又有 $[H, M_1] \lhd G$，又与 N 之极小正规性矛盾.

总之，上面的证明说明了 $[M:K] = p$ 之不可能，故必有 $[M:K] = q \neq p$（q 为素数）. 于是 $[M:Z_G(H)] = [M:K][K:Z_G(H)]$ 与 p 互素，即 $(o(M/Z_G(H)), p) = 1$，故由 H 之初等交换性可知能选取 $P = \{d\}$ 使 $H = N \times P$ 且有 $P \lhd M$. 为什么? 详述于下:

设 M 关于 $Z_G(H)$ 之陪集分解为 $M = La_1 + La_2 + \cdots + La_s$ ($a_1 \in L = Z_G(H)$)，即 $s = o(M/Z_G(H))$，故 $(s, p) = 1$，有 s' 使 $s's \equiv 1 \pmod p$；再令 $N = \{n_1\} \times \{n_2\} \times \cdots \times \{n_{\alpha}\}$，$H = N \times$

$\{d\}$, $P=\{d\}$. 因 $N \lhd M$, $H \lhd M$, 故每 a_j 变 n_i 之形结果仍在 N 内,每 a_j 变 d 之形结果在 H 内, 于是从 $H=N\times a_j^{-1}Pa_j$ 得知:

$$\left.\begin{array}{l} a_j^{-1}n_1a_j = n_1^{c_{11}^{(j)}}\, n_2^{c_{21}^{(j)}}\cdots n_\alpha^{c_{\alpha 1}^{(j)}} \\ a_j^{-1}n_2a_j = n_1^{c_{12}^{(j)}}\, n_2^{c_{22}^{(j)}}\cdots n_\alpha^{c_{\alpha 2}^{(j)}} \\ \cdots\cdots\cdots\cdots\cdots\cdots\cdots\cdots \\ a_j^{-1}n_\alpha a_j = n_1^{c_{1\alpha}^{(j)}}\, n_2^{c_{2\alpha}^{(j)}}\cdots n_\alpha^{c_{\alpha\alpha}^{(j)}} \\ a_j^{-1}da_j = n_1^{\lambda_{1j}}n_2^{\lambda_{2j}}\cdots n_\alpha^{\lambda_{\alpha j}}d^{\lambda_j} \end{array}\right\} \tag{7}$$

其中 $(\lambda_j,p)=1$, 因之有 λ_j' 使 $\lambda_j'\lambda_j\equiv 1\ (\mathrm{mod}\ p)$. 显然, (7) 式决定一个 $\alpha+1$ 级矩阵

$$D_j=\begin{pmatrix} C_j & \Lambda_j \\ 0 & \lambda_j \end{pmatrix},\ 但\ C_j=\begin{pmatrix} c_{11}^{(j)} & c_{12}^{(j)} & \cdots & c_{1\alpha}^{(j)} \\ c_{21}^{(j)} & c_{22}^{(j)} & \cdots & c_{2\alpha}^{(j)} \\ \vdots & \vdots & & \vdots \\ c_{\alpha 1}^{(j)} & c_{\alpha 2}^{(j)} & \cdots & c_{\alpha\alpha}^{(j)} \end{pmatrix},\ \Lambda_j=\begin{pmatrix} \lambda_{1j} \\ \lambda_{2j} \\ \vdots \\ \lambda_{\alpha j} \end{pmatrix}.$$

由于 $a_ja_i^{-1}\bar{\in} L=Z_G(H)$, 可知 $D_i\not\equiv D_j\ (\mathrm{mod}\ p)$, 故有 1-1 对应 $a_j \Longleftrightarrow D_j$; 且易知 $a_ia_j \Longleftrightarrow D_jD_i$, 说明了 M/L 与诸 D_i 之集 Γ 为有逆同构关系,故 Γ 为 $GL(\alpha+1, Z_p)$ 中一个 s 阶的子群. 于是, 当 i, j 已知,必有一 k 使

$$D_k\equiv D_iD_j\equiv\begin{pmatrix} C_iC_j & C_i\Lambda_j+\lambda_j\Lambda_i \\ 0 & \lambda_i\lambda_j \end{pmatrix}(\mathrm{mod}\ p),$$

故有

$\lambda_i\lambda_j\equiv\lambda_k\ (\mathrm{mod}\ p)$, $C_iC_j\equiv C_k\ (\mathrm{mod}\ p)$, $C_i\Lambda_j+\lambda_j\Lambda_i\equiv\Lambda_k\ (\mathrm{mod}\ p)$. 注意从最后一式得 $\lambda_j'C_i\Lambda_j+\Lambda_i\equiv\lambda_j'\Lambda_k\ (\mathrm{mod}\ p)$, 从 $\lambda_i\lambda_j\equiv\lambda_k(\mathrm{mod}\ p)$ 又得 $\lambda_j'\equiv\lambda_i\lambda_k'\ (\mathrm{mod}\ p)$, 故

$$C_i\cdot\lambda_j'\Lambda_j+\Lambda_i\equiv\lambda_i\lambda_k'\Lambda_k\ (\mathrm{mod}\ p). \tag{8}$$

但因 $D_1, D_2, \cdots, D_s$ 组成群 Γ, 故 $D_iD_j\equiv D_k\ (\mathrm{mod}\ p)$ 中的 i 若固定而让 j 跑遍 $1, 2, \cdots, s$ 时,则 k 也跑遍 $1, 2, \cdots, s$, 于是将 (8) 之两边关于 j 取和,就有

$$C_i\cdot\sum_{j=1}^{s}\lambda_j'\Lambda_j+s\Lambda_i\equiv\lambda_i\cdot\sum_{k=1}^{s}\lambda_k'\Lambda_k\ (\mathrm{mod}\ p),$$

故令 $X=\sum_{j=1}^{s}\lambda_j'\Lambda_j=\sum_{k=1}^{s}\lambda_k'\Lambda_k$ 后,就有

$$C_i \cdot X + s\Lambda_i \equiv \lambda_i X \pmod p,$$

于是再令 $Y = -s'X = \begin{pmatrix} y_1 \\ y_2 \\ \vdots \\ y_\alpha \end{pmatrix}$，得 $C_i Y \equiv \lambda_i Y + \Lambda_i \pmod p$，即

$$\left.\begin{aligned} \lambda_{1i} - \sum_{t=1}^{\alpha} c_{1t}^{(i)} y_t &\equiv -\lambda_i y_1 \\ \lambda_{2i} - \sum_{t=1}^{\alpha} c_{2t}^{(i)} y_t &\equiv -\lambda_i y_2 \\ \cdots\cdots\cdots&\cdots\cdots\cdots \\ \lambda_{\alpha i} - \sum_{t=1}^{\alpha} c_{\alpha t}^{(i)} y_t &\equiv -\lambda_i y_\alpha \end{aligned}\right\} \pmod p,$$

故令 $d_0 = n_1^{-y_1} n_2^{-y_2} \cdots n_\alpha^{-y_\alpha} d$ 时，则对 $i = 1, 2, \cdots, s$ 恒有

$$\begin{aligned} a_i^{-1} d_0 a_i &= (a_i^{-1} n_1 a_i)^{-y_1} (a_i^{-1} n_2 a_i)^{-y_2} \cdots (a_i^{-1} n_\alpha a_i)^{-y_\alpha} (a_i^{-1} d a_i) \\ &= n_1^{\lambda_{1i} - \sum_{t=1}^{\alpha} c_{1t}^{(i)} y_t} n_2^{\lambda_{2i} - \sum_{t=1}^{\alpha} c_{2t}^{(i)} y_t} \cdots n_\alpha^{\lambda_{\alpha i} - \sum_{t=1}^{\alpha} c_{\alpha t}^{(i)} y_t} d^{\lambda_i} \\ &= n_1^{-\lambda_i y_1} n_2^{-\lambda_i y_2} \cdots n_\alpha^{-\lambda_i y_\alpha} d^{\lambda_i} = d_0^{\lambda_i}, \end{aligned}$$

这说明了 H 的 p 阶子群 $\{d_0\}$ 用每 a_i 共轭作用后是不变的，于是因 M 之元为 za_i 形 $(z \in L = Z_G(H))$，故以 M 之元共轭作用于 $\{d_0\}$ 也不使它变，即 $P = \{d_0\} \lhd M$. 至于 $H = N \times \{d_0\}$ 是显然的. 故证得了可选适当的 d（如上面的 d_0）使 $d \in H$, $d \bar{\in} N$，因之有 $H = N \times \{d\}$，且 $\{d\} \lhd M$.

于是 $P = \{d\}$ 在 G 内的共轭也为 M 的正规子群. 再令 $Q = \prod_{g \in G} g^{-1}Pg$，则 $Q \lhd G$（上册第一章 § 7）；而每 $g^{-1}Pg \lhd H$ 又有 $Q \subseteq H$，故从 $P \subseteq Q$ 及 $H = N \times P$ 得 $H = NQ$, $H/N \simeq Q/N \cap Q$. 但 $N \cap Q \lhd G$ 与 N 在 G 内的极小正规性就导致了或 $N \cap Q = 1$ 或 $N \cap Q = N$.

若 $N \cap Q = 1$，则 $H/N \simeq Q$, $o(Q) = p$, Q 必为 G 之极小正规子群，与 G 中任何极小正规子群之阶为 $p^\alpha (\alpha > 1)$ 的结论矛盾了. 于是不得不有 $N \cap Q = N$，即 $N \subseteq Q$ 或 $H = Q$.

今取 P 之任一共轭 P_i（在 G 内的）使 $P_i \neq P$. 由 $P \lhd H$, $P_i \lhd H$ 得 $PP_i = P \times P_i \lhd H$，故令 $PP_i \cap N = R$ 时，由于 $H = NPP_i$，有 $H/N \simeq PP_i/R$，故 $o(PP_i/R) = p$，不得不有 $o(R) = p$. 由是可在 $P_i = \{d_i\}$ 内 $(d_i = g_i^{-1}dg_i)$ 能适当地选生成元 c 使 $R = \{cd\}$，即 $P_i = \{c\}$, $R = \{cd\}$[1]. 因 P, P_i, R 在 M 内都正规，故对每 $x \in M$ 就有

$$x^{-1}dx = d^{m(x)},\ x^{-1}cx = c^{n(x)},\ x^{-1}(cd)x = (cd)^{k(x)},$$

而 $m(x)$, $n(x)$, $k(x)$ 都为仅与 x 有关之整数，且都与 p 互素；于是由

$$c^{k(x)}d^{k(x)} = (cd)^{k(x)} = x^{-1}cdx = (x^{-1}cx)(x^{-1}dx) = c^{n(x)}d^{m(x)}$$

即得 $m(x) = n(x) = k(x)$. 故当写 $Q = PP_1P_2\cdots P_t$ 时（$P_1, P_2, \cdots, P_t$ 为与 P 相异的 P 之全部共轭），则如上述得令 $P_i = \{c_i\}$，$(i = 1, \cdots, t)$，使 $\{c_id\} = PP_i \cap N$，因之有

$$x^{-1}dx = d^{m(x)},\ x^{-1}c_ix = c_i^{m(x)}\ (i = 1, 2, \cdots, t).$$

故从 $H = Q$ 可知每 $h \in H = Q$ 得写为 $h = d^{\mu}c_1^{\mu_1}c_2^{\mu_2}\cdots c_t^{\mu_t}$，于是 $x^{-1}hx = (x^{-1}dx)^{\mu}(x^{-1}c_1x)^{\mu_1}\cdots(x^{-1}c_tx)^{\mu_t} = d^{m\mu}c_1^{m\mu_1}\cdots c_t^{m\mu_t} = h^m$，但 $m = m(x)$. 这证明了：对每 $x \in M$ 及每 $h \in H$，恒有

$$x^{-1}hx = h^m,$$

而 m 只与 x 有关但与 h 无关；故必有 $x \in K$，即 $M \subseteq K$，又与 $[M:K] = q$ 相矛盾，不可.

总之，说明了款(二) $[H:N] = p$ 也不能成立. 定理 8 完全被证明了.

利用定理 8 可解决超可解群的许多问题. 例如已知：有限群 G 为可解的充要条件是 $G/\Phi(G)$ 为可解的，又 G 为幂零的充要条件是 $G/\Phi(G)$ 为幂零的. 对超可解群，也有类似的结论，如

定理 9 有限群 G 为超可解的充要条件是 $G/\Phi(G)$ 为超可

---

1) 因 $PP_i \cap N = R \neq 1$，故 PP_i 之 $p^2 - 1$ 个非单位元中必有属于 N 者，于是因 $P \cap N = 1 = P_i \cap N$，知有元 $d^s d_i^t \in N$，且 $(st, p) = 1$；再令 $s's \equiv 1 \pmod p$，则 $(d^s d_i^t)^{s'} = dd_i^{ts'} \in N$；然而 $(s't, p) = 1$，故 $\{d_i^{ts'}\} = \{d_i\} = P_i$，因之令 $d_i^{ts'} = c$，有 $P_i = \{c\}$ 且 $cd \in N \cap PP_i = R$，故从 $cd \neq 1$ 即知 $R = \{cd\}$.

解的(文献 [47] 的定理 10，或文献 [48] 的 θ–性质).

定理 3 早已解决了条件的必要性. 故只需证充分性：设 $G/\Phi(G)$ 超可解，令 M 为 G 之任一极大子群，则 $\Phi(G)\subseteq M$，且 $M/\Phi(G)$ 为 $G/\Phi(G)$ 之一极大子群，于是由定理 8 知 $[G/\Phi(G):M/\Phi(G)]$ 为素数 p，即 $[G:M]=p$，说明了 G 之每极大子群之指数为素数，故复据定理 8（充分条件一部分）可知 G 是超可解. 证完.

施密特–伊瓦沙瓦定理是说真子群都为幂零的有限群一定是可解群. 实际上，"幂零"这条件可以放宽，改为"超可解"时，仍成立，即有

定理 10 凡真子群为超可解的有限群 G 必是可解群（文献 [47] 的定理 22 或文献 [21] 的 237 页).

证明 设 p 为 $o(G)$ 之最小素因数，取 G 之一西洛 p–子群 S_p，因而 $Z(S_p)>1$. 今归纳地假定凡真子群为超可解的且阶又小于 $o(G)$ 的有限群为可解群. 下分 $Z(S_p)\lhd G$ 与 $Z(S_p)\ntriangleleft G$ 两款讨论.

(一) 光考虑 $Z(S_p)\lhd G$.

这时，$1<Z(S_p)\lhd G$ 说明有 $G/Z(S_p)$，故由归纳法的假定可知 $G/Z(S_p)$ 为可解群（$\because o(G/Z(S_p))<o(G)$). 于是再据 $Z(S_p)$ 之交换性即知 G 可解.

(二) 再考虑 $Z(S_p)\ntriangleleft G$.

这时有 $H=N_G(Z(S_p))<G$，故由题设知 H 为超可解的，于是据定理 7 有 $H_1\lhd H$ 使 $o(H/H_1)=p$，故 H/H_1 是交换 p–群，其 p–换位子群 $H'(p)$ 具关系 $H'(p)\subseteq H_1<H$. 因之当 G 为 p–正规时，由格律恩第二定理(第八章 § 5 的定理 2) 就有

$$G/G'(p)\simeq H/H'(p),$$

故一方面由 H 之超可解知 $G/G'(p)$ 为超可解的；另方面从 $H'(p)<H$ 又得 $G'(p)<G$，故由题设知 $G'(p)$ 超可解；于是 G 必可解. 因而剩下要考虑的是 G 不为 p–正规的场合.

这时不仅是 $Z(S_p)\ntriangleleft G$，而且还有 G 之另一个西洛 p–子群 $\bar{S}_p$，使 $Z(S_p)<\bar{S}_p$ 及 $Z(S_p)\ntriangleleft\bar{S}_p$（第八章 § 4 定理 9). 于是，据第八

章§4之引理1（将这里的 $Z(S_p)$ 看做是该引理1中的 P）得知 G 有一个 p-子群 Q 及元 $x\in N_G(Q)$，使 $(o(x), p)=1$ 且 x 诱导 Q 之一个非恒等自同构.

今敢断言 $N_G(Q)=G$. 为什么？因若 $N_G(Q)<G$，则由题设知 $N_G(Q)$ 超可解；因 p 为 $o(N_G(Q))$ 之最小素因数，据定理7可知 $N_G(Q)$ 有正规子群 M 使 $o(N_G(Q)/M)$ 等于 $N_G(Q)$ 之西洛 p-子群的阶，即 $(o(M), [N_G(Q):M])=1$，故由于 $M\lhd N_G(Q)$ 得知 $N_G(Q)$ 中凡阶等于 $o(M)$ 之子群仅此 M 而已，因之从 $(o(x), p)=1$ 可知 $x\in M$ 且又有 $N_G(Q)$ 之子群 MQ 为 M 与 Q 之直积，即 $MQ=M\times Q\subseteq N_G(Q)$，因而 x 诱导 Q 之恒等自同构，与上段结果矛盾，不可.

既已 $N_G(Q)=G$，即 $Q\lhd G$，于是再由 $o(G/Q)<o(G)$，而据归纳法之假定可知 G/Q 为可解的，故由 Q 之幂零性知 G 必可解.

至此，定理10完全获证.

我们又知：凡真子群为幂零的有限群 G 之阶 $o(G)$ 若至少含有三个不同的素因数，则 G 自身也是幂零的；将"幂零"改为"交换"或"循环"时，也有类似的结论. 但真子群都是超可解的有限群 G 虽然已证明了为可解的，若这时 $o(G)$ 含有三个不同的素因数时，我们也只能说 G 为可解的，且 G 确有非超可解的可能性. 参看下面的例1.

例 1 具定义关系 $a^7=b^7=[a, b]=c^3=d^2=1$，$c^{-1}ac=a^2$，$c^{-1}bc=b^4$，$d^{-1}ad=b$，$d^{-1}bd=a$，$d^{-1}cd=c^{-1}$ 而由四元素 a, b, c, d 生成的 $G=\{a, b, c, d\}$ 是阶为 $2\cdot 3\cdot 7^2$ 的可解群，但 G 之真子群全为超可解，G 自身非超可解.

证明 $a^7=b^7=[a, b]=1$ 说明了 $N=\{a, b\}$ 为阶 7^2 的初等交换群. 易知映射 σ: $\begin{cases}a\to a^\sigma=a^2\\ b\to b^\sigma=b^4\end{cases}$ 为 $N=\{a\}\times\{b\}$ 的一个3阶自同构，因之 $\sigma^3=1$ 得看做是由单位元1所诱导的 N 之恒等内自同构，即 $\sigma^3=I_1$，且又 $1^\sigma=1$，故据上册第四章§3定理1

确有一个阶 $3\cdot 7^2$ 的群M含N为正规子群且 M/N 是 3 阶循环，且实际上是 $M=\{N,c\}=\{a,b,c\}$ 使已有 a,b 间之关系外尚有 $c^{-1}ac=a^2$, $c^{-1}bc=b^4$, $c^3=1$. 又易检验映射

$$\tau:\begin{cases}a\to a^{\tau}=b\\ b\to b^{\tau}=a\\ c\to c^{\tau}=c^{-1}\end{cases}$$

为M之一个 2 阶自同构，因之可写为 $\tau^2=1=I_1$，故再引用上册第四章 § 3 定理 1 知有 $G=\{M,d\}=\{a,b,c,d\}$ 使已有 a,b,c 间之关系外尚有

$$d^2=1,\ d^{-1}ad=b,\ d^{-1}bd=a,\ d^{-1}cd=c^{-1},$$

且 $o(G)=2\cdot 3\cdot 7^2$. 由 G/M 之可解 (2 阶循环) 以及M之可解性 ($\because o(M)=3\cdot 7^2$) 即知G可解.

今能断言G非超可解的.为什么？若G超可解，由定理 7 知G有 7 阶正规子群；但因 $N\lhd G$, $o(N)=7^2$, 且 $(o(N),[G:N])=(7^2,6)=1$，故G中 7 阶正规子群必为N之子群，这说明了有元 $a^{\lambda}b^{\mu}$ 使 $o(a^{\lambda}b^{\mu})=7$ 且 $c^{-1}(a^{\lambda}b^{\mu})c=(a^{\lambda}b^{\mu})^s$ 及 $d^{-1}(a^{\lambda}b^{\mu})d=(a^{\lambda}b^{\mu})^t$，即 $a^{2\lambda}b^{4\mu}=a^{\lambda s}b^{\mu s}$ 与 $a^{\mu}b^{\lambda}=a^{\lambda t}b^{\mu t}$，不得不有

$$\left.\begin{matrix}\lambda(s-2)\equiv 0\\ \mu(s-4)\equiv 0\end{matrix}\right\}\pmod 7\ 与\ \left.\begin{matrix}\mu\equiv\lambda t\\ \lambda\equiv\mu t\end{matrix}\right\}\pmod 7.$$

由前二式知 λ 与 μ 必有一为零(因 $s-2$ 与 $s-4$ 不能同时被 7 整除)，再由后二式知其一为零时另一亦必为零，于是有 $\lambda\equiv 0\equiv\mu \pmod 7$，这又和 $o(a^{\lambda}b^{\mu})=7$ 矛盾，不可. 故G非超可解.

又G之真子群全为超可解的. 为什么？因G中非单位真子群的阶只能是 $2, 3, 7, 7^2, 2\cdot 3, 2\cdot 7, 3\cdot 7, 2\cdot 3\cdot 7, 2\cdot 7^2$ 与 $3\cdot 7^2$ 共十个，然而阶 $2, 3, 7, 7^2$ 的群或循环或交换，当然是超可解的；又阶 $2\cdot 3$、$2\cdot 7$、$3\cdot 7$ 的群由西洛定理知有阶 3 或 7 的正规子群，由是都有正规群列使列中商因子是循环的，因而也必是超可解的；至于阶 $2\cdot 3\cdot 7$ 的群H据西洛定理知有阶 7 的正规子群 A，而由 $o(H/A)=6$ 又知 H/A 有 3 阶正规子群 B/A，于是 $H>B>A>1$ 为H的正规群列且列中商因子 H/B, B/A, A 分别为

阶 2，3，7 的群故都循环，说明了 H 为超可解的. 故剩下只需检验 G 中阶 $2\cdot 7^2$ 及 $3\cdot 7^2$ 的子群.

因已知 $M\lhd G$ 且 $(o(M),[G:M])=(3\cdot 7^2, 2)=1$，故 M 是 G 中唯一的阶为 $3\cdot 7^2$ 之子群；由于 $M>N>\{a\}>1$ 为 G 之正规群列且有循环商因子 $M/N(\simeq\{c\})$，$N/\{a\}(\simeq\{b\})$ 与 $\{a\}$，故 G 中阶 $3\cdot 7^2$ 的子群 M 亦超可解. 又 $C=\{N, d\}$ 为 G 中 $2\cdot 7^2$ 阶的子群，且 $C>N>\{ab\}>1$ 是 C 之正规群列而有循环商因子 $C/N(\simeq\{d\})$，$N/\{ab\}(\simeq\{a\})$ 及 $\{ab\}$，故 C 超可解；然而 G 之可解性又保证了 G 中 $2\cdot 7^2$ 阶子群都互共轭，因而必都为超可解的.

这已证明了 G 之真子群全为超可解，而 G 自身非超可解. 例 1 完全获证.

上例 1 是说：设有限群 G 之真子群全为超可解，若 $o(G)$ 只含三个不同的素因数，则 G 确有为非超可解的可能. 但若 $o(G)$ 至少含四个不同的素因数时，又怎样呢？下一节将讨论它.

已知有限群 G 为循环、交换或幂零时，若 $h|o(G)$，则 G 恒有 h 阶子群；为叙述的简洁，就说 **G 具有一切可能阶的子群**. 有限可解群一般不见得具有一切可能阶的子群，例如 12 阶的四次交代群 $\mathfrak{A}_4$ 就没有 6 阶子群. 有限超可解群又怎样？

事实上，有限群 G 之超可解性保证了有 $N\lhd G$ 使 $o(N)=p$ 为素数. 若归纳地假定凡阶小于 $o(G)$ 的超可解群恒具有一切可能阶的子群，则当 $h|o(G)$ 时，若 $p|h$，因 G 之超可解已保证了 G/N 是超可解，故由 $o(G/N)<o(G)$ 而据归纳法的假设知 G/N 有阶 $\frac{h}{p}$ 的子群 H/N，因而 $o(H)=h$，即 G 有阶 h 的子群；若 $p\nmid h$，由 G 之可解知有子群 A 使 $(o(A), p)=1$ 且 $[G:A]$ 为 p 之幂，于是由 A 之超可解性及 $o(A)<o(G)$，并据归纳法的假定知 A 有阶 h 的子群 H，H 当然是 G 中阶 h 的子群. 总之，用归纳法证明了有限超可解群 G 具有一切可能阶的子群.

反之，以四次对称群 $\mathfrak{S}_4$ 为例，因 $\mathfrak{S}_4$ 确有一切可能阶的子群，

但 $\mathfrak{S}_4$ 不是超可解的，故知具有一切可能阶的子群之有限群不见得是超可解的．然而因超可解群之子群仍为超可解，故有限超可解群之每子群亦具有一切可能阶的子群，于是问其逆定理正确吗?我们说逆定理也是成立的，即有

定理 11 有限群 G 为超可解的充要条件是 G 之每子群 $H(\leqslant G)$ 都有一切可能阶之子群.

证明 只需证条件的充分性．设 $o(G)=p_1^{\alpha_1}p_2^{\alpha_2}\cdots p_r^{\alpha_r}$ 为素因数分解 $(p_1<p_2<\cdots<p_r)$，题设 G 之每子群 $H(\leqslant G)$ 有一切可能阶的子群就保证了 G 有如下子群列:

$$
\begin{aligned}
G=G_1^{(0)}>G_1^{(1)}>G_1^{(2)}>\cdots>G_1^{(\alpha_1)}=G_2^{(0)}>\\
G_2^{(1)}>\cdots>G_2^{(\alpha_2)}=G_3^{(0)}>\cdots>G_{r-1}^{(\alpha_{r-1})}\\
=G_r^{(0)}>G_r^{(1)}>G_r^{(2)}>\cdots>G_r^{(\alpha_r)}=1,
\end{aligned}
\tag{9}
$$

使得 $[G_j^{(i)}:G_j^{(i+1)}]=p_j$，因之由 $p_1<p_2<\cdots<p_r$ 可知 $[G_j^{(i)}:G_j^{(i+1)}]=p_j$ 为 $o(G_j^{(i)})$ 之最小素因数，故据上册第一章 § 6 知 $G_j^{(i+1)}\lhd G_j^{(i)}$，因而 (9) 为 G 之一合成群列且 G 是可解的.因列 (9) 中 $o(G_r^{(0)})=p_r^{\alpha_r}$，故 $(o(G_r^{(0)}),[G:G_r^{(0)}])=1$，因之 $G_r^{(0)}\lhd G$(上册第一章 § 13 问题 5)．又据题设知 G 有指数为 p_r 的子群 K，故

$$([G:K],[G:G_r^{(0)}])=(p_r,p_1^{\alpha_1}\cdots p_{r-1}^{\alpha_{r-1}})=1$$

保证了 $G=KG_r^{(0)}$，$D=K\cap G_r^{(0)}\lhd K$，$[G_r^{(0)}:D]=[G:K]=p_r$，故 $D\lhd G_r^{(0)}$，不得不有 $D\lhd G=KG_r^{(0)}$，而有商群 G/D.

今可断言 G/D 之每子群 $B/D(\leqslant G/D)$ 也有一切可能阶的子群．为什么呢? 因 $o(G/D)=p_1^{\alpha_1}p_2^{\alpha_2}\cdots p_{r-1}^{\alpha_{r-1}}p_r$，故 $o(B/D)=p_1^{\beta_1}p_2^{\beta_2}\cdots p_{r-1}^{\beta_{r-1}}p_r^{\tau}$ 中 $\beta_i\leqslant\alpha_i$，$\tau\leqslant 1$；于是令 $h\mid o(B/D)$ 时，则 $h=p_1^{\gamma_1}\cdots p_{r-1}^{\gamma_{r-1}}p_r^{\delta}$ 中 $\gamma_i\leqslant\beta_i\leqslant\alpha_i$，$0\leqslant\delta\leqslant\tau\leqslant 1$．若 $\tau=0$，则 $\delta=0$，$h=p_1^{\gamma_1}\cdots p_{r-1}^{\gamma_{r-1}}$，这时因 $o(B)=p_1^{\beta_1}p_2^{\beta_2}\cdots p_{r-1}^{\beta_{r-1}}p_r^{\alpha_r-1}$，故据 G 之假设知有 $C\subseteq B$ 使 $o(C)=p_1^{\gamma_1}p_2^{\gamma_2}\cdots p_{r-1}^{\gamma_{r-1}}$，再由 $D\lhd G$ 知 $CD=DC$ 为 G 中阶 $p_1^{\gamma_1}p_2^{\gamma_2}\cdots p_{r-1}^{\gamma_{r-1}}p_r^{\alpha_r-1}$ 的子群，因而 $CD/D\subseteq B/D$ 且

$o(CD/D)=p_1^{\gamma_1}p_2^{\gamma_2}\cdots p_{r-1}^{\gamma_{r-1}}=h$，即 B/D 有 h 阶子群．若 $\tau=1$，则 $o(B)=p_1^{\beta_1}p_2^{\beta_2}\cdots p_{r-1}^{\beta_{r-1}}p_r^{\alpha_r}$，这时 $\delta=0$ 或 $=1$，有二个可能；在 $\delta=0$ 时，$h=p_1^{\gamma_1}\cdots p_{r-1}^{\gamma_{r-1}}$，则如上述一样先取 $C\subseteq B$ 使 $o(C)=p_1^{\gamma_1}p_2^{\gamma_2}\cdots p_{r-1}^{\gamma_{r-1}}$，于是 $o(CD)=p_1^{\gamma_1}\cdots p_{r-1}^{\gamma_{r-1}}p_r^{\alpha_r-1}$，即 B/D 有阶

$$p_1^{\gamma_1}\cdots p_{r-1}^{\gamma_{r-1}}=h$$

之子群 CD/D；在 $\delta=1$ 时，$h=p_1^{\gamma_1}\cdots p_{r-1}^{\gamma_{r-1}}p_r$，但从 $o(B)=p_1^{\beta_1}\cdots p_{r-1}^{\beta_{r-1}}p_r^{\alpha_r}$ 以及 G 有唯一个西洛 p_r-子群 $G_r^{(0)}(\lhd G)$，可知 $G_r^{(0)}\subseteq B$，然而据 G 之假设条件知 B 有阶 $p_1^{\gamma_1}\cdots p_{r-1}^{\gamma_{r-1}}p_r^{\alpha_r}$ 的子群 F，因之也必有 $G_r^{(0)}\subseteq F(\subseteq B)$，于是 $D\subseteq F$，$o(F/D)=p_1^{\gamma_1}\cdots p_{r-1}^{\gamma_{r-1}}p_r=h$，也说明了 B/D 有阶 h 的子群 F/D．总之，证明了 G/D 之每子群 $B/D(\leqslant G/D)$ 有一切可能阶之子群．

于是若归纳地假定凡阶小于 $o(G)$ 且每子群又有一切可能阶之子群的群恒为超可解的，那末 G/D 为超可解群．故据定理 7 知 G 有正规群列

$$G>A_1>A_2>\cdots>A_t>D>1, \tag{10}$$

使 (10) 中自 G 到 D 之任二个邻项所成之商群是素数阶的循环群，因而 (10) 中自 G 到 D 的那些项组成了 G 之某主群列的一部分，故可将 (10) 加细为主群列，如

$$G>A_1>A_2>\cdots>A_t>D\geqslant\cdots\geqslant M>N\geqslant\cdots\geqslant 1. \tag{11}$$

若 G 非超可解，则列 (11) 中商因子不能全为素数阶的，故 (11) 中必有相邻二项在 D 与 1 之间且商因子非素数阶，令 M 与 N 是这样的二项，由 $o(D)=p_r^{\alpha_r-1}$ 必得 $[M:N]=p_r^{\beta}(\beta>1)$．$K$ 据归纳法的假定必为超可解的，于是有 $L\lhd K$ 使 $M>L>N(\because\beta>1)$．从 $M/N\lhd G_r^{(0)}/N$ 及 $G_r^{(0)}/N$ 为 p-群 $(p=p_r)$ 又知 $M/N\cap Z(G_r^{(0)}/N)=A/N>1$，但 $M/N\lhd G/N$ 及 $Z(G_r^{(0)}/N)\lhd G/N$ 又保证了 $A/N\lhd G/N$，故 $A\lhd G$，于是由 $N<A\subseteq M$ 以及列 (11) 为 G 之主群列得知只能是 $A=M$，因而 $M/N\subseteq Z(G_r^{(0)}/N)$，故又有

$L/N \subseteq Z(G_r^{(0)}/N)$, $L/N \lhd G_r^{(0)}/N$, $L \lhd G_r^{(0)}$, 再据 $L \lhd K$ 不得不有 $L \lhd KG_r^{(0)} = G$, 即 G 有正规子群 L 真正地在 M 与 N 之间, 这又与 (11) 为 G 之主群列的意义相抵,不可.

于是 G 必为超可解,定理 11 证完[1].

注意定理 11 条件中"每子群 $H(\leqslant G)$"这句话很重要,其原因不仅是有如上述的四次对称群 $\mathfrak{S}_4$ 这一个反例,而且实际上还有这样一个结果: "任何有限可解群 G 总可以包含在一个较大的群 K 内,而 K 具有一切可能阶的子群"(参看本节后面的问题 4).

我们知道: 研究群时往往借助群之某些子群列, 例如借合成群列得知有限群的任二个合成群列等价,对主群列亦如此;又知群 G 为幂零的充要条件是它有上中心列与下中心列, 且有其一时就必有其二, 而上、下中心列的长还相等;群 G 为可解的充要条件是它有换位群列; 等等. 判定一有限群之超可解性也可以借助它的某子群列,即有

定理 12 设 G 为有限群,则下述三个论断互为等价:

(i) G 为超可解;

(ii) G 之每个最大子群列的长等于 $o(G)$ 之素因数的个数;

(iii) G 之最大子群列都有相同的长.

附注 $G = A_0 > A_1 > A_2 > \cdots > A_{t-1} > A_t = 1$ 为 G 之最大子群列指的是这列无真加细,即每 A_i 为 A_{i-1} 之极大子群.

证明 设 (i) 真,即 G 超可解,而令

$$G = A_0 > A_1 > A_2 > \cdots > A_{t-1} > A_t = 1$$

为 G 之一最大子群列, 由定理 3 与 8 可知 $[A_{i-1}:A_i] = p_i$ (素数) $(i = 1, \cdots, t)$, 由是可知 $o(G) = \prod_{i=1}^{t} [A_{i-1}:A_i] = p_1p_2\cdots p_t$ 为 t 个素数之积,即 t 为群 G 阶的素因数之个数,证明了 (i) $\Longrightarrow$ (ii). (ii) $\Longrightarrow$ (iii) 是显见的. 故只需证 (iii) $\Longrightarrow$ (i).

1) 定理 11 首先是在文献 [49] 内出现的, 然后文献 [50] 又给了另一个证明,最近在文献 [51] 的定理 3 以及文献 [52] 里又重新证明了它.

设 (iii) 真. 归纳地假定凡满足 (iii) 而阶又小于 $o(G)$ 的群是超可解的. 设 $H < G$, 先取含 H 的 G 之一极大子群 C_1, 并递归地定义 C_{j+1} 为含 H 的 C_j 之一极大子群, 于是由 G 之有限性可知有自然数 m 使 $C_m = H$; 再作 H 的任一个最大子群列

$$H = H_0 > H_1 > H_2 > \cdots > H_{n-1} > H_n = 1, \tag{12}$$

由之可形成 G 的一个最大子群列:

$$\begin{aligned} G = C_0 > C_1 > C_2 > \cdots > C_{m-1} > C_m (= H = H_0) \\ > H_1 > H_2 > \cdots > H_n = 1. \end{aligned} \tag{13}$$

据 (iii) 知 $m + n$ 为定数(不论列 (12) 怎样选取), 因而从 m 为定数可知 n 也必为定数, 这说明了 H 的最大子群列都有相等的长, 即 G 之每真子群 H 满足条件 (iii), 因而从 $o(H) < o(G)$ 且据归纳法之假定得知 G 之每真子群是超可解的, 故由定理 10 知 G 可解. 于是, G 有合成群列, 其长等于 $o(G)$ 之素因数之个数; 因合成群列当然是可解群 G 的一个最大子群列, 故由条件 (iii) 可知 G 的任一个最大子群列都有等长而为 $o(G)$ 之素因数之个数, 这当然包含着这样的事实, 即 G 之每极大子群的指数为素数. 故再据定理 8 得 G 的超可解性. 证完.

关于超可解与扩张的关系, 有下面的定理 13 与 14 两个重要结果.

定理 13 循环群被超可解群的扩张为超可解群.

证明 定理 13 的意义是这样的, 即 $N \lhd G$, N 循环且 G/N 超可解, 我们要证 G 自身也是超可解的.

事实上, G/N 之超可解性说明 G/N 有正规群列如 $G/N = A_0/N > A_1/N > A_2/N > \cdots > A_{r-1}/N > A_r/N$ ($= 1$), 随而 $A_i \lhd G$, 使得 $(A_{i-1}/N)/(A_i/N) \simeq A_{i-1}/A_i$ 是循环的, 因而 G 就有一正规群列 $G = A_0 > A_1 > A_2 > \cdots > A_{r-1} > A_r (= N) > 1$, 而列中每商因子均为循环的, 故据定义即知 G 超可解. 证完.

定理 14 有限群 G 关于其中心的扩张如为超可解的, 则 G 也必是超可解的.

证明 定理 14 的意义是: 若 $G/Z(G)$ 超可解, 则 G 必超可

解，但G是有限群.

事实上，$G/Z(G)$之超可解性说明$G/Z(G)$有正规群列如

$$G/Z(G)=A_0/Z(G)>A_1/Z(G)>\cdots>A_{r-1}/Z(G)$$
$$>A_r/Z(G)(=1),$$

随而$A_i\lhd G$，使得$(A_{i-1}/Z(G))/(A_i/Z(G))\simeq A_{i-1}/A_i$为循环的. G之有限性说明了$Z(G)$是有限交换群，因而$Z(G)$有正规群列$Z(G)=C_0>C_1>\cdots>C_t=1$使每商$C_i/C_{i+1}$为循环的；由于$Z(G)$之每子群在$G$内正规，故每$C_i\lhd G$，而$G$就有正规群列

$$G=A_0>A_1>\cdots>A_{r-1}>A_r(=Z(G)=C_0)$$
$$>C_1>\cdots>C_{t-1}>C_t=1,$$

且列中每商因子皆循环，于是由定义知G超可解，证完.

由定理14，即得

推论 若有限群G之自同构群$A(G)$为超可解群，则G自身也必为超可解的.

事实上，$A(G)$之超可解性保证了$I(G)\simeq G/Z(G)$的超可解，据定理14即知G超可解.

还有一些关于扩张与超可解性有关的结果，就留作习题让读者去作(参看下面的问题6，7，8，9).

我们知道：由G/A与G/B之可解性得G/AB与$G/A\cap B$是可解的(上册第二章§6). 关于超可解，也有

定理 15 若商群G/A与G/B为超可解的，那末G/AB与$G/A\cap B$也都是超可解的.

证明 G/AB之超可解性由$G/AB\simeq(G/A)/(AB/A)$自明. 又从G/A与G/B之超可解性就知道有下二列

$$G=H_0>H_1>H_2>\cdots>H_{t-1}>A\ (=H_t)$$

及

$$G=K_0>K_1>K_2>\cdots>K_{s-1}>B\ (=K_s),$$

使$H_i\lhd G$及$K_i\lhd G$，且H_{i-1}/H_i与K_{i-1}/K_i都是循环的. 考虑G之正规子群列：

$$G > H_1 = H_1 \cap K_0 \geqslant H_1 \cap K_1 \geqslant \cdots \geqslant H_1 \cap K_s$$
$$= H_1 \cap B \geqslant H_2 \cap B \geqslant \cdots \geqslant H_t \cap B = A \cap B.$$
因 $H_1 \cap K_i / H_1 \cap K_{i+1} = (H_1 \cap K_i)/(H_1 \cap K_i) \cap K_{i+1} \simeq (H_1 \cap K_i)K_{i+1}/K_{i+1} \subseteq K_i/K_{i+1}$，故 $H_1 \cap K_i / H_1 \cap K_{i+1}$ 是循环群．又因
$$H_i \cap B / H_{i+1} \cap B \simeq (H_i \cap B)H_{i+1}/H_{i+1} \subseteq H_i/H_{i+1},$$
故 $H_i \cap B / H_{i+1} \cap B$ 也是循环的． 这足以说明 $G/A \cap B$ 之超可解性．证完．

由定理 15，易知下

推论 设 $H = N_1 \times N_2 \times \cdots \times N_s$，每 $N_i \lhd G$，$M_i = \prod_{j \neq i} N_j$．若每 G/M_i 是超可解群，则 G 自身亦必为超可解的．

事实上，当 $s = 2$ 时，由假设 G/N_1 与 G/N_2 之超可解性而据定理 15 确知 $G/N_1 \cap N_2 = G$ 是超可解的．现在由于 G/M_i $(i = 1, 2, \cdots, s-1)$ 是超可解的，故重复利用定理 15 即得
$$G/M_1 \cap M_2 \cap \cdots \cap M_{s-1} = G/N_s$$
是超可解的，因而再由 G/M_s 之超可解性又知 $G/M_s \cap N_s = G$ 为超可解的．证完．

这一节广泛地论述了有关超可解群（有限或无限）的性质．下一节就要研究有限超可解群的构造，即分析有限超可解群之西洛基底的特征．本节到此结束．

问题 1 设群 G 满足对子群的极大条件． 试证： G 为可解之充要条件是 G 之任一个同态像 $H(\neq 1)$ 含有非单位的交换正规子群；又 G 为超可解的充要条件是 G 之任一同态像 $H(\neq 1)$ 含有非单位的循环正规子群．

问题 2 四次交代群 $\mathfrak{A}_4$ 是有限非超可解群中阶最小的．

问题 3 设 G 之每商群 G/N（包括 G）有一切可能阶的子群，G 是超可解吗？以 $\mathfrak{S}_4$ 为例来说明否定性．

问题 4 有限可解群 G 总可以为某群 K 之子群，使 K 有一切可能阶的子群．

提示：$o(G) = p_1^{a_1} \cdots p_n^{a_n}$，作 $p_1^{a_1-1} \cdots p_n^{a_n-1}$ 阶交换群 A，令 $K = G \times A$．设

$p_1^{\beta_1}\cdots p_n^{\beta_n}$ 为 $o(K)=p_1^{2\alpha_1-1}\cdots p_n^{2\alpha_n-1}$ 之因数． 当 $\beta_i\leqslant\alpha_i-1$ 时，取 P_i 为 A 中 $p_i^{\beta_i}$ 阶子群（$\therefore P_i\lhd K$）；当 $\beta_i\geqslant\alpha_i$ 时，令 $\beta_i=\alpha_i+t_i(0\leqslant t_i\leqslant\alpha_i-1)$，取 $P_i=S_i\times A_i$，但 A_i 为 A 中 $p_i^{t_i}$ 阶子群，S_i 为 G 之一组西洛基底 $S_1,\cdots,S_n$ 中的 S_i．再证 $P_1P_2\cdots P_n$ 为 K 中 $p_1^{\beta_1}\cdots p_n^{\beta_n}$ 阶子群．

问题 5　有限可解群 G 之每极大子群的指数为 G 之主群列中的一指数，因之为素数幂．

提示：设 M 极大．若 M 非正规，令 N 是包含在 M 内的 G 之极大正规子群，因而 $N<M$；于是包含在 M/N 内的 G/N 之正规子群只能是单位元群，而由 M/N 在 G/N 内的几乎正规性可知有 $A/N\lhd G/N, B/N\lhd G/N, B<A$，使 $G/N=M/N\cdot A/N$，$M/N\cap A/N=B/N$，故 $B=N$，$G=MA$，$M\cap A=N$．再令 L/N 是 G/N 的一个极小正规子群而有 $L/N\subseteq A/N$，于是 $G/N=M/N\cdot L/N$，$G=ML$，$M\cap L\subseteq N$，不得不有 $M\cap L=N$．由 $[G:M]=[L:M\cap L]=[L:N]$，即得．

问题 6　设 G 为有限群，$N\lhd G$，且 $G/\Phi(N)$ 超可解，试证 G 亦超可解．

问题 7　设 G 为有限群，$N\lhd G$，$N\subseteq\Phi(G)$，且 G/N 超可解，试证 G 也超可解．

问题 8　设 A 为有限群 G 之一个交换正规 p-子群，且 $G/\mho_1(A)$ 是超可解的，试证 G 自身也是超可解群． 但 $\mho_1(A)=\{x^p\mid x\in A\}=A^p$（上册第五章 § 6）．

问题 9　设 A 为有限群 G 之一个幂零正规子群，且 $G/K_2(A)$ 是超可解的，但 $K_2(A)=[A,A]$．试证 G 自身也是超可解．

问题 10　有限群 G 之西洛子群全为循环时，G 必是超可解的．

§ 2. 有限超可解群的西洛塔

超可解群 G 既必可解，于是当 G 有限时，它必有西洛基底，且西洛基底应较一般有限可解群之西洛基底还具有另外一些特征；又由于有限超可解群一般不是幂零解，故所谓另外一些特征当然不是直积的关系．这节的目的就是探索有限超可解群之西洛基底所具有的另一些特征究竟是什么?

设有限群G是超可解,令$o(G)=p_1^{\alpha_1}p_2^{\alpha_2}\cdots p_r^{\alpha_r}$($p_i$素数,$p_1<p_2<\cdots<p_r$). 由§1定理7,$G$有这样的主群列:

$$G=G_1^{(0)}>G_1^{(1)}>\cdots>G_1^{(\alpha_1)}=G_2^{(0)}>G_2^{(1)}>\cdots>G_2^{(\alpha_2)}$$
$$=G_3^{(0)}>\cdots\cdots>G_{r-1}^{\alpha_{r-1}}=G_r^{(0)}>G_r^{(1)}>\cdots>G_r^{(\alpha_r)}=1,$$

使$[G_i^{(i)}:G_i^{(i+1)}]=p_i$,故$o(G_r^{(0)})=p_r^{\alpha_r}$,$o(G_{r-1}^{(0)})=p_{r-1}^{\alpha_{r-1}}p_r^{\alpha_r}$,$\cdots$,$o(G_2^{(0)})=p_2^{\alpha_2}\cdots p_{r-1}^{\alpha_{r-1}}p_r^{\alpha_r}$,即$G_2^{(0)}$,$G_3^{(0)}$,$\cdots$,$G_{r-1}^{(0)}$,$G_r^{(0)}$分别为$G$中阶等于$p_2^{\alpha_2}p_3^{\alpha_3}\cdots p_r^{\alpha_r}$,$p_3^{\alpha_3}\cdots p_r^{\alpha_r}$,$\cdots$,$p_{r-1}^{\alpha_{r-1}}p_r^{\alpha_r}$,$p_r^{\alpha_r}$的正规子群,即指数分别为$p_1^{\alpha_1}$,$p_1^{\alpha_1}p_2^{\alpha_2}$,$\cdots$,$p_1^{\alpha_1}p_2^{\alpha_2}\cdots p_{r-1}^{\alpha_{r-1}}$. 这些正规子群间有$G=G_1^{(0)}>G_2^{(0)}>G_3^{(0)}>\cdots>G_{r-1}^{(0)}>G_r^{(0)}$的关系. 今界说下面的

定义 设$o(G)=p_1^{\alpha_1}p_2^{\alpha_2}\cdots p_r^{\alpha_r}$($p_i$素数,$p_1<p_2<\cdots<p_r$). 若$G$有如$G=K_1>K_2>\cdots>K_r>1$之正规子群列使$o(K_i)=p_i^{\alpha_i}p_{i+1}^{\alpha_{i+1}}\cdots p_r^{\alpha_r}$($i=1,2,\cdots,r$),就叫$G$有西洛塔,而叫$K_1$,$\cdots$,$K_r$,1为$G$的一组西洛塔.

在上册第一章§11内谈过:设$o(G)=p_1^{\alpha_1}p_2^{\alpha_2}\cdots p_r^{\alpha_r}$而$G$又有阶$p_i^{\alpha_i}p_{i+1}^{\alpha_{i+1}}\cdots p_r^{\alpha_r}$的正规子群$K_i$($i=1,2,\cdots,r$),由于

$$(o(K_i),[G:K_i])=1$$

知阶$p_i^{\alpha_i}p_{i+1}^{\alpha_{i+1}}\cdots p_r^{\alpha_r}$的子群$K_i$是唯一的,且还有$1<K_r<K_{r-1}<\cdots<K_2<K_1=G$的必然结果;因之特当$p_1<\cdots<p_r$时,它们就是$G$的一组西洛塔. 故知:当$G$有西洛塔时,其西洛塔只有唯一组.

由西洛塔的定义,可知有限超可解群必有西洛塔. 今问有限超可解群之西洛塔与西洛基底有怎样的关系.

设S_1,S_2,$\cdots$,S_r为G之一组西洛基底(S_i为G的西洛p_i-子群),由$S_iS_j=S_jS_i$可知$G=S_1S_2\cdots S_r$,$S_2S_3\cdots S_r$,$\cdots$,$S_{r-1}S_r$,S_r分别为G中阶等于$p_1^{\alpha_1}p_2^{\alpha_2}\cdots p_r^{\alpha_r}$,$p_2^{\alpha_2}\cdots p_r^{\alpha_r}$,$\cdots$,$p_{r-1}^{\alpha_{r-1}}p_r^{\alpha_r}$,$p_r^{\alpha_r}$的子群,故据上册第一章§11得知超可解群$G$之西洛塔$G=K_1$,$K_2$,$\cdots$,$K_{r-1}$,$K_r$,1与西洛基底$S_1$,$S_2$,$\cdots$,$S_r$之关系为$K_i=S_iS_{i+1}\cdots S_r$($i=1,2,\cdots,r$). 证得了

定理 1 有限超可解群G之任一组西洛基底S_1,S_2,$\cdots$,S_r

$(o(G)=p_1^{\alpha_1}p_2^{\alpha_2}\cdots p_r^{\alpha_r},\ p_1<p_2<\cdots<p_r)$ 恒能组成 G 之唯一组西洛塔，即 $S_iS_{i+1}\cdots S_r\lhd G\ (i=1,2,\cdots,r)$.

定理 1 说明了有限可解群为超可解时，它必有西洛塔且任一组西洛基底都能组成它的唯一组西洛塔. 但反之，有西洛塔的群只是可解的，不敢说它必为超可解的. 为什么？有西洛塔的群必为可解的易证，因为若 G 有西洛塔 $K_1,\cdots,K_r,1\ (o(K_i)=p_i^{\alpha_i}p_{i+1}^{\alpha_{i+1}}\cdots p_r^{\alpha_r},\ K_i\lhd G,\ o(G)=p_1^{\alpha_1}p_2^{\alpha_2}\cdots p_r^{\alpha_r},\ p_1<p_2<\cdots<p_r)$，则 $G=K_1>K_2>\cdots>K_r>1$ 为 G 之正规群列且商因子均为素数幂阶的，故加细为主群列后得主群列的商因子亦皆为素数幂阶的，这就说明了 G 之可解性. 至于有西洛塔的群可以不是超可解的，可看下例.

例 1 设 $A=\{a\}\times\{b\}$ 是 $3^2=9$ 阶初等交换群 $(a^3=b^3=1=[a,b])$，则 $G=\sum\limits_{i=0}^{3}Ag^i$ 为阶 $2^2\cdot3^2=36$ 且有西洛塔的非超可解群. 但 $g^{-1}ag=b^{-1},\ g^{-1}bg=a,\ g^4=1$.

证明 因 A 之自同构群 $A(A)$ 的阶等于 $3(3-1)(3^2-1)=3\cdot2^4$；考虑映射 σ: $\begin{cases}a\to a^\sigma=b^{-1}\\ b\to b^\sigma=a,\end{cases}$ 易知 $\sigma\in A(A)$，这是因为

$$\begin{pmatrix}0 & -1\\ 1 & 0\end{pmatrix}\in GL(2,Z_3).$$

并有 $\sigma^4=1(o(\sigma)=4)$，因而 $\sigma^4=I_1$（由单位元 1 诱导的 A 之恒等内自同构），故据上册第四章 § 3 定理 1 得知有 A 被 4 阶循环群的一个扩张，且扩张中恰有一组代表元系 $1,g,g^2,g^3$ 具性质：

$$x\rightleftarrows x^\sigma=g^{-1}xg\ (x\in A)\ 与\ g^4=1.$$

这说明了例 1 中的 G 确为 $2^2\cdot3^2=36$ 阶群，因而当然是可解的且有 $A\lhd G$. 由 G 之可解性，知 G 有西洛基底 S_1,S_2，即 $o(S_1)=2^2$，$o(S_2)=3^2$，$S_1S_2=S_2S_1=G$；并因 $A\lhd G$，$(o(A),[G:A])=(9,4)=1$，不得不有 $S_2=A\lhd G$，这就说明了 G 有西洛塔.

若 G 超可解，则由 § 1 定理 7 知 G 有 3 阶正规子群，即有元 $a^\lambda b^\mu$ 使 $o(a^\lambda b^\mu)=3$，及 $(a^\lambda b^\mu)^t=g^{-1}(a^\lambda b^\mu)g=a^\mu b^{-\lambda}$，故 $\lambda t\equiv\mu$

与 $\mu t\equiv-\lambda\ (\mathrm{mod}\ 3)$，于是 λ 与 μ 中有一个 $\equiv 0\ (\mathrm{mod}\ 3)$ 时，另一也必 $\equiv 0\ (\mathrm{mod}\ 3)$，故据 $o(a^{\lambda}b^{\mu})=3$ 知只能是 $\lambda\mu\not\equiv 0\ (\mathrm{mod} 3)$，因之必有 $t\not\equiv 0(\mathrm{mod}\ 3)$．另方面，有 $\lambda t(-\lambda)\equiv\mu\cdot\mu t\ (\mathrm{mod}\ 3)$ $\Longrightarrow(\lambda^2+\mu^2)t\equiv 0\ (\mathrm{mod}\ 3)$，故从 $t\not\equiv 0\ (\mathrm{mod}\ 3)$ 得 $\lambda^2+\mu^2\equiv 0(\mathrm{mod}\ 3)$，这显与 $\lambda\mu\not\equiv 0\ (\mathrm{mod}\ 3)$ 相抵，不可．于是 G 非超可解，证完．

这例 1 说明了具西洛塔的有限可解群可以不是超可解的，故具西洛塔只是有限群为超可解的必要条件，并非充分条件．因之欲在有限可解群 G 之西洛基底间寻找关系而使这关系能令 G 是超可解的充要条件，那末西洛基底除了能组成西洛塔外，应还具有别的性质，这不得不引起我们的注意．下面来探索之．

先设 G 为有限超可解群．令 P 是 G 之一西洛 p- 子群，考虑 $N_G(P)$ 及 $Z_G(P)$．因 $Z_G(P)\lhd N_G(P)$，故有商群 $N_G(P)/Z_G(P)\simeq\Theta\subseteq A(P)$——上册第一章 § 9，且实际上凡属于 Θ 之元（P 之自同构）σ 都可以用 $N_G(P)$ 之某元 g 变 P 的形而得，即当 $\sigma\in\Theta$ 时必有元 $g\in N_G(P)$ 使 $x^{\sigma}=g^{-1}xg$ 对任 $x\in P$ 恒成立．

由 G 之超可解性得 $N_G(P)$ 之超可解，故从 $P\lhd N_G(P)$ 知有 $N_G(P)$ 的正规子群列

$$1=P(0)<P(1)<P(2)<\cdots<P(k-1)<P(k)=P$$

（即每 $P(i)\lhd N_G(P)$）使 $P(i+1)/P(i)$ 为 p 阶循环．显然，凡属于 $\Theta\simeq N_G(P)/Z_G(P)$ 之 P 的自同构均使每 $P(i)$ 不变．今令 Θ^* 表示 Θ 中这样一些元素（P 之自同构）而成的子集合，即使在每商群 $P(i+1)/P(i)$ 中所诱导的皆为这商群的恒等自同构，这无异乎是说对每 $a\in P(i+1)$ 恒有 $a^{\sigma}a^{-1}\in P(i)$ 及 $a^{-1}a^{\sigma}\in P(i)$ 的 Θ 中一切 σ 之子集令为 Θ^*，但 $i=0, 1, \cdots, k-1$．

首先可断言 $\Theta^*\lhd\Theta$．为什么呢？因若 $\sigma, \tau\in\Theta^*$，则对每 $a\in P(i+1)$ 有 $a^{\sigma}\in P(i+1)$，故 $(a^{\sigma})^{\tau}(a^{\sigma})^{-1}\in P(i)$，然而又因 $a^{\sigma}a^{-1}\in P(i)$，故结果可知 $a^{\sigma\tau}a^{-1}=(a^{\sigma})^{\tau}(a^{\sigma})^{-1}\cdot a^{\sigma}a^{-1}\in P(i)$，即 $\sigma\tau\in\Theta^*$，证明了 Θ^* 为 Θ 之子群；其次，当 $\sigma^*\in\Theta^*$ 及 $\sigma\in\Theta$ 时，对任 $a\in P(i+1)$ 有 $a^{\sigma^{-1}\sigma^*\sigma}a^{-1}=a^{\sigma^{-1}\sigma^*\sigma}(a^{-1})^{\sigma^{-1}\sigma}=[a^{\sigma^{-1}\sigma^*}(a^{-1})^{\sigma^{-1}}]^{\sigma}=$

b^{σ}，而 $b=(a^{\sigma^{-1}})^{\sigma^*}(a^{\sigma^{-1}})^{-1}\in P(i)$，因之 $b^{\sigma}\in P(i)$，证明了

$$a^{\sigma^{-1}\sigma^*\sigma}a^{-1}\in P(i)\text{，即 }\sigma^{-1}\sigma^*\sigma\in\Theta^*\text{，}$$

这就证明了 $\Theta^*\lhd\Theta$.

又能断言 Θ^* 为 p-群.为什么呢？设 $\sigma\in\Theta^*$，于是对 $x_1\in P(1)$ 应得 $x_1^{\sigma}x_1^{-1}\in P(0)=1\Longrightarrow x_1^{\sigma}=x_1\Longrightarrow\sigma$ 为 $P(1)$ 之恒等自同构；再对 $x_2\in P(2)$ 因有 $x_2^{\sigma}x_2^{-1}=x_1\in P(1)$，故 $x_2^{\sigma^2}=(x_1x_2)^{\sigma}=x_1^{\sigma}x_2^{\sigma}=x_1x_1x_2=x_1^2x_2$，归纳地可证 $x_2^{\sigma^n}=x_1^nx_2$，因而得 $x_2^{\sigma^p}=x_1^px_2=x_2$，说明 $\sigma_1=\sigma^p$ 诱导了 $P(2)$ 的恒等自同构；于是再对 $x_3\in P(3)$ 从 $x_3^{\sigma_1}x_3^{-1}=x_2\in P(2)$ 得 $x_3^{\sigma_1}=x_2x_3$，又归纳地可证 $x_3^{\sigma_1^n}=x_2^nx_3$，故有 $x_3^{\sigma_1^{p^2}}=x_2^{p^2}x_3=x_3$，即 $\sigma_2=\sigma_1^{p^2}=\sigma^{p^{1+2}}$ 诱导了 $P(3)$ 之恒等自同构. 继续这方法，最后可知 $\sigma^{p^{1+2+\cdots+(k-1)}}=\sigma^{p^{\frac{1}{2}k(k-1)}}$ 得诱导 $P(k)=P$ 之恒等自同构，这无异乎是说 Θ^* 中每元 σ 的阶为 p 之幂，即 Θ^*为 p-群.

由上面两段，已知 Θ^* 是 Θ 的一个正规 p-子群.由于 $P(i+1)/P(i)$ 是 p-阶循环，知 $P(i+1)/P(i)$ 的自同构群为 $p-1$ 阶循环，故由于 Θ 之每元 σ 诱导 $P(i+1)/P(i)$ 之一自同构，知 σ^{p-1} 诱导出 $P(i+1)/P(i)$ 的恒等自同构，这就是说 Θ 中每元 σ 之 $p-1$ 次幂恒在子群 Θ^* 内，故若令由 Θ 之元之 m 次幂所生成的子群表为 Θ^m，即 $\Theta^m=\{\sigma^m|\sigma\in\Theta\}$，则 $\Theta^{p-1}\subseteq\Theta^*$. 又 $P(i+1)/P(i)$ 之自同构群的循环性保证了交换性，故对任 $\sigma,\tau\in\Theta$，可知 $\sigma\tau$ 与 $\tau\sigma$ 诱导 $P(i+1)/P(i)$ 之同一个自同构，即 $[\sigma,\tau]=\sigma^{-1}\tau^{-1}\sigma\tau$ 诱导 $P(i+1)/P(i)$ 的恒等自同构，这也就证明了 $\Theta'=[\Theta,\Theta]\subseteq\Theta^*$.

总之，上面已解决了 $\Theta^{p-1}\subseteq\Theta^*$ 与 $\Theta'=[\Theta,\Theta]\subseteq\Theta^*$，故知 Θ^{p-1} 与 $\Theta'=[\Theta,\Theta]$ 都是 p-群.于是由 $N_G(P)/Z_G(P)\simeq\Theta$ 知 $(N_G(P)/Z_G(P))^{p-1}$ 与 $(N_G(P)/Z_G(P))'$ 也都是 p-群. 故得

定理 2 有限超可解群 G 具有下二性质:

(i) G 有西洛塔；

(ii) 对 G 之任何西洛 p-子群 P，恒有 $(N_G(P)/Z_G(P))'$ 与 $(N_G(P)/Z_G(P))^{p-1}$ 为 $N_G(P)/Z_G(P)$ 之 p-子群.

附注 证明定理 2 之全部过程中，若仔细观察一下，只用上了子群 P 为 p-群这一点，至于 P 是否为西洛 p-群根本没有关系．所以较性质 (ii) 有更强的结论，即

(iii) 对 G 之任何 p-子群 P，恒有 $(N_G(P)/Z_G(P))'$ 与 $(N_G(P)/Z_G(P))^{p-1}$ 为 $N_G(P)/Z_G(P)$ 之 p-子群.

我们知道有限群为幂零时当然是超可解的，故有限幂零群有西洛塔自明(实际上不仅有西洛塔，且还是西洛子群的直积)．至于有限幂零群具定理 2 中性质 (ii) 与性质 (iii) 究竟是怎么一回事呢？设 P 为有限幂零群 G 之一 p-子群，若令 $G=S_p\times M$ (S_p 为 G 之唯一的西洛 p-子群，M 为 S_p 之补子群)，则 $P\subseteq S_p$，且易知 $N_G(P)=N_{S_p}(P)\times M$，$Z_G(P)=Z_{S_p}(P)\times M$，故 $N_G(P)/Z_G(P)\simeq N_{S_p}(P)/Z_{S_p}(P)$ 已为 p-群，当然 $(N_G(P)/Z_G(P))'$ 与 $(N_G(P)/Z_G(P))^{p-1}$ 也必然是 p-群，这说明了性质(ii)与(iii)是理所当然的.

我们再看有限非超可解群之可解群 G 究属若何？这时即令 G 有西洛塔，也不见得它具有上述的性质(ii)，因而性质 (iii)，例如上例 1 中 $A=\{a\}\times\{b\}$ 为 G 之西洛 3-子群，$A\lhd G\Longrightarrow N_G(A)=G$，又易知道 g, g^2, g^3 都不在 $Z_G(A)$ 内，故 $Z_G(A)=A$，于是 $N_G(A)/Z_G(A)=G/A$ 为 4 阶循环群 ($\simeq\{g\}$)，因而 $(N_G(A)/Z_G(A))^{p-1}=(G/A)^2$ 为 2 阶循环，当然不是 $N_G(A)/Z_G(A)$ 的 3-子群，即性质 (ii) 不真，因而性质 (iii) 亦不真．由此可见性质 (i) 与 (ii) 对有限可解群不见得成立，对有限幂零群是不言而喻的正确，只是对有限超可解群才有现实的意义.

现在提这样一个问题，即定理 2 中 (i)，(ii) 两性质是有限超可解群的特有性质吗？换言之，也就是问定理 2 的逆定理成立吗？答案是肯定的．先叙述一些预备知识.

引理 1 设 $A\lhd G$，P 为 A 之西洛 p-子群，则 $G=A\cdot N_G(P)$.

证明 $g\in G\Longrightarrow g^{-1}Ag=A$，故 $g^{-1}Pg$ 亦为 A 之西洛 p-子群，因而有 $a\in A$ 使 $a^{-1}Pa=g^{-1}Pg$，即 $ga^{-1}\in N_G(P)$，$g\in A\cdot N_G(P)$，证完.

引理 2 设 M 为有限群 G 的极小正规子群，且素数 $p\mid o(M)$，

则M为p阶循环群的充要条件是

$$(G/Z_G(M))' = (G/Z_G(M))^{p-1} = 1.$$

证明 条件的必要性易明：因为M为p阶循环$\Rightarrow$其自同构群$A(M)$为$p-1$阶循环，故当然有$A(M)' = A(M)^{p-1} = 1$；但$G/Z_G(M) \subseteq A(M)$，故得$(G/Z_G(M))' = (G/Z_G(M))^{p-1} = 1$.

于是下面只需证条件的充分性.

M在G内的极小正规性$\Rightarrow$ M为特征单群$\Rightarrow M = M_1 \times M_2 \times \cdots \times M_t$，每$M_i$为单群且$M_i \cong M_j$. 从$(G/Z_G(M))' = 1$知$G/Z_G(M)$为交换的，即对$G$之任二元$x$，$y$恒有$[x, y] = x^{-1}y^{-1}xy \in Z_G(M)$，故对$M_1$言当然也有$M_1' = [M_1, M_1] \subseteq Z_G(M)$，即$M_1'$之每元与$M$之各元可交换，因而也与$M_1$之各元可交换，不得不有$M_1' \subseteq Z(M_1)$，故$M_1$为幂零，不能为非交换单群，因之为交换单群，随而$M$为初等交换$p$-群（$\because p | o(M)$）. 于是$A(M) \simeq GL(t, p)$. 令$G$之元$g$作用（共轭地）在$M$上所得的$M$之自同构表以$\phi_g$，即$\phi_g \in G/Z_G(M) \subseteq A(M) \simeq GL(t, p)$，由于$(G/Z_G(M))^{p-1} = 1$知$\phi_g^{p-1} = \mathbf{1}$（$M$的恒等自同构），故借$A(M) \simeq GL(t, p)$令$\phi_g$在$GL(t, p)$内对应的矩阵为$\Delta_g$，则从$\phi_g^{p-1} = \mathbf{1}$知$\Delta_g^{p-1} = E$，即$\lambda^{p-1} - 1$为$\Delta_g$的零化多项式，由于$\lambda^{p-1} - 1$的根全在$GF(p)$内且无重根，故$\Delta_g$与对角矩阵相似（在$GL(t, p)$内），这无异乎是说可适当地选取$M$之$t$个底元如$x_1, x_2, \cdots, x_t$使得$M = \{x_1\} \times \{x_2\} \times \cdots \times \{x_t\}$，$o(x_i) = p$，且对每$g \in G$恒有$x_i^{\phi_g} = g^{-1}x_i g = x_i^{\lambda_i}$ $(i = 1, \cdots, t)$及$(\lambda_i, p) = 1$，故每$\{x_i\} \lhd G$，于是由M在G内的极小正规性不得不有$t = 1$，即M为p阶循环. 证完.

引理 3 凡有西洛塔的群必是可解的，且它的任何子群与商群也都有西洛塔.

证明 设G有西洛塔. 令$o(G) = p_1^{a_1}p_2^{a_2}\cdots p_r^{a_r}$ $(p_1 < p_2 < \cdots < p_r)$，则$G$有正规子群列如

$$G = K_1 > K_2 > \cdots > K_r > 1,$$

使$o(K_i) = p_i^{a_i}p_{i+1}^{a_{i+1}}\cdots p_r^{a_r}$ $(i = 1, 2, \cdots, r)$.

设H为 G 之子群，于是 $o(H)=p_1^{\beta_1}p_2^{\beta_2}\cdots p_r^{\beta_r}$ ($\beta_i\leqslant\alpha_i$)，由 $o(HK_i/K_i)\mid o(G/K_i)=p_1^{\alpha_1}\cdots p_{i-1}^{\alpha_{i-1}}$ 及 $HK_i/K_i\simeq H/H\cap K_i$ 可知 $[H:H\cap K_i]$ 与 $p_ip_{i+1}\cdots p_r$ 互素，故有 $o(H\cap K_i)=p_i^{\beta_i}p_{i+1}^{\beta_{i+1}}\cdots p_r^{\beta_r}$ ($i=1,2,\cdots,r$)，即说明了H有西洛塔如 $H=H\cap K_1>H\cap K_2>\cdots>H\cap K_{r-1}>H\cap K_r>1$.

再令 $N\lhd G$，考虑商群 G/N. 因为 $o(NK_i/N)=o(K_i/N\cap K_i)=p_i^{\alpha_i-\beta_i}p_{i+1}^{\alpha_{i+1}-\beta_{i+1}}\cdots p_r^{\alpha_r-\beta_r}$，式中 $o(N)=p_1^{\beta_1}p_2^{\beta_2}\cdots p_r^{\beta_r}$，故由 $o(G/N)=p_1^{\alpha_1-\beta_1}p_2^{\alpha_2-\beta_2}\cdots p_r^{\alpha_r-\beta_r}$ 及 $NK_i/N\lhd G/N$ 则知 G/N有西洛塔 $G/N=NK_1/N>NK_2/N>\cdots>NK_r/N>1$.

至于G之可解性早在讲上面的例 1 以前就说过了. 也可直接证于下：从 K_r 与 K_{r-1}/K_r 均为素数幂阶的，知均为幂零，因而 K_{r-1} 可解；再由 K_{r-2}/K_{r-1} 之幂零性又知 K_{r-2} 可解；继续这手续，可逐次得知 $K_{r-3},\cdots,K_2$ 一直到 $K_1=G$ 都可解. 证完.

有了这些引理，不难解决本节的主要问题，即下面的

定理 3（有限超可解群的构造定理） 有限群 G 为超可解的充要条件是：

(i) G有西洛塔；

(ii) 对G之任一个西洛 p-子群P，$(N_G(P)/Z_G(P))'$ 与 $(N_G(P)/Z_G(P))^{p-1}$

都是 $N_G(P)/Z_G(P)$ 的 p-子群（文献 [53]）.

证明 条件的必要性已见定理 2，只需解决条件的充分性. 关于群阶用归纳法来证明.

令 p 是 $o(G)$ 的最大素因数. G有西洛塔就说明G有唯一个西洛 p-子群 S_p，即 $S_p\lhd G$. 于是 $1<Z(S_p)\lhd G$. 取含于 $Z(S_p)$ 内的G之极小正规子群 M，下面将先解决M为 p 阶循环群.

若 $M<S_p$，取 S_p 在G内的补子群 H（H之存在由G之可解性而知），则 $MH<S_pH=G$. MH 有西洛塔（引理 3）. 这时因 M 是 MH 的西洛 p-子群，由于 $Z_G(M)\supseteq Z_G(S_p)$，故知 $gZ_G(S_p)\to gZ_G(M)$ 为商群 $G/Z_G(S_p)$ 在 $G/Z_G(M)$ 上的同态映射，即 $G/Z_G(S_p)\sim G/Z_G(M)$. 但因 $MH/Z_{MH}(M)=MH/Z_G(M)\cap(MH)\simeq$

$MH\cdot Z_G(M)/Z_G(M)\subseteq G/Z_G(M)$，故由 $(G/Z_G(S_p))'$ 与 $(G/Z_G(S_p))^{p-1}$ 为 p-群得知 $(G/Z_G(M))'$ 与 $(G/Z_G(M))^{p-1}$ 为 p-群，随而 $(MH/Z_{MH}(M))'$ 与 $(MH/Z_{MH}(M))^{p-1}$ 都是 p-群.

对于 $o(MH)$ 的其他素因数 q，因 MH 的西洛 q-子群 Q 同时也是 G 之西洛 q-子群，且

$$N_{MH}(Q)/Z_{MH}(Q)=N_{MH}(Q)/Z_G(Q)\cap N_{MH}(Q)$$
$$\simeq N_{MH}(Q)\cdot Z_G(Q)/Z_G(Q)\subseteq N_G(Q)/Z_G(Q),$$

故从假设 $(N_G(Q)/Z_G(Q))'$ 与 $(N_G(Q)/Z_G(Q))^{q-1}$ 为 q-群即知 $(N_{MH}(Q)/Z_{MH}(Q))'$ 与 $(N_{MH}(Q)/Z_{MH}(Q))^{q-1}$ 也都是 q-群.

今因 $o(MH)<o(G)$，故由归纳的假定知 MH 为超可解群，于是存在 MH 的 p 阶循环正规子群 C；由于 M 是 MH 之唯一的西洛 p-子群，故 $C\subseteq M$；因而从 $C\subseteq M\subseteq Z(S_p)$ 当然有 $C\lhd S_p$，于是也必有 $C\lhd S_pH=G$，故从 M 之极小正规性就不得不有 $M=C$ 为 p 阶循环.

若 $M=S_p$，则从 $M\subseteq Z(S_p)$ 知 $S_p=Z(S_p)$，S_p 交换，故 $M=S_p\subseteq Z_G(S_p)=Z_G(M)$，于是 $o(G/Z_G(S_p))$ 不含有素因数 p，故题设 $(G/Z_G(S_p))'$ 与 $(G/Z_G(S_p))^{p-1}$ 为 p-群就不得不有

$$(G/Z_G(S_p))'=1=(G/Z_G(S_p))^{p-1},$$

即 $(G/Z_G(M))'=1=(G/Z_G(M))^{p-1}$，因之据引理 2 知 M 为 p 阶循环.

总之，不论 $M<S_p$ 或 $M=S_p$，恒有 M 为 p 阶循环.

又 G/M 有西洛塔(引理 3)，并将自然同态 $G\sim\bar{G}=G/M$ 记为 π，即 $g^\pi=gM$ (任 $g\in G$). $\bar{G}$ 之一个西洛子群 $\bar{P}$ 当然是 G 中一个西洛子群 P 的象；考虑 $N_{\bar{G}}(\bar{P})$ 在 G 中的原象，令为 H，则 $\bar{P}$ 的原象为 $PM\lhd H$. 据引理 1 又有 $H=PM\cdot N_H(P)$，故

$$H=M\cdot N_H(P)\subseteq M\cdot N_G(P);$$

但由于显然有 $H\supseteq M\cdot N_G(P)$，故必有 $H=M\cdot N_G(P)$，即 $N_{\bar{G}}(\bar{P})$ 之原像为 $M\cdot N_G(P)$，即 $N_G(P)^\pi=N_{\bar{G}}(\bar{P})$. 又显然易证 $Z_G(P)^\pi\subseteq Z_{\bar{G}}(\bar{P})$，于是 π 得诱导一个满同态:

$$\bar{\pi}:\ N_G(P)/Z_G(P)\to N_{\bar{G}}(\bar{P})/Z_{\bar{G}}(\bar{P}),$$

即其意义为：当 $g\in N_G(P)$ 时，$N_G(P)/Z_G(P)$ 之元 $gZ_G(P)$ 经映射 π 映为 $(gZ_G(P))^\pi = g^\pi\cdot Z_G(P)^\pi\subseteq g^\pi\cdot Z_{\bar G}(\bar P)\in N_{\bar G}(\bar P)/Z_{\bar G}(\bar P)$，也就是映射 π 使 $N_G(P)/Z_G(P)$ 之每元 $gZ_G(P)$ 映为

$$(gZ_G(P))^\pi = g^\pi Z_{\bar G}(\bar P)\in N_{\bar G}(\bar P)/Z_{\bar G}(\bar P),$$

且易知 π 为同态的；又 $N_{\bar G}(\bar P)/Z_{\bar G}(\bar P)$ 之每元 $\bar g Z_{\bar G}(\bar P)$ 由于

$$N_G(P)^\pi = N_{\bar G}(\bar P)$$

知有 $g\in N_G(P)$ 使 $g^\pi=\bar g$，于是 $N_G(P)/Z_G(P)$ 有元 $gZ_G(P)$ 经映射 π 映为

$$(gZ_G(P))^\pi = g^\pi Z_{\bar G}(\bar P) = \bar g Z_{\bar G}(\bar P),$$

说明了 $N_{\bar G}(\bar P)/Z_{\bar G}(\bar P)$ 之每元得为 $N_G(P)/Z_G(P)$ 之某元之象（关于映射 π）. 故 π 使 $N_G(P)/Z_G(P)\sim N_{\bar G}(\bar P)/Z_{\bar G}(\bar P)$，即上述所谓满同态之意义.

由是可知：设 $\bar P$ 为西洛 p_1-子群，则 P 为 G 之西洛 p_1-子群，故由题设 $(N_G(P)/Z_G(P))'$ 与 $(N_G(P)/Z_G(P))^{p_1-1}$ 为 p_1- 群以及从 $N_G(P)/Z_G(P)\sim N_{\bar G}(\bar P)/Z_{\bar G}(\bar P)$，就知道

$$(N_{\bar G}(\bar P)/Z_{\bar G}(\bar P))' \text{ 与 } (N_{\bar G}(\bar P)/Z_{\bar G}(\bar P))^{p_1-1}$$

亦为 p_1-群. 这说明了 $\bar G$ 满足定理 3 之条件 (i) 与 (ii)，故从 $o(\bar G)<o(G)$ 而由归纳法的假设知 $\bar G=G/M$ 超可解，因之由 M 之循环性知 G 亦超可解. 证完.

有限超可解群 G 之西洛子群也还有一些别的重要性质，如下面的定理 4，5，6.

定理 4 有限超可解群 G 之西洛子群的换位子群恒为 G 的正规子群.

事实上，还有较定理 4 更一般的

定理 5 设有限超可解群 G 之子群 H 的阶与其指数互素，即 $(o(H),[G:H])=1$，则 H 之换位子群在 G 内正规，即

$$H'=[H,H]\lhd G.$$

由于超可解群之换位子群恒为幂零的（上一节的定理 5），而换位子群为幂零群的群却不必是超可解的，故还有较定理 5 更一般的

定理 6 设有限群G之换位子群 $G'=[G, G]$ 是幂零的，则凡具性质 $(o(H),[G:H])=1$ 之子群H的换位子群 $H'=[H, H]$ 在G内必是正规的.

证明 归纳地假定这定理对于阶小于 $o(G)$ 的群是成立的. 若 $G'=[G, G]=1$，当然有 $H'=[H, H]=1$，这时 $H'\lhd G$ 是显然的. 故需考虑的是 $G'=[G, G]\neq 1$ 的情况.

如有一素数 $p\mid o(G')$ 且 $p\nmid o(H)$ 时，则由 G' 之幂零性知 G'的西洛 p- 子群 $P\lhd\lhd G'$，故 $P\lhd G$，而有商群 G/P 且 $o(G/P)<o(G)$. 但因 $\bar{G}=G/P$ 之换位子群 $\bar{G}'=[\bar{G}, \bar{G}]=G'P/P$ 中的 G' 与 P 均为G之幂零正规子群，故 $G'P$ 亦幂零，因之 $\bar{G}'$ 亦幂零；又因

$$o(HP/P)=o(H)/o(H\cap P)=o(H),$$
$$[G/P:HP/P]=[G:HP]\mid[G:H],$$

故从 $(o(H),[G:H])=1$ 就有 $(o(\bar{H}),[\bar{G}:\bar{H}])=1$（式中 $\bar{H}=HP/P$)，因而据归纳法的假定，得知 $\bar{H}'=[\bar{H}, \bar{H}]\lhd\bar{G}$，故 $H'P\lhd G$. 然而因 $H'P\subseteq G'$，故由 G' 的幂零性以及 H' 中元与P中元的阶互素，可知 H' 与 P 之元素间两两可交换，故 $H'P=H'\times P$；且因 $(o(H'), o(P))=1$，故尚有 $H'\lhd\lhd H'P$，于是由 $H'P\lhd G$ 得 $H'\lhd G$. 这说明了当有素数 p 使 $p\mid o(G')$ 及 $p\nmid o(H)$ 时，定理 6 是成立的.

如果这样的素数 p 不存在，也就是说 $o(G')$ 之每个素因数都是 $o(H)$ 的素因数时，那末由于 $(o(H),[G:H])=1$ 可知必有 $o(G')\mid o(H)$，故从 G' 之幂零性得G之可解性就知道有元 $x\in G$使 $G'\subseteq x^{-1}Hx$（上册第二章 § 7)，也就是说 $G'=xG'x^{-1}\subseteq H$，故 $H\lhd G$，因而从 $H'\lhd\lhd H$ 可知 $H'\lhd G$.

定理 6 于是完全获证.

前节的定理 10 说过：凡真子群都是超可解的有限群必是可解群. 并在该定理的后面列举了例 1 说明了：当这有限群之阶只含不多于三个互异的素因数时，这群也只能是可解的，可以不是超可解的. 现在可利用定理 3 来解决：当群阶至少含有四个不同的素因数时，若它的真子群全是超可解的，则这群自身也必为超可解的. 为此，我们索性证明一般的结果，即当有限群有四个指数两两

互素的超可解子群时，这群自身也是超可解的. 先证下面的

引理 4 设有限群G有三个指数两两互素的交换子群，则G自身必为交换的.

证明 取$o(G)$之任一个素因数p，并设H_1, H_2, H_3为G之三个交换子群，且$[G:H_1], [G:H_2], [G:H_3]$两两互素. 令$p^r \| o(G)$，则$H_i\ (i=1, 2, 3)$中至少有两个的阶含$p^r$为因数，不妨设为$H_1$与$H_2$. 于是由$([G:H_1], [G:H_2])=1$得$G=H_1H_2$可知$p^r \| o(H_1 \cap H_2)$. 令$P$为$H_1 \cap H_2$的西洛$p$-子群，则$P$当然也是$H_1$与$H_2$的西洛$p$-子群；故由$H_1$与$H_2$的交换性知$P \lhd H_1$, $P \lhd H_2$，从而$P \lhd H_1H_2=G$且P交换. 这说明了G之任何西洛子群是交换正规的，故G得写为西洛子群之直积，因而亦必交换. 故云.

现在可解决下面的

定理 7 有四个指数两两互素的超可解子群的有限群也一定是超可解的.

证明 设有限群G有四个指数两两互素的超可解子群H_1, H_2, H_3, H_4. 我们的目的是要证明G自身也为超可解群.

首先注意的是：G之任何同态像G/N也有四个指数两两互素的超可解子群. 事实上，因为$[G/N:H_iN/N]=[G:H_iN] \mid [G:H_i]\ (i=1, 2, 3, 4)$，且$H_iN/N \simeq H_i/H_i \cap N$又说明了$H_iN/N$之超可解性，故$H_iN/N\ (i=1, 2, 3, 4)$即为$G/N$之四个指数两两互素的超可解子群.

今归纳地假定凡有四个指数两两互素的超可解子群的有限群一定是超可解的，只要这群的阶小于$o(G)$. 于是据此归纳法的假定可知G的任何真同态像G/N为超可解群.

今令p为$o(G)$之最大素因数，$p^r \| o(G)$，由$H_i\ (i=1, 2, 3, 4)$之指数两两互素可知H_i中至少有三个的阶含p^r为因数，不妨设它们是H_1, H_2, H_3，于是与证引理4时完全同理可知$p^r \| o(H_1 \cap H_2)$；令P是$H_1 \cap H_2$的西洛p-子群，则P当然也是H_1与H_2的(因而同时也是G的)西洛p-子群；然而从H_1与H_2的超可解性知$P \lhd H_1$与$P \lhd H_2$，故$P \lhd H_1H_2=G$，而有商群G/P，即G有唯一的西

洛 p-子群 P，因之 P 也是 H_3 的西洛 p-子群. 又因 $1<Z(P)\lhd\lhd P$，故 $1<Z(P)\lhd G$，今令 M 为含在 $Z(P)$ 内的 G 之极小正规子群，则有 G 之真同态像 G/M，因而 G/M 是超可解的，于是若能证明 M 为循环群，则 G 自身必超可解（§1 定理 13），问题就解决了.

由于 $M\subseteq Z(P)\subseteq P\subseteq H_i$ $(i=1,2,3)$ 知 $M\lhd H_i$ $(i=1,2,3)$，故从 H_i 之超可解 $(i=1,2,3)$ 而据定理 2 后面的附注中性质（iii）得知 $(H_i/Z_{H_i}(M))'$ 与 $(H_i/Z_{H_i}(M))^{p-1}$ 皆为 p-群. 因显然有 $P\subseteq Z_{H_i}(M)$，故 $p\nmid o(H_i/Z_{H_i}(M))$，于是 $H_i/Z_{H_i}(M)$ 之 p-子群只能是单位元群，不得不有

$$(H_i/Z_{H_i}(M))'=1=(H_i/Z_{H_i}(M))^{p-1}.$$

然而从 $(H_i/Z_{H_i}(M))'=1$ 知 $H_i/Z_{H_i}(M)$ 交换 $(i=1,2,3)$，而 $H_i/Z_{H_i}(M)=H_i/H_i\cap Z_G(M)\simeq H_iZ_G(M)/Z_G(M)$ 说明了 $H_iZ_G(M)/Z_G(M)$ 为 $G/Z_G(M)$ 的交换子群 $(i=1,2,3)$；又

$$[G/Z_G(M):H_iZ_G(M)/Z_G(M)]=[G:H_iZ_G(M)]\mid[G:H_i],$$

故由 $[G:H_1]$，$[G:H_2]$，$[G:H_3]$ 两两互素得知 $G/Z_G(M)$ 有三个指数两两互素的交换子群 $H_iZ_G(M)/Z_G(M)$ $(i=1,2,3)$，于是据引理 4 可知 $G/Z_G(M)$ 为交换群，因而 $(G/Z_G(M))'=1$. 又因 $(H_i/Z_{H_i}(M))^{p-1}=1\Longrightarrow(H_iZ_G(M)/Z_G(M))^{p-1}=1$，故从 $G=H_1H_2$ 得 $G/Z_G(M)=H_1Z_G(M)/Z_G(M)\cdot H_2Z_G(M)/Z_G(M)$，而据 $G/Z_G(M)$ 之交换性可知有

$$(G/Z_G(M))^{p-1}=(H_1Z_G(M)/Z_G(M))^{p-1}\cdot(H_2Z_G(M)/Z_G(M))^{p-1}=1.$$

于是由 $(G/Z_G(M))'=1=(G/Z_G(M))^{p-1}$ 而据引理 2 可知 M 为（p 阶）循环群. 证完.

由定理 7，不难证明下面的

定理 8 阶至少含四个不同的素因数且真子群又全为超可解的有限群必是超可解群.

证明 设 $o(G)=p_1^{\lambda_1}p_2^{\lambda_2}p_3^{\lambda_3}p_4^{\lambda_4}\cdots p_t^{\lambda_t}$ $(t\geqslant 4)$，且 G 之真子群都是超可解的. 由 §1 定理 10 知 G 为可解群，于是 G 有子群 M_i 使 $[G:M_i]=p_i^{\lambda_i}$ $(i=1,2,\cdots,t)$，故 M_i 超可解. 由于 $t\geqslant 4$，

故据定理 7 得知 G 亦必为超可解的. 证完.

附注 定理 7 是多尔克(Doerk)的结果（*Math. Z.* 91 (1966), 198—205)，但这里的证明方法是黄竞伟同志的. 定理 3 (构造定理)的证法是樊恽同志的.

利用本节的定理 3 (构造定理)还可证明一些有意义的结果，如

定理 9 设 A, B 都是有限群 G 的超可解正规子群，则 AB 为超可解群的充要条件是 $[A, B]$ 为幂零群.

证明 AB 超可解 $\Rightarrow (AB)'$ 幂零 (§1 定理 5)，故从

$$[A, B] \subseteq [AB, AB] = (AB)'$$

知 $[A, B]$ 幂零，证明了条件的必要性(这时 G 无限亦可). 故下面只需证条件的充分性，不妨可假设 $AB = G$，而证明 G 超可解就行了.

首先，G 之任何同态象 G/N 亦为两个超可解正规子群之积，这是因为 $AN/N \simeq A/A \cap N$ 与 $BN/N \simeq B/B \cap N$ 保证了 AN/N 与 BN/N 之超可解性以及 $G/N = AN/N \cdot BN/N$ 的缘故. 于是关于群阶用归纳法就知道 G 之真同态象都是超可解群，这是因为 $[AN/N, BN/N] = [A, B]N/N \simeq [A, B]/[A, B] \cap N$ 是幂零的.

其次，若 p 为 $o(G)$ 之最大素因数，则 G 只有唯一个西洛 p-子群 S_p，即 $S_p \lhd G$. 事实上，由 A 与 B 之超可解性，当令 S_A 与 S_B 分别为 A 与 B 之西洛 p-子群时，就有 $S_A \lhd \lhd A \lhd G$, $S_B \lhd \lhd B \lhd G$，故 $S_A S_B \lhd G$；且由

$$[G:S_A S_B] = \frac{o(A) \cdot o(B)}{o(A \cap B)} \Big/ \frac{o(S_A) \cdot o(S_B)}{o(S_A \cap S_B)}$$

$$= [A:S_A] \cdot [B:S_B] \cdot \frac{o(S_A \cap S_B)}{o(A \cap B)}$$

显然与 p 互素，得知 $S_A S_B$ 为 G 之西洛 p-子群，即得 G 只有唯一个西洛 p-子群 ($\because S_A S_B \lhd G$).

若 G 至少有两个极小正规子群 M, N，则由 G/M 与 G/N 之

超可解性知 $G/M\cap N$ 为超可解的(§1 定理 15),于是因 $M\cap N=1$ 即知 G 超可解,问题解决了.

若 G 只有唯一个极小正规子群 M,容易获知 $M\subseteq Z(S_p)$ 以及 $M\subseteq A\cap B$;但从 $G=AB$,$A\lhd G$,$B\lhd G$,而反复引用公式

$$[ab,c]=b^{-1}[a,c]b\cdot[b,c],$$

易知 $G'=A'B'[A,B]$,故从 A',B' 的幂零性(§1 定理 5)以及假设 $[A,B]$ 之幂零性即得 G' 为幂零的,于是 G' 之西洛子群在 G' 内为特征的,因而在 G 内为正规的,故由 G 中极小正规子群 M 之唯一性即知 G' 之阶没有异于 p 之素因数,亦即 $o(G')$ 为 p 之幂,故不得不有 $G'\subseteq S_p$. 因 $M\subseteq Z(S_p)$,故 $G'\subseteq S_p\subseteq Z_G(M)$,即 $G/Z_G(M)$ 为交换群,因之 $(G/Z_G(M))'=1$.

然而 A 超可解,故 $(A/Z_A(M))^{p-1}$ 为 p-群(定理 2 附注里的性质 (iii));但 $M\subseteq Z(S_p)$,$S_p=S_AS_B\Longrightarrow S_A\subseteq Z_A(M)\Longrightarrow A/Z_A(M)$ 之阶不含素因数 p,于是由 $(A/Z_A(M))^{p-1}$ 为 p-群就不得不有 $(A/Z_A(M))^{p-1}=1$. 同理,也有 $(B/Z_B(M))^{p-1}=1$.

然而 $G=AB\Longrightarrow\forall g\in G, g=ab(a\in A, b\in B)\Longrightarrow gZ_G(M)=aZ_G(M)\cdot bZ_G(M)$,故从 $G/Z_G(M)$ 之交换性得 $(gZ_G(M))^{p-1}=(aZ_G(M))^{p-1}\cdot(bZ_G(M))^{p-1}$,即 $g^{p-1}Z_G(M)=a^{p-1}Z_G(M)\cdot b^{p-1}Z_G(M)$. 但 $Z_A(M)\subseteq Z_G(M)$,$Z_B(M)\subseteq Z_G(M)$,故从

$$(A/Z_A(M))^{p-1}=1=(B/Z_B(M))^{p-1}$$

得 $a^{p-1}\in Z_A(M)\subseteq Z_G(M)$,$b^{p-1}\in Z_B(M)\subseteq Z_G(M)$,于是

$$g^{p-1}Z_G(M)=Z_G(M),$$

即 $g^{p-1}\in Z_G(M)$,或 $(G/Z_G(M))^{p-1}=1$.

因之利用 $(G/Z_G(M))'=1=(G/Z_G(M))^{p-1}$,而据引理 2 可知 M 为(p阶)循环的,故从 G/M 之超可解即得 G 之超可解. 证完.

推论 设有限群 G 之两个正规子群 A,B 中一为幂零一为超可解时,则 AB 为超可解的.

事实上,$[A,B]\subseteq B$ 以及 B 之幂零性(例如)保证了 $[A,B]$ 是幂零的,故由定理 9 知 AB 超可解.

定理 10 设有限群G有两个指数互素的超可解正规子群，则G自身亦必为超可解的.

证明 关于群阶用归纳法. 设 $A \lhd G$, $B \lhd G$, A与B超可解，且 $([G:A],[G:B])=1$，因而 $G=AB$.

首先应注意的是: G之任意子群也含有两个指数互素的超可解正规子群. 因为 $H \leqslant G$ 时有 $H \cap A$ 与 $H \cap B$ 在H内正规，且 $H \cap A$ 与 $H \cap B$ 皆超可解，又由 $[H:H \cap A]=[HA:A] \mid [G:A]$，同理 $[H:H \cap B] \mid [G:B]$ 得 $([H:H \cap A],[H:H \cap B])=1$，故说明了$H$有两个指数互素的超可解正规子群 $H \cap A$ 与 $H \cap B$. 于是据归纳法可知G的任意真子群皆为超可解群. 故由定理 8 可知: 当 $o(G)$ 至少含有四个不同素因数时，G亦必为超可解.

因而下面只需讨论 $o(G)$ 至多含三个不同的素因数.

其次，注意G之任何商群也含有两个指数互素的超可解正规子群: 这是因为 G/N 含正规子群 AN/N 与 BN/N，且 $AN/N \simeq A/A \cap N$ 与 $BN/N \simeq B/B \cap N$ 保证了 AN/N 与 BN/N 的超可解性，又 $[G/N:AN/N]=[G:AN] \mid [G:A]$ 以及同理 $[G/N:BN/N] \mid [G:B]$ 也说明了 $([G/N:AN/N],[G/N:BN/N])=1$ 的缘故. 所以据归纳法得知G的真同态象亦为超可解群.

设 p 是 $o(G)$ 之最大素因数，$p^{a} \| o(G)$，则 $o(G)=mp^{a}$ 中 $(m,p)=1$，由于 A，B 之指数互素可知 $o(A)$ 与 $o(B)$ 至少有一个含因数 p^{a}，不妨令 $p^{a} \| o(A)$. 由A之超可解性，知A的西洛 p-子群 $S_p \lhd \lhd A$，但 $A \lhd G$，故 $S_p \lhd G$. 由是 G/S_p 为超可解，随而知G有西洛塔.

若G至少有两个极小正规子群 M，N，则因 G/M 与 G/N 都是超可解而知 $G/M \cap N$ 超可解（§1 定理 15)，故从 $M \cap N=1$ 得G超可解.

所以下面只考虑G只有唯一个极小正规子群 M. 于是由 $S_p \lhd G$ 可知 $1<Z(S_p) \lhd G$，不得不有 $M \subseteq Z(S_p)$，随而 M 为初等交换 p-群.

如果 $M<S_p$，由舒尔定理知 S_p 在G内有补子群 C，即 $G=$

CS_p 而有 $C\cap S_p=1$，故这时有 $CM<G$，因而 CM 为超可解，所以有一个 p 阶循环群 $P\lhd CM$，随之亦有 $P\lhd M$，当然得 $P\subseteq Z(S_p)$，故又 $P\lhd S_p$，于是 $P\lhd CS_p=G$，再从 G/P 之超可解即知 G 超可解．故最后只剩下 $M=S_p$ 的情况需探讨．

由于 M 是 G 之唯一个极小正规子群，可知 $M\subseteq A$ 及 $M\subseteq B$．这时若 $o(G)$ 只有两个不同的素因数，如 $o(G)=q^\beta p^\alpha$，则由 A，B 之指数互素可知 A，B 中至少有一个的阶含 q^β 为因数，不论是 A 或者是 B，这时由于 $S_p=M\subseteq A$ 及 $S_p=M\subseteq B$ 已知有了 $p^\alpha|o(A)$ 及 $p^\alpha|o(B)$，故或 $o(A)=q^\beta p^\alpha$ 或 $o(B)=q^\beta p^\alpha$，即 $A=G$ 或 $B=G$，都说明了 G 之超可解性．

若 $o(G)$ 有三个不同的素因数，如 $o(G)=t^\gamma q^\beta p^\alpha$ $(t<q<p)$，同上理知 A，B 中至少有一个的阶含 t^γ 为因数，不妨设 B，即 $o(B)=t^\gamma q^{\beta_1}p^\alpha$ $(0\leqslant\beta_1\leqslant\beta)$，则由 B 之超可解性得 $B=HM$，$o(H)=t^\gamma q^{\beta_1}$ $(\because M=S_p)$，且 B' 为幂零的并有 $B'\lhd G$．于是由 M 是 G 之唯一的极小正规子群就知道 B' 的阶没有异于 p 之素因数，即 $B'\subseteq M$，因而 $H'\subseteq B'\subseteq M$，不得不有 $H'=1$，即 H 为交换群，从而 H 之西洛 t-子群 T 因而 T 也是 G 的西洛 t-子群亦必为交换的．

再 G 之可解性保证了 G 有西洛 q-子群 Q 使 $TQ=QT$．G 有西洛塔 $\Longrightarrow QS_p=QM\lhd G$，$QM$ 为 G 之真子群 $\Longrightarrow QM$ 超可解 $\Longrightarrow (QM)'$ 幂零且 $(QM)'\lhd G$，故由 G 内极小正规子群 M 之唯一性可知幂零群 $(QM)'$ 之阶无异于 p 之素因数，即 $(QM)'\subseteq M$，故 $Q'\subseteq (QM)'\subseteq M$，不得不有 $Q'=1$，即 Q 交换．

又 H 之交换性 $\Rightarrow H$ 之西洛 q-子群 $Q_1\lhd H\Rightarrow H=TQ_1=Q_1T\Rightarrow B=HM=TQ_1M\lhd G$，故从 $M\lhd G$ 易知 $G=M\cdot N_G(TQ_1)$[1]，由是 $t^\gamma q^\beta|o(N_G(TQ_1))$． 从 $N_G(TQ_1)$ 之可解性又知 $N_G(TQ_1)$ 有

1）事实上，$\forall g\in G\Rightarrow g^{-1}Hg\subseteq g^{-1}Bg=B$，然而 B 之可解性又说明了有 $b\in B$ 使 $g^{-1}Hg=b^{-1}Hb$（$\because H$ 与 M 互补在 B 内）；而 $b\in B=HM\Rightarrow b=hm(h\in H,m\in M)$，故 $g^{-1}Hg=b^{-1}Hb=m^{-1}h^{-1}Hhm=m^{-1}Hm\Rightarrow gm^{-1}\in N_G(H)\Rightarrow g\in M\cdot N_G(H)\Rightarrow G=M\cdot N_G(H)$．

与T为可交换的西洛q-子群，就令它为上段里的Q，于是$TQ_1 \lhd N_G(TQ_1) \Rightarrow TQ_1 \lhd TQ$. 但$TQ_1 = H$之交换性$\Longrightarrow T \lhd \lhd TQ_1$，故$T \lhd TQ$；又$TQ$有西洛塔$\Longrightarrow Q \lhd TQ$. 于是$TQ = T \times Q$为交换群.

然而M之(初等)交换性$\Longrightarrow M \subseteq Z_G(M)$，故由$G = TQM$及$M \lhd G$得$G/Z_G(M) = TQZ_G(M)/Z_G(M) \simeq TQ/TQ \cap Z_G(M)$，说明了$G/Z_G(M)$交换，因而$(G/Z_G(M))' = 1$.

又$S_p = M \subseteq Z_B(M)$及$B = TQ_1M$之超可解$\Rightarrow (B/Z_B(M))^{p-1}$为$p$-群，故由$B/Z_B(M)$之阶不含$p$为素因数就不得不有

$$(B/Z_B(M))^{p-1} = 1,$$

即对于任$b \in B$常有$b^{p-1} \in Z_B(M) \subseteq Z_G(M)$；又$QM = K$之超可解$\Rightarrow (K/Z_K(M))^{p-1}$为$p$-群，故从$S_p = M \subseteq Z_K(M)$又知$K/Z_K(M)$的阶不含素因数$p$，于是只能是$(K/Z_K(M))^{p-1} = 1$，即对任$k \in K$常有$k^{p-1} \in Z_K(M) \subseteq Z_G(M)$，故对任$y \in Q$及任$z \in M$也常有$y^{p-1} \in Z_G(M)$及$z^{p-1} \in Z_G(M)$.

由是从$G = TQM$可知G中任意元$g = xyz (x \in T \subseteq B, y \in Q, z \in M)$恒有$g^{p-1}Z_G(M) = (gZ_G(M))^{p-1} = (xyzZ_G(M))^{p-1} = (xZ_G(M))^{p-1} \cdot (yZ_G(M))^{p-1} \cdot (zZ_G(M))^{p-1} = x^{p-1}Z_G(M) \cdot y^{p-1}Z_G(M) \cdot z^{p-1}Z_G(M) = Z_G(M)$，即$g^{p-1} \in Z_G(M)$，亦即$(G/Z_G(M))^{p-1} = 1$.

再利用$(G/Z_G(M))' = 1 = (G/Z_G(M))^{p-1}$，而据引理2可知$M$为$p$阶循环群，因而复由$G/M$之超可解性即得$G$是超可解的. 证完.

据定理9与10又得下面的

推论 若有限群G有两个指数互素的超可解正规子群A, B，则$[A, B]$为幂零的.

定理9与10的证明方法也是樊恽同志给出的.

这节的主要问题是定理3(有限超可解群的构造定理)，它是从定性方面来谈的. 关于判断有限群之超可解性，也可从定量方面来考虑，即利用群阶之素因数分解中各素因数间的关系来判断

有限群的超可解性，这留在下节里去讨论，本节写到这里结束.

问题 1　凡有西洛塔的有限群之任意一组西洛子群，不论它们是否为西洛基底，恒能组成这有限群的唯一组西洛塔. 换言之，设 $o(G)=p_1^{\alpha_1}p_2^{\alpha_2}\cdots p_r^{\alpha_r}$ $(p_1<p_2<\cdots<p_r)$，且 S_i 为 G 之任一个西洛 p_i- 子群，则当 G 有西洛塔时，那末就必有 $S_r\lhd G$，$S_{r-1}S_r\lhd G$，$S_{r-2}S_{r-1}S_r\lhd G$，$\cdots$，$S_2S_3\cdots S_{r-1}S_r\lhd G$.

问题 2　有限超可解群 G 之西洛子群全为交换群时，则 G 中任一个西洛子群 P 的正规化子之换位子群 $[N_G(P), N_G(P)]$ 必为 P 之中心化子 $Z_G(P)$ 的子群，即 $[N_G(P), N_G(P)]\subseteq Z_G(P)$.

问题 3　上题中 $N_G(P)$ 之任一元的 $p-1$ 次幂必为 $Z_G(P)$ 之元，即由 $x\in N_G(P)$ 恒有 $x^{p-1}\in Z_G(P)$.

§3. 群阶与超可解性的关系

在第八章 §6 里面讨论过 n 为怎样形状的自然数才能使 n 阶群恒为循环、交换、或幂零的. 这节就研究 n 阶群恒为超可解时 n 所具备的条件.

事实上，设 $n=p_1^{\alpha_1}p_2^{\alpha_2}\cdots p_r^{\alpha_r}$ 为素因数分解 $(p_1<p_2<\cdots<p_r)$. 假定凡 n 阶群是超可解的. 于是从 $o(G)=n$ 可知 G 有西洛塔. 因而有 $N\lhd G$ 使 G/N 与 G 之西洛 p_1- 子群同构，即 G 之最大 p_1- 商群 $G/D_{p_1}(G)\simeq S_1$，S_1 为 G 之西洛 p_1-子群，或 G 为 p_1- 幂零群. 然而在第八章 §6 内说过：只要 $\left(o(G), \prod_{i=1}^{\alpha_1}(p_1^i-1)\right)=1$，又确有 $G/D_{p_1}(G)\simeq S_1$. 这就告诉我们怎样去求 n 之素因数间的关系，可猜想为 $\left(p_j, \prod_{s=1}^{\alpha_i}(p_i^s-1)\right)=1$ 在 $j>i$ 时. 这是思路. 下面用反证法来解决.

若有某 j 与 $i(j>i)$ 使 $p_j\mid\prod_{s=1}^{\alpha_i}(p_i^s-1)$，则当令 N 为 $p_i^{\alpha_i}$ 阶初等交换群(即 $N=\{x_1\}\times\{x_2\}\times\cdots\times\{x_{\alpha_i}\}$，$o(x_s)=p_i$)，并

作 N 之全形 $H(N)$ 时，那末由 $o(A(N))=p_i^{\frac{1}{2}\alpha_i(\alpha_i-1)}\cdot\prod\limits_{s=1}^{\alpha_i}(p_i^s-1)$ 及 $o(A(N))\mid o(H(N))$，可知 $p_j\mid o(H(N))$，因而 $H(N)$ 有一个 p_j 阶子群 M；于是 $M\not\subset N$，但 $N=Z_{H(N)}(N)$（上册第一章 § 12)，故 $M\not\subset Z_{H(N)}(N)$，即 M 至少有一元不能与 N 之全部元素皆可交换，因而 $C=\{M, N\}$ 不为幂零的(上册第二章 § 5)；又由 $N\lhd H(N)$ 知 $N\lhd C$，故 $C=MN$ 且 $o(C)=p_i^{\alpha_i}p_j$.

敢断言 C 不是超可解的：因 C 之超可解 $\Rightarrow M\lhd C\Rightarrow C=M\times N\Rightarrow C$ 幂零，不可. 由是不论 S 是 $\dfrac{n}{p_i^{\alpha_i}p_j}$ 阶的任何群，直积 $G=C\times S$ 也不是超可解的，但 $o(G)=n$，这与假设矛盾，不可.

因而知道：欲阶 $n=p_1^{\alpha_1}p_2^{\alpha_2}\cdots p_r^{\alpha_r}$ $(p_1<p_2<\cdots<p_r)$ 的群恒为超可解，则当 $j>i$ 时必有 $\left(p_j, \prod\limits_{s=1}^{\alpha_i}(p_i^s-1)\right)=1$.

反之，下面的例 1 将说明它的逆不一定成立.

例 1 设 $N=\{a\}\times\{b\}$ 为 5^2 阶初等交换群，易证 $a\longleftrightarrow a^\sigma=b^2$, $b\longleftrightarrow b^\sigma=a$ 为 N 的一个 8 阶自同构；再作 $2^3\cdot 5^2$ 个符号 $\sigma^i x$（i 跑遍模 8 的完全系，x 跑遍 N)，并定义 $\sigma^i x\cdot\sigma^j y=\sigma^{i+j}x^{\sigma^j}y$. 于是由 $\sigma^i x$ 形之元之集合 G 为 $2^3\cdot 5^2$ 阶的非超可解群.

解 G 中二元结合之意义明确：事实上，$\sigma^i x=\sigma^{8m+i}x$, $\sigma^j y=\sigma^{8n+j}y\Rightarrow\sigma^{8m+i}x\cdot\sigma^{8n+j}y=\sigma^{8(m+n)+i+j}x^{\sigma^{8n+j}}y=\sigma^{i+j}x^{\sigma^j}y=\sigma^i x\cdot\sigma^j y$.

其次，结合律成立：事实上，$(\sigma^i x\cdot\sigma^j y)\cdot\sigma^k z=\sigma^{i+j}x^{\sigma^j}y\cdot\sigma^k z=\sigma^{i+j+k}(x^{\sigma^j}y)^{\sigma^k}z=\sigma^{i+j+k}x^{\sigma^{j+k}}y^{\sigma^k}z=\sigma^i x\cdot\sigma^{j+k}y^{\sigma^k}z=\sigma^i x\cdot(\sigma^j y\cdot\sigma^k z)$.

再次，$\sigma^0 1$ 为 G 之左单位元：事实上，

$$\sigma^0 1\cdot\sigma^i x=\sigma^{0+i}1^{\sigma^i}x=\sigma^i x.$$

最后，G 之每元 $\sigma^i x$ 关于左单位元 $\sigma^0 1$ 有左逆 $\sigma^{8-i}(x^{-1})^{\sigma^{8-i}}$：事实上，

$$\begin{aligned}\sigma^{8-i}(x^{-1})^{\sigma^{8-i}}\cdot\sigma^i x&=\sigma^{8-i+i}(x^{-1})^{\sigma^{8-i}\sigma^i}x=\sigma^8(x^{-1})^{\sigma^8}x\\&=\sigma^0(x^{-1})^{\sigma^0}x=\sigma^0 x^{-1}x=\sigma^0 1.\end{aligned}$$

于是 G 为群而 $o(G)=2^3\cdot 5^2$. 又令 $\sigma^0 x=\bar{x}$，易证 1-1 对应

$x \rightleftarrows \bar{x} = \sigma^0 x$（$x$ 跑遍 N）为同构对应，故 G 有一个与 N 成同构的 5^2 阶子群 $\bar{N}$，因之 $\bar{N} = \{\bar{a}\} \times \{\bar{b}\}$，$\bar{a}^5 = \bar{b}^5 = [\bar{a}, \bar{b}] = 1$. 且又 $\bar{N} \lhd G$：这是因为对任 $\sigma^i y \in G$ 及任 $\bar{x} \in \bar{N}$，恒有

$$
\begin{aligned}
(\sigma^i y)^{-1} \cdot \bar{x} \cdot \sigma^i y &= (\sigma^{8-i}(y^{-1})^{\sigma^{8-i}} \cdot \sigma^0 x) \cdot \sigma^i y \\
&= \sigma^{8-i}(y^{-1})^{\sigma^{8-i}} x \cdot \sigma^i y = \sigma^{8-i+i}((y^{-1})^{\sigma^{8-i}} x)^{\sigma^i} y \\
&= \sigma^8 (y^{-1})^{\sigma^8} x^{\sigma^i} y = \sigma^0 y^{-1} x^{\sigma^i} y = \sigma^0 x^{\sigma^i} = \overline{x^{\sigma^i}} \in \bar{N}
\end{aligned}
$$

的缘故.

群 G 又非超可解的：若 G 超可解，则据西洛塔之意义可知 $\bar{N}$ 含有 G 中一个 5 阶正规子群，即有 $\bar{a}^\lambda \bar{b}^\mu$ 使 $o(\bar{a}^\lambda \bar{b}^\mu) = 5$，并有整数 t 使

$$
\begin{aligned}
(\bar{a}^\lambda \bar{b}^\mu)^t &= (\sigma x)^{-1} \cdot \bar{a}^\lambda \bar{b}^\mu \cdot \sigma x = \sigma^7 (x^{-1})^{\sigma^7} \cdot (\sigma^0 a^\lambda b^\mu) \cdot \sigma x \\
&= \sigma^7 (x^{-1})^{\sigma^7} a^\lambda b^\mu \cdot \sigma x = \sigma^8((x^{-1})^{\sigma^7} a^\lambda b^\mu)^\sigma x \\
&= \sigma^8 (x^{-1})^{\sigma^8} a^\mu b^{2\lambda} x = \sigma^0 x^{-1} a^\mu b^{2\lambda} x = \sigma^0 a^\mu b^{2\lambda},
\end{aligned}
$$

即 $\sigma^0 a^\mu b^{2\lambda} = \bar{a}^{\lambda t} \bar{b}^{\mu t} = \sigma^0 a^{\lambda t} b^{\mu t}$，不得不有 $\mu \equiv \lambda t$，$2\lambda \equiv \mu t \pmod 5$，由是有 $2\lambda\mu \equiv \lambda\mu t^2$，即

$$(t^2 - 2)\lambda\mu \equiv 0 \pmod 5;$$

但因 $\left(\frac{2}{5}\right) = -1$，故 $t^2 - 2 \not\equiv 0 \pmod 5$，必 $\lambda \equiv 0$ 或 $\mu \equiv 0 \pmod 5$，二者至少有一；然而由 $\mu \equiv \lambda t$，$2\lambda \equiv \mu t \pmod 5$ 易知 λ 与 μ 必皆 $\equiv 0 \pmod 5$，当 λ 与 μ 有一个 $\equiv 0 \pmod 5$ 时，又与 $o(\bar{a}^\lambda \bar{b}^\mu) = 5$ 矛盾. 故 G 非超可解.

可是例 1 中又确有 $\left(5, \prod_{t=1}^{3} (2^t - 1)\right) = 1$ 之关系. 这说明了：n 阶群恒为超可解时，则当 p, q 是 n 之任二个素因数，且在 $p > q$ 而 $q^t \| n$ 时，必有

$$\left(p, \prod_{i=1}^{t} (q^i - 1)\right) = 1. \tag{1}$$

但反之，虽 n 之素因数间有如 (1) 之关系，仍有 n 阶非超可解群的存在. 因之 (1) 式只是 n 阶群恒为超可解群的必要条件，而非充分条件. 于是欲求 n 阶群恒为超可解的充要条件，除 (1) 式外必有

其他的关系存在于 n 之素因数之间，究竟是些怎样的关系，是一个值得注意的问题。然而 (1) 式确为 n 阶群恒有西洛塔的充要条件，即

定理 1 设自然数 n 之素因数分解为 $n=p_1^{\alpha_1}p_2^{\alpha_2}\cdots p_r^{\alpha_r}$ $(p_1<p_2<\cdots<p_r)$，则 n 阶群 G 恒有西洛塔的充要条件是：在 $p_j>p_i$ 时常有 $\left(p_j, \prod\limits_{t=1}^{\alpha_i}(p_i^t-1)\right)=1$.

证明 令 $o(G)=n$ 且 G 恒有西洛塔. 如有 $p_j>p_i$ 使

$$p_j\left|\prod_{t=1}^{\alpha_i}(p_i^t-1)\right.,$$

则如上述那样先作 $p_i^{\alpha_i}$ 阶初等交换群 N，再作 N 之全形 $H(N)$，可知 $H(N)$ 有一个 p_j 阶子群 M，并知 $C=MN$ 无西洛塔，由是作 $G=C\times S$，但 $o(S)=n/p_i^{\alpha_i}p_j$，则据 §2 引理 3 可知这 n 阶群 G 也无西洛塔，与题设相抵，不可. 故证明了：凡 n 阶群有西洛塔时，就常有 $\left(p_j, \prod\limits_{t=1}^{\alpha_i}(p_i^t-1)\right)=1$ 当 $p_j>p_i$ 时.

反之，设 n 之素因数间已满足 $\left(p_j, \prod\limits_{t=1}^{\alpha_i}(p_i^t-1)\right)=1$ 当 $p_j>p_i$ 时. 于是这时必有 $\left(o(G), \prod\limits_{t=1}^{\alpha_1}(p_1^t-1)\right)=1$，故据第八章 §6 可知 G 是 p_1-幂零的，即有 $M_1\lhd G$ 使 $G/M_1\simeq S_1$ (任取 G 之一组西洛 p_1-, p_2-, $\cdots$, p_r-子群 $S_1, S_2, \cdots, S_r$)，因而 $o(M_1)=p_2^{\alpha_2}p_3^{\alpha_3}\cdots p_r^{\alpha_r}$. 由是从 $(o(M_1), [G:M_1])=1$ 知 $M_1\lhd\lhd G$ 随而 $S_2, S_3, \cdots, S_r$ 又是 M_1 的一组西洛子群，故再利用假设条件又知

$$\left((o(M_1), \prod_{t=1}^{\alpha_2}(p_2^t-1)\right)=1,$$

因之复由第八章 §6 又知有 $M_2\lhd M_1$ 使 $M_1/M_2\simeq S_2$，即 $o(M_2)=p_3^{\alpha_3}\cdots p_r^{\alpha_r}$. 继续这样的方法，结果得到群 G 的一个子群列

$$G=M_0>M_1>M_2>\cdots>M_{r-1}>M_r=1 \qquad (2)$$

使 (2) 中每 $M_{i+1}\lhd\lhd M_i$，因之每 $M_i\lhd G$，且

$$o(M_i)=p_{i+1}^{\alpha_{i+1}}\cdots p_r^{\alpha_r}=n/p_1^{\alpha_1}\cdots p_i^{\alpha_i},$$

故由定义即说明了G有西洛塔．定理 1 证完．

由定理 1 即得下面的

推论 凡阶无素因数之平方的群一定是超可解的．

事实上，$o(G)=n=p_1p_2\cdots p_r\ (p_1<p_2<\cdots<p_r)$ 即示定理 1 中每 $\alpha_i=1$，故当然有 $\left(p_j,\prod_{t=1}^{\alpha_i}(p_i^t-1)\right)=(p_j,p_i-1)=1$ 在 $p_j>p_i$ 时，于是由定理 1 知G有西洛塔 (2)；由于这时 M_{i-1}/M_i 为 p_i 阶的，故为循环群，即 (2) 为G之正规群列而有循环商因子，故据定义知G超可解．

附注 这推论的证法较多，还可另证于下．G之可解性保证了G有子群 M_1 使 $o(M_1)=p_2p_3\cdots p_r$，故 $[G:M_1]$ 等于 $o(G)$ 之最小素因数 p_1，因而有 $M_1\lhd G$（上册第一章 § 6）．同理，M_1 有指数为 p_2 的子群 $M_2\Longrightarrow M_2\lhd M_1$．继续这方法，乃得$G$的一合成群列 $G=M_0>M_1>\cdots>M_r=1$，式中 $[M_{i-1}:M_i]=p_i$．由于 $o(M_i)=n/p_1p_2\cdots p_i$ 与 $[G:M_i]=p_1p_2\cdots p_i$ 互素，故又每 $M_i\lhd G$（上册第一章 § 13），于是 $G=M_0>M_1>\cdots>M_{r-1}>M_r=1$ 为G之正规群列，可知G超可解．

设 $n=p_1^{\alpha_1}p_2^{\alpha_2}\cdots p_r^{\alpha_r}\ (p_1<p_2<\cdots<p_r)$，并假定凡 n 阶群皆超可解．上面已论证过：只要 $j>i$（即 $p_j>p_i$），就必有

$$\left(p_j,\prod_{t=1}^{\alpha_i}(p_i^t-1)\right)=1.$$

然而不象讨论幂零性那样，还需要 $\left(p_i,\prod_{t=1}^{\alpha_j}(p_j^t-1)\right)=1\ (i<j)$，也就是说这时得允许有 $p_i\left|\prod_{t=1}^{\alpha_j}(p_j^t-1)\right.$ 之可能性．今问：当 $i<j$ 时若遇着有 $p_i\mid\prod_{t=1}^{\alpha_j}(p_j^t-1)$，$p_i$ 与 p_j 之关系怎样？为深入下去，需要一些预备知识．

今后设 p，q 是两个不同的素数，$GF(p^n)$ 表 p^n 阶（有限）域，$GF(p^n)^*$ 表示除掉 $GF(p^n)$ 之零元后的 p^n-1 阶乘群，故 $GF(p^n)^*$

为 p^n-1 阶循环群. 再令 v 是使关系式 $q^v\equiv 1\pmod p$ 成立的最小自然数，即 $p-1$ 阶循环群 $GF(p)^*$ 中 q 之阶为 v，因之 $v\mid(p-1)$.

设 ξ 为 q^v-1 阶循环群 $GF(q^v)^*$ 的一生成元，即 $GF(q^v)^*=\{\xi\}$，则 $\alpha=\xi^{(q^v-1)/p}$ 为 $GF(q^v)^*$ 之阶 p 的元，故 p 个元素 $\alpha^0=1$, $\alpha,\alpha^2,\cdots,\alpha^{p-1}$ 为素域 $GF(q)$ 中 p 次多项式 x^p-1 的全部根.

令 $\varphi(x)$ 为域 $GF(q)$ 中多项式 $(x^p-1)/(x-1)=x^{p-1}+\cdots+x+1$ 的一不可约因式(首系数为 1)，则 $\varphi(x)$ 之根必皆为 α 的幂. 如 α^i 为 $\varphi(x)$ 之一根(当然 $0<i\leqslant p-1$)，即 $\varphi(\alpha^i)=0$，则因在域 $GF(q)$ 中有关系式 $[\varphi(\alpha^i)]^q=\varphi(\alpha^{iq})$，故也必有 $\varphi(\alpha^{iq})=0$，即 α^{iq} 也是 $\varphi(x)$ 之一根；同理知 $\alpha^i,\alpha^{iq},\alpha^{iq^2},\alpha^{iq^3},\cdots$ 均为 $\varphi(x)$ 之根，于是其中必有重复的，如令 $\alpha^{iq^s}=\alpha^{iq^t}$ $(0\leqslant s<t)$，则在 $GF(q^v)$ 中有 $0=\alpha^{iq^t}-\alpha^{iq^s}=(\alpha^{iq^{t-s}}-\alpha^i)^{q^s}$，不得不有 $\alpha^{iq^{t-s}}=\alpha^i$，即有自然数 k 使 $\alpha^{iq^k}=\alpha^i$，因之 $\xi^{iq^k\cdot(q^v-1)/p}=\xi^{i(q^v-1)/p}$，故从 ξ 之阶为 q^v-1 知 $i(q^k-1)/p$ 为整数，因而由 $(i,p)=1$ 得 $p\mid(q^k-1)$，不得不有 $v\mid k$. 反之，又确有 $\alpha^{iq^v}=\xi^{iq^v(q^v-1)/p}=\xi^{i(q^v-1)/p}=\alpha^i$. 故 v 是最小的自然数 k 满足关系式 $\alpha^{iq^k}=\alpha^i$ 的. 于是，

$$\alpha^i,\ \alpha^{iq},\alpha^{iq^2},\ \cdots,\ \alpha^{iq^{v-1}}$$

两两互异，且皆为 $\varphi(x)$ 之根，故 $\varphi(x)$ 之次数 $\geqslant v$.

其次，作 v 次多项式

$$f(x)=(x-\alpha^i)(x-\alpha^{iq})(x-\alpha^{iq^2})\cdots(x-\alpha^{iq^{v-1}}),$$

其系数在 $GF(q^v)$ 内自明. 下面将证明其系数实际上还在 $GF(q)$ 内:

事实上，令 $f(x)=\prod\limits_{t=0}^{v-1}(x-\alpha^{iq^t})=x^v+b_1x^{v-1}+\cdots+b_{v-1}x+b_v$，并令 $g_k(x_1,x_2,\cdots,x_v)$ 为 v 个文字 $x_1,x_2,\cdots,x_v$ 上的第 k 个初等对称函数(从 $x_1,x_2,\cdots,x_v$ 中任取 k 个之积的和)，则显然有

$$b_k=(-1)^k\cdot g_k(\alpha^i,\alpha^{iq},\cdots,\alpha^{iq^{v-1}});$$

再以 α^{iq^v} 代 α^i，并利用函数 g_k 的对称性，得

$$\begin{aligned}b_k &= (-1)^k \cdot g_k(\alpha^{iq^v}, \alpha^{iq}, \cdots, \alpha^{iq^{v-1}}) \\ &= (-1)^k \cdot g_k(\alpha^{iq}, \alpha^{iq^2}, \cdots, \alpha^{iq^v}) \\ &= (-1)^k \cdot [g_k(\alpha^i, \alpha^{iq}, \cdots, \alpha^{iq^{v-1}})]^q;\end{aligned}$$

且不论 k 之奇偶性，在域 $GF(q)$ 中恒有 $(-1)^{kq} = (-1)^k$，故

$$b_k = [(-1)^k \cdot g_k(\alpha^i, \alpha^{iq}, \cdots, \alpha^{iq^{v-1}})]^q = b_k^q,$$

即 $f(x)$ 中每系数 $b_k \in GF(q^v)$ 皆具性质 $b_k^q = b_k$，因而皆为素域 $GF(q)$ 中多项式 $x^q - x$ 之根；而 $x^q - x$ 又不可能有多于 q 个的根，且 $GF(q)$ 中 q 个元又全为 $x^q - x$ 的根，故 $x^q - x$ 之根全在 $GF(q)$ 内，因之由 b_k 为 $x^q - x$ 之根可知每 $b_k \in GF(q)$，即 $f(x)$ 为 $GF(q)$ 中的多项式.

于是再由 $f(x) \mid \varphi(x)$ 以及 $\varphi(x)$ 在 $GF(q)$ 内的不可约性，得 $f(x) = \varphi(x)$. 这就证明了下面的

引理 1 设 p，q 为互异之素数，v 是使 $q^v \equiv 1 \pmod p$ 成立的最小自然数(因而 $v \mid (p-1)$)，则 $\dfrac{x^p - 1}{x - 1} = \sum\limits_{i=0}^{p-1} x^i$ 在素域 $GF(q)$ 中所分解的不可约因式之次数全为 v 次的.

若 $\psi(x)$ 为 $x^{p-1} + x^{p-2} + \cdots + x + 1$ 之一个 v 次不可约因式(在域 $GF(q)$ 内)，则域 $GF(q) = K$ 上多项式环 $K[x]$ 而以 $\psi(x)$ 为模的剩余类环 $F = K[x]/(\psi(x))$ 是一个 q^v 阶的有限域，即 $F = GF(q^v)$. 再令 Z_{p^u} 为模 p^u 的完全剩余系(因而 Z_{p^u} 为 p^u 阶加群). 今作集合

$$G = \{(i, f(x)) \mid i \in Z_{p^u}, f(x) \in F = GF(q^v)\},$$

并定义 G 内的结合法则为

$$(i, f(x)) \cdot (k, g(x)) = (i + k, f(x) + x^i g(x)),$$

但 $i + k \in Z_{p^u}$，$f(x) + x^i g(x) \in F = GF(q^v)$[1]. 于是易证 G 成

---

1) Z_{p^u} 之元以 $0, 1, 2, \cdots, p^u - 1$ 表示，F 的元皆表为次数不超过 $v - 1$ 的多项式(系数在 $GF(q) = K$ 内). 所谓 $i + k$ 表以 p^u 为模的最小非负剩余，而 $f(x) + x^i g(x)$ 表以 $\psi(x)$ 为模的 $GF(q) = K$ 中次数不超过 $v - 1$ 的多项式，以下准此. 因之 $p^u = 0$ (在 Z_{p^u} 内)，$\psi(x) = 0$ (在 $F = GF(q^v)$ 内).

群，单位元是$(0,0)$，$(i,f(x))$之逆元为$(p^u-i,-x^{p^u-i}f(x))$，今后简记为$(-i,-x^{-i}f(x))$.

再作群G中形状是$(i,0)$的元而成之子集$B(i\in Z_{p^u})$，由于$(i,0)(k,0)=(i+k,0)=(k,0)(i,0)$，且实际上还有$(1,0)^{p^u}=(p^u,0)=(0,0)$以及$(1,0)^n=(n,0)\neq(0,0)$在$0<n<p^u$时，故$B$为$p^uq^v$阶群$G$中一个$p^u$阶循环子群，即$B=\{(1,0)\}$，因而$G$中西洛$p$-子群皆为循环的.

又作G中形状是$(0,f(x))$的元而成之子集A，但$f(x)\in F=GF(q^v)$，则因$(0,f(x))(0,g(x))=(0,f(x)+g(x))=(0,g(x))(0,f(x))$，故$A=\{(0,f(x))|f(x)\in F=GF(q^v)\}$为$G$中$q^v$阶交换子群. 且令$f(x)=x^{v-1}+c_1x^{v-2}+c_2x^{v-3}+\cdots+c_{v-2}x+c_{v-1}(c_i\in GF(q))$，由于$(0,x^r)^{c_{v-r-1}}=(0,c_{v-r-1}x^r)$ $(r=0,1,\cdots,v-1$；约定$c_0=1)$，可知$(0,f(x))=\prod\limits_{r=0}^{v-1}(0,c_{v-r-1}x^r)=\prod\limits_{r=0}^{v-1}(0,x^r)^{c_{v-r-1}}$. 说明了$G$中西洛$q$-子群$A$由$(0,1)$、$(0,x)$，$(0,x^2)$，$\cdots$，$(0,x^{v-1})$所生成，即$A=\{(0,1),(0,x),(0,x^2),\cdots,(0,x^{v-1})\}$. 因交换群$A$中每生成元$(0,x^r)$是$q$阶的：$(0,x^r)^q=(0,0)$，故$A$为初等交换$q^v$阶群. 于是，$G=AB=\{(1,0),(0,x^r)|r=0,1,\cdots,v-1\}$. 最后，因$(1,0)\cdot(0,x^r)\cdot(1,0)^{-1}=(1,0)\cdot(0,x^r)\cdot(-1,0)=(1,x^{r+1})\cdot(-1,0)=(0,x^{r+1})\in A$，故知$A\lhd G$，即$A$为$G$之初等交换$q^v$阶正规子群. 因之，若令$a_1=(0,1)$，$a_2=(0,x)$，$a_3=(0,x^2)$，$\cdots$，$a_v=(0,x^{v-1})$，$b=(1,0)$，则$G=\{a_1,a_2,\cdots,a_v,b\}$，$a_ia_j=a_ja_i$，$a_i^q=1$，$b^{p^u}=1$，$ba_ib^{-1}=a_{i+1}(i=1,2,\cdots,v-1)$，而$ba_vb^{-1}=(0,x^v)=\left(0,\sum\limits_{t=1}^{v}k_tx^{t-1}\right)=\prod\limits_{t=1}^{v}(0,x^{t-1})^{k_t}=\prod\limits_{t=1}^{v}a_t^{k_t}$，式中$\phi(x)=x^v-k_vx^{v-1}-k_{v-1}x^{v-2}-\cdots-k_2x-k_1$.

于是又证得了下面的

引理 2 设 p，q 是两个不同的素数，而 v 是最小自然数使 $q^v\equiv 1\ (\mathrm{mod}\ p)$——因而 $v\mid(p-1)$ 且 $\dfrac{x^p-1}{x-1}=x^{p-1}+x^{p-2}+\cdots+x^2+x+1$ 在素域 $GF(q)$ 中不可约因式均为 v 次的. 若令 $\varphi(x)=x^v-k_vx^{v-1}-k_{v-1}x^{v-2}-\cdots-k_2x-k_1$ 为 $\dfrac{x^p-1}{x-1}$ 之一个 v 次不可约因式（$GF(q)$ 内的），则由定义关系 $b^{p^\mu}=a_1^q=a_2^q=\cdots=a_v^q=1=[a_i,a_j]$，$ba_ib^{-1}=a_{i+1}$ $(i=1,\cdots,v-1)$ 及 $ba_vb^{-1}=a_1^{k_1}a_2^{k_2}\cdots a_v^{k_v}$ 所决定之群 $G=\{a_1,\cdots,a_v,b\}$ 的阶为 p^uq^v，且含 q^v 阶初等交换 q- 群 $A=\{a_1,\cdots,a_v\}$ 为正规子群，并有 p^u 阶循环群 $B=\{b\}$ 为 A 的补子群（文献 [54]）.

这群 G 有下列的重要性质，即

推论 引理 2 中群 G 具下列三性质，即：

(i) G 之每西洛 p- 子群 B 为它自身的正规化子，即

$$B=N_G(B);$$

(ii) 西洛 q-子群 A 是 G 的极小正规子群；

(iii) $G'=[G,G]=A$.

证明 设 $y\in N_G(B)$，则 $y=a_1^{\lambda_1}a_2^{\lambda_2}\cdots a_v^{\lambda_v}b^{\lambda}$ 且有 $yby^{-1}=b^t$，于是利用 $ba_i^s=a_{i+1}^sb$ $(i=1,2,\cdots,v-1)$ 及 $ba_v^s=a_1^{k_1s}a_2^{k_2s}\cdots a_v^{k_vs}b$ 可知

$$\begin{aligned}b^t&=yby^{-1}=a_1^{\lambda_1}a_2^{\lambda_2}\cdots a_v^{\lambda_v}ba_v^{-\lambda_v}\cdots a_2^{-\lambda_2}a_1^{-\lambda_1}\\&=(a_1^{\lambda_1}a_2^{\lambda_2}\cdots a_v^{\lambda_v})(a_1^{-k_1\lambda_v}a_2^{-k_2\lambda_v}\cdots a_v^{-k_v\lambda_v}b)(a_{v-1}^{-\lambda_{v-1}}\cdots a_2^{-\lambda_2}a_1^{-\lambda_1})\\&=a_1^{\lambda_1-k_1\lambda_v}a_2^{\lambda_2-k_2\lambda_v}\cdots a_v^{\lambda_v-k_v\lambda_v}(ba_{v-1}^{-\lambda_{v-1}}\cdots a_2^{-\lambda_2}a_1^{-\lambda_1})\\&=a_1^{\lambda_1-k_1\lambda_v}a_2^{\lambda_2-k_2\lambda_v}\cdots a_v^{\lambda_v-k_v\lambda_v}a_v^{-\lambda_{v-1}}\cdots a_3^{-\lambda_2}a_2^{-\lambda_1}b\\&=a_1^{\lambda_1-k_1\lambda_v}a_2^{\lambda_2-\lambda_1-k_2v}a_3^{\lambda_3-\lambda_2-k_3\lambda_v}\cdots a_v^{\lambda_v-\lambda_{v-1}-k_v\lambda_v}b,\end{aligned}$$

不得不有 $t\equiv 1\ (\mathrm{mod}\ p^u)$ 及

$$\left.\begin{aligned}&\lambda_1-k_1\lambda_v\equiv 0\\&\lambda_2-k_2\lambda_v-\lambda_1\equiv 0\\&\lambda_3-k_3\lambda_v-\lambda_2\equiv 0\\&\cdots\cdots\\&\lambda_v-k_v\lambda_v-\lambda_{v-1}\equiv 0\end{aligned}\right\}(\mathrm{mod}\ q),$$

把它们加起来就有 $\lambda_v-(k_1+k_2+\cdots+k_v)\lambda_v\equiv 0\pmod q$. 若 $\lambda_v\not\equiv 0\pmod q$, 则必有 $k_1+k_2+\cdots+k_v-1\equiv 0\pmod q$, 即 $\varphi(1)\equiv 0\pmod q$, 说明了 $\varphi(x)$ 在 $GF(q)$ 内有根 1, 而与 $\varphi(x)$ 在 $GF(q)$ 内的不可约性矛盾,不可.故只能是 $\lambda_v\equiv 0\pmod q$, 于是从上面那些式子顺次往下看可逐步地得到 $\lambda_1\equiv 0$, $\lambda_2\equiv 0$, $\cdots$, $\lambda_{v-1}\equiv 0\pmod q$, 即 $y=b^\lambda\in B=\{b\}$, 证明了 (i).

假若有如 $1<N<A$ 及 $N\lhd G$ 的 N 存在,则 A 之初等交换说明 N 亦初等交换;令 $N=\{c_1\}\times\cdots\times\{c_u\}$, 则 $u<v$ 且有 $A=N\times M=\{c_1\}\times\cdots\times\{c_u\}\times\{c_{u+1}\}\times\cdots\times\{c_v\}$, 式中 $M=\{c_{u+1}\}\times\cdots\times\{c_v\}$. 于是从 $A=\{a_1\}\times\cdots\times\{a_v\}=\{c_1\}\times\cdots\times\{c_v\}$ 可得

$$c_i=\prod_{j=1}^{v}a_j^{p_{ij}}\text{ 及 }a_i=\prod_{j=1}^{v}c_j^{q_{ij}}\quad(i=1,2,\cdots,v),$$

因而得知

$$c_i=\prod_{j=1}^{v}a_j^{p_{ij}}=\prod_{j=1}^{v}\prod_{k=1}^{v}c_k^{q_{jk}p_{ij}}=\prod_{k=1}^{v}c_k^{\sum_{j=1}^{v}p_{ij}q_{jk}},$$

不得不有

$$\sum_{j=1}^{v}p_{ij}q_{jk}\equiv\begin{cases}1 & (k=i)\\ 0 & (k\neq i)\end{cases}\pmod q.$$

这说明了:令 $P=(p_{ik})$ 及 $Q=(q_{ik})$ 为二个 v 级矩阵时,则有 $PQ\equiv E\pmod q$, 即 $Q=P^{-1}\in GL(v,Z_q)$.

由 $N\lhd G$ 及 $A\lhd G$ 又知道

$$bc_ib^{-1}=\prod_{j=1}^{u}c_j^{\lambda_{ij}}\quad(i=1,2,\cdots,u)$$

与

$$bc_ib^{-1}=\prod_{j=1}^{v}c_j^{\lambda_{ij}}\quad(i=u+1,\cdots,v);$$

另方面,又有

$$ba_ib^{-1}=\prod_{j=1}^{v}(bc_jb^{-1})^{q_{ij}}=\prod_{j=1}^{v}\prod_{k=1}^{v}c_k^{\lambda_{jk}q_{ij}}$$ (注意:当 $j=1$,

$2, \cdots, u$ 时应有 $\lambda_{j,u+1} = \cdots = \lambda_{jv} = 0) = \prod_{j=1}^{v} \prod_{k=1}^{v} \prod_{l=1}^{v} a_l^{p_{kl}\lambda_{jk}q_{1j}} =$

$\prod_{l=1}^{v} a_l^{\sum_{j,k=1}^{v} q_{1j}\lambda_{jk}p_{kl}}$，即说明了

$$\begin{pmatrix} 0 & 1 & 0 & \cdots & 0 & 0 \\ 0 & 0 & 1 & \cdots & 0 & 0 \\ \vdots & \vdots & \vdots & & \vdots & \vdots \\ 0 & 0 & 0 & \cdots & 0 & 1 \\ k_1 & k_2 & k_3 & \cdots & k_{v-1} & k_v \end{pmatrix} \equiv Q\Lambda P \equiv P^{-1}\Lambda P \pmod q,$$

式中 $\Lambda = (\lambda_{ik}) = \begin{pmatrix} \lambda_{11} & \cdots & \lambda_{1u} & & & \\ \vdots & & \vdots & & 0 & \\ \lambda_{u1} & \cdots & \lambda_{uu} & & & \\ \lambda_{u+1,1} & \cdots & \lambda_{u+1,u} & \lambda_{u+1,u+1} & \cdots & \lambda_{u+1,v} \\ \vdots & & \vdots & \vdots & & \vdots \\ \lambda_{v1} & \cdots & \lambda_{vu} & \lambda_{v,u+1} & \cdots & \lambda_{vv} \end{pmatrix}$.

于是作特征矩阵之行列式，就有

$$\begin{vmatrix} x & -1 & 0 & \cdots & 0 & 0 \\ 0 & x & -1 & \cdots & 0 & 0 \\ \vdots & \vdots & \vdots & & \vdots & \vdots \\ 0 & 0 & 0 & \cdots & x & -1 \\ -k_1 & -k_2 & -k_3 & \cdots & -k_{v-1} & x-k_v \end{vmatrix}$$

$$\equiv \begin{vmatrix} x-\lambda_{11} & \cdots & -\lambda_{1u} \\ \vdots & & \\ -\lambda_{u1} & \cdots & x-\lambda_{uu} \end{vmatrix} \cdot \begin{vmatrix} x-\lambda_{u+1,u+1} & \cdots & -\lambda_{u+1,v} \\ \vdots & & \\ -\lambda_{v,u+1} & \cdots & x-\lambda_{vv} \end{vmatrix} \pmod q,$$

而左端经计算易知为 $\varphi(x)$，说明了 $\varphi(x)$ 在 $GF(q)$ 内可约，不可. 故上述之 N 不存在，即证明了 (ii).

最后，由 $G/A \simeq B = \{b\}$ 之交换性，知有 $G' \subseteq A$，而 G 之非交换性又保证了 $1 < G'$，故由 $G' \lhd G$ 并据 (ii) 就不得不有 $G' = A$，即 (iii) 成立.

现在可讨论 $n = p_1^{a_1} p_2^{a_2} \cdots p_r^{a_r}$ 阶群 $(p_1 < p_2 < \cdots < p_r)$ 恒为

超可解的 p_i 间之关系. 已知:当 $j > i$ 时有 $\left(p_j, \prod_{t=1}^{\alpha_i}(p_i^t - 1)\right) = 1$, 因而 p_j 之指数 (mod p_i) 必 $> \alpha_i$. 但 $i < j$ 时可允许有 $\left(p_i, \prod_{t=1}^{\alpha_j}(p_j^t - 1)\right) \neq 1$, 与之等价者是 $p_i \Big| \prod_{t=1}^{\alpha_j}(p_j^t - 1)$, 或 p_j 之指数 v (mod p_i) 必 $\leqslant \alpha_j$; 但因 $p_j^{p_i-1} \equiv 1$ (mod p_i), 故 $1 \leqslant v \leqslant p_i - 1 < p_i$, 于是作如引理 2 中的 pq^v 阶的群 G (这里令 $p = p_i$, $q = p_j$) 时, 据引理 2 之推论知 q^v 阶群 A 为 G 之极小正规子群, 故 $v > 1$ 时, G 为非超可解的, 因而对阶为 $\frac{n}{p_i p_j^v}$ 的任何群 N 所形成的直积 $G \times N$ 的阶等于 n 且非超可解的. 故欲凡阶 n 的群恒为超可解的, 必有 $v = 1$. 这就是说: **当 $i < j$ 且 $p_i \Big| \prod_{t=1}^{\alpha_j}(p_j^t - 1)$ 时, 就必有 $p_i | (p_j - 1)$.** 故当 $n = p_1^{\alpha_1} p_2^{\alpha_2} \cdots p_r^{\alpha_r}$ $(p_1 < p_2 < \cdots < p_r)$ 阶群恒为超可解时, 则在 $i < j$ 时固然有 p_j 之指数 (mod p_i) 大于 α_i, 与之等价的是 $\left(p_j, \prod_{t=1}^{\alpha_i}(p_i^t - 1)\right) = 1$, 但 p_j 之指数 (mod p_i) 或等于 1 或大于 α_j, 与之等价的是 $\left(p_i, \prod_{t=1}^{\alpha_j}(p_j^t - 1)\right) = (p_i, p_j - 1)$. 因而当 $p_i \leqslant \alpha_j$ 时, 因 $p_j^{p_i - 1} \equiv 1$ (mod p_i), 故 p_j 之指数 (mod p_i) 这时必小于 α_j, 随之不得不等于 1, 即是说在 $p_i \leqslant \alpha_j$ 时必有 $p_i | (p_j - 1)$.

于是又产生了一个新问题, 即在 $i < j$ 时若 $p_i \leqslant \alpha_j$, 虽必有 $p_i | (p_j - 1)$——刚证过, 但能否有 p_k $(i < k < j)$ 使 $p_i | (p_k - 1)$ 及 $p_k | (p_j - 1)$ 呢? 假若有这样的 p_k, 为叙述简洁令 $p = p_i$, $p' = p_k$, $q = p_j$, 考虑自然数 $pp'q^p$ $(p < p' < q$, $p | (p' - 1)$, $p' | (q - 1)$, 当然也还有 $p | (q - 1))$, 而由于模 q 与模 p' 均有原根, 故必有 σ 与 ρ 使其指数分别关于模 q 与模 p' 为 p' 与 p, 即 $\sigma^{p'} \equiv 1 (\bmod\ q)$ 与 $\rho^p \equiv 1$ (mod p'). 我们将证明由定义关系

$$b^p = b'^{p'} = a_1^q = a_2^q = \cdots = a_p^q = 1 = [a_i, a_j],$$

$$b^{-1}b'b = b'^{\rho},\ b^{-1}a_ib = a_{i+1}\ (i = 1, 2, \cdots, p-1),$$

$$b^{-1}a_pb = a_1,\ b'^{-1}a_ib' = a_i^{\sigma\rho^{1-i}}\ (i = 1, 2, \cdots, p)$$

所决定的 $H = \{a_1, a_2, \cdots, a_p, b, b'\}$ 是阶 $pp'q^p$ 的群:

事实上，定义关系 $a_1^q = a_2^q = \cdots = a_p^q = 1 = [a_i, a_j]$ 决定了一个 q^p 阶初等交换 q-群 $A = \{a_1\} \times \{a_2\} \times \cdots \times \{a_p\}$. 容易验证对应关系 $a_1^{k_1}a_2^{k_2}\cdots a_p^{k_p} \to a_1^{k_1\sigma}a_2^{k_2\sigma\rho^{-1}}a_3^{k_3\sigma\rho^{-2}}\cdots a_p^{k_p\sigma\rho^{1-p}}$ 为 A 之一自同构(当然有 $a_i \to a_i^{\sigma\rho^{1-i}}$), 并易知这自同构的阶等于 p', 故据上册第四章 § 3 定理 1 得知有 A 被 p' 阶循环群的一个扩张 B' 使 $B' = \{b', a_1, \cdots, a_p\} = A\{b'\}$, $b'^{-1}a_ib' = a_i^{\sigma\rho^{1-i}}$ $(i = 1, 2, \cdots, p)$ 及 $b'^{p'} = 1$, $o(B') = p'q^p$. 再令 B' 之元 $b'^ka_1^{k_1}a_2^{k_2}\cdots a_p^{k_p} \to b'^{\rho k}a_1^{k_p}a_2^{k_1}\cdots a_p^{k_{p-1}}$ (当然有 $b' \to b'^{\rho}$, $a_i \to a_{i+1}$ $(i = 1, 2, \cdots, p-1)$ 及 $a_p \to a_1$), 不难验证这对应是 B' 的一自同构,其阶等于 p. 于是复据上册第四章 § 3 定理 1 可知有 B' 被 p 阶循环群的扩张,使在这扩张中有代表元系 $b, b^2, \cdots, b^{p-1}, b^p = 1$ 具性质:

$$b^{-1}b'b = b'^{\rho}, b^{-1}a_ib = a_{i+1}\ (i = 1, 2, \cdots, p-1)$$

及 $$b^{-1}a_pb = a_1.$$

这扩张之阶为 $pp'q^p$, 即 H 是这样的群.

若 H 超可解，则 H 必有 q 阶正规子群 N, 即 $N = \{a\}$, $a = a_1^{x_1}a_2^{x_2}\cdots a_p^{x_p}$, 而 $x_1, x_2, \cdots, x_p$ 中至少有一个与 q 互素, $N \lhd H$; 于是有整数 t 使 $b^{-1}ab = a^t$, 但 $b^{-1}ab = a_1^{x_p}a_2^{x_1}a_3^{x_2}\cdots a_p^{x_{p-1}}$, $a^t = a_1^{x_1t}a_2^{x_2t}\cdots a_p^{x_pt}$, 故 $x_p \equiv x_1t$, $x_1 \equiv x_2t$, $x_2 \equiv x_3t$, $\cdots$, $x_{p-1} \equiv x_pt \pmod{q}$; 因而再据至少有一个 x_i 与 q 互素,就知道每 $x_i \not\equiv 0 \pmod{q}$, 因而 $x_1x_2\cdots x_p \not\equiv 0 \pmod{q}$. 另方面,又有整数 s 使 $b'^{-1}ab' = a^s$, 即 $a_1^{x_1\sigma}a_2^{x_2\sigma\rho^{-1}}\cdots = a_1^{x_1s}a_2^{x_2s}\cdots$, 故 $x_1\sigma \equiv x_1s \pmod{q}$, $x_2\sigma^{\rho^{-1}} \equiv x_2s \pmod{q}$, 于是从 $(x_1x_2, q) = 1$ 得知 $\sigma \equiv s \equiv \sigma^{\rho^{-1}} \pmod{q}$, 不得不有 $\rho^{-1} \equiv 1 \pmod{p'}$, 即 $\rho \equiv 1 \pmod{p'}$, 这显与 ρ 之指数为 $p \pmod{p'}$ 之条件相矛盾, 不可. 所以 H 决不是超可解的.

由是令K为阶$n/p_ip_kp_j^{p_i}=n/pp'q^p$的任何群时，则直积$G=H\times K$亦非超可解且有阶$n$，又与题设矛盾了．这就证明了：在凡阶$n$的群都是超可解的前提下，若$p_i\leqslant\alpha_j$ $(i<j)$，虽能断言$p_i|(p_j-1)$，但决无一$p_k(i<k<j)$使$p_i|(p_k-1)$及$p_k|(p_j-1)$同时成立．

这时还可断言$\alpha_i\leqslant 2$，且有$p_i^{\alpha_i}|(p_j-1)$（这是说在$\alpha_i>1$时有$p_i^2|(p_j-1)$）．

先假定$\alpha_i>1$并设$p_i^2\nmid(p_j-1)$．

由$p_i\leqslant\alpha_j$ $(i<j)$已证明了$p_i|(p_j-1)$．今考虑$p_i^2p_j^{p_i}(\leqslant p_i^{\alpha_i}p_j^{\alpha_j})$，则有$p_i^2p_j^{p_i}|n$．为简洁计，令$p_i=p$，$p_j=q$，于是$p_i^2p_j^{p_i}=p^2q^p$，$p<q$，$p|(q-1)$，$p^2\nmid(q-1)$，且有$p^2q^p|n$．

今作q^p阶初等交换q-群$A=\{a_1\}\times\{a_2\}\times\cdots\times\{a_p\}$，即$a_1^q=\cdots=a_p^q=1=[a_i,a_j]$．取指数为$p\pmod q$的一数$\rho$，即$\rho^p\equiv 1\pmod q$；并作$A$之映射：$a_i\to a_i^\psi=a_{i+1}$ $(i=1,\cdots,p-1)$及$a_p\to a_p^\psi=a_1^\rho$，因之对任$a=a_1^{k_1}\cdots a_{p-1}^{k_{p-1}}a_p^{k_p}\in A$而定义$a\to a^\psi=a_1^{\rho k_p}a_2^{k_1}\cdots a_p^{k_{p-1}}$．易证$\psi\in A(A)$——$A$之自同构群．且又易知$a_i^{\psi^p}=a_i^\rho$ $(i=1,2,\cdots,p)$，由是$a_i^{\psi^{p^2}}=a_i^{(\psi^p)^p}=a_i^{\rho^p}=a_i$ $(i=1,\cdots,p)$，说明了$\psi^{p^2}=\mathbf{1}$为A之恒等自同构，于是据上册第四章§3定理1得知有A被p^2阶循环群的一扩张K，即有$b\in K$，$b^{p^2}=1$，$b^{-1}a_ib=a_{i+1}$ $(i=1,2,\cdots,p-1)$及$b^{-1}a_pb=a_1^\rho$，而$K=A\{b\}$，换言之，$K=\{a_1,\cdots,a_p,b\}$而具定义关系$a_1^q=\cdots=a_p^q=[a_i,a_j]=1=b^{p^2}$，$b^{-1}a_ib=a_{i+1}$ $(i=1,\cdots,p-1)$及$b^{-1}a_pb=a_1^\rho$，但ρ之指数$\pmod q$为p，且这K是p^2q^p阶群$(p<q)$，并为q^p阶正规子群A之分离扩张．

若K超可解，则它有q阶正规子群，即有$a=a_1^{x_1}a_2^{x_2}\cdots a_p^{x_p}$（至少有一个$x_i\not\equiv 0\pmod q$）使$b^{-1}ab=a^t$，$(t,q)=1$．因而

$$a_1^{x_p\rho}a_2^{x_1}a_3^{x_2}\cdots a_p^{x_{p-1}}=a_1^{x_1t}a_2^{x_2t}a_3^{x_3t}\cdots a_p^{x_pt},$$

故$x_i\equiv x_{i+1}t\pmod q$ $(i=1,2,\cdots,p-1)$及$x_p\rho\equiv x_1t\pmod q$，由是得$x_i\equiv x_pt^{p-i}\pmod q$ $(i=1,2,\cdots,p-1)$及$x_p\rho\equiv x_pt^p\pmod q$．因至少有一个$x_i\not\equiv 0\pmod q$，故必有$x_p\not\equiv 0$，随之

有 $\rho\equiv t^p \pmod q$，故 $1\equiv\rho^p\equiv t^{p^2} \pmod q$，说明了 t 之指数 $\pmod q$ 为 p^2，故 $p^2|(q-1)$，与假设 $p^2\nmid(q-1)$ 相抵，不可. 说明K为非超可解群.

于是，当 L 为阶 $\dfrac{n}{p^2q^p}=\dfrac{n}{p_i^2p_j^{p_i}}$ 之任何群时，则直积 $G=K\times L$ 之阶为 n 且 G 非超可解，又与原题设相矛盾. **故欲凡阶 n 的群是超可解的，则在 $p_i\leqslant\alpha_j\ (i<j)$ 时固有 $p_i|(p_j-1)$，但若 $\alpha_i>1$，则又必有 $p_i^2|(p_j-1)$.**

又能进一步地断言 $\alpha_i\leqslant 2$（在 $p_i\leqslant\alpha_j\ (i<j)$ 的前提下）. 若 $\alpha_i\geqslant 3$，则 $p_i^3p_j^{p_i}|n$，且在上面已解决了 $p_i^2|(p_j-1)$，于是为简洁计仍令 $p_i=p$，$p_j=q$，就有 $p_i^3p_j^{p_i}=p^3q^p$ 且 $p^2|(q-1)$. 仍作 q^p 阶初等交换群 $A=\{a_1\}\times\{a_2\}\times\cdots\times\{a_p\}$，$a_1^q=\cdots=a_p^q=1=[a_i,a_j]$，再考虑$A$之映射 ψ:

$$a_i\to a_i^{\psi}=a_i^{\rho 1+(1-i)p}\quad(i=1,2,\cdots,p),$$

但 ρ 之指数 $(\mathrm{mod}\ q)$ 为 p^2，即 $\rho^{p^2}\equiv1 \pmod q$ 而 $\rho^p\not\equiv 1 \pmod q$. 易知$\psi$为$A$之自同构，其阶为 p^2，即 $\psi^{p^2}=\mathbf{1}$. 于是据上册第四章§3定理1有A的一个分离扩张 $B=\{b,a_1,\cdots,a_p\}=\{b\}A$，具定义关系:

$$b^{p^2}=a_1^q=\cdots=a_p^q=[a_i,a_j]=1,\ b^{-1}a_ib=a_i^{\rho 1+(1-i)p}$$
$$(i=1,\cdots,p),$$

因之 $o(B)=p^2q^p$. 再考虑B之映射 φ:

$$a_i\to a_i^{\varphi}=a_{i+1}\ (i=1,\cdots,p-1),$$
$$a_p\to a_p^{\varphi}=a_1,b\to b^{\varphi}=b^{1+p}.$$

也易证φ为B之自同构，阶等于 p，即 $\varphi^p=\mathbf{1}$，故复由上册第四章§3定理1可知有一群 R，使 $B\lhd R$ 且B在R内有补子群是 p 阶循环的，即有 $R=\{c,b,a_1,a_2,\cdots,a_p\}$ 而具定义关系:

$$c^p=b^{p^2}=a_1^q=\cdots=a_p^q=[a_i,a_j]=1,$$
$$b^{-1}a_ib=a_i^{\rho 1+(1-i)p}\ (i=1,2,\cdots,p),$$
$$c^{-1}bc=b^{1+p},\ c^{-1}a_ic=a_{i+1}\ (i=1,\cdots,p-1),$$
$$c^{-1}a_pc=a_1,$$

但 $\rho^{p^2}\equiv 1 \pmod{q}$ 且 $\rho^p \not\equiv 1 \pmod{q}$. 显然, $o(R)=p^3q^p$.

又可断言 R 非超可解: 因不然, R 就有一 q 阶正规子群 $\{a\}$, $a^q=1$, 即 $a=a_1^{x_1}a_2^{x_2}\cdots a_p^{x_p}$ 中至少有一个 x_i 与 q 互素, 且 $b^{-1}ab=a^t$ 与 $c^{-1}ac=a^s$. 由 $c^{-1}ac=a^s$ 以及至少一 x_i 与 q 互素, 可知每 $x_i\not\equiv 0 \pmod{q}$; 于是再从 $b^{-1}ab=a^t$ 可知 $x_it\equiv x_i\rho^{1+(1-i)p} \pmod{q}$ $(i=1, 2, \cdots, p)$, 特取 $i=1$ 与 2 时就有 $\rho\equiv t\equiv\rho^{1-p} \pmod{q}$, 即 $\rho^p\equiv 1 \pmod{q}$, 此不可. 由是不论 S 为阶 $\dfrac{n}{p_i^3p_j^{\alpha_j}}=\dfrac{n}{p^3q^p}$ 的任何群, 直积 $G=R\times S$ 非超可解且 $o(G)=n$, 又与原题设相抵. 故 $\alpha_i\leqslant 2$ 在 $p_i\leqslant\alpha_j$ 时 $(i<j)$.

总括上述,得到这样的结果,即:

若 $n=p_1^{\alpha_1}p_2^{\alpha_2}\cdots p_r^{\alpha_r}$ $(p_1<p_2<\cdots<p_r)$ 阶群恒为超可解的, 那末必有:

(i) $\left(p_j, \prod\limits_{t=1}^{\alpha_i}(p_i^t-1)\right)=1$ 在 $j>i$ 时,

(ii) $\left(p_i, \prod\limits_{t=1}^{\alpha_j}(p_j^t-1)\right)=(p_i, p_j-1)$ 在 $j>i$ 时,

(iii) 当 $i<j$ 时,若 $p_i\leqslant\alpha_j$, 则必有 $p_i|(p_j-1)$, 且决无一 p_k $(i<k<j)$ 使 $p_i|(p_k-1)$ 及 $p_k|(p_j-1)$ 能同时再成立, 并还有 $\alpha_i\leqslant 2$, 而在 $\alpha_i=2$ 时又必有 $p_i^2|(p_j-1)$.

现在反过来,假定 $n=p_1^{\alpha_1}p_2^{\alpha_2}\cdots p_r^{\alpha_r}$ $(p_1<p_2<\cdots<p_r)$ 已具 (i), (ii), (iii) 三个性质,而来证明凡阶 n 的群必是超可解的.

先将证明中所需的预备知识写成下面 4 个引理 (引理 3—6).

引理 3 设 $q^a \| (p-1)$, 则使 $q^{a+1}|(p^r-1)$ 的最小自然数 $r=q$ (p, q 均为素数).

证明 由 $q^a\|(p-1)$ 可令 $p-1=q^ab$ 而有 $(b, q)=1$. 于是代入 $p^r-1\equiv 0 \pmod{q^{a+1}}$ 中得 $(1+bq^a)^r-1\equiv 0 \pmod{q^{a+1}}$, 即 $rbq^a\equiv 0 \pmod{q^{a+1}}\Rightarrow rb\equiv 0 \pmod{q}\Rightarrow r\equiv 0 \pmod{q}$. 故云.

引理 4 设 $q^a\|(p-1)$, $k<q$, 则 $GL(k, Z_p)$ 中任何 q-元的阶不大于 q^a.

证明 设有 $x\in GL(k, Z_p)$ 且 $o(x)=q^{a+1}$，则 $\lambda^{q^{a+1}}-1$ 是 x 的零化多项式，故 x 之最小多项式 $m(\lambda)|(\lambda^{q^{a+1}}-1)$，且 $m(\lambda)$ 之根中至少有一个为 $\lambda^{q^{a+1}}-1$ 之原根[1)]，于是以 Z_p 为基域，可知 $m(\lambda)$ 之分裂域也是 $\lambda^{q^{a+1}}-1$ 的分裂域. 设此分裂域之次数为 r，则分裂域之乘群(阶为 p^r-1)中有阶为 q^{a+1} 之子群，故 $q^{a+1}|(p^r-1)$. 据引理 3 可知 $r\geqslant q$，即 $m(\lambda)$ 之次数 $\geqslant r\geqslant q$.

另方面，x 之特征多项式 $\det(\lambda E-x)$ 之次数 $=k$，故从 $m(\lambda)|\det(\lambda E-x)$ 又知 $m(\lambda)$ 之次数 $\leqslant k<q$，显与上段的结论矛盾.

故 $GL(k, Z_p)$ 中不存在阶为 q^{a+1} 的元，证完.

引理 5 设 $GL(k, Z_p)$ 之子群 H 是对角矩阵群，H 的正规化元 x 若不为中心化元，则循环群 $\{x\}$ 同态于 l 次对称群 $\mathfrak{S}_l(1<l\leqslant k)$ 的一个非单位子群.

证明 H 的每元为对角矩阵. 它们可视为空间 V 上的线性变换，相应的基底令为 $e_1, e_2, \cdots, e_k$.

空间 V 中有这样的子空间 W，使 H 作用在它上为纯量矩阵(例如每 e_i 生成的子空间就是)，称这样的子空间为 H 的纯量子空间. 若纯量子空间 W 不真包含在另一纯量子空间内，就叫 W 为极大纯量子空间.

任一基向量 e_i 必属于某一极大纯量子空间 W. 因为 e_i 生成一个纯量子空间 W_i，从 W_i 出发可得到纯量子空间的升链，而这升链显然不能无穷，故存在一个极大纯量子空间包含 W_i. 设所有极大纯量子空间为 $V_1, \cdots, V_l$，由于每基向量 e_i 至少在其中的一个里面，不得不有 $V_1+V_2+\cdots+V_l=V$.

再证这和为直和. 用逐步递推方法.

设 $H=\{h_1, \cdots, h_n\}$，即 $h_1, \cdots, h_n$ 为 H 之全部元素. 用 1

---

1) 取 $\lambda^{q^{a+1}}-1$ 之分裂域 $F(\supseteq Z_p)$，因 $p\nmid q^{a+1}$，故 $\lambda^{q^{a+1}}-1$ 无重根，因之 $m(\lambda)$ 亦无重根，故有 $P\in GL(k, F)$ 使 $P^{-1}xP=\mathrm{diag}(\alpha_1, \cdots, \alpha_k)$，$\alpha_i\in F$，因之 $E=P^{-1}x^{q^{a+1}}P=\mathrm{diag}(\alpha_1^{q^{a+1}}, \cdots, \alpha_k^{q^{a+1}})$，$\alpha_i^{q^{a+1}}=1$. 故从 $o(x)=q^{a+1}$ 又知至少有一个 α_i 使 $o(\alpha_i)=q^{a+1}$，即 α_i 为 $\lambda^{q^{a+1}}-1$ 之一原根.

表恒等映射(对任何空间).

考虑 $V_1\cap V_2=W$. 由于 V_1 为纯量子空间,故作用在 V_1 上有 $h_i=\lambda_i\cdot 1\ (\lambda_i\in Z_p)$, 即 $\forall v_1\in V_1$, 恒有 $(v_1)h_i=\lambda_i v_1$. 同样可知在 V_2 中有 $h_i=\mu_i\cdot 1\ (\mu_i\in Z_p)$, 即 $\forall v_2\in V_2$, 恒有 $(v_2)h_i=\mu_i v_2$. 于是若有 $w(\neq 0)\in W$, 则必有 $(w)h_i=\lambda_i w=\mu_i w$, 不得不有 $\lambda_i=\mu_i\ (i=1,\cdots,n)$, 故对任 $v_1+v_2\in V_1+V_2$, 得 $(v_1+v_2)h_i=(v_1)h_i+(v_2)h_i=\lambda_i v_1+\lambda_i v_2=\lambda_i(v_1+v_2)$, 即 V_1+V^2 亦为 H 之纯量子空间,而与 V_1, V_2 是不同的极大纯量子空间相矛盾. 所以 $V_1+V_2=V_1\oplus V_2$(直和).

还知道: V_1 与 V_2 是 $V_1\oplus V_2$ 中仅有的两个极大纯量子空间. 事实上,若 W 为 $V_1\oplus V_2$ 中不同于 V_1 与 V_2 的一个极大纯量子空间,则至少有一元 $w=v_1+v_2\in W$, $v_1\neq 0$, $v_2\neq 0$, 且 $(w)h_i=(v_1)h_i+(v_2)h_i=\lambda_i v_1+\mu_i v_2$; 另方面又有 $(w)h_i=\eta_i w=\eta_i v_1++\eta_i v_2$, 因之对所有的 i 有 $\lambda_i=\eta_i=\mu_i$, 这又导得 $V_1\oplus V_2$ 为纯量子空间.

今归纳地假设 $V_1+\cdots+V_r=V_1\oplus\cdots\oplus V_r$, 且 $V_1,\cdots,V_r$ 为 $V_1\oplus\cdots\oplus V_r$ 中仅有的极大纯量子空间,而来考虑

$$(V_1\oplus\cdots\oplus V_r)\cap V_{r+1}=W.$$

将 H 作用于 V_{r+1}, 得 $h_i=\xi_i\cdot 1$, 即 $\forall v_{r+1}\in V_{r+1}$, 有 $(v_{r+1})h_i=\xi_i v_{r+1}$, 故由 $W\subset V_{r+1}$ 知 W 为纯量子空间. 又 $W\subset V_1\oplus\cdots\oplus V_r$, 故 W 一定含于 $V_1\oplus\cdots\oplus V_r$ 的某个极大纯量子空间 V_s 内,即 $W\subset V_s$, 因此 $W\subset V_s\cap V_{r+1}$; 然而由前述又有 $V_s\oplus V_{r+1}$, 故 $V_s\cap V_{r+1}=0$, 因之 $W=0$, 即得 $V_1\oplus\cdots\oplus V_r\oplus V_{r+1}$.

又若 W 是含在 $V_1\oplus\cdots\oplus V_r\oplus V_{r+1}$ 内的异于 $V_1,\cdots,V_r,V_{r+1}$ 之极大纯量子空间,则同样知 W 至少有一元 $w=v_s+\cdots+v_t$ ($s,\cdots,t$ 为 $1\cdots,r,r+1$ 中某几个)且 $v_s\neq 0,\cdots,v_t\neq 0$;令 $(v_s)h_i=\lambda_i v_s,\cdots,(v_t)h_i=\eta_i v_t$, 由 $(w)h_i=\lambda_i v_s+\cdots+\eta_i v_t=\zeta_i w=\zeta_i v_s+\cdots+\zeta_i v_t$ 可得 $\lambda_i=\cdots=\eta_i=\zeta_i$, 又导得 $V_s+\cdots+V_t$ 为纯量子空间,不可.

因之递推而可知 $V=V_1\oplus\cdots\oplus V_l$.

今设 $x\in GL(k, Z_p)$，x 为 H 之正规化元但不是中心化元. 于是对任 h_i 必有某 h_{i_x} (i_x 表指标)使得 $x^{-1}h_{i_x}x = h_i$，令 $(v)h_i = \lambda_i v (v\in V_t)$，则 $(v)xh_i = (v)xx^{-1}h_{i_x}x = (v)h_{i_x}x = (\lambda_{i_x}v)x = \lambda_{i_x}\cdot(v)x$，说明了 V_tx 为纯量子空间. 假若还有纯量子空间 W 真包含 V_tx: $W > V_tx$，则 $Wx^{-1} > V_t$，即 Wx^{-1} 为真包含 V_t 的纯量子空间[1)]，这与 V_t 之极大性矛盾了. 所以 $V_tx = V_{t_x}$ 为极大纯量子空间.

综上所述，可知 x 作用于子空间集合 $(V_1, \cdots, V_l)$ 时就产生了 $(V_1, \cdots, V_l)$ 的一个排列：$\pi_x\in \mathfrak{S}_l$，即

$$\begin{pmatrix} V_1 & V_2 & \cdots & V_l \\ V_1x & V_2x & \cdots & V_lx \end{pmatrix} = \begin{pmatrix} V_1 & V_2 & \cdots & V_l \\ V_{1_x} & V_{2_x} & \cdots & V_{l_x} \end{pmatrix} \Rightarrow \begin{pmatrix} 1 & 2 & \cdots & l \\ 1_x & 2_x & \cdots & l_x \end{pmatrix}$$
$$= \pi_x \in \mathfrak{S}_l.$$

显然，令 $x\to\pi_x$ (x 映射为 π_x)，易知这映射是使循环群 $\{x\}$ 同态于 $\{\pi_x\}$ 的同态映射，即 $\{x\}\sim\{\pi_x\}$.

当 $\pi_x = 1$ 时，$\forall v_t\in V_t (t = 1, 2, \cdots, l)$，有 $(v_t)h_i = \lambda_{it}v_t$ $(i = 1, 2, \cdots, n)$，故 $(v_t)xh_i = ((v_t)x)h_i = \lambda_{it_x}((v_t)x)$——因 $V_tx = V_{t_x}$ 为纯量子空间；但 $\pi_x = 1$ 又说明 $V_tx = V_{t_x} = V_t$，因而 $t_x = t$，于是 $(v_t)xh_i = \lambda_{it_x}((v_t)x) = \lambda_{it}((v_t)x) = (\lambda_{it}v_t)x = (v_t)h_ix$，且由于 v_t 在 V_t 内的任意性，得知 xh_i 与 h_ix 作用在 V_t 上的功效相同；再因 $t = 1, 2, \cdots, l$，故 xh_i 与 h_ix 作用在 V 上为等效的，不得不有 $xh_i = h_ix$，即 x 为 H 之中心化元，与假设的条件矛盾了. 故 $\{\pi_x\}$ 为非单位的 l 次置换群. 证完.

引理 6 设 H 为 $GL(k, Z_p)$ 的超可解子群，$o(H) = t^\alpha q^\beta$ ($t < q < p$ 均为素数，$\alpha\geqslant 0$, $\beta\geqslant 0$)，如果 $t^\alpha q^\beta p^k$ 满足(i), (ii), (iii)，则 H 为交换群且 $H^{p-1} = 1$ (即 $H' = 1 = H^{p-1}$).

证明 H 为 $GL(k, Z_p)$ 之子群 $\Longrightarrow t \left| \prod\limits_{i=1}^{k} (p^i - 1)\right.$，

1) 因 W 为纯量子空间，故 $\forall w\in W$，$(w)h_i = \xi_i w$，即 $(w)x^{-1}h_{i_x}x = \xi_i w$，或 $((w)x^{-1})h_{i_x} = \xi_i((w)x^{-1})$，且由于 h_{i_x} 也随着 h_i 跑遍了 H，故关系式
$$((w)x^{-1})h_{i_x} = \xi_i((w)x^{-1}),$$
即说明了 Wx^{-1} 为 H 上的纯量子空间.

$q\left|\prod_{i=1}^{k}(p^i-1)\right.$，故由条件(ii)得 $t\nmid(p-1)$，$q\nmid(p-1)$。于是由条件(iii)可知：当 $t\leqslant k$ 时，就必有 $t\nmid(q-1)$.

其次，H 中任意 q-元 x 的阶 $o(x)\leqslant q^{\alpha}$，这里 $q^{\alpha}\|(p-1)$.（这是由于当 $q>k$ 时由引理 4 有 $o(x)\leqslant q^{\alpha}$，当 $q\leqslant k$ 时由条件(iii)则有 $q^{\beta}|(p-1)$——实际上还应有 $\beta\leqslant 2$，故有 $o(x)\leqslant q^{\beta}\leqslant q^{\alpha}$.）同理，$H$ 中任意 t-元 y 的阶 $o(y)\leqslant t^{b}$，这里 $t^{b}\|(p-1)$. 故都应有 $x^{p-1}=1$，$y^{p-1}=1$. 因而若 N 为 H 之一交换子群时，则必有 $N^{p-1}=1$.

下面将证明 H 为交换群. 先证 H 的西洛 q- 子群 Q 是交换的：事实上，在 $q\leqslant k$ 时由条件(iii)知 $\beta\leqslant 2$，故 $o(Q)=q^{\beta}\leqslant q^{2}$ 即表示了 Q 之交换性；在 $q>k$ 时，用反证法，设 Q 之合成群列 $Q>\cdots>F>N>\cdots>1$ 中从后往前看第一个非交换的项为 F，则 N 为交换的，且 F 为 N 添加某一 q-元 y 所生成，即 $F=\{N,y\}$. 这时，$\forall x\in N$，$x^{p-1}=1$，即 x 之最小多项式 $m(\lambda)|(\lambda^{p-1}-1)$，由于 $m(\lambda)$ 无重根且根全在 Z_p 内，故每 x 都相似于 $GL(k,Z_p)$ 中的对角阵，再由 N 之交换性可知 N 中所有元可同时用 $GL(k,Z_p)$ 之元变形为对角阵. 因而下面就假定 N 为对角矩阵群.

由于 $F=\{N,y\}$ 之非交换性，可知 y 为 N 之正规化元但不是中心化元，故据引理 5 知 $\{y\}\sim\mathfrak{S}_l$ 的非单位子群，而 $1<l\leqslant k$，所以 $o(y)$ 含不大于 k 之素因数，这与 y 为 q-元之意义矛盾了（因为 $k<q$）. 故 Q 必为交换的.

同理，H 之西洛 t-子群 T 也是交换的.

现在来证明 H 为交换群，分两款.

当 $t\leqslant k$ 时，由最开始的说明有 $t\nmid(q-1)$，故由(ii)就有 $\left(t,\prod_{i=1}^{\beta}(q^i-1)\right)=1$，又据(i)有 $\left(q,\prod_{i=1}^{\alpha}(t^i-1)\right)=1$，故 H 是幂零群，因而 $H=T\times Q$，于是 T，Q 之交换性就保证了 H 为交换的.

当 $t>k$ 时，用反证法，由 H 之超可解知 $Q\lhd H$，把它加细为合成群列 $H>\cdots>F>N>\cdots>1$，设从后往前看，令第一个非

交换项为 F，则N交换，这里 $o(F/N)=t\,(\because Q\subseteq N)$. F为从N添加某一t-元x所生成：$F=\{N, x\}$. 同上面已论证过的推理可知$\{x\}$同态于$\mathfrak{S}_l$之一非单位子群（$1<l\leqslant k$），从而$o(x)$含不超过k之素因数，而与x为t-元矛盾了. 所以说$t>k$时H亦交换. 由前述当然有$H^{p-1}=1$. 证完.

今设 $o(G)=n=p_1^{\alpha_1}p_2^{\alpha_2}\cdots p_r^{\alpha_r}\,(p_1<p_2<\cdots<p_r)$，并且条件(i)，(ii)，(iii)皆成立. 注意n之任何因数也满足条件(i)，(ii)，(iii)(易证)，于是关于群阶用归纳法可知G之真子群与真同态像都是超可解的，故当n含4个以上不同的素因数时，G是超可解的. 因此下面只需考虑$r\leqslant 3$的场合，即$n=t^\alpha q^\beta p^\gamma$（$t, q, p$均为素数，$t<q<p$，$\alpha\geqslant 0$，$\beta\geqslant 0$）.

条件(i) ⇒ G有西洛塔(定理1). 设T, Q, P分别为G的西洛t-子群，西洛q-子群，西洛p-子群，则$P\lhd G$，于是$1<Z(P)\lhd G$. 令M是包含在$Z(P)$内的G之极小正规子群，则M为初等交换p-群. 令$o(M)=p^k\,(1\leqslant k\leqslant\gamma)$. G之每元g共轭地作用在M上得到M的自同构$\tau_g\in A(M)\simeq GL(k, Z_p)$，则$g\to\tau_g$为$G$在$A(M)\simeq GL(k, Z_p)$内的一个同态，令同态像为$H$，实际上有$G/Z_G(M)\simeq H\subseteq GL(k, Z_p)$. 但$P\subseteq Z_G(M)$，故从$G=TQP$得$H\simeq G/Z_G(M)=TQP/Z_G(M)=TQZ_G(M)/Z_G(M)\simeq TQ/Z_G(M)\cap TQ$，因而$o(H)\mid o(TQ)=t^\alpha q^\beta$，据归纳法知$H$超可解，且因$o(H)\cdot p^k\mid n$，故$o(H)\cdot p^k$满足(i)，(ii)，(iii)，于是由引理6得知$H'=H^{p-1}=1$，随而$(G/Z_G(M))'=1=(G/Z_G(M))^{p-1}$，故据§2的引理2可知$M$为$p$阶循环，因而由$G/M$之超可解即得$G$自身亦超可解. 故证得了下面的

定理 2 设n之素因数分解是$n=p_1^{\alpha_1}p_2^{\alpha_2}\cdots p_r^{\alpha_r}\,(p_1<p_2<\cdots<p_r)$，则$n$阶群$G$恒为超可解的充要条件是：

(i) $\left(p_i, \prod_{s=1}^{\alpha_j}(p_i^s-1)\right)=1$ 当$j>i$时，

(ii) $\left(p_i, \prod_{s=1}^{\alpha_j}(p_j^s-1)\right)=(p_i, p_j-1)$ 当$j>i$时，

(iii) 当 $i<j$ 时若 $p_i \leqslant \alpha_j$，则必有 $\alpha_i \leqslant 2$ 且 $p_i^{\alpha_i} | (p_j-1)$，但不存在 $p_k (i<k<j)$ 使 $p_i | (p_k-1)$ 与 $p_k | (p_j-1)$ 同时成立.

定理 2 中条件的充分性之证明方法是樊恽同志的.

问题 1　设 $n=p_1^{\alpha_1} p_2^{\alpha_2} \cdots p_r^{\alpha_r}$ ($p_1<p_2<\cdots<p_r$ 均为素数). 若对每 i 恒有关系 $\left(p_i, \prod_{t=1}^{\alpha 1}(p_1^t-1)\right)=1$ 且 $\alpha_1 \leqslant 2$，则凡 n 阶群之换位子群的阶不含素因数 p_1.

问题 2　证明阶为 40 的群必有阶为 20 的正规子群.

问题 3　设 p, q 为超可解群 G 之阶 $o(G)$ 的两个素因数，$x \in [G, G]=G'$ 且 $o(x)=p^\alpha$，$y \in G(y)$ 且 $o=q^\beta$. 若 $[x, y] \neq 1$，试证 $q | (p-1)$.

提示：$G=A_0>A_1>A_2>\cdots>A_{n-1}>A_n=1$ 为 G 之正规群列，$[A_{i-1}:A_i]=p_i$（素数）. 不妨令 $[x, y] \in A_j$，$[x, y] \bar{\in} A_{j+1}$，$i<n$. 因循环正规子群之子群仍正规，故知 $\{[x,y]\} A_{j+1}/A_{j+1} \triangleleft G/A_{j+1}$；由 $G'=[G, G]$ 之幂零，从 $o(x)=p^\alpha \Rightarrow o(y^{-1}xy)=p^\alpha$ 知 $[x,y]=x^{-1}(y^{-1}xy)$ 之阶为 p 的幂 $\Rightarrow A_j/A_{j+1}=\{[x,y]\} A_{j+1}/A_{j+1}$ 为 p 阶的 ($p_j=p$). 但 $G' \cap A_j/G' \cap A_{j+1} \subseteq Z(G'/G' \cap A_{j+1})$（参看 § 1 定理 5 之证明），故 $[[x, y], x] \in G' \cap A_{j+1}$，$\Rightarrow [x, y, x] \in A_{j+1}$，即 $[x,y] A_{j+1}$ 与 $x A_{j+1}$ 为 G/A_{j+1} 中可交换的二元.

由是若 $[x, y, y] \in A_{j+1}$，即 $[x,y] A_{j+1}$ 与 $y A_{j+1}$ 可交换，则 $[x, y] A_{j+1}$ 为 $\{x, y, A_{j+1}\}/A_{j+1}=\{x, y\} A_{j+1}/A_{j+1}$ 之中心元，但 $[x, y] \cdot A_{j+1} \in Z(\{x, y\} A_{j+1}/A_{j+1}) \Rightarrow \{x, y\} A_{j+1}/A_{j+1}$ 之换位子群在 $Z(\{x,y\} A_{j+1}/A_{j+1})$ 内 $\Rightarrow \{x, y\} \cdot A_{j+1}/A_{j+1}$ 为 2 类幂零群 $\Rightarrow x A_{j+1}$ 与 $y A_{j+1}$ 可交换 $\Rightarrow [x, y] \in A_{j+1}$，不可.

故 $[x, y, y] \bar{\in} A_{j+1}$，再 $\{[x, y]\} A_{j+1}/A_{j+1} \triangleleft G/A_{j+1} \Rightarrow y A_{j+1}$ 诱导了 $\{[x, y]\} A_{j+1}/A_{j+1}$ 的一个非恒等自同构 $\Rightarrow o(y A_{j+1}) | (p-1) \Rightarrow q | (p-1)$.

问题 4　设超可解群 G 之阶 $o(G)=p_1^{\alpha_1} p_2^{\alpha_2} \cdots p_r^{\alpha_r}$ ($p_1<p_2<\cdots<p_r$)，$x \in G'=[G, G]$ 且 $o(x)=p_1^t$. 试证：G 中凡阶与 p_1 互素的元必与 x 可交换，即若 $(o(y), p_1)=1$，则必有 $[x, y]=1$.

提示：令 $o(y)=p_2^{\beta_2} p_3^{\beta_3} \cdots p_r^{\beta_r}$ ($0 \leqslant \beta_i \leqslant \alpha_i$)，并令 $m_i=0(y)/p_i^{\beta_i}$，则 $(m_2, m_3, \cdots, m_r)=1$，$\Rightarrow \exists k_2, \cdots, k_r$（整数），$k_2 m_2+k_3 m_3+\cdots+k_r m_r=1 \Rightarrow y=y_2 y_3 \cdots y_r$，$y_i=y^{k_i m_i}$，$o(y_i)=p_i^{\beta_i}$. 再利用问题 3，若 $[x,y] \neq 1$，则至少有一 y_i 使 $[x, y_i] \neq 1$，故 $p_i | (p_1-1)$，不可.

§4. 阶无平方因数的群的个数及 2^3p 阶群之构造

有限群中一个重要问题是决定已知阶 n 的互不同构群的个数. 这个问题一般远未解决，在上册第四章里列举的许多例子以及第七章的 §1，都是研究 n 为某特殊数的情况. 这节研究两个问题，一是研究阶无平方因数之群的个数，二是讨论 2^3p 阶群的构造(p 是奇素数). 前者为超可解(前节定理 1 之推论)，后者可利用超可解的概念来解决. 因之这节实际上是前三节的应用.

先谈第一个问题. 设 $n = p_1p_2\cdots p_r$ ($p_i \neq p_j$ 在 $i \neq j$ 时，均为素数)；令 r 个差 $p_1-1, p_2-1, \cdots, p_r-1$ 中能为素数 p_i 整除之个数表为 l_i；又从 r 个差 $p_1-1, p_2-1, \cdots, p_r-1$ 中去掉 $p_j-1, p_k-1, \cdots, p_s-1$ 以后所留下来的诸差能被 p_i 整除之个数令为 $l_{ijk\cdots s}$. 要解决的第一个问题是证明 n 阶群之个数(互不同构的)为

$$1+\sum_{i=1}^{r}\frac{p_i^{l_i}-1}{p_i-1}+\sum_{i,j=1}^{r}\frac{(p_i^{l_{ij}}-1)(p_j^{l_{ji}}-1)}{(p_i-1)(p_j-1)}$$
$$+\sum_{i,j,k=1}^{r}\frac{(p_i^{l_{ijk}}-1)(p_j^{l_{jik}}-1)(p_k^{l_{kij}}-1)}{(p_i-1)(p_j-1)(p_k-1)}+\cdots$$

(文献 [55]).

先需引进一些预备知识.

定义 1 n 阶群 G 的 n 个元记为 $a_0, a_1, a_2, \cdots, a_{n-1}$，使 a_i 与 a_k 之积 $a_ia_k = a_h$ 的编号 h 可由公式 $h \equiv i+\rho^ik \pmod{n}$ 得以计算(ρ 为与 i, k, h 均无关)，就叫 G 为编号群.

对编号群 G，可将求元 a_i 与 a_k 的积 $a_ia_k = a_h$ 的运算转化为用公式

$$h = i\otimes k \equiv i+\rho^ik \pmod{n} \tag{1}$$

定义的编号之运算 $\otimes$ 来代换. 模 n 之完全剩余系 Z_n 关于运算 $\otimes$ 显然组成一个与编号群 G 成同构的群. 今后，凡与由(1)所定义的群成同构的群统统叫做编号群. 于是求 n 阶编号群之互不同构的

个数，是与适合（1）式之 ρ（以模 n 言）之个数有紧密的关系．关系怎样，是我们研究的中心．

编号群的例子较多，例如有限循环群为编号群（这时（1）中 $\rho=1$ 即可）；又三次对称群为一个 6 阶编号群（这时令（1）中 $\rho=-1$，参看下引理 1 之附注 1）．

引理 1 设 $H\lhd G$，H 与 G/H 皆循环，且 $(o(H),[G:H])=1$，则 G 为编号群．

证明 令 $H=\{a\}$，由舒尔定理知 $H=\{a\}$ 在 G 内有补子群，即 $G=\{a,b\}$，$G/H\simeq\{b\}$．设 $o(a)=n$，$o(b)=m$，则 $o(G)=mn$，且 G 之元唯一地写为 a^xb^y 形（x，y 分别跑遍 Z_n，Z_m）．因 $bab^{-1}=a^r$，故

$$a^{x_1}b^{y_1}\cdot a^{x_2}b^{y_2}=a^{x_1+x_2r^{y_1}}b^{y_1+y_2}. \tag{2}$$

今将 G 之元用下面的方法编号：对每 $a^xb^y\in G$，由于 $(m,n)=1$ 知适合 $h\equiv x\pmod n$ 与 $h\equiv y\pmod m$ 的 h 是唯一的 $\pmod{mn}$，就令元 a^xb^y 对应于自然数 h，即给 a^xb^y 为编号 h 的元，即令 $A_h=a^xb^y$．显然，当 $A_h=a^xb^y$ 与 $A_{h'}=a^{x'}b^{y'}$ 不同时，易证 $h\not\equiv h'\pmod{mn}$，故 G 与 Z_{mn} 间有 1–1 对应 $h\rightleftarrows a^xb^y$．再令 $i\rightleftarrows a^{x_1}b^{y_1}$，$k\rightleftarrows a^{x_2}b^{y_2}$，并令 ρ 为同余式组 $\begin{cases}\rho\equiv r\pmod n\\ \rho\equiv 1\pmod m\end{cases}$ 之唯一解 $\pmod{mn}$，

则因 $b^mab^{-m}=a^{r^m}\Rightarrow r^m\equiv 1\pmod n$，故从 $\begin{cases}i\equiv x_1\pmod n\\ i\equiv y_1\pmod m\end{cases}$ 及

$\begin{cases}k\equiv x_2\pmod n\\ k\equiv y_2\pmod m\end{cases}$ 得 $\begin{cases}i+\rho^ik\equiv x_1+r^ix_2\equiv x_1+r^{y_1}x_2\pmod n,\\ i+\rho^ik\equiv y_1+1^iy_2\equiv y_1+y_2\pmod m,\end{cases}$

于是若令 $h\rightleftarrows a^{x_1}b^{y_1}\cdot a^{x_2}b^{y_2}=a^{x_1+x_2r^{y_1}}b^{y_1+y_2}$，则 $h\equiv i+\rho^ik\pmod{mn}$，故 $h=i\otimes k\equiv i+\rho^ik\pmod{mn}$，即 Z_{mn} 关于运算 $\otimes$ 成群，即 G 为编号群．证完．

附注 1 引理 1 不只是证明了具有引理中条件的群为编号群，且从证法看尚可知怎样使群之元编号，即引理 1 之证法提供了这类编号群的如何编号之方法．例如 $\mathfrak{S}_3$ 中有 $\mathfrak{A}_3\lhd\mathfrak{S}_3$ 及 $(o(\mathfrak{A}_3),[\mathfrak{S}_3:\mathfrak{A}_3])=1$，故从 $\mathfrak{A}_3=\{(123)\}=\{a\}$，$a=(123)$ 及 $\mathfrak{S}_3/\mathfrak{A}_3\simeq$

$\{b\}$, $b=(12)$ 得 $\mathfrak{S}_3=\{a, b\}\Rightarrow\mathfrak{S}_3$ 之六个元为 1, $a=(123)$, $a^2=(132)$, $b=(12)$, $ab=(23)$, $a^2b=(13)$; 由引理 1 提供的方法, 因 $bab^{-1}=a^2$, 知 $r=2$; 又由 $-1\equiv 2\pmod 3$ 及 $-1\equiv 1\pmod 2$ 可知取 $\rho=-1$, 而得 1, (123), (132), (12), (23), (13) 的编号各为 0, 4, 2, 3, 1, 5.

附注 2 编号群之定义中 ρ 有它的特征: 所谓 n 阶编号群, 指的是 Z_n 关于运算 $\otimes$ 成群 ($i\otimes k\equiv i+\rho^i k\pmod n$, 当 $i, k\in Z_n$ 时), 今问 Z_n 为编号群之 ρ 具有什么特征? 首先, 当 Z_n 为编号群时, 因 $i\equiv i+n\pmod n$, 故 $i\otimes k=(i+n)\otimes k\Rightarrow\rho^i\equiv\rho^{i+n}\pmod n$, 特取 $i=0$ 得 $\rho^n\equiv 1\pmod n\Rightarrow(\rho,n)=1\Rightarrow\rho^{\varphi(n)}\equiv 1\pmod n$. 又 $(1\otimes 1)\otimes 1=1\otimes(1\otimes 1)\Rightarrow 1+\rho+\rho^{1+\rho}\equiv 1+\rho(1+\rho)\pmod n\Rightarrow\rho^{1+\rho}\equiv\rho^2\pmod n)$ $\Rightarrow\rho^\rho\equiv\rho\pmod n$. 故 n 阶编号群 Z_n 中的 ρ 满足 $\rho^n\equiv 1$, $\rho^{\varphi(n)}\equiv 1$ 及 $\rho^\rho\equiv\rho$ (或 $\rho^{\rho-1}\equiv 1$) $\pmod n$ 之关系. 反之, 凡具这些性质的 ρ 又足以使 Z_n 关于 $i\otimes k\equiv i+\rho^i k\pmod n$ 之运算 $\otimes$ 可成编号群. 事实上, $\rho^\rho\equiv\rho\pmod n\Rightarrow\rho^{\rho^k}\equiv\rho^{\rho^{k-1}}\equiv\cdots\equiv\rho^{\rho^2}\equiv\rho^\rho\equiv\rho\pmod n$, 于是从 $(i\otimes j)\otimes k\equiv(i+\rho^i j)\otimes k\equiv i+\rho^i j+\rho^{i+\rho^i j}k\equiv i+\rho^i j+\rho^i(\rho^{\rho^i})^j k\equiv i+\rho^i j+\rho^i\rho^j k\equiv i+\rho^i(j+\rho^j k)\equiv i+\rho^i(j\otimes k)\equiv i\otimes(j\otimes k)\pmod n$, 知结合律成立. 又 $0\otimes k\equiv 0+\rho^0 k=k=k+\rho^k 0\equiv k\otimes 0\pmod n\Rightarrow 0$ 负单位元之作用. 最后, $i\otimes k\equiv i+\rho^i k\equiv 0\pmod n\Longleftrightarrow k\equiv\rho^{n-i}(n-i)\pmod n$. 故 Z_n 关于 $i\otimes k\equiv i+\rho^i k\pmod n$ 之运算 $\otimes$ 成群, 而为一编号群. 故得: **n 阶群为编号群之充要条件是编号之运算 $\otimes$ 中的 ρ (即 $i\otimes k\equiv i+\rho^i k\pmod n$) 为 $\rho^n\equiv 1\pmod n$ 及 $\rho^\rho\equiv\rho\pmod n$.** [注意: $\rho^{\varphi(n)}\equiv 1\pmod n$ 是 $\rho^n\equiv 1\pmod n$ 的必然结果.]

附注 3 引理 1 中条件 $(o(H), [G:H])=1$ 非常重要, 不可省, 否则, G 有为非编号群的可能. 例如 G 为 p^2 阶初等交换时, $G=\{a\}\times\{b\}$, $a^p=b^p=1=[a, b]$, 若 $p=2$, 则 G 之四个元可令为 $c_0=1$, c_1, c_2, c_3, 且不论 (i, j, k) 为 (1, 2, 3) 之任何排列, 恒有 $c_ic_j=c_k=c_jc_i$, 并对每 k 言常有 $c_k^2=1=c_0$. 于是, 当 G 为编号群时, 有 $k+\rho^k k\equiv 0\pmod 4$, 特取 $k=1$ 得 $\rho+1\equiv 0\pmod 4$, 或 $\rho\equiv -1\pmod 4$; 反之, $\rho\equiv -1\pmod 4\Rightarrow\rho^4\equiv 1\pmod 4$ 及 $\rho^\rho\equiv\rho\pmod 4$ 是显然的, 故由附注 2 知 G 为编号群. 这说明了 $4=2^2$ **阶初等交换群确为编号群**(取 $\rho\equiv -1\pmod 4$). 再考虑 p 为奇素数, 若 G 为编号群, 令 c_k 为编号 k 之元, 由于 $c_k^p=1=c_0$ 及

$$c_k^2=c_{k(1+\rho^k)},\ c_k^3=c_kc_k^2=c_kc_{k(1+\rho^k)}=c_{k(1+\rho^k+\rho^{2k})},\ \cdots,\ c_k^p$$
$$=c_{k(1+\rho^k+\cdots+\rho^{(p-1)k})}=c_0,$$

不得不有 $k(1+\rho^k+\cdots+\rho^{(p-1)k})\equiv 0 \pmod{p^2}$；但因 $(\rho, p)=1$（附注 2），故若令 k 是最小自然数使 $\rho^k\equiv 1 \pmod p$，则 $k|(p-1)$，因而从上式得 $1+\rho^k+\cdots+\rho^{(p-1)k}\equiv 0 \pmod{p^2}$；于是令 $\rho^k=1+tp$ 时，$\rho^{nk}=(1+tp)^n\equiv 1+ntp \pmod{p^2}$，故有 $1+\rho^k+\cdots+\rho^{(p-1)k}\equiv 1+(1+tp)+(1+2tp)+\cdots+(1+(p-1)tp)\equiv p+[1+2+\cdots+(p-1)]tp\equiv p+\dfrac{p-1}{2}p^2t\equiv p \pmod{p^2}\Rightarrow 1+\rho^k+\cdots+\rho^{(p-1)k}\not\equiv 0 \pmod{p^2}$；上二个互相矛盾的结果说明了 p^2 阶初等交换群不能为编号群（p 是奇素数时）。由 $p=2$ 及 $p\neq 2$ 的两种 p^2 阶初等交换群为例说明了这样一个问题：虽 $H\lhd G$，H 与 G/H 皆循环，且有 $(o(H), [G:H])\neq 1$，则 G 可能为编号群，也可能不为编号群.

除引理 1 外，又有

引理 2 设 G 为编号群，则 G 必有一循环正规子群 H 使商群 G/H 也是循环的，因而 G 为超可解群.

证明 因 G 为 n 阶编号群，故 n 个元可编号而令为 $c_0=1$，$c_1, c_2, \cdots, c_{n-1}$ 使得 $c_ic_k=c_h$ 中 $h=i\otimes k\equiv i+\rho^ik \pmod n$，但 $\rho^n\equiv 1$ 及 $\rho^\rho\equiv\rho \pmod n$，因而 $\rho^{\varphi(n)}\equiv 1 \pmod n$. 若令 m 是最小自然数使 $\rho^m\equiv 1 \pmod n$，则必有 $m|(n, \varphi(n))$. 下面证明 G 中 $\dfrac{n}{m}$ 个元素 $c_0, c_m, c_{2m}, \cdots, c_{(\frac{n}{m}-1)m}$ 得组成所需要的正规子群 H.

事实上，令 $c_{km}\cdot c_{lm}=c_h$ 时，$h=km\otimes lm\equiv km+\rho^{km}lm \pmod n$，再利用 $\rho^m\equiv 1 \pmod n$ 知 $h\equiv(k+l)m \pmod n$，即 $c_{km}\cdot c_{lm}=c_{(k+l)m}$，$H$ 为子群. 又 $c_{km}\cdot c_{lm}=c_{(k+l)m}\Rightarrow c_m^2=c_{2m}$，$c_m^3=c_{3m}, \cdots, c_m^i=c_{im}$，即 $H=\{c_m\}$ 为由 c_m 生成的循环群. 最后，$c_i\cdot c_{km}\cdot c_i^{-1}=c_i\cdot c_{km}\cdot c_{\rho^{n-i}(n-i)}$ 中 $i\otimes km\otimes\rho^{n-i}(n-i)\equiv(i+\rho^ikm)\otimes\rho^{n-i}(n-i)\equiv i+\rho^ikm+\rho^{i+\rho^ikm}\cdot\rho^{n-i}(n-i)\equiv i+\rho^ikm+\rho^i\rho^{n-i}(n-i)\equiv i+\rho^ikm+n-i\equiv\rho^ikm \pmod n\Rightarrow c_ic_{km}c_i^{-1}=c_{\rho^ikm}\in H$. 故 $H\lhd G$. 又 $c_iH=c_jH\Leftrightarrow c_j=c_ic_{km}\Leftrightarrow$

$j = i\otimes km \equiv i+\rho^i km \pmod n \Rightarrow j \equiv i \pmod m$，故 c_1H，c_2H，$\cdots$，$c_{m-1}H$，$c_0H=H$ 是 G/H 之 m 个（即全部）元素；且 $(c_1H)^2=c_1c_1H=c_{1+\rho}H$，$(c_1H)^3=c_1c_{1+\rho}H=c_{1+\rho+\rho^2}H$，$\cdots$，$(c_1H)^m=c_{1+\rho+\rho^2+\cdots+\rho^{m-1}}\cdot H = H$（$\because 1+\rho+\rho^2+\cdots+\rho^{m-1}\equiv 0 \pmod n$），而 1，$1+\rho$，$1+\rho+\rho^2$，$\cdots$，$1+\rho+\rho^2+\cdots+\rho^{m-1}$ 又组成模 m 之完全剩余系（$\because \rho^\mu \equiv \rho \pmod n \Rightarrow m|(\rho-1) \Rightarrow \rho\equiv 1 \pmod m$），故商群 G/H 之 m 个元为 c_1H，$(c_1H)^2$，$\cdots$，$(c_1H)^{m-1}$，$(c_1H)^m = H$，即 $G/H=\{c_1H\}$ 为 m 阶循环群. 证完.

由引理 1 又易证下面的

引理 3 凡西洛子群为循环群的群是编号群.

事实上，G 之西洛子群均循环性 $\Longrightarrow G'=[G, G]$ 及 G/G' 都是循环的，且 $(o(G'), o(G/G'))=1$——第八章 § 3 定理 6. 故据引理 1 知 G 为编号群. 证完.

由引理 3 得

推论 阶无素因数之平方的群为编号群.

引理 4 设 m 为最小自然数使 $\rho^m \equiv 1 \pmod n$，并设 $\rho_1\equiv \rho^\lambda \pmod n$，式中 $(\lambda, m)=1$. 试证由 $i\otimes k\equiv i+\rho^i k \pmod n$ 及 $i\ominus k \equiv i+\rho_1^i k \pmod n$ 所定义的两个 n 阶群同构.

证明 $(\lambda, m)=1\Rightarrow \lambda\mu\equiv 1 \pmod m$ 之 μ 唯一 $\pmod m$. 虽 $m|(n, \varphi(n))\Rightarrow m|n$，但 $(\mu, m)=1$ 不能保证 $(\mu, n)=1$，可是能令 $n=klm$ 使 $(k, \mu m)=1$ 以及 l 含有 μ 与 m 的一切素因数，于是 $x=\mu+km$ 当然满足 $\lambda x\equiv 1 \pmod m$，并且也有 $(x, n)=(\mu+km, klm)=1$. 这说明了我们总可以适当地选 μ 使 $\lambda\mu\equiv 1 \pmod m$ 及 $(\mu, n)=1$ 都成立.

今令由 $i\otimes k\equiv i+\rho^i k \pmod n$ 及 $i\ominus k\equiv i+\rho_1^i k \pmod n$ 所定义的两个 n 阶群分别用 G 与 G_1 表示，并在 G 与 G_1 的元素间建立一个 1-1 对应的关系 $i\longleftrightarrow i_1$，式中 $i_1\equiv \mu i \pmod n$. 又若 $k\longleftrightarrow k_1$，则 $k_1\equiv \mu k \pmod n$；于是，$\mu(i\otimes k)\equiv \mu(i+\rho^i k)\equiv i_1+\rho^i k_1 \pmod n$，且 $\rho_1^\mu \equiv \rho^{\lambda\mu}\equiv \rho \pmod n \Rightarrow \rho^i\equiv \rho_1^{\mu i}=\rho_1^{i_1+tn}\equiv \rho_1^{i_1} \pmod n$，故有 $\mu(i\otimes k)\equiv i_1+\rho_1^{i_1}k_1 \pmod n$，即 $\mu(i\otimes k)\equiv i_1\ominus k_1 \pmod n$，

说明了 $i \longleftrightarrow i_1$ 与 $k \longleftrightarrow k_1$ 得有 $i \otimes k \longleftrightarrow i_1 \ominus k_1$，即 $G \simeq G_1$，证完.

附注 引理 4 中条件 $\rho_1 \equiv \rho^{\lambda} \pmod{n}$ 只是两个编号群为同构的充分条件,非必要条件. 例如分别由 $i \otimes k \equiv i + k \pmod{9}$ 与 $i \ominus k \equiv i + 4^i k \pmod{9}$ 定义的两个 9 阶群 G 与 G_1 同构（下面将证明之),但没有 λ 使 $(\lambda, 3) = 1$ 及 $4^{\lambda} \equiv 1 \pmod{9}$ 同时成立.

令 G_1 中 9 个元 $s_0 = 1, s_1, s_2, s_3, s_4, s_5, s_6, s_7, s_8$ 重新排列为这样的次序,如 $s_0, s_1, s_5, s_3, s_4, s_8, s_6, s_7, s_2$, 使它们分别对应于 9 阶循环群 G 之元 $c_0 = 1, c_1, c_2, c_3, c_4, c_5, c_6, c_7, c_8$ ($c_1^i = c_i$, $c_1^9 = c_0$), 易知 G 与 G_1 由下表所示为同构的.

	c_0	c_1	c_2	c_3	c_4	c_5	c_6	c_7	c_8
c_0	c_0	c_1	c_2	c_3	c_4	c_5	c_6	c_7	c_8
c_1	c_1	c_2	c_3	c_4	c_5	c_6	c_7	c_8	c_0
c_2	c_2	c_3	c_4	c_5	c_6	c_7	c_8	c_0	c_1
c_3	c_3	c_4	c_5	c_6	c_7	c_8	c_0	c_1	c_2
c_4	c_4	c_5	c_6	c_7	c_8	c_0	c_1	c_2	c_3
c_5	c_5	c_6	c_7	c_8	c_0	c_1	c_2	c_3	c_4
c_6	c_6	c_7	c_8	c_0	c_1	c_2	c_3	c_4	c_5
c_7	c_7	c_8	c_0	c_1	c_2	c_3	c_4	c_5	c_6
c_8	c_8	c_0	c_1	c_2	c_3	c_4	c_5	c_6	c_7

	s_0	s_1	s_5	s_3	s_4	s_8	s_6	s_7	s_2
s_0	s_0	s_1	s_5	s_3	s_4	s_8	s_6	s_7	s_2
s_1	s_1	s_5	s_3	s_4	s_8	s_6	s_7	s_2	s_0
s_5	s_5	s_3	s_4	s_8	s_6	s_7	s_2	s_0	s_1
s_3	s_3	s_4	s_8	s_6	s_7	s_2	s_0	s_1	s_5
s_4	s_4	s_8	s_6	s_7	s_2	s_0	s_1	s_5	s_3
s_8	s_8	s_6	s_7	s_2	s_0	s_1	s_5	s_3	s_4
s_6	s_6	s_7	s_2	s_0	s_1	s_5	s_3	s_4	s_8
s_7	s_7	s_2	s_0	s_1	s_5	s_3	s_4	s_8	s_6
s_2	s_2	s_0	s_1	s_5	s_3	s_4	s_8	s_6	s_7

现在提出这样一个问题，即当由 $i \otimes k \equiv i + \rho^i k \pmod{n}$ 与 $i \ominus k \equiv i + \rho_1^i k \pmod{n}$ 所定义的二群 G 与 G_1 同构时，在什么条件下才有 $\rho_1 \equiv \rho^k \pmod{n}$ 呢？为回答这问题,需先证下面的

引理 5 设 n 阶编号群 G 由 $i \otimes k \equiv i + \rho^i k \pmod{n}$ 所定义，m 为最小自然数使 $\rho^m \equiv 1 \pmod{n}$，则当 $\left(m, \frac{n}{m}\right) = 1$ 时，G 之每循环正规子群或与 $H = \{m, 2m, 3m, \cdots\}$ 一致或为 H 的子群.（H 为 G 之循环正规子群可参看引理 2 之证明.）

证明 令 a 为 G 中编号 m 的元，则 $H = \{a\}$. 若 G 之某循环正规子群的生成元 $b \bar{\in} H$，则由 $o(b) | n = m \cdot \frac{n}{m}$ 中 $\left(m, \frac{n}{m}\right) = 1$,

知 $o(b)=\lambda\mu$ 使 $\lambda|m$ 及 $\mu\left|\frac{n}{m}\right.$. 因 $H\lhd G$ 且$(o(H),[G:H])=\left(\frac{n}{m},m\right)=1$，故从 $b\bar{\in}H$ 得 $\lambda\neq 1$；再令 $c=b^{\mu}$，因 $o(b^{\lambda})=\mu$，故 $b^{\lambda}\in H$；由 $(\mu,\lambda)=1$ 知有 s,t 使 $s\mu+t\lambda=1$，因之 $b=(b^{\lambda})^{t}\cdot(b^{\mu})^{s}\Rightarrow c=b^{\mu}\bar{\in}H$. 但 $c^{\lambda}=b^{\lambda\mu}=1\in H$，故若 $j<\lambda$ 使 $c^{j}=b^{\mu j}\in H$，则因 b^{λ} 是 b 之最低次幂使 $b^{\lambda}\in H$[1)]，故有 $\lambda|\mu j\Rightarrow\lambda|j$，于是从 $j<\lambda$ 必有 $j=0$. 这证明了 $c,c^2,c^3,\cdots,c^{\lambda-1}$ 与 $c^{\lambda}=1$ 分别在G关于H的不同陪集内.

因 $\{b\}\lhd G\Rightarrow a^{-1}ba=b^{s}\Rightarrow a^{-1}b^{\mu}a=b^{\mu s}\Rightarrow a^{-1}ca=c^{s}\Rightarrow ca=ac^{s}$，故 cH 与 $c^{s}H(=Hc^{s})$ 有公共元 $ca=ac^{s}\Rightarrow cH=c^{s}H\Rightarrow c^{s-1}\in H$，因之据上面一段得 $\lambda|(s-1)$，故从 $c^{\lambda}=1\Rightarrow c^{s-1}=1\Rightarrow c^{s}=c$，有 $ca=ac^{s}=ac$. 再令元 c 之编号为 r，则 ac 之编号为 $m\otimes r\equiv m+\rho^{m}r\equiv m+r\pmod n$，$ca$ 之编号为 $r\otimes m\equiv r+\rho^{r}m\pmod n$，因而 $ac=ca\Rightarrow m(\rho^{r}-1)\equiv 0\pmod n\Rightarrow\rho^{r}\equiv 1\left(\bmod\frac{n}{m}\right)$. 又 $\rho^{\rho}\equiv\rho\Rightarrow\rho^{\rho-1}\equiv 1\pmod n$，而由$m$之意义可知 $m|(\rho-1)$，即 $\rho\equiv 1\pmod m\Rightarrow\rho^{r}\equiv 1\pmod m$，再与 $\rho^{r}\equiv 1\left(\bmod\frac{n}{m}\right)$ 合并得 $\rho^{r}\equiv 1\pmod n$，因之 $m|r\Rightarrow c\in H$，又与 $c=b^{\mu}\bar{\in}H$ 矛盾了.

引理 5 因而完全获证.

为今后叙述简洁，引进下面的

定义 2 由 $i\otimes k\equiv i+\rho^{i}k\pmod n$ 定义的 n 阶编号群G之 ρ 叫做G之基数. 当基数 ρ 适合引理 5 之条件$\left(\text{即 } m \text{ 为最小自然数使 } \rho^{m}\equiv 1\pmod n \text{ 且 } \left(m,\frac{n}{m}\right)=1\right)$时，叫 ρ 为第一类基数，否

---

1) 因若 b^{λ_1} 为 b 之最低次幂使 $b^{\lambda_1}\in H\ (\therefore 1<\lambda_1)$，则 $\lambda=\lambda_1\sigma$，故 $o(b)=\lambda_1\sigma\mu$，因之令 $b^{\lambda_1\mu}=d$，则 $o(d)=\sigma$；而 $d\in H\Rightarrow o(d)=\sigma|o(H)=\frac{n}{m}\Rightarrow(\sigma,m)=1$；但 $\lambda=\lambda_1\sigma|m\Rightarrow\sigma|m$，故再与 $(\sigma,m)=1$ 合并得 $\sigma=1\Rightarrow\lambda_1=\lambda$.

则叫 ρ 为第二类的.

今可回答引理 5 前面提出的问题,即

引理 6. 设由 $i\otimes k \equiv i+\rho^i k \pmod n$ 与 $i\ominus k \equiv i+\rho_1^i k$ $(\bmod n)$ 定义的两个 n 阶群 G 与 G_1 同构. 若 ρ 与 ρ_1 都是第一类基数,则必有 $\rho_1 \equiv \rho^\lambda \pmod n$, 且 $(\lambda, m)=1$, 但 m 是最小自然数使 $\rho^m \equiv 1 \pmod n$.

证明 因 $G\simeq G_1$, 故 G 或 G_1 之元均有两种编号法: $\otimes$与$\ominus$. 由引理 2, 知 G 有 $\frac{n}{m}$ 阶循环正规子群 H 以及有 $\frac{n}{m_1}$ 阶循环正规子群 H_1 (m_1 是最小自然数使 $\rho_1^{m_1} \equiv 1 \pmod n$). 因 ρ 与 ρ_1 都是第一类基数, 故由引理 5 可知 $H_1\subseteq H$ 及 $H\subseteq H_1 \Rightarrow H=H_1 \Rightarrow m=m_1$.

属编号法$\otimes$之编号为 1 之元的逆元的编号令为 $1^{(-1)}$, 于是由 $i\otimes k\equiv i+\rho^i k \pmod n$ 知 $1^{(-1)}\equiv P^{n-1}\cdot(n-1) \pmod n$, 故 $1\otimes m\otimes 1^{(-1)}\equiv \rho m \pmod n$. 但属$\otimes$之编号为 m 的元必在 H 内,故对编号法$\ominus$言得知这元有编号 km. 于是若令编号 1 (对$\otimes$言)之元对$\ominus$之编号为 μ, 则其逆元之编号(仍对$\ominus$言)令为$\mu^{(-1)}$,就由规则$0=\mu\ominus\mu^{(-1)} \equiv \mu+\rho_1^\mu\cdot\mu^{(-1)} \pmod n$ 可得 $\mu^{(-1)} \equiv \rho_1^{n-\mu}(n-\mu) \pmod n$,因而有 $\mu\ominus km\ominus\mu^{(-1)} \equiv \rho_1^\mu km \pmod n$. 这证明了在编号法$\otimes$内编号为 ρm 的元在编号法$\ominus$内的编号是 $\rho_1^\mu km$. 但对$\otimes$言由归纳法易证

$$\rho m \equiv \underbrace{m\otimes m\otimes\cdots\otimes m}_{\text{共}\rho\text{个}} \pmod n,$$

而对$\ominus$言又确有

$$\rho_1^\mu km \equiv \underbrace{km\ominus km\ominus\cdots\ominus km}_{\text{共 }\rho_1^\mu\text{ 个}} \pmod n,$$

故 $\rho_1^\mu \equiv \rho\left(\bmod\ o(H)=\frac{n}{m}\right)$; 然而因 $\rho^\rho \equiv \rho$, $\rho_1^{\rho_1} \equiv \rho_1 \pmod n \Rightarrow$ $\rho \equiv 1 \equiv \rho_1 \pmod m$ 故 $\rho_1^\mu \equiv 1 \equiv \rho \pmod m$, 因之由$\left(m, \frac{n}{m}\right)=1$ 得 $\rho_1^\mu \equiv \rho \pmod n$. 再据 m 之意义得知 $(\mu, m)=1$, 故有 λ 使 $\lambda\mu\equiv$

$1 \pmod{m}$ 且 $\rho^{\lambda} \equiv \rho_1^{\lambda\mu} \equiv \rho_1 \pmod{n}$. 引理 6 获证.

有了这些引理,可证下面的

定理 1 设 $n = p_1p_2\cdots p_r$ 无素因数之平方; r 个差 $p_1-1, p_2-1, \cdots, p_r-1$ 中能为素数 p_i 整除之个数令为 l_i; 从这 r 个差中去掉 $p_j-1, p_k-1, \cdots, p_s-1$ 后而令剩下的一些差中能为 p_i 整除的个数表为 $l_{ijk\cdots s}$. 那末阶为 $n = p_1p_2\cdots p_r$ 且互不同构的(超可解)群之个数等于

$$1+\sum_{i=1}^{r}\frac{p_i^{l_i}-1}{p_i-1}+\sum_{i,j=1}\frac{(p_i^{l_{ij}}-1)(p_j^{l_{ji}}-1)}{(p_i-1)(p_j-1)}$$
$$+\sum_{i,j,k=1}^{r}\frac{(p_i^{l_{ijk}}-1)(p_j^{l_{jik}}-1)(p_k^{l_{kij}}-1)}{(p_i-1)(p_j-1)(p_k-1)}+\cdots.$$

证明 因 n 阶群为编号群(引理 3 之推论), 故由 $i\otimes k \equiv i+\rho^i k \pmod{n}$ 定义其元之编号, 即 G 中 n 个元 $a_0=1, a_1, a_2, \cdots, a_{n-1}$ 得有 $a_ia_k=a_h$ 中 $h\equiv i+\rho^i k \pmod{n}$. 若令 m 为最小自然数使 $\rho^m\equiv 1 \pmod{n}$, 则不仅有 $m|n$, 且由 n 之意义还知道 $\left(m, \frac{n}{m}\right)=1$, 故 ρ 为第一类基数. 于是固定 m 以后, 据引理 4 与 6 可知同一个 n 阶群得由 $\varphi(m)$ 个基数所决定 $(\bmod n)$. 又每基数 ρ 有关系式 $\rho^{\rho}\equiv\rho \pmod{n}$, 即 $\rho^{\rho-1}\equiv 1 \pmod{n}$, 不得不有 $\rho\equiv 1 \pmod{m}$. 这说明了凡基数 ρ 皆满足

$$\left.\begin{array}{ll} x^m\equiv 1 \pmod{n} & \\ x\equiv 1 \pmod{m} & \\ x^{\lambda}\not\equiv 1 \pmod{n} & \text{在 } 0<\lambda<m \text{ 时} \end{array}\right\}. \tag{3}$$

反之,若 α 为(3)之一解,则由 $m|n$ 与 $\alpha^m\equiv 1 \pmod{n}$ 得 $\alpha^n\equiv 1 \pmod{n}$; 又由 α 之指数为 $m \pmod{n}$ 及 $\alpha\equiv 1 \pmod{m}$ 得 $\alpha^{\alpha-1}\equiv 1 \pmod{n} \Rightarrow \alpha^{\alpha}\equiv\alpha \pmod{n}$. 于是 α 可为使 n 阶群成编号群之定义中的基数.

于是互不同构的 n 阶群之个数等于(3)之解数 $N_m \pmod{n}$ 除以 $\varphi(m)$ (对每 $m|n$), 即等于 $\sum_{m|n}\frac{N_m}{\varphi(m)}$. 今后的问题是求(3)式

之解数 $N_m \pmod n$.

设 α,β 为 (3) 之不同解 $(\alpha \not\equiv \beta \pmod n)$, $\alpha^m \equiv 1 \pmod n \Rightarrow \alpha^m \equiv 1 \left(\bmod \frac{n}{m}\right)$, 同理 $\beta^m \equiv 1 \left(\bmod \frac{n}{m}\right)$. 尚可断言 $\alpha \not\equiv \beta \left(\bmod \frac{n}{m}\right)$——因为从 $\alpha \equiv 1 \equiv \beta \pmod m$ 而假若又有 $\alpha \equiv \beta \left(\bmod \frac{n}{m}\right)$, 则必有 $\alpha \equiv \beta \left(\bmod \left[m, \frac{n}{m}\right] = n\right)$ 的缘故. 又 α 与 β 之指数 $\left(\bmod \frac{n}{m}\right)$ 也皆为 m: 事实上, 若某 $\lambda\ (0 < \lambda < m)$ 使 $\alpha^\lambda \equiv 1 \left(\bmod \frac{n}{m}\right)$, 则从 $\alpha \equiv 1 \pmod m \Rightarrow \alpha^\lambda \equiv 1 \pmod m$, 可知 $\alpha^\lambda \equiv 1 \left(\bmod \frac{n}{m}\cdot m = n\right)$, 显与 (3) 之意义相抵. 故 (3) 之解数 $N_m \pmod n$ 不多于

$$\left.\begin{aligned} &x^m \equiv 1 \left(\bmod \frac{n}{m}\right) \\ &x \equiv 1 \quad \pmod m \\ &x^\lambda \not\equiv 1 \left(\bmod \frac{n}{m}\right) \text{在 } 0 < \lambda < m \text{ 时} \end{aligned}\right\} \tag{4}$$

之解数 $\left(\bmod \frac{n}{m}\right)$.

反之, 设 γ 与 δ 为 (4) 之互异解 $\left(\gamma \not\equiv \delta \left(\bmod \frac{n}{m}\right)\right)$, 则 $\gamma \equiv 1 \equiv \delta \pmod m \Rightarrow \gamma^m \equiv 1 \equiv \delta^m \pmod m$, 再与 $\gamma^m \equiv 1 \equiv \delta^m \left(\bmod \frac{n}{m}\right)$ 合并而利用 $\left(m, \frac{n}{m}\right) = 1$ 可得 $\gamma^m \equiv 1 \equiv \delta^m \pmod n$; 且 γ 与 δ 对模 $\frac{n}{m}$ 之指数为 m 当然也说明了它们对模 n 之指数不小于 m, 因而必等于 m. 又 $\gamma \not\equiv \delta \left(\bmod \frac{n}{m}\right) \Rightarrow \gamma \not\equiv \delta \pmod n$. 这又证明了 γ 与 δ 为 (3) 之互异的解. 于是 (4) 之解数 $\left(\bmod \frac{n}{m}\right)$ 又不多于(3)

之解数 $N_m \pmod{n}$。

由是，(3) 与 (4) 之解数相等$\left(\text{前者对模 } n\text{，后者对模 } \frac{n}{m}\right)$。所以我们所要解决的问题转化而为求(4)之解数$\left(\bmod \frac{n}{m}\right)$。

因$\left(m, \frac{n}{m}\right)=1$，故 $1\cdot m+1, 2m+1, \cdots, \frac{n}{m}m+1$ 为模 $\frac{n}{m}$ 之完全系，于是 (4) 之解数 $\left(\bmod \frac{n}{m}\right)$ 可限制在 $1m+1, 2m+1, \cdots, \frac{n}{m}m+1$ 中去取；且这些数中每一显然 $\equiv 1 \pmod{m}$，故条件 $x\equiv 1 \pmod{m}$ 是多余的，因之 (4) 之解数$\left(\bmod \frac{n}{m}\right)$为

$$\left.\begin{array}{l} x^m \equiv 1 \quad \left(\bmod \dfrac{n}{m}\right) \\ x^\lambda \not\equiv 1 \quad \left(\bmod \dfrac{n}{m}\right), \quad \text{在 } 0<\lambda<m \text{ 时} \end{array}\right\} \tag{5}$$

之解数$\left(\bmod \frac{n}{m}\right)$，记为 $\psi\left(m; \frac{n}{m}\right)$[1)]；于是互不同构的 n 阶群之个数等于

$$\sum_{m|n} \frac{\psi\left(m; \dfrac{n}{m}\right)}{\varphi(m)}. \tag{6}$$

再令 $m = p_i p_j p_k \cdots p_s$, $\frac{n}{m} = p_\alpha p_\beta \cdots p_\omega$.

首先证明：当 $m = m_1 m_2$, $(m_1, m_2) = 1$ 时，则必有

$$\psi\left(m; \frac{n}{m}\right) = \psi\left(m_1; \frac{n}{m}\right)\cdot\psi\left(m_2; \frac{n}{m}\right). \tag{7}$$

但 $\psi\left(m_1; \frac{n}{m}\right)$ 与 $\psi\left(m_2, \frac{n}{m}\right)$ 分别为

1) 需要注意的是，(3)之解数不仅等于(4)之解数，而且据上述证法还知道(3)，(4)的解是一致的；但不能说 (3)，(5) 的解一致，只能说 $\psi\left(m; \frac{n}{m}\right) = N_m$.

$$\left.\begin{aligned} &x^{m_1} \equiv 1 \left(\bmod \frac{n}{m}\right) \\ &x^{\lambda} \not\equiv 1 \quad \left(\bmod \frac{n}{m}\right) \quad \text{在 } 0<\lambda<m_1 \text{ 时} \end{aligned}\right\} \tag{8}$$

与

$$\left.\begin{aligned} &x^{m_2} \equiv 1 \left(\bmod \frac{n}{m}\right) \\ &x^{\lambda} \not\equiv 1 \quad \left(\bmod \frac{n}{m}\right) \text{在 } 0<\lambda<m_2 \text{时} \end{aligned}\right\} \tag{9}$$

之解数$\left(\bmod \frac{n}{m}\right)$. 事实上,设 $y_1, y_2, \cdots, y_t$ 与 $z_1, z_2, \cdots, z_s$ 分别为(8)与(9)之一切解$\left(t=\psi\left(m_1; \frac{n}{m}\right), s=\psi\left(m_2, \frac{n}{m}\right)\right)$, 对任 i, j, 恒有 $(y_i z_j)^m = (y_i^{m_1})^{m_2}(z_j^{m_2})^{m_1} \equiv 1 \left(\bmod \frac{n}{m}\right)$; 其次,令 $Z^*_{\frac{n}{m}}$ 表模 $\frac{n}{m}$ 的既约剩余类群,则因 $Z^*_{\frac{n}{m}}$ 中元 y_i, z_j 的阶分别为 m_1 与 m_2, 且 $(m_1, m_2)=1$, 故 $o(y_i z_j) = m_1 m_2 = m$; 这证明了每 $y_i z_j$ 为(5)之解. 又 $y_i z_j \equiv y_\lambda z_\mu \left(\bmod \frac{n}{m}\right) \Rightarrow (y_i z_j)^{m_2} \equiv (y_\lambda z_\mu)^{m_2} \left(\bmod \frac{n}{m}\right)$ $\Rightarrow y_i^{m_2} \equiv y_\lambda^{m_2} \quad \left(\bmod \frac{n}{m}\right)$, 同理 $z_j^{m_1} \equiv z_\mu^{m_1} \quad \left(\bmod \frac{n}{m}\right)$. 故 ${y_i}^{m_2 m_2'} \equiv {y_\lambda}^{m_2 m_2'}$ 与 ${z_j}^{m_1 m_1'} \equiv {z_\mu}^{m_1 m_1'} \left(\bmod \frac{n}{m}\right)$, 式中 $m_i m_i' \equiv 1 \ (\bmod m_j)\ (i \neq j;\ i, j=1, 2)$, 即 $y_i \equiv y_\lambda$ 与 $z_j \equiv z_\mu \left(\bmod \frac{n}{m}\right)$, 不得不有 $i=\lambda$, $j=\mu$. 这证明了 st 个 $y_i z_j$ 是(5)之互异的解,故必有 $\psi\left(m; \frac{n}{m}\right) \geqslant \psi\left(m_1, \frac{n}{m}\right) \cdot \psi\left(m_2, \frac{n}{m}\right)$. 反之,因 $Z^*_{\frac{n}{m}}$ 中元$y_1, y_2, \cdots, y_t$ 之阶为 m_1, 且 $(m_2, m_1)=1$, 故 $y_1^{m_2}, y_2^{m_2}, \cdots, y_t^{m_2}$ 之阶也皆为 m_1; 又 $y_i^{m_2} \equiv y_j^{m_2} \left(\bmod \frac{n}{m}\right) \Rightarrow {y_i}^{m_2 m_2'} \equiv {y_j}^{m_2 m_2'} \left(\bmod \frac{n}{m}\right) \Rightarrow y_i \equiv y_j \left(\bmod \frac{n}{m}\right)$,

故由 $(y_i^{m_2})^{m_1}=(y_i^{m_1})^{m_2}\equiv 1\left(\bmod \frac{n}{m}\right)$ 得知 $y_1^{m_2}, y_2^{m_2}, \cdots, y_t^{m_2}$ 为(8)中 t 个两两互异的解，因之以整体言知 $y_1^{m_2}, y_2^{m_2}, \cdots, y_t^{m_2}$ 与 $y_1, y_2, \cdots, y_t$ 是一致的 $\left(\bmod \frac{n}{m}\right)$. 于是若 x 为(5)之任一解，则 $x^m\equiv 1\left(\bmod \frac{n}{m}\right)\Rightarrow(x^{m_2})^{m_1}\equiv 1\left(\bmod \frac{n}{m}\right)$且 $Z^*_{\frac{n}{m}}$ 中 x^{m_2} 的阶为 m_1，这表示了 x^{m_2} 为(8)之解，因而有 $y_i^{m_2}\equiv x^{m_2}\left(\bmod \frac{n}{m}\right)\Rightarrow(xy_i^{-1})^{m_2}\equiv 1\left(\bmod \frac{n}{m}\right)\Rightarrow o(xy_i^{-1})=l\,|\,m_2$; 又 $(xy_i^{-1})^l\equiv 1\left(\bmod \frac{n}{m}\right)\Rightarrow x^l\equiv y_i^l \left(\bmod \frac{n}{m}\right)$, 且因 $(l, m_1)|(m_2, m_1)=1$, 故 $o(y_i^l)=m_1$, 于是 $x^{lm_1}\equiv y_i^{lm_1}\equiv 1\left(\bmod \frac{n}{m}\right)\Rightarrow m=m_1m_2\,|\,lm_1\Rightarrow m_2\,|\,l$; 故结果必有 $l=m_2\Rightarrow o(xy_i^{-1})=m_2$, 即 xy_i^{-1} 为(9)的解$\Longrightarrow$有某 z_j 使 $xy_i^{-1}\equiv z_j$ 即 $x\equiv y_iz_j\left(\bmod \frac{n}{m}\right)$. 又说明了(5)之任一解必为 ts 个 y_iz_j 中的某一，故又证得 $\psi\left(m;\frac{n}{m}\right)\leqslant\psi\left(m_1;\frac{n}{m}\right)\cdot\psi\left(m_2,\frac{n}{m}\right)$. (7)式于是完全获证.

反复利用(7)式，设 $m=p_ip_j\cdots p_s$, 则有

$$\psi\left(m;\frac{n}{m}\right)=\psi\left(p_i;\frac{n}{m}\right)\cdot\psi\left(p_j;\frac{n}{m}\right)\cdots\psi\left(p_s;\frac{n}{m}\right),$$

但 $\psi\left(p_i;\frac{n}{m}\right)$ 表示

$$\left.\begin{array}{l} x^{p_i}\equiv 1\left(\bmod \frac{n}{m}\right) \\ x^{\lambda}\not\equiv 1\left(\bmod \frac{n}{m}\right)\quad 在\ 0<\lambda<p_i\ 时 \end{array}\right\}\qquad(10)$$

的解数 $\left(\bmod \frac{n}{m}\right)$.

因 p_i 为素数，故(10)之解数 $\psi\left(p_i;\dfrac{n}{m}\right)$ 应为

$$x^{p_i}\equiv 1\left(\bmod \frac{n}{m}=p_\alpha p_\beta\cdots p_\omega\right) \tag{11}$$

之非当然解之个数 $\left(x\equiv 1\left(\bmod \dfrac{n}{m}\right)\right.$ 叫做(11)的当然解$\Big)$，故(11)之解数 $\left(\bmod \dfrac{n}{m}\right)$ 应为 $\psi\left(p_i;\dfrac{n}{m}\right)+1$.由数论知识又知(11)的解数应等于

$$\left.\begin{array}{l} x^{p_i}\equiv 1 \pmod{p_\alpha} \\ x^{p_i}\equiv 1 \pmod{p_\beta} \\ \qquad\cdots\cdots \\ x^{p_i}\equiv 1 \pmod{p_\omega} \end{array}\right\} \tag{12}$$

中各方程之解数 $n_\alpha,n_\beta,\cdots,n_\omega$ 的乘积，即

$$\psi\left(p_i,\frac{n}{m}\right)+1=n_\alpha n_\beta\cdots n_\omega. \tag{13}$$

然而由数论知识可知:

$$n_\alpha=\begin{cases} p_i^1(=p_i)\text{ 在 } p_i\mid(p_\alpha-1)\text{ 时}, \\ p_i^0(=1)\text{ 在 } p_i\nmid(p_\alpha-1)\text{ 时}; \end{cases}\quad\cdots;$$

$$n_\omega=\begin{cases} p_i^1(=p_i)\text{ 在 } p_i\mid(p_\omega-1)\text{ 时}, \\ p_i^0(=1)\text{ 在 } p_i\nmid(p_\omega-1)\text{ 时}; \end{cases}$$

总之，如令 $n_\alpha=p_i^{\delta_\alpha},n_\beta=p_i^{\delta_\beta},\cdots,n_\omega=p_i^{\delta_\omega}$ 时(每 $\delta=1$ 或 $=0$)代入(13)中则得

$$\psi\left(p_i;\frac{n}{m}\right)=n_\alpha n_\beta\cdots n_\omega-1=p_i^{\delta_\alpha+\delta_\beta+\cdots+\delta_\omega}-1=p_i^{l_{iijk\cdots s}}-1.$$

故

$$\psi\left(m;\frac{n}{m}\right)=\psi\left(p_i;\frac{n}{m}\right)\cdot\psi\left(p_j;\frac{n}{m}\right)\cdot\psi\left(p_k;\frac{n}{m}\right)\cdots$$

$$\psi\left(p_s;\frac{n}{m}\right)=(p_i^{l_{iijk\cdots s}}-1)\cdot(p_j^{l_{jijk\cdots s}}-1)\cdots(p_s^{l_{sijk\cdots}}-1),$$

因之再由(6)式可知互不同构的 n 阶群之个数等于(逐次地让 m 为1，再为一素因数，再为二素因数之积，…)

$$\sum_{m|n}\frac{\phi\left(m;\frac{n}{m}\right)}{\varphi(m)}=1+\sum_{i=1}^{r}\frac{p_i^{l_i}-1}{p_i-1}+\sum_{i,j=1}^{r}\frac{(p_i^{l_{ij}}-1)(p_j^{l_{ji}}-1)}{(p_i-1)(p_j-1)}$$
$$+\sum_{i,j,k=1}^{r}\frac{(p_i^{l_{ijk}}-1)(p_j^{l_{jik}}-1)(p_k^{l_{kij}}-1)}{(p_i-1)(p_j-1)(p_k-1)}+\cdots,$$

定理 1 于是完全获证.

再讨论本节的第二个问题：利用超可解群的概念研究 2^3p 阶群(p 为奇素数).

$o(G)=2^3p$ (p 奇素数) $\Longrightarrow G$ 可解 $\Longrightarrow$ 有 $A\triangleleft G$ 使 $[G:A]=2$ 或 $=p$. 当 $[G:A]=p$, G 为 8 阶群被 p 阶循环的扩张，故当 p 较大时,讨论过于复杂困难,因之希望 $[G:A]=2$, 便于使讨论简单. 但只有当 G 是超可解时，才能保证有 $A\triangleleft G$ 使 $[G:A]=2$ (§1 定理 7). 为此,今后假定 $p\neq 3, 7$.

因 $o(G)=2^3p$ 中 $p\neq 3, 7$, 故 $(p, (2-1)(2^2-1)(2^3-1))=1\Rightarrow G$ 有西洛塔 (§3 定理 1), 即有 $M_1\triangleleft G$ 且 $o(M_1)=p$. 由 M_1 之循环性及 G/M_1 之幂零性 $\Longrightarrow G$ 超可解 (§1 定理 13) $\Longrightarrow$ 有 $A\triangleleft G$ 使 $o(A)=2^2p$ (§1 定理 7), 即 $[G:A]=2$. 但据上册第四章 §3 的例 2, 知 A 只能是下列五型:

(I) $A=\{a\}$, $a^{4p}=1$;

(II) $A=\{a\}\times\{b\}\times\{c\}$, $a^2=b^2=c^p=1=[a,b]=[a,c]=[b,c]$;

(III) $A=\{a,b\}$, $a^{2p}=1=b^2$, $b^{-1}ab=a^{-1}$;

(IV) $A=\{a,b\}$, $a^{2p}=1$, $b^2=a^p$, $b^{-1}ab=a^{-1}$;

(V) $A=\{a,b,c\}$, $a^p=b^2=1$, $b^{-1}ab=a^{-1}$, $c^2=b$, $cb=bc$, $c^{-1}ac=a^k$, 但 $k^2\equiv-1\pmod p$.

(注意：仅在 $p\equiv1\pmod 4$ 时,才出现 (V).)

先讨论 (I). 这时, $G=\{a,g\}$, $a^{4p}=1$, $g^2=a^t$, $g^{-1}ag=a^r$, 而有 $r^2\equiv1\pmod{4p}$, $t(r-1)\equiv0\pmod{4p}$. 然而 $r^2\equiv1\pmod{4p}$ 有四个解即 $r\equiv1, -1, 2p+1, 2p-1\pmod{4p}$.

在 $r\equiv1\pmod{4p}$ 时, G 交换; 因 G 已有 4 阶元, 故交换群 G

只能有下面二个可能性，即

(i) $G \simeq Z_{8p}$;

(ii) $G \simeq Z_4 \times Z_2 \times Z_p$.

在 $r \equiv -1 \pmod{4p}$ 时，$t \equiv 0 \pmod{2p} \Rightarrow$ 或 $g^2=1$ 或 $g^2=a^{2p}$，故有：

(iii) $G=\{a, g\}$, $a^{4p}=1=g^2$, $g^{-1}ag=a^{-1}$; $Z(G)=\{a^{2p}\}$ 为 2 阶循环；

(iv) $G=\{a, g\}$, $a^{4p}=1$, $g^2=a^{2p}$, $g^{-1}ag=a^{-1}$; $Z(G)=\{a^{2p}\}$ 为 2 阶循环.

在 $r \equiv 2p+1 \pmod{4p}$ 时，有 $t \equiv 0 \pmod{2} \Rightarrow t=2(2k+1)$ 或 $=2^2k$. 因 $\frac{p+1}{2}x \equiv -k \pmod{p}$ 有解 x，故令 $g_1=a^xg$ 后有 $G=\{a, g\}=\{a, g_1\}$, $a^{4p}=1$, $g_1^{-1}ag_1=a^{2p+1}$, $g_1^2=a^{2(p+1)x+t}=a^{-4k+t}=\begin{cases}a^2, & 在\ t=2(2k+1)\ 时,\\ 1, & 在\ t=4k\ 时,\end{cases}$ 说明了 G 为下面二型：

(v) $G=\{a, g\}$, $a^{4p}=1$, $g^2=1$, $g^{-1}ag=a^{2p+1}$; $Z(G)=\{a^2\}$ 为 $2p$ 阶循环；

(vi) $G=\{a, g\}$, $a^{4p}=1$, $g^2=a^2$, $g^{-1}ag=a^{2p+1}$; $Z(G)=\{a^2\}$ 为 $2p$阶循环.

在 $r \equiv 2p-1 \pmod{4p}$ 时，$t \equiv 0 \pmod{p}$, $\Rightarrow g^2=1$, a^p, a^{2p} 或 a^{3p}. 但令 $g_1=ag$ 后又显然有 $G=\{a, g_1\}$，而 $a^{4p}=1$, $g_1^{-1}ag_1=a^{2p-1}$，以及 $g_1^2=ag^2(g^{-1}ag)=a^{2p+t}=\begin{cases}1 & (t=2p),\\ a^p & (t=3p),\end{cases}$ 这证明了 G 只有两个可能性，即

(vii) $G=\{a, g\}$, $a^{4p}=1$, $g^2=1$, $g^{-1}ag=a^{2p-1}$; $Z(G)=\{a^p\}$ 为 4 阶循环；

(viii) $G=\{a, g\}$, $a^{4p}=1$, $g^2=a^p$, $g^{-1}ag=a^{2p-1}$; $Z(G)=\{a^p\}$ 为 4 阶循环.

又 (iii), (iv), (v), (vi), (vii), (viii) 中 2 阶元各有 $4p+1$ 个、1 个、5 个、1 个、$2p+1$ 个、1 个，说明了 (iii) 与 (iv) 不同

构，(v) 与 (vi) 不同构，(vii) 与 (viii) 也不同构，故再结合中心来考虑，易知 (i)—(viii) 又确为两两互异(即互不同构).

再讨论 (II). 这时，$G=\{a,b,c,g\}$，$a^2=b^2=c^p=1=[a,b]=[a,c]=[b,c]$，$g^2=u(=a^kb^lc^m)$，$g^{-1}xg=x^\sigma(\forall x\in A)$，$\sigma\in A(A)$，$\sigma^2=1$，$u^\sigma=u$. 因 $A=\{a,b,c\}$ 中阶 2 之元只有 a，b，ab 共三个，阶 p 之元为 $c^i(i=1,2,\cdots,p-1)$，故由 a^σ，b^σ，c^σ 也是 A 之一组生成元，不得不有

$$\begin{cases}g^{-1}ag=a^\lambda b^\mu,\\ g^{-1}bg=a^\delta b^\nu,\\ g^{-1}cg=c^i\quad(i=1,\cdots,p),\end{cases}\qquad \text{且}\ \begin{vmatrix}\lambda & \mu\\ \delta & \nu\end{vmatrix}\not\equiv 0\ (\mathrm{mod}\ 2).$$

再利用 $a^{\sigma^2}=a$，$b^{\sigma^2}=b$，$c^{\sigma^2}=c$ 得：

$$\left.\begin{array}{l}a^{\lambda^2+\mu\delta}b^{\mu(\lambda+\nu)}=a\\ a^{\delta(\lambda+\nu)}b^{\mu\delta+\nu^2}=b\\ c^{i^2}=c\end{array}\right\}\Rightarrow\left.\begin{array}{l}\lambda^2+\mu\delta\equiv 1\\ \nu^2+\mu\delta\equiv 1\\ \mu(\lambda+\nu)\equiv 0\\ \delta(\lambda+\nu)\equiv 0\end{array}\right\}(\mathrm{mod}\ 2)\ \text{及}\ i^2\equiv 1\ (\mathrm{mod}\ p).$$

又从 $a^kb^lc^m=u=u^\sigma=(a^\lambda b^\mu)^k(a^\delta b^\nu)^lc^{im}=a^{\lambda k+\delta l}b^{\mu k+\nu l}c^{im}$ 可知：

$$\left.\begin{array}{l}(\lambda-1)k+\delta l\equiv 0\\ \mu k+(\nu-1)l\equiv 0\end{array}\right\}(\mathrm{mod}\ 2),$$
$$(i-1)m\equiv 0\qquad(\mathrm{mod}\ p).$$

然而由 $i^2\equiv 1\ (\mathrm{mod}\ p)$，则知或 $i\equiv -1\ (\mathrm{mod}\ p)\Rightarrow m\equiv 0\ (\mathrm{mod}\ p)$，或 $i\equiv 1\ (\mathrm{mod}\ p)\Rightarrow m$ 任意. 又 $\lambda^2+\mu\delta\equiv 1\equiv\nu^2+\mu\delta\ (\mathrm{mod}\ 2)\Rightarrow\lambda^2\equiv\nu^2\ (\mathrm{mod}\ 2)$，故或 $\lambda=\nu=0$ 或 $\lambda=\nu=1$.

当 $i\equiv -1\ (\mathrm{mod}\ p)$ 时，$m\equiv 0\ (\mathrm{mod}\ p)$.

若 $\lambda=\nu=0$，则从 $\begin{vmatrix}\lambda & \mu\\ \delta & \nu\end{vmatrix}\not\equiv 0\ (\mathrm{mod}\ 2)$ 知 $\mu=\delta=1$，故 $k\equiv l\ (\mathrm{mod}\ 2)$，于是或 $g^2=u=ab$ 或 $g^2=u=1$. 但在 $g^2=ab$ 时，令 $g_1=ag$，易见 $G=\{a,b,c,g\}=\{a,b,c,g_1\}$，且有 $g_1^2=ag^2(g^{-1}ag)=a^2b^2=1$，及 $g_1^{-1}ag_1=b$，$g_1^{-1}bg_1=a$，$g_1^{-1}cg_1=c^{-1}$. 这说明了 $k=l=1$ 可转化为 $k=l=0$，即得

(ix) $G=\{a,b,c,g\}$，$a^2=b^2=c^p=1=[a,b]=[a,c]=$

$[b, c]$, $g^2=1$, $g^{-1}ag=b$, $g^{-1}bg=a$, $g^{-1}cg=c^{-1}$;
$Z(G)=\{ab\}$ 为 2 阶循环.

若 $\lambda=\nu=1$，则 $\mu\delta\equiv 0 \pmod 2$，故或 $\mu=0$，$\delta=1$，或 $\mu=1$，$\delta=0$，或 $\mu=0=\delta$，共三种情况. 由于元 a，b 在 G 内地位之对称性可知 $\mu=0$，$\delta=1$ 与 $\mu=1$，$\delta=0$ 给出同一群，因之只需研究 $\mu=0$，$\delta=1$ 与 $\mu=\delta=0$ 这二款.

然而在 $\mu=\delta=0$ 时，k 与 l 可任意，由是 $g^{-1}ag=a$，$g^{-1}bg=b$，$g^{-1}cg=c^{-1}$，而 $g^2=1$，a，b 或 ab 共四种可能；由于 a，b 在 G 内对称性可知 $g^2=a$ 与 $g^2=b$ 这二款无本质上的差异. 又在 $g^2=ab$ 时令 $a_1=ab$ 后则知 $A=\{a\}\times\{b\}\times\{c\}=\{a_1\}\times\{b\}\times\{c\}$ 中 $a_1^2=1$，$g^2=ab=a_1$. 故结果只有下面二个可能类型：

(x) $G=\{a, b, c, g\}$，$a^2=b^2=c^p=1=[a, b]=[a, c]=[b, c]$，$g^2=1$，$g^{-1}cg=c^{-1}$，$g^{-1}ag=a$，$g^{-1}bg=b$；$Z(G)=\{a\}\times\{b\}$ 为 4 阶初等交换.

(xi) $G=\{a, b, c, g\}$，$a^2=b^2=c^p=1=[a, b]=[a, c]=[b, c]$，$g^2=ab$（或 a，b），$g^{-1}cg=c^{-1}$，$g^{-1}ag=a$，$g^{-1}bg=b$；$Z(G)=\{a\}\times\{b\}$ 为 4 阶初等交换.

至于在 $\mu=0$，$\delta=1$ 时，就有 $g^{-1}ag=a$，$g^{-1}bg=ab$，$g^{-1}cg=c^{-1}$ 及 $g^2=a^k$（因这时从 $(\lambda-1)k+\delta l\equiv 0 \pmod 2$ 得 $l\equiv 0 \pmod 2$）. 故 $g^2=1$ 或 $=a$. 然而在 $g^2=a$ 时令 $g_1=bg$，有 $G=\{a, b, c, g\}=\{a, b, c, g_1\}$，且 $g_1^2=1$ 以及 $g_1^{-1}ag_1=a$，$g_1^{-1}bg_1=ab$，$g_1^{-1}cg_1=c^{-1}$，这说明了 $g^2=a$ 可转化为 $g^2=1$ 来考虑. 可是在 $g^2=1$ 时令 $a_1=ab$ 又得到 $G=\{a, b, c, g\}=\{a_1, b, c, g\}$ 而有定义关系：

$$a_1^2=b^2=c^p=1=[a_1, b]=[a_1, c]=[b, c],\ g^2=1,$$
$$g^{-1}cg=c^{-1},\ g^{-1}a_1g=b,\ g^{-1}bg=a_1,$$

即 G 变成了 (ix) 型.

总之，在 $i\equiv -1 \pmod p$ 时，至多有三型如 (ix)，(x)，(xi).

再讨论 $i\equiv 1 \pmod p$. 仍应分 $\lambda=0=\nu$ 及 $\lambda=1=\nu$ 两款. $\lambda=0=\nu$ 时 $\Longrightarrow \mu=\delta=1 \Rightarrow k\equiv l \pmod 2 \Rightarrow$ 或 $k=l=1$

或 $k=l=0$，故 $g^2=c^m$ 或 abc^m，$g^{-1}ag=b$，$g^{-1}bg=a$，$g^{-1}cg=c$；于是令 $g_1=ac^xg$ 后，显有 $G=\{a,b,c,g\}=\{a,b,c,g_1\}$，使 $g_1^{-1}ag_1=b$，$g_1^{-1}bg_1=a$，$g_1^{-1}cg_1=c$，而

$$g_1^2=\begin{cases}abc^{m+2x}\ (\text{当}g^2=c^m\text{时})\\ c^{m+2x}\ (\text{当}g^2=abc^m\text{时})\end{cases};$$

且对某一 m，当 x 跑遍 Z_p 时 $2x+m$ 亦跑遍 Z_p，故恒有 x 使 $m+2x\equiv 0\ (\mathrm{mod}\ p)$，即在 $g^2=abc^m$ 时可选 g_1 使 $g_1^2=1$，而在 $g^2=c^m$ 时若直接令 $g_1=c^xg$ 亦知 $g_1^2=1$. 总之，得适当地选 g 使 $G=\{a,b,c,g\}$，具有：

$$a^2=b^2=c^p=1=[a,b]=[a,c]=[b,c],\ g^2=1,$$
$$g^{-1}ag=b,\ g^{-1}bg=a,\ g^{-1}cg=c.$$

这时再令 $g'=acg\in G\Rightarrow g'^2=abc^2$，故从 $o(ab)=2$，$o(c^2)=p$ 以及 $[ab,c^2]=1$ 得 $o(abc^2)=2p\Rightarrow o(g'^2)=2p$，故 $o(g')=o(g'^2)\cdot(2,o(g'))=2p\cdot(2,o(g'))$. 但易知 $g'=acg\Rightarrow g'$ 之奇次幂必含 g，即 $o(g')=$偶数，故 $o(g')=4p$，说明了G有 $4p$ 阶的元 g'，因之 $[G:\{g'\}]=2\Rightarrow\{g'\}\lhd G$，即$G$有 $4p$阶循环正规子群，而转化为 (I) 款.

所以在 $i\equiv 1\ (\mathrm{mod}\ p)$ 时，只需研究 $\lambda=1=\nu$，于是如前所述知这时只考虑 $\mu=0$，$\delta=1$ 及 $\mu=0=\delta$ 两种现象.

在 $\mu=0$，$\delta=1$ 时$\Rightarrow l=0$，k 任意，$G=\{a,b,c,g\}$ 中 $a^2=b^2=c^p=1=[a,b]=[a,c]=[b,c]$，$g^{-1}ag=a$，$g^{-1}bg=ab$，$g^{-1}cg=c$，$g^2=a^kc^m$；再令 $g_1=a^sb^tc^xg$，又有 $G=\{a,b,c,g_1\}$，仍具 $g_1^{-1}ag_1=a$，$g_1^{-1}bg_1=ab$，$g_1^{-1}cg_1=c$，而 $g_1^2=a^{k+t}c^{2x+m}$，于是选 t 使 $k+t\equiv 0\ (\mathrm{mod}\ 2)$ 并选 x 使 $2x+m\equiv 0\ (\mathrm{mod}\ p)$，则 $g_1^2=1$. 这说明了可适当地选G之元 g 使 $g^2=1$. 故再令 $g'=bc^{\frac{p+1}{2}}g$，得 $g'^2=ac$，故从 $o(ac)=2p$，因而同前述又知 $o(g')=$偶数，由是得 $o(g')=4p$，即G有 $4p$ 阶元随而有 $4p$ 阶循环正规子群，又回到了 (I) 款.

所以只考虑 $\mu=\delta=0\Rightarrow k$，$l$ 皆任意$\Rightarrow G=\{a,b,c,g\}$，$a^2=b^2=c^p=1=[a,b]=[a,c]=[b,c]$，$g^{-1}ag=a$，$g^{-1}bg=$

$b, g^{-1}cg=c, g^2=a^kb^lc^m$，即$G$是交换群. 这时由于$(a^sb^tc^rg)^2=a^kb^lc^{m+2r}$可知$G$中元素之阶最大的是$4p$或$2p$，因而$G$可能为(I)款内之(ii)型外尚有下型:

(xii) $G=\{a\}\times\{b\}\times\{c\}\times\{g\}, a^2=b^2=g^2=c^p=1=[a, b]=[a, c]=[a, g]=[b, c]=[b, g]=[c, g]$.

由于(ix)—(xii)均无$4p$阶元，故它们都与(i)—(viii)型不同. 又(ix), (x), (xi)型中2阶元各有$2p+3$个, $4p+3$个, 3个, 故(ix)—(xii)互不同构. 因之(i)—(xii)型确两两互不同构.

再讨论(III). 因$A=\{a, b\}, a^{2p}=1=b^2, b^{-1}ab=a^{-1}$，故$G=\{a, b, g\}$中还有$g^{-1}ag=a^\sigma, g^{-1}bg=b^\sigma, \sigma\in A(A), g^2=u\in A, u^\sigma=g^{-1}ug=u$. 因$A=\{a\}+\{a\}b$中属于陪集$\{a\}b$之元的阶均为2，故$A$中$2p$阶元全在$\{a\}$内，于是必有

$$\begin{cases}g^{-1}ag(=a^\sigma)=a^k, \quad (k, 2p)=1,\\ g^{-1}bg(=b^\sigma)=a^\lambda b,\\ g^2(=u)=a^s \text{ 或 } a^sb.\end{cases}$$

但 $a^{k^2}=g^{-2}ag^2=u^{-1}au=\begin{cases}a & (g^2=u=a^s \text{ 时})\\ a^{-1} & (g^2=u=a^sb \text{ 时})\end{cases}\Rightarrow k^2\equiv\begin{cases}1 & (g^2=a^s \text{ 时})\\ -1 & (g^2=a^sb \text{ 时})\end{cases}(\bmod 2p)$；且 $p\equiv 3$或$1\ (\bmod 4)$，而在$p\equiv 3(\bmod 4)$时又有$\left(\dfrac{-1}{p}\right)=-1$，于是只能是$g^2=a^s$形；然而在$p\equiv 1(\bmod 4)$时，$g^2=a^s$或$a^sb$均有可能. 为简单计，先讨论$p\equiv 3(\bmod 4)$. 由是$g^2=a^s, k^2\equiv 1\ (\bmod 2p), k\equiv\pm 1\ (\bmod 2p)$，即$g^{-1}ag=a$或$a^{-1}$. 但在$g^{-1}ag=a^{-1}$时令$g_1=bg$后就有$G=\{a, b, g\}=\{a, b, g_1\}$，而

$$\begin{cases}g_1^{-1}ag_1=a,\\ g_1^{-1}bg_1=a^\lambda b,\\ g_1^2=a^{-(s+\lambda)},\end{cases}$$

说明了可将$k\equiv -1\ (\bmod 2p)$转化为$k\equiv 1\ (\bmod 2p)$，即可令$G=$

$\{a, b, g\}$ 使 $a^{2p} = 1 = b^2$, $b^{-1}ab = a^{-1}$, $g^{-1}ag = a$, $g^{-1}bg = a^{\lambda}b$, $g^2 = a^s(=u)$；于是再由 $b^{a^2} = u^{-1}bu$ 可得 $a^{2\lambda}b = a^{-2s}b \Rightarrow \lambda + s \equiv 0 \pmod p$.

若 s 是奇数，则 $o(g^2) = 2p$ ($p\nmid s$ 时) 或 $= 2$ ($p|s$ 时)，故 $o(g) = 4p$ ($p\nmid s$ 时) 或 $= 4$($p|s$ 时)，但由 $o(g) = 4$ ($p|s$ 时)则从 $ga = ag$ 及 $o(a^2) = p$ 可知 $o(a^2g) = 4p$. 总之，当 s 为奇数时，G 恒有 $4p$ 阶元，又回到了 (I) 款.

于是只研究 s 为偶数：$s = 2s_1$. 当 $p|s_1$ 时，$g^2 = 1$. 当 $p\nmid s_1$ 时，选 x_1 使 $s_1x_1 \equiv 1 \pmod p$，且可令 x_1 为奇数(因 x_1 与 $p + x_1$ 中必有一是奇数)，故再由 $(s_1 + p)x_1 \equiv 1 \pmod p$ 及 s_1 与 $s_1 + p$ 中有一是奇数，可知有奇数 x 使得 $xx_1 \equiv 1 \pmod p$，因之 $(x, 2p) = 1$，故令 $a_1 = a^x$ 时，则 $G = \{a_1, b, g\}$ 中 $a_1^{2p} = 1 = b^2$, $b^{-1}a_1b = a_1^{-1}$, $g^{-1}a_1g = a_1$, $g^{-1}bg(=a^{\lambda}b) = a_1^{x_1\lambda}b$, $g^2(=a^s = a^{sx_1x} = a_1^{sx_1} = a_1^{2s_1x_1}) = a_1^2$. 总之，当 s 为偶数时，可限制为 $s = 0$ 与 $s = 2$，亦即 $G = \{a, b, g\}$, $a^{2p} = 1 = b^2$, $b^{-1}ab = a^{-1}$, $g^{-1}ag = a$, $g^{-1}bg = a^{\lambda}b$, $g^2 = 1$ 或 $= a^2$.

然而在 $g^2 = a^2$ 时有 $g^{p-1} = a^{p-1}$，故令 $g_1 = g^p = a^{p-1}g$ 后又有 $G = \{a, b, g_1\}$，其中 $g_1^{-1}ag_1 = a$, $g_1^{-1}bg_1 = a^{\lambda+2}b$, $g_1^2=1$，说明了 $s = 2$ 的情况也可转化为 $s = 0$，即恒可限制为 $g^2 = 1$. 于是再从 $g^{-1}bg = a^{\lambda}b$ 得 $b = g^{-2}bg^2 = g^{-1}(a^{\lambda}b)g = a^{2\lambda}b \Rightarrow \lambda \equiv 0 \pmod p$，故 $\lambda = 0$ 或 $= p$，即

(1)′ $G = \{a, b, g\}$, $a^{2p} = 1 = b^2$, $b^{-1}ab = a^{-1}$, $g^2 = 1$, $g^{-1}ag = a$, $g^{-1}bg = b$;

或

(2)′ $G = \{a, b, g\}$, $a^{2p} = 1 = b^2$, $b^{-1}ab = a^{-1}$, $g^2 = 1$, $g^{-1}ag = a$, $g^{-1}bg = a^pb$.

当 (1)′ 为真时，令 $a_1 = a^p$, $a_2 = a^{p+1}$，则 $a = a_1a_2$, $G = \{a, b, g\} = \{a_1, a_2, b, g\}$，即 $G = \{g, a_1, a_2, b\}$ 而具定义关系：

$$g^2 = a_1^2 = a_2^p = 1 = [g, a_1] = [g, a_2] = [a_1, a_2],\ b^2 = 1,$$
$$b^{-1}a_2b = a_2^{-1},\ b^{-1}gb = g,\ b^{-1}a_1b = a_1,$$

即 (1)′ 之 G 恰与 (x) 型完全一致(将这里的 g, a_1, a_2, b 分别看做

(x) 型中的 a, b, c, g).

当 (2)′ 为真时，仍令 $a_1 = a^p$, $a_2 = a^{p+1}$, 则 $G = \{a, b, g\} = \{a_1, a_2, b, g\} = \{a_1 g, g, a_2, b\} = \{h, g, a_2, b\}$, 式中 $h = a_1 g$, 而具定义关系: $h^2 = g^2 = a_2^p = 1 = [h, g] = [h, a_2] = [g, a_2]$, $b^2 = 1$, $b^{-1}hb = g$, $b^{-1}gb = h$, $b^{-1}a_2 b = a_2^{-1}$, 恰与 (ix) 型完全一致(将这里的 h, g, a_2, b 分别看做 (ix) 型中的 a, b, c, g).

总之，说明了在 $p \equiv 3 \pmod 4$ 时，除了上已讲述过的(i)—(xii)型外，不会再产生新的群. 故需探索的是 $p \equiv 1 \pmod 4$, 这时由于 $\left(\frac{-1}{p}\right) = 1$ 知 $k^2 \equiv -1 \pmod{2p}$ 确有解，因而这时可能 $g^2 = a^s$, 也可能 $g^2 = a^s b$. 在 $g^2 = a^s$ 时，与刚在上面讨论过了的完全一样，不会再有新的群. 但在 $g^2 = a^s b$ 时，$k^2 \equiv -1 \pmod{2p}$ 有二解，再令 $b_1 = a^s b$, 就有 $G = \{a, b, g\} = \{a, b_1, g\}$, 其中

$$a^{2p} = 1 = b_1^2,\ b_1^{-1}ab_1 = a^{-1},\ g^{-1}ag = a^k,\ g^{-1}b_1 g = a^{(k-1)s+\lambda}b_1,$$
$$g^2 = b_1.$$

这说明了可以限制为 $s = 0$, 换言之有 $G = \{a, b, g\}$ 使

$a^{2p} = 1 = b^2$, $b^{-1}ab = a^{-1}$, $g^{-1}ag = a^k$, $g^{-1}bg = a^\lambda b$, $g^2 = b (= u)$, 但 $k^2 \equiv -1 \pmod{2p}$. 再利用 $u^\sigma = g^{-1}ug = u$ 又知 $\lambda \equiv 0 \pmod{2p}$, 故 $g^{-1}ag = a^k$, $g^{-1}bg = b$, $g^2 = b$, 式中 $k^2 \equiv -1 \pmod{2p}$. 然而 $k^2 \equiv -1 \pmod{2p}$ 之二解 k_1, k_2 有关系式 $k_1 + k_2 \equiv 0 \pmod{2p}$, 故从 $g^{-1}ag = a^{k_2}$ 而令 $g_1 = bg$ 后就有 $G = \{a, b, g\} = \{a, b, g_1\}$, 具定义关系 $g_1^{-1}ag_1 = a^{k_1}$, $g_1^{-1}bg_1 = b$, $g_1^2 = b$. 这说明了 $k^2 \equiv -1 \pmod{2p}$ 之二解对群 G 无关，即二解决定 G 之唯一型，而为

(xiii) $G = \{a, b, g\}$, $a^{2p} = 1 = b^2$, $b^{-1}ab = a^{-1}$, $g^{-1}ag = a^k$, $g^{-1}bg = b$, $g^2 = b$, 但 $k^2 \equiv -1 \pmod{2p}$, 而 $p \equiv 1 \pmod 4$.

且易验证 $Z(G) = \{a^p\}$ 为二阶循环. 但 (xiii) 型中阶 2 之元有 $2p+1$ 个，与 (iii), (iv), (ix) 型中 2 阶元之个数均不同，虽然它们的中心都是 2 阶循环的. 因之，在 $p \equiv 1 \pmod 4$ 时，还有 (xiii) 型之一新群.

再讨论(IV). $A=\{a,b\}$, $a^{2p}=1$, $b^2=a^p$, $b^{-1}ab=a^{-1}$. 这时 $G=\{a,b,g\}$, 尚有 $g^{-1}ag=a^\sigma$, $g^{-1}bg=b^\sigma$, $\sigma\in A(A)$, $g^2=u\in A$, 且 $u^\sigma=g^{-1}ug=u$. 由于A之陪集 $\{a\}b$ 中每元的阶为

$$4\Rightarrow\begin{cases}g^{-1}ag(=a^\sigma)=a^k,\ (k,2p)=1,\\ g^{-1}bg(=b^\sigma)=a^\lambda b,\\ g^2(=u)=a^s \text{ 或 } =a^sb,\end{cases}$$

又

$$a^{k^2}=g^{-2}ag^2=u^{-1}au=\begin{cases}a & (g^2=a^s \text{ 时})\\ a^{-1} & (g^2=a^sb \text{ 时})\end{cases}\Rightarrow k^2$$

$$\equiv\begin{cases}1 \pmod{2p} & (g^2=a^s \text{ 时})\\ -1 \pmod{2p} & (g^2=a^sb \text{ 时}),\end{cases}$$

故在 $p\equiv 3\pmod 4$ 时只能是 $g^2=a^s\Rightarrow k^2\equiv 1\pmod{2p}\Rightarrow k\equiv\pm1\pmod{2p}$. 但从 $k\equiv-1\pmod{2p}$ 即 $g^{-1}ag=a^{-1}$, 令 $g_1=bg$ 后得 $G=\{a,b,g\}=\{a,b,g_1\}$, $g_1^{-1}ag_1=a$, $g_1^{-1}bg_1=a^\lambda b$, $g_1^2=a^{p-(s+\lambda)}$, 这说明了 $k\equiv-1\pmod{2p}$ 可转化为 $k\equiv1\pmod{2p}$, 即可适当地选 g 使 $G=\{a,b,g\}$, $g^{-1}ag=a$, $g^{-1}bg=a^\lambda b$, $g_2=a^s$.

当 s 为奇数时, $\begin{cases}p\nmid s\Rightarrow o(g)=4p;\\ p\mid s\Rightarrow o(g)=4\Rightarrow o(a^2g)=4p;\end{cases}$ 说明了 G 恒有 $4p$ 阶元, 回到了(I)款. 故只需研究 s 为偶数, 这时若 $p\mid\frac{s}{2}$, 则 $g^2=1$; 若 $p\nmid\frac{s}{2}$, 选 x_1 使 $\frac{s}{2}x_1\equiv1\pmod p$, 且可令 x_1 是奇数($\because x_1$ 与 $p+x_1$ 必有一为奇), 于是再据 $\left(\frac{s}{2}+p\right)x_1\equiv1\pmod p$ 以及 $\frac{s}{2}$ 与 $\frac{s}{2}+p$ 中有一为奇, 可知有奇数 x 使 $xx_1\equiv1\pmod p$, 故 $xx_1\equiv1\pmod{2p}$, 于是再令 $a_1=a^x$ 后, 有 $G=\{a_1,b,g\}$, $a_1^{2p}=1$, $b^2=a_1^p(=a^{px}=a^p)$, $b^{-1}a_1b=a_1^{-1}$, $g^{-1}a_1g=a_1$, $g^{-1}bg=a_1^{\lambda x_1}b$, $g^2=a_1^2(=a_1^{2\cdot\frac{s}{2}x_1}=a_1^{sx_1}=a^{sx_1x}=a^s)$. 总之, 说明了 s 为偶数时,

只需探索 $s=0$ 与 $s=2$，即 $G=\{a, b, g\}$ 中 $a^{2p}=1$，$b^2=a^p$，$b^{-1}ab=a^{-1}$，$g^{-1}ag=a$，$g^{-1}bg=a^{\lambda}b$，$g^2=1$ 或 $=a^2$. 但在 $g^2=a^2$ 时 $g^{p-1}=a^{p-1}$，故令 $g_1=g^p=a^{p-1}g$，又有 $G=\{a, b, g_1\}$ 使得 $g_1^2=a^{2(p-1)}g^2=a^{-2}g^2=1$，又说明了 $s=2$ 可转化为用 $s=0$ 去替代，这就是说能设 $G=\{a, b, g\}$ 中 $a^{2p}=1$，$b^2=a^p$，$b^{-1}ab=a^{-1}$，$g^{-1}ag=a$，$g^{-1}bg=a^{\lambda}b$，$g^2=1$. 由是再利用 $b^{\sigma^2}=u^{-1}bu$ 得 $a^{2\lambda}b=b$ 即 $\lambda\equiv 0\ (\mathrm{mod}\ p)$，因而有下面二个可能：

(1)″：$g^{-1}ag=a$，$g^{-1}bg=b$，$g^2=1$；

(2)″：$g^{-1}ag=a$，$g^{-1}bg=a^pb$，$g^2=1$.

再令 $a_1=a^p$，$a_2=a^{p+1}$，则 $a=a_1a_2$，因之 $G=\{a, b, g\}=\{a_1a_2, b, g\}=\{a_1, a_2, b, g\}=\{h, a_2, b, g\}$，式中 $h=a_1g$.

若 (1)″ 成立，改写 $G=\{h, g, a_2, b\}$ 后，有定义关系：$h^2=g^2=a_2^p=1=[h, g]=[h, a_2]=[g, a_2]$，$b^2=hg$，$b^{-1}a_2b=a_2^{-1}$，$b^{-1}hb=h$，$b^{-1}gb=g$，恰与 (xi) 一致(把 h, g, a_2, b 分别看做那里的 a, b, c, g).

若 (2)″ 成立，令 $b_1=gb$ 后又有 $G=\{h, g, a_2, b\}=\{h, g, a_2, b_1\}$，其定义关系是：$h^2=g^2=a_2^p=1=[h, g]=[h, a_2]=[g, a_2]$，$b_1^2=1$，$b_1^{-1}hb_1=g$，$b_1^{-1}gb_1=h$，$b_1^{-1}a_2b_1=a_2^{-1}$，说明了 G 与 (ix) 型一致.

总之，在 $p\equiv 3\ (\mathrm{mod}\ 4)$ 时，除上述的 (i)—(xii) 外，款 (IV) 也不会再给出新的群.

可是，在 $p\equiv 1\ (\mathrm{mod}\ 4)$ 时尚需研究 $k^2\equiv -1\ (\mathrm{mod}\ 2p)$，即 $g^2=a^sb$. 这时，$k^2\equiv -1\ (\mathrm{mod}\ 2p)$ 有二解 k_1，k_2，于是 $k_1+k_2\equiv 0\ (\mathrm{mod}\ 2p)$. 若 $g^{-1}ag=a^{k_2}$，令 $g_1=bg$ 后又有 $G=\{a, b, g\}=\{a, b, g_1\}$，其中 $g_1^{-1}ag_1=a^{k_1}$，$g_1^{-1}bg_1=a^{\lambda}b$，$g_1^2=a^{\lambda-s+p}b$，这无异乎是说 $k^2\equiv -1\ (\mathrm{mod}\ 2p)$ 之二解 k_1，k_2 决定同一型，故没有必要区分 k_1 或 k_2. 然而令 $b_1=a^sb$ 后又有 $G=\{a, b, g\}=\{a, b_1, g\}$，$a^{2p}=1$，$b_1^2=a^p$，$b_1^{-1}ab_1=a^{-1}$，$g^{-1}ag=a^k$，$g^{-1}b_1g=a^{\lambda+(k-1)s}b_1$，$g^2=b_1$，又说明了可不失一般性能令 $s=0$；于是再由 $u^{\sigma}=u=g^2=b$ 可知 $g^{-1}bg=b$ 即 $\lambda=0$，因而可有

(xiv) $G=\{a, b, g\}$, $a^{2p}=1$, $b^2=a^p$, $b^{-1}ab=a^{-1}$, $g^{-1}ag=a^k$, $g^{-1}bg=b$, $g^2=b$, 但 $k^2\equiv-1\pmod{2p}$, 而 $p\equiv 1\pmod 4$. $Z(G)=\{a^p\}$ 为二阶循环.

但(xiv)中 2 阶元仅一个而无 $4p$ 阶元，故(xiv)与(iii), (ix), (xiii)不同构且与(iv)亦不同构，因之(i)—(xiv)皆两两互不同构.

最后讨论(V). 这时当然是 $p\equiv 1\pmod 4$ 时，而 $A=\{a, b, c\}$ 具定义关系 $a^p=b^2=1$, $b^{-1}ab=a^{-1}$, $c^2=b$, $c^{-1}bc=b$, $c^{-1}ac=a^k$, 但 $k^2\equiv-1\pmod p$; 于是 $G=\{a, b, c, g\}$中尚有

$$\left.\begin{array}{l} g^{-1}ag=a^\sigma \\ g^{-1}bg=b^\sigma \\ g^{-1}cg=c^\sigma \end{array}\right\},\ \sigma\in A(A),\ g^2=u=a^tb^lc^m\in A,\ u^\sigma=u.$$

但 $l=0, 1$; $m=0, 1$; $t=0, 1, 2, \cdots, p-1$.

因 $A=\{a\}+\{a\}b+\{a\}c+\{a\}bc$ 中凡属于陪集 $\{a\}b$ 之元的阶为 2，而属 $\{a\}c$ 及 $\{a\}bc$ 之元均有阶 4，故有

$$\begin{cases} g^{-1}ag(=a^\sigma)=a^i\ (i=1, 2, \cdots, p-1), \\ g^{-1}bg(=b^\sigma)=a^\lambda b, \\ g^{-1}cg(=c^\sigma)=a^\mu c \text{ 或 } a^\mu bc. \end{cases}$$

然而 $c^\sigma=a^\mu bc\Rightarrow c^{-1}b^{-1}a^{-\mu}a^ia^\mu bc=(c^\sigma)^{-1}a^\sigma c^\sigma=(a^\sigma)^k=a^{ik}\Rightarrow a^{ik}=c^{-1}b^{-1}a^ibc=c^{-1}a^{-i}c=a^{-ik}\Rightarrow ik\equiv 0\pmod p$, 不可. 故只能是 $g^{-1}cg(=c^\sigma)=a^\mu c$.

又 $a^{i^2}=g^{-2}ag^2=u^{-1}au=c^{-m}b^{-l}ab^lc^m=c^{-m}a^{(-1)^l}c^m=a^{(-1)^lk^m}\Rightarrow i^2\equiv(-1)^lk^m\pmod p$, 故 $m=1\Rightarrow i^2\equiv(-1)^lk\Rightarrow i^4\equiv k^2\equiv-1\Rightarrow i^8\equiv 1\pmod p\Rightarrow Z_p^*$ 内 $o(i)=8\Rightarrow 8\mid(p-1)$, 因而在 $p\equiv 5\pmod 8$ 时不可能有 $m=1$, 故只能是 $m=0$. 为简单计，先讨论 $p\equiv 5\pmod 8$.

既假定了 $p\equiv 5\pmod 8\Rightarrow m=0\Rightarrow i^2\equiv(-1)^l\pmod p\Rightarrow i^4\equiv 1\pmod p\Rightarrow i$ 之 4 次幂为 Z_p^* 之单位元，而 Z_p^* 为 $p-1$ 阶循环群 $\Rightarrow Z_p^*$ 中 4 次幂为单位元的元之个数恰等于 4，且 $\{k\}$ 又是 Z_p^* 之唯一的一个 4 阶子群，故必有整数 r 使 $i\equiv k^r\pmod p$. 再令 s 使 $r+s\equiv 0\pmod 4$, 并令 $g_1=c^sg$, 则 $G=\{a, b, c, g\}=$

$\{a, b, c, g_1\}$，具定义关系：

$$a^p = 1 = b^2,\ b^{-1}ab = a^{-1},\ c^2 = b,\ c^{-1}bc = b,\ c^{-1}ac = a^k,$$

$$\text{但 } k^2 \equiv -1 \pmod{p}$$

与

$$g_1^{-1}ag_1(=a^{ik^s} = a^{k^{r+s}}) = a,\ g_1^{-1}bg_1 = a^\lambda b,\ g_1^{-1}cg_1 = a^\mu c,\ \text{且有}$$

$$\begin{aligned} g_1^2 &= c^s g^2(g^{-1}c^s g) = c^s a^t b^l (a^\mu c)^s = c^s a^t b^l c^s a^{\mu k(1+k+\cdots+k^{s-1})} \\ &= c^{2s}(c^{-s}a^t c^s) b^l a^{\mu k(1+k+\cdots+k^{s-1})} = b^s a^{tk^s} b^s b^{l-s} a^{\mu k(1+k+\cdots+k^{s-1})} \\ &= a^{(-1)^s t k^s} b^{l-s} a^{\mu k(1+k+\cdots+k^{s-1})}, \end{aligned}$$

即 $g_1^2 = a^t b^l$ 形. 这说明了可适当地选 g 使 $G = \{a, b, c, g\}$ 中除已有的 a, b, c 间之关系外尚有

$$g^{-1}ag = a,\ g^{-1}bg = a^\lambda b,\ g^{-1}cg = a^\mu c \text{ 及 } g^2(=u) = a^t b^l.$$

然而 $a = g^{-2}ag^2 = u^{-1}au = b^{-l}ab^l = a^{(-1)^l} \Rightarrow (-1)^l \equiv 1 \pmod{p} \Rightarrow l = 0 \Rightarrow g^2 = a^t$，再令 $g' = a^x g$，但 $2x + t \equiv 0 \pmod{p}$，则 $G = \{a, b, c, g'\}$，而有

$$g'^{-1}ag' = a,\ g'^{-1}bg' = a^{\lambda-2x}b,\ g'^{-1}cg' = a^{\mu-x(1+k)}c,\ g'^2 = 1.$$

这是说又可适当地选 g 使

$$g^{-1}ag = a,\ g^{-1}bg = a^\lambda b,\ g^{-1}cg = a^\mu c,\ g^2 = 1.$$

这样作了以后，再利用 $g^{-1}(g^{-1}bg)g = b$ 得 $b = g^{-1}(a^\lambda b)g = a^{2\lambda}b \Rightarrow \lambda \equiv 0 \pmod{p} \Rightarrow g^{-1}bg = b$，由是 $b = g^{-1}bg = b^\sigma = (c^\sigma)^{-1}b^\sigma c^\sigma = c^{-1}a^{-\mu}ba^\mu c = a^{-2\mu k}b \Rightarrow \mu \equiv 0 \pmod{p} \Rightarrow g^{-1}cg = c$. 故 $G = \{a, b, c, g\}$ 中 $a^p = 1 = b^2$，$b^{-1}ab = a^{-1}$，$c^2 = b$，$c^{-1}bc = b$，$c^{-1}ac = a^k$ [但 $k^2 \equiv -1 \pmod{p}$]，$g^{-1}ag = a$，$g^{-1}bg = b$，$g^{-1}cg = c$，$g^2 = 1$. 并注意 k 可取为奇数 [$\because (p-k)^2 \equiv k^2 \equiv -1 \pmod{p}$]，故 $k^2 \equiv -1 \pmod{2p}$，故再令 $a_1 = ag \Rightarrow O(a_1) = 2p$，而 $g = g \cdot g^{p-1} = g^p = a^p g^p = a_1^p$，故 $G = \{a, b, c, g\} = \{a_1, b, c, g\} = \{a_1, b, c\}$ 而具定义关系：

$$a_1^{2p} = 1 = b^2,\ b^{-1}a_1 b = a_1^{-1},\ c^{-1}a_1 c = a_1^k,\ c^{-1}bc = b,\ c^2 = b,$$

即这 G 恰与 (xiii) 型一致（将这里 a_1, b, c 分别看做 (xiii) 中的 a, b, g）. 这也是说在 $p \equiv 1 \pmod{4}$ 时如出现 $p \equiv 5 \pmod{8}$，就不再有新群产生.

于是只剩下 $p\equiv 1\ (\mathrm{mod}\ 4)$ 中 $p\equiv 1\ (\mathrm{mod}\ 8)$ 需探索. 这时 $g^2=u=a^tb^lc^m$，而 $m=0$ 时同上述一样不会产生新的群，故只考虑 $m=1$，即 $G=\{a, b, c, g\}$，$a^p=b^2=1$，$b^{-1}ab=a^{-1}$，$c^2=b$，$c^{-1}bc=b$，$c^{-1}ac=a^k\,[k^2\equiv -1\ (\mathrm{mod}\ p)]$，$g^{-1}ag=a^i$ $(i=1, 2, \cdots, p-1)$，$g^{-1}bg=a^\lambda b$，$g^{-1}cg=a^\mu c$，$g^2=a^tb^lc$ $(t=0, 1, \cdots, p-1;\ l=0, 1)$.

下分 $l=0$ 与 $l=1$.

先讨论 $l=0$. 这时 $g^2=a^tc$，$i^4\equiv -1$，$i^8\equiv 1\ (\mathrm{mod}\ p)$. 因 $a^{i^2}=g^{-2}ag^2=c^{-1}ac=a^k\Rightarrow i^2\equiv k$，$i^3\equiv ik\ (\mathrm{mod}\ p)$，且在 Z_p^* 内 $o(i)=8$，故 $ik\not\equiv 1\ (\mathrm{mod}\ p)\Rightarrow (1-ik)x+t\equiv 0\ (\mathrm{mod}\ p)$ 有解 x，于是令 $g_1=a^xg$ 时有 $G=\{a, b, c, g\}=\{a, b, c, g_1\}$，式中 $g_1^2=c$，$g_1^{-1}ag_1=a^i$，$g_1^{-1}bg_1=a^{\lambda-2ix}b$，$g_1^{-1}cg_1=a^{\mu-ix(1+k)}c$，说明可适当选 $G=\{a, b, c, g\}$ 中的 g 使 $g^2=c$，$g^{-1}ag=a^i$，并有 $g^{-1}bg=a^\lambda b$ 及 $g^{-1}cg=a^\mu c$ 形.

再从 $u^\sigma=u\Rightarrow g^{-1}cg=c$ 得 $\mu\equiv 0\ (\mathrm{mod}\ p)$；又由 $b^\sigma=(c^\sigma)^2\Rightarrow a^\lambda b=c^2=b\Rightarrow \lambda\equiv 0\ (\mathrm{mod}\ p)$，故 $G=\{a, b, c, g\}$ 中除 a, b, c 间之关系外尚有

$$g^{-1}ag=a^i,\ g^{-1}bg=b,\ g^{-1}cg=c,\ g^2=c. \cdots \tag{14}$$

于是待决定的是 i. 因在 Z_p^* 中 $o(i)=8$，故 $\{i\}$ 是 Z_p^* 中唯一的一个 8 阶子群，因而 Z_p^* 中 8 阶元仅 i, i^3, i^5, i^7 共四个，即 (14) 中之 i 可取为 i, i^3, i^5, i^7，即 $g^{-1}ag=a^i$，或 $=a^{i^3}$，或 $=a^{i^5}$，或 $=a^{i^7}$.

然而在 $g^{-1}ag=a^i$ 时，若令 $g_\alpha=gc^\alpha\ (\alpha=1, 2, 3)$，则有 $G=\{a, b, c, g\}=\{a, b, c, g_\alpha\}$，而 $g_\alpha^{-1}bg_\alpha=b$，$g_\alpha^{-1}cg_\alpha=c$，$g_\alpha^2=c^{2\alpha+1}$，以及 $g_\alpha^{-1}ag_\alpha=a^{ik^\alpha}=a^{i^{2\alpha+1}}$ $(2\alpha+1=3, 5, 7$ 分别由 $\alpha=1, 2, 3$ 决定). 当 $\alpha=2$ 时，$G=\{a, b, c, g_2\}$ 中 $g_2^2=c^5=c$；当 $\alpha=1$ 或 3 时，由于 $G=\{a, b, c_1, g_\alpha\}$ (但 $c_1=c^{-1}$) 中 $a^p=b^2=1$，$b^{-1}ab=a^{-1}$，$c_1^2=b$，$c_1^{-1}bc_1=b$，$c_1^{-1}ac_1=a^{k_1}$ $[k_1=k^3$，$k_1^2=(k^3)^2\equiv -1\ (\mathrm{mod}\ p)]$，$g_\alpha^2=c_1$，$g_\alpha^{-1}ag_\alpha=a^{i^{2\alpha+1}}$，$g_\alpha^{-1}bg_\alpha=b$，$g_\alpha^{-1}c_1g_\alpha=c_1$，而与 (14) 全同(以 c_1 代 c，以 g_α 代 g)，只是 i 换为

i^{2a+1}. 这说明了(14)中 i 怎样变化无关紧要，只要它的阶（在 Z_p^* 内）等于 8 就行. 也是说 G 之型唯一，即

(xv) $G=\{a, b, c, g\}$, $a^p=b^2=1$, $b^{-1}ab=a^{-1}$, $c^2=b$, $c^{-1}bc=b$, $c^{-1}ac=a^k$ 而 $k^2\equiv -1 \pmod p$, 且 $g^2=c$, $g^{-1}bg=b$, $g^{-1}cg=c$, $g^{-1}ag=a^i$, 但 $i^8\equiv 1 \pmod p$ 而 $i^4\equiv -1 \pmod p$. 注意这时 $p\equiv 1 \pmod 8$.

易证 $Z(G)=1$，故 (i)—(xv) 均两两互不同构.

剩下的仅是 $m=1$ 时 $l=1$ 的情况需探索，即 $G=\{a, b, c, g\}$ 中 $a^p=b^2=1$, $b^{-1}ab=a^{-1}$, $c^2=b$, $c^{-1}bc=b$, $c^{-1}ac=a^k$ $[k^2\equiv -1 \pmod p]$, $g^{-1}ag=a^i$ $(i=1, \cdots, p-1)$, $g^{-1}bg=a^\lambda b$, $g^{-1}cg=a^\mu c$, $g^2=a^t bc$ $(t=0, 1, \cdots, p-1)$.

注意 $a^{i^2}=g^{-2}ag^2=c^{-1}b^{-1}abc=a^{-k}\Rightarrow i^2\equiv -k$, $i^4\equiv k^2\equiv -1$, $i^8\equiv 1 \pmod p \Rightarrow$ 在 Z_p^* 中 $o(i)=8$，故 $i^2\equiv -k \pmod p \Rightarrow 1\not\equiv i^3\equiv -ik \pmod p$，即 $(1+ik, p)=1\Rightarrow (1+ik)x+t\equiv 0 \pmod p$ 有解 x；令 $g_1=a^x g$，有 $G=\{a, b, c, g\}=\{a, b, c, g_1\}$，其中 $g_1^{-1}ag_1=a^i$, $g_1^{-1}bg_1=a^{\lambda-2ix}b$, $g_1^{-1}cg_1=a^{\mu-ix(1+k)}c$, 及 $g_1^2=bc$；这无异乎说可适当选 g 使

$g^{-1}ag=a^i$, $g^2=bc$, 以及 $g^{-1}bg=a^\lambda b$ 与 $g^{-1}cg=a^\mu c$ 形.

再 $b=c^{-1}bc=g^{-2}bg^2=g^{-1}a^\lambda bg=a^{i\lambda}a^\lambda b\Rightarrow (i+1)\lambda\equiv 0 \pmod p$ $\Rightarrow \lambda\equiv 0 \pmod p \Rightarrow g^{-1}bg=b$；又 $c^2=b\Rightarrow (g^{-1}cg)^2=g^{-1}bg=b\Rightarrow b=(a^\mu c)^2=a^{\mu(1-k)}b\Rightarrow \mu(1-k)\equiv 0 \pmod p \Rightarrow \mu\equiv 0 \pmod p \Rightarrow g^{-1}cg=c$. 这说明了 $G=\{a, b, c, g\}$ 中 $g^{-1}ag=a^i$, $g^{-1}bg=b$, $g^{-1}cg=c$, $g^2=bc$.

然而 $A=\{a, b, c\}=\{a, b, c_1\}$，但 $c_1=bc$，故 $G=\{a, b, c_1, g\}$ 而有：$a^p=b^2=1$, $b^{-1}ab=a^{-1}$, $c_1^2=b$, $c_1^{-1}bc_1=b$, $c_1^{-1}ac_1=a^{k_1}$ $[k_1=-k$ 而有 $k_1^2=k^2\equiv -1 \pmod p]$, $g^2=c_1$, $g^{-1}bg=b$, $g^{-1}c_1g=c_1$, $g^{-1}ag=a^i$；恰与 (xv) 型一致. 总之，说明了在 $m=1$ 时，$l=1$ 与 $l=0$ 给出 G 之同一型.

总括之，证得了下面的

定理 2 2^3p 阶群（p 为奇素数，且 $p\neq 3, 7$）在

(a) $p\equiv 3\pmod 4$ 时，共有 12 个(即 (i)—(xii))；

(b) $p\equiv 5\pmod 8$ 时，共有 14 个(即 (i)—(xiv))；

(c) $p\equiv 1\pmod 8$ 时，共有 15 个(即 (i)—(xv)).

定理 2 中之所以限制 $p\neq 7, 3$ 的，为的是保证 G 之超可解性，从而 G 必有指数 2 的正规子群，但在 $p=7$，3 时，由于这时 $(p, (2-1)(2^2-1)(2^3-1))=p$，可知 G 不必恒有西洛塔（§3 定理 1），因而 G 有为非超可解的可能；但 $o(G)=2^3p$ 确保证了 G 之可解性，故 G 或有指数 2 之正规子群 A，或有指数 p 之正规子群 B.

先讨论 $p=7$. 如有 $A\lhd G$ 使 $[G:A]=2$，这时有 $o(A)=2^2\cdot 7=28$，而据第四章 §3 例 2，知 A 只能是前述的 (I)，(II)，(III)，(IV)——均将 p 换为 7. 由于这时 $7\equiv 3\pmod 4$，没有上述的 (xiii) 与 (xiv) 型. 故知：56 阶群 G 当含有指数 2 之正规子群时只能为上述的 (i)—(xii) 型.

故需研究的是 56 阶群没有指数 2 之(正规)子群，因之它必有指数 7 的正规子群 B，即 $B\lhd G$ 使 $[G:B]=7$，故 $o(B)=8=2^3$，即 B 为 G 之唯一的西洛 2- 子群. 由第七章 §1 定理 1，知 B 只能为下列五型中的某一：

(I)′ $B=\{a\}$, $a^8=1$，(8 阶循环)；

(II)′ $B=\{a\}\times\{b\}$, $a^4=b^2=1=[a,b]$，([2, 1]-型交换)；

(III)′ $B=\{a\}\times\{b\}\times\{c\}$, $a^2=b^2=c^2=1=[a,b]=[a,c]=[b,c]$，(初等交换)；

(IV)′ $B=\{a,b\}$, $a^4=1$, $b^2=a^2$, $b^{-1}ab=a^{-1}$，(四元数群)；

(V)′ $B=\{a,b\}$, $a^4=b^2=1$, $b^{-1}ab=a^{-1}$，(二面体群).

因 $(o(B),[G:B])=1$，故由舒尔定理知 $G=BC$，$B\cap C=1$，$C=\{g\}$ 为 7 阶循环，于是 $G=\sum_{i=0}^{6}Bg^i$，且 $g^{-1}xg=x^{\sigma}$（每 $x\in B$）中 $\sigma\in A(B)$，而 $\sigma^7=1$.

在 (I)′ 款时，因 $A(B)$ 为 $\varphi(8)=4$ 阶的，故从 $\sigma^7=\mathbf{1}$ 得 $\sigma=\mathbf{1}$，即 $g^{-1}ag=a$，G交换$\Rightarrow G$ 必循环，而与 G 无指数 2 之正规子群的假定相抵，说明 (I)′ 款不行.

在 (II)′ 款时，易知 $\Phi(B)=\{a^2\}$ 为 2 阶的，故 $B/\Phi(B)$ 为 4 阶初等交换，因而 $A(B/\Phi(B))\simeq\mathfrak{S}_3$ (6 阶群)，但因 $[A(B):1]\mid[\Phi(B):1]^2\cdot[A(B/\Phi(B)):1]$ (上册第五章 § 4 引理 1)，故

$$[A(B):1]\mid 2^2\cdot 6=24,$$

于是从 $\sigma^7=\mathbf{1}$ 亦得 $\sigma=\mathbf{1}$，G 交换，$o(ag)=28\Rightarrow G$ 有指数 2 之子群 $\{ag\}$，与原设相抵，说明 (II′) 款亦不可.

又因四元数群与二面体群的自同构群分别为 $\mathfrak{S}_4$ 与二面体群，其阶为 24 与 8，故在 (IV)′ 与 (V)′ 款时，欲 $\sigma^7=\mathbf{1}$，亦必 $\sigma=\mathbf{1}$，即 $g^{-1}ag=a$，$o(ag)=28$，亦不可(同上理).

于是，唯一的可能为 (III)′ 款，即 B 是 8 阶初等交换，因之 $G=\{a,b,c,g\}$，$B=\{a,b,c\}$，$a^2=b^2=c^2=1=[a,b]=[a,c]=[b,c]$，$g^{-1}xg=x^\sigma$ (任 $x\in B$)，$\sigma\in A(B)\simeq GL(3,Z_2)$——上册第五章 § 4，且 $\sigma^7=\mathbf{1}$. 说明了对 $g\in G$ 有一个 3 级矩阵 $\Delta=(\lambda_{ij})$，使 $\det\Delta\not\equiv 0\ (\mathrm{mod}\ 2)$，即

$$\left.\begin{aligned} g^{-1}ag&=a^\sigma=a^{\lambda_{11}}b^{\lambda_{12}}c^{\lambda_{13}}\\ g^{-1}bg&=b^\sigma=a^{\lambda_{21}}b^{\lambda_{22}}c^{\lambda_{23}}\\ g^{-1}cg&=c^\sigma=a^{\lambda_{31}}b^{\lambda_{32}}c^{\lambda_{33}}\end{aligned}\right\}，且有\ \Delta^7\equiv E\ (\mathrm{mod}\ 2).$$

下面来证明这样的群 (非交换的) 是唯一地存在. 先注意 $o(g^i)=7\ (i=1,2,3,4,5,6)$，故由 g^i 决定的 B 之自同构 σ^i 之阶亦为 7，即

$$\left.\begin{aligned} g^{-i}ag^i&=a^{\sigma^i}=a^{\lambda_{11}^{(i)}}b^{\lambda_{12}^{(i)}}c^{\lambda_{13}^{(i)}}\\ g^{-i}bg^i&=b^{\sigma^i}=a^{\lambda_{21}^{(i)}}b^{\lambda_{22}^{(i)}}c^{\lambda_{23}^{(i)}}\\ g^{-i}cg^i&=c^{\sigma^i}=a^{\lambda_{31}^{(i)}}b^{\lambda_{32}^{(i)}}c^{\lambda_{33}^{(i)}}\end{aligned}\right\}，且 \begin{pmatrix}\lambda_{11}^{(i)}&\lambda_{12}^{(i)}&\lambda_{13}^{(i)}\\ \lambda_{21}^{(i)}&\lambda_{22}^{(i)}&\lambda_{23}^{(i)}\\ \lambda_{31}^{(i)}&\lambda_{32}^{(i)}&\lambda_{33}^{(i)}\end{pmatrix}^7\equiv E\ (\mathrm{mod}\ 2).$$

实际上，还有 $(\lambda_{\alpha\beta}^{(i)})\equiv\Delta^i(\mathrm{mod}\ 2)$，但 $\lambda_{\alpha\beta}^{(1)}=\lambda_{\alpha\beta}$. 显然，又有 $G=\{a,b,c,g^i\}$. 于是要证明这样的群是唯一地存在，就是要证明对任何的 $\Lambda=(\mu_{ij})\in GL(3,Z_2)$ 当 $\Lambda^7\equiv E\ (\mathrm{mod}\ 2)$ 而 $\Lambda\not\equiv E$ 时，我们能在 $G=\{a,b,c,g^i\}$ 中找得正规子群 $B=\{a\}\times\{b\}\times\{c\}$

之另一组生成元 a_1, b_1, c_1（即 $B=\{a_1\}\times\{b_1\}\times\{c_1\}$）因而$G=\{a_1, b_1, c_1, g^i\}$，使

$$\begin{cases} g^{-i}a_1g^i = a_1^{\mu_{11}}\, b_1^{\mu_{12}}\, c_1^{\mu_{13}}, \\ g^{-i}b_1g^i = a_1^{\mu_{21}}\, b_1^{\mu_{22}}\, c_1^{\mu_{23}}, \\ g^{-i}c_1g^i = a_1^{\mu_{31}}\, b_1^{\mu_{32}}\, c_1^{\mu_{33}}, \end{cases}$$

即可．

然而 a_1, b_1, c_1 存在的充要条件是 $\begin{cases} a_1 = a^{\alpha}b^{\beta}c^{\gamma} \\ b_1 = a^{\mu}b^{\nu}c^{\delta} \\ c_1 = a^{\xi}b^{\zeta}c^{\eta} \end{cases}$ 中矩阵 $P=\begin{pmatrix} \alpha & \beta & \gamma \\ \mu & \nu & \delta \\ \xi & \zeta & \eta \end{pmatrix}$为满秩，即 $\det P\equiv 1\pmod 2$．于是由

$$g^{-i}a_1g^i = \begin{cases} = a_1^{\mu_{11}}b_1^{\mu_{12}}c_1^{\mu_{13}} = a^{\alpha\mu_{11}+\mu\mu_{12}+\xi\mu_{13}}b^{\beta\mu_{11}+\nu\mu_{12}+\zeta\mu_{13}}c^{\gamma\mu_{11}+\delta\mu_{12}+\eta\mu_{13}}, \\ = (g^{-i}ag^i)^{\alpha}(g^{-i}bg^i)^{\beta}(g^{-i}cg^i)^{\gamma} \\ = a^{\lambda_{11}^{(i)}\alpha+\lambda_{21}^{(i)}\beta+\lambda_{31}^{(i)}\gamma}b^{\lambda_{12}^{(i)}\alpha+\lambda_{22}^{(i)}\beta+\lambda_{32}^{(i)}\gamma}c^{\lambda_{13}^{(i)}\alpha+\lambda_{23}^{(i)}\beta+\lambda_{33}^{(i)}\gamma}, \end{cases}$$

得

$$(\mu_{11}\mu_{12}\mu_{13})\begin{pmatrix} \alpha & \beta & \gamma \\ \mu & \nu & \delta \\ \xi & \zeta & \eta \end{pmatrix} \equiv (\alpha\beta\gamma)\begin{pmatrix} \lambda_{11}^{(i)} & \lambda_{12}^{(i)} & \lambda_{13}^{(i)} \\ \lambda_{21}^{(i)} & \lambda_{22}^{(i)} & \lambda_{23}^{(i)} \\ \lambda_{31}^{(i)} & \lambda_{32}^{(i)} & \lambda_{33}^{(i)} \end{pmatrix}\pmod 2;$$

同理由 $g^{-i}b_1g^i$ 与 $g^{-i}c_1g^i$ 之表示式分别又得到

$$(\mu_{21}\ \mu_{22}\ \mu_{23})P\equiv(\mu\nu\delta)(\lambda_{\alpha\beta}^{(i)})\pmod 2$$

与 $(\mu_{31}\mu_{32}\mu_{33})P\equiv(\xi\zeta\eta)(\lambda_{\alpha\beta}^{(i)})\pmod 2$．合并上面三个式子，则有

$$(\mu_{\alpha\beta})P\equiv P(\lambda_{\alpha\beta}^{(i)})\pmod 2,$$

即 $P^{-1}\Lambda P\equiv(\lambda_{\alpha\beta}^{(i)})\equiv\Delta^i\pmod 2$．

这说明了我们要解决的问题转化成了这样一个问题，即给了$GL(3,Z_2)$中两个阶均为 7 的矩阵Λ与Δ后，要证明在$GL(3,Z_2)$内必有一矩阵P使等式$P^{-1}\Lambda P=\Delta^i$成立的 $i\,(i=1, 2, 3, 4, 5, 6)$一定存在．下面就来证明P与i的存在性：

事实上，因域 Z_2 只有 0，1 二元，故 $\Delta\in GL(3, Z_2)\Rightarrow\det\Delta=1$，且$\Delta$之特征多项式 $f(\lambda)=\det(\lambda E-\Delta)=\lambda^3+\lambda^2+\lambda+1$，或$=\lambda^3+\lambda^2+1$，或$=\lambda^3+\lambda+1$，或$=\lambda^3+1$，只这四个可能．但$\Delta^7=E$又说明了$\Delta$之最小多项式 $m(\lambda)\mid(\lambda^7+1)$，且因

λ^7+1 与其导函数 λ^6 无公共根 $\Rightarrow \lambda^7+1$ 无重根，故 $m(\lambda)$ 无重根. 于是当 $\det(\lambda E-\Delta)=f(\lambda)=\lambda^3+\lambda^2+\lambda+1=(\lambda+1)^3$ 时，由 $m(\lambda)|f(\lambda)$ 即得 $m(\lambda)=\lambda+1\Rightarrow\Delta=E$，与 Δ 之阶为 7 之假设相抵. 当 $f(\lambda)=\lambda^3+1$ 时 $\Rightarrow 0=f(\Delta)=\Delta^3+E\Rightarrow\Delta^6=E$，故据 $\Delta^7=E$ 又有 $\Delta=E$，亦不可. 于是仅二个可能: $\det(\lambda E-\Delta)=f(\lambda)=\lambda^3+\lambda^2+1$ 或 $\lambda^3+\lambda+1$；但不论是何种，$f(\lambda)$ 与 $f'(\lambda)$ 无公共根(易证)，故 $f(\lambda)$ 无重根 $\Rightarrow m(\lambda)=f(\lambda)$，由是 Δ 的有理标准形是:

$$C=\begin{pmatrix}0 & & 1\\ 1 & 0 & 0\\ & 1 & 1\end{pmatrix} \text{当 } f(\lambda)=\lambda^3+\lambda^2+1 \text{ 时，或 } D=\begin{pmatrix}0 & & 1\\ 1 & 0 & 1\\ & 1 & 0\end{pmatrix}$$

当 $f(\lambda)=\lambda^3+\lambda+1$ 时(空白处为0). 同理，Λ 之有理标准形也是 C 或 D.

于是，当 Λ 与 Δ 之有理标准形或同为 C 或同为 D 时，则在 $GL(3, Z_2)$ 内 Λ 与 Δ 都与 C(或 D)相似，因而 Λ 与 Δ 也互为相似的，即有 $P\in GL(3, Z_2)$ 使 $P^{-1}\Lambda p=\Delta$.

如果 Λ 与 Δ 之有理标准形一为 C，一为 D 时，如令 $R^{-1}\Lambda R=C$，$S^{-1}\Delta S=D\,(R, S\in GL(3, Z_2))$，则 $0=f(\Delta)=\Delta^3+\Delta+E\Rightarrow 0=\Delta^6(\Delta^3+\Delta+E)=(\Delta^3)^3+\Delta^7+\Delta^6=(\Delta^3)^3+(\Delta^3)^2+E$，即阶 7 的矩阵 Δ^3 满足方程 $\lambda^3+\lambda^2+1=0$，由于它无重根且在域 Z_2 内不可约又知 Δ^3 的最小多项式不得不为 $\lambda^3+\lambda^2+1$，因而 Δ^3 之有理标准形亦必为 $C=\begin{pmatrix}0 & & 1\\ 1 & 0 & 0\\ & 1 & 1\end{pmatrix}$，即有 $T\in GL(3, Z_2)$ 使 $T^{-1}\Delta^3T=C$. 故 $R^{-1}\Lambda R=C=T^{-1}\Delta^3T\Rightarrow P^{-1}\Lambda P=\Delta^3(P=RT^{-1})$. 对于 $R^{-1}\Lambda R=D$ 及 $S^{-1}\Lambda S=C$ 之情况亦可类似地处理.

故不论 $\Delta(\neq E)$ 怎样选取，只要 $\Delta^7\equiv E\,(\mathrm{mod}\,2)$，群 G 之型唯一；今选 $\Delta=\begin{pmatrix}0 & 0 & 1\\ 1 & 0 & 0\\ 0 & 1 & 1\end{pmatrix}$，即得下型:

(xiii)′ $G=\{a, b, c, g\}$, $a^2=b^2=c^2=g^7=1=[a, b]=[a, c]=[b, c]$, $g^{-1}ag=c$, $g^{-1}bg=a$, $g^{-1}cg=bc$.

于是得到

定理 2_1 56 ($=7\times 2^3$) 阶群共有 13 个(即定理 2 中所说的 (i)—(xii) 型以及上述的 (xiii)′). ——注意 (i)—(xii) 型中的 p 均换成 7.

最后来讨论 $p=3$ 的情况,即 $o(G)=2^3\cdot 3=24$.

G之可解性⇒ 有 $A\lhd G$ 使 $[G:A]=2$, 或 $B\lhd G$ 使 $[G:B]=3$. 如果有 $A\lhd G$ 使 $[G:A]=2$, 则 $o(A)=12$, A 只能为 5 种类型(上册第四章 §3 的例 2), 其中有四个就是前述的 (I), (II), (III), (IV) (即开始证定理 2 时的), 只是用 $p=3$ 代之, 而另一型是:

(V)°: $A=\mathfrak{U}_4$, 即 $A=\{a, b, c\}$, $a^2=b^2=[a, b]=1=c^3$, $c^{-1}ac=b$, $c^{-1}bc=ab$.

由于这时 $p=3\equiv 3\ (\mathrm{mod}\ 4)$, 故知在 (I), (II), (III), (IV) 时, 如同证定理 2 完全一样, 可知只有定理 2 中的 (i)—(xii) 型. 即 24 阶群当其含有指数 2 的(正规)子群如 (I), (II), (III), (IV) 时共有十二个,即定理 2 中的 (i) −(xii) 均以 $p=3$ 代换之. 于是尚需讨论 (V)° 款,这时 $G=A+Ag=\{a, b, c, g\}$, $a^2=b^2=[a, b]=1=c^3$, $c^{-1}ac=b$, $c^{-1}bc=ab$, $g^2=u=a^kb^lc^m$ (k, $l=0, 1$; $m=0, 1, 2$), 且

$$\begin{cases} g^{-1}ag(=a^\sigma)=a^\lambda b^\mu, \\ g^{-1}bg(=b^\sigma)=a^\delta b^\nu, \\ g^{-1}cg(=c^\sigma)=a^s b^t c^\theta, \end{cases} \quad \begin{vmatrix} \lambda & \mu \\ \delta & \nu \end{vmatrix} \not\equiv 0\ (\mathrm{mod}\ 2);\ s, t=0, 1;\ \theta=1, 2.$$

但 $\sigma\in A(A)$ 而有 $u^\sigma=u$. 故

$$\begin{cases} a^{\sigma^2}=g^{-1}(a^\lambda b^\mu)g=a^{\lambda^2+\mu\delta}b^{\mu(\lambda+\nu)} \\ \| \\ u^{-1}au=c^{-m}ac^m=\begin{cases} a\ \ (m=0\text{ 时}) \\ b\ \ (m=1\text{ 时}) \\ ab\ (m=2\text{ 时}) \end{cases} \end{cases},$$

$$\begin{cases} b^{\sigma^2} = g^{-1}(a^{\delta}b^{\nu})g = a^{\delta(\lambda+\nu)}b^{\nu^2+\mu\delta} \\ \| \\ u^{-1}bu = c^{-m}bc^{m} = \begin{cases} b & (m = 0\text{时}) \\ ab & (m = 1\text{时}) \\ a & (m = 2\text{时}) \end{cases} \end{cases},$$

$$\begin{cases} c^{\sigma^2}=g^{-1}(a^{s}b^{t}c^{\theta})g = \begin{cases} a^{(\lambda+1)s+\delta t}b^{\mu s+(\nu+1)t}c & (\theta = 1\text{时}) \\ a^{(\lambda+1)s+(\delta+1)t}b^{(\mu+1)s+\nu t}c & (\theta = 2\text{时}) \end{cases} \\ \| \\ u^{-1}cu=c^{-m}b^{-l}a^{-k}ca^{k}b^{l}c^{m} = \begin{cases} a^{l}b^{k+l}c & (m = 0\text{时}) \\ a^{k+l}b^{k}c & (m = 1\text{时}) \\ a^{k}b^{l}c & (m = 2\text{时}) \end{cases} \end{cases},$$

$$a^{k}b^{l}c^{m} = u = u^{\sigma} = g^{-1}ug = g^{-1}a^{k}b^{l}c^{m}g$$
$$= \begin{cases} a^{\lambda k+\delta l}b^{\mu k+\nu l} & (m = 0\text{时}) \\ a^{\lambda k+\delta l+s}b^{\mu k+\nu l+t}c^{\theta} & (m = 1\text{时}) \\ a^{\lambda k+\delta l+t}b^{\mu k+\nu l+s+t}c^{2} & (m = 2,\ \theta = 1\text{时}) \\ a^{\lambda k+\delta l+s+t}b^{\mu k+\nu l+s}c & (m = 2,\ \theta = 2\text{时}) \end{cases},$$

$$\text{因之 } u^{\sigma} = u \Rightarrow \begin{cases} m = 1\text{ 时必有 }\theta = 1, \\ m = 2\text{ 时也必有 }\theta = 1, \\ m = 0\text{ 时才允许 }\theta = 1\text{ 或 }2\text{ 的可能}. \end{cases}$$

下面就 $m = 1, 2, 0$ 各款分别叙述于下：

（一）$m = 1 \Rightarrow \theta = 1$. 这时从 $a^{\sigma^2} = u^{-1}au$ 及 $b^{\sigma^2} = u^{-1}bu$ 得知 $\lambda^2 + \mu\delta \equiv 0, \mu(\lambda + \nu) \equiv \delta(\lambda + \nu) \equiv \nu^2+\mu\delta \equiv 1 \pmod 2 \Rightarrow \mu = \delta = 1, \lambda = 1, \nu = 0 \Rightarrow g^{-1}ag=ab, g^{-1}bg=a$. 再 $c^{\sigma^2} = u^{-1}cu$（或 $u^{\sigma} = u$）$\Rightarrow s = l$ 及 $t\equiv k + l \pmod 2) \Rightarrow g^{-1}cg=a^{l}b^{k+l}c$ 与 $g^2=a^{k}b^{l}c$. 但令 $g_1 = a^{x}b^{y}g$，则仍有 $G = \{a, b, c, g_1\}$，而 $g_1^2=a^{x+y+k}b^{x+l}c$，于是选 x 使 $l + x \equiv 0 \pmod 2$，再选 y 使 $k + x + y \equiv 0 \pmod 2$ 后就有 $g_1^2=c$，且 $g_1^{-1}ag_1=ab, g_1^{-1}bg_1=a$ 及 $g_1^{-1}cg_1=c$. 这说明 $m = 1$ 时可令为

(xiii)°: $G = \{a, b, c, g\}, a^2=b^2=[a, b] = 1 = c^3, c^{-1}ac=b,\ c^{-1}bc = ab,\ g^2 = c,\ g^{-1}ag = ab,\ g^{-1}bg = a,\ g^{-1}cg = c$.

（二）$m = 2\Rightarrow\theta=1$. 这时，令 $g_1 = cg$，有 $G = \{a, b, c, g_1\}$，

$g_1^2 = cg^2(g^{-1}cg) = ca^kb^lc^2a^sb^tc = a^{k+l+s}b^{k+t}c$，说明了 $m=2$ 能转化为 $m=1$ 来考虑.

（三）$m=0$. 这时，$a^{\sigma^2} = u^{-1}au \Rightarrow \begin{cases}\lambda^2+\mu\delta \equiv 1\\ \mu(\lambda+\nu)\equiv 0\end{cases} \pmod 2$，

$b^{\sigma^2} = u^{-1}bu \Rightarrow \begin{cases}\delta(\lambda+\nu)\equiv 0\\ \nu^2+\mu\delta\equiv 1\end{cases} \pmod 2$. 因而得 $\lambda^2\equiv\nu^2 \pmod 2 \Rightarrow \lambda=\nu=0$ 或 $\lambda=\nu=1$；而 $\lambda=\nu=0 \Rightarrow \mu=\delta=1 \Rightarrow g^{-1}ag=b$ 与 $g^{-1}bg=a$；$\lambda=\nu=1\Rightarrow$ 或 $\mu=\delta=0$，或 $\mu=0$ 与 $\delta=1$，或 $\mu=1$ 与 $\delta=0$，亦即 $g^{-1}ag=a$，$g^{-1}bg=b$，或 $g^{-1}ag=a$，$g^{-1}bg=ab$，或 $g^{-1}ag=ab$，$g^{-1}bg=b$. 然而克莱茵四元群 $\{a\}\times\{b\}$ 中三个 2 阶元 a，b，$x(=ab)$ 间用 g 变形的结果是：

$$\left.\begin{aligned}g^{-1}ag&=a\\ g^{-1}bg&=ab\end{aligned}\right\}\Rightarrow g^{-1}xg=b，\text{或}\quad \left.\begin{aligned}g^{-1}ag&=ab\\ g^{-1}bg&=b\end{aligned}\right\}\Rightarrow g^{-1}xg=a.$$

总之，说明了在 $\lambda=\nu=1$ 时所得后两个可能性中不论是哪个，如用 g 去变形总得使 a，b，$x(=ab)$ 中有两个互变而另一个不变. 这就是说，在 $\lambda=\nu=1$ 时，$\mu=0$，$\delta=1$ 与 $\mu=1$，$\delta=0$ 都可转化为 $\lambda=0=\nu$（因而 $\mu=1=\delta$）来讨论. 于是，只需研究下述二款：

(1)° $\left.\begin{aligned}g^{-1}ag&=b\\ g^{-1}bg&=a\end{aligned}\right\}$（即 $\lambda=0=\nu,\mu=1=\delta$），或

(1)* $\left.\begin{aligned}g^{-1}ag&=a\\ g^{-1}bg&=b\end{aligned}\right\}$（即 $\lambda=1=\nu$，$\mu=0=\delta$）.

再由 $u^\sigma=u$ 及 $c^{\sigma^2}=u^{-1}cu$ 得：

(2)° $\left.\begin{aligned}(\lambda-1)k+\delta l&\equiv 0\\ \mu k+(\nu-1)l&\equiv 0\end{aligned}\right\} \pmod 2$

及

(3)° $\left.\begin{aligned}(\lambda+1)s+\delta t&\equiv l\\ \mu s+(\nu+1)t&\equiv k+l\end{aligned}\right\} \pmod 2$ 或

（$\theta=1$ 时）

$$(3)^* \quad \left.\begin{aligned}(\lambda+1)s+(\delta+1)t\equiv l\\(\mu+1)s+\nu t\equiv k+l\end{aligned}\right\}\pmod 2.$$

($\theta=2$ 时)

但 $(1)^\circ$, $(2)^\circ$, $(3)^\circ \Rightarrow k=0=l$, $s=t=0$ 或 $s=t=1\Rightarrow g^2=1$ 以及 $g^{-1}cg=c$ 或 $=abc$; 可是 $c^{-1}ac=b\Rightarrow(g^{-1}cg)^{-1}\cdot(g^{-1}ag)(g^{-1}cg)=g^{-1}bg$, 故从 $g^{-1}ag=b$, $g^{-1}bg=a$, $g^{-1}cg=c$ 或 $g^{-1}ag=b$, $g^{-1}bg=a$, $g^{-1}cg=abc$ 之任何代入上式中得 $c^{-1}bc=a$ 或 $c^{-1}b^{-1}a^{-1}babc=a$, 而均有 $c^{-1}bc=a$, 显与原关系 $c^{-1}bc=ab$ 相矛盾,不可.

又 $(1)^*$, $(2)^\circ$, $(3)^*\Rightarrow t=l$, $s=k\Rightarrow g^{-1}ag=a$, $g^{-1}bg=b$, $g^{-1}cg=a^kb^lc^2$, 故 $c^{-1}ac=b\Rightarrow(g^{-1}cg)^{-1}(g^{-1}ag)(g^{-1}cg)=g^{-1}bg\Rightarrow c^{-2}ac^2=b\Rightarrow b=c^{-1}(c^{-1}ac)c=c^{-1}bc=ab\Rightarrow a=1$, 显非所许.

然而 $(1)^*$, $(2)^\circ$, $(3)^\circ\Rightarrow k=0=l$, s 与 t 可任意 $\Rightarrow g^{-1}ag=a$, $g^{-1}bg=b$, $g^{-1}cg=a^sb^tc$, $g^2=1$. 这时, 选 $g_1=a^xb^yg$, 则有 $G=\{a,b,c,g_1\}$, $g_1^2=1$, $g_1^{-1}ag_1=a$, $g_1^{-1}bg_1=b$, $g_1^{-1}cg_1=a^{s+y}b^{t+x+y}c$, 故取 y 使 $s+y\equiv 0\pmod 2$, 再取 x 使 $t+x+y\equiv 0\pmod 2$ 后就有 $g_1^{-1}cg_1=c$. 这说明可适当地选 g 使 $G=\{a,b,c,g\}$ 中 a, b, c 间之关系仍旧外还有 $g^{-1}ag=a$, $g^{-1}bg=b$, $g^{-1}cg=c$, $g^2=1$, 故得

(xiii)$^{\circ\circ}$: $G=\{a,b,c,g\}$, $a^2=b^2=[a,b]=1=c^3$, $c^{-1}ac=b$, $c^{-1}bc=ab$, $g^2=1$, $g^{-1}ag=a$, $g^{-1}bg=b$, $g^{-1}cg=c$.

然而令 $g_1=c^2g$ 时, 则 (xiii)$^{\circ\circ}$ 型之 $G=\{a,b,c,g_1\}$, 且有 $g_1^2=c$, $g_1^{-1}ag_1=ab$, $g_1^{-1}bg_1=a$, $g_1^{-1}cg_1=c$, 表示了 (xiii)$^{\circ\circ}$ 型与 (xiii)$^\circ$ 型完全一致. 今后舍弃 (xiii)$^\circ$, 而采用 (xiii)$^{\circ\circ}$, 原因是容易看出 (xiii)$^{\circ\circ}$ 型之群 G 含有 8 阶初等交换群 $\{a\}\times\{b\}\times\{g\}$ 为正规子群, 即为 8 阶初等交换群被 3 阶循环群之扩张 (非交换的), 因而 (xiii)$^{\circ\circ}$ 型含有 7 个 2 阶元, 虽与 (vii) 型中 2 阶元之个数 7 相等, 但 (vii) 之中心为 4 阶循环, 而 (xiii)$^{\circ\circ}$ 之中心 $Z(G)=\{g\}$ 为 2 阶循环, 故 (i)—(xii) 与 (xiii)$^{\circ\circ}$ 共 13 个群均互不同构.

又 $(1)^\circ$, $(2)^\circ$, $(3)^*\Rightarrow k=l=s$, $t=0$ 或 1, 再结合 $\theta=2$

有四种可能性(分 $k=l=s=0$ 与 $k=l=s=1$):

$$(\mathrm{i})^{\circ}\begin{cases}g^2=1\\g^{-1}cg=c^2,\end{cases}\quad(\mathrm{ii})^{\circ}\begin{cases}g^2=1\\g^{-1}cg=bc^2,\end{cases}\quad(\mathrm{iii})\begin{cases}g^2=ab\\g^{-1}cg=ac^2,\end{cases}$$

$$(\mathrm{iv})^{\circ}\begin{cases}g^2=ab\\g^{-1}cg=abc^2.\end{cases}$$

关于 a, b, c, g 间其他的关系仍为

$$a^2=b^2=[a, b]=1=c^3,\ c^{-1}ac=b,\ c^{-1}bc=ab,$$
$$g^{-1}ag=b,\ g^{-1}bg=a.$$

但用 $c_1=bc$ 代 c,得 $G=\{a, b, c_1, g\}$,有 $c_1^3=1$, $c_1^{-1}ac_1=b$, $c_1^{-1}bc_1=ab$, $g^{-1}c_1g=c_1^2$ 当 $g^{-1}cg=bc^2$ 时,或 $=ac_1^2$ 当 $g^{-1}cg=abc^2$ 时,这说明了 $(\mathrm{ii})^{\circ}$ 可转化为 $(1)^{\circ}$, $(\mathrm{iv})^{\circ}$ 可转化为 $(\mathrm{iii})^{\circ}$. 于是实际上只有 $(\mathrm{i})^{\circ}$ 与 $(\mathrm{iii})^{\circ}$ 两款,亦即

$(\mathrm{xiv})^{\circ}$: $G=\{a, b, c, g\}$, $a^2=b^2=[a, b]=1=c^3$, $c^{-1}ac=b$, $c^{-1}bc=ab$, $g^{-1}ag=b$, $g^{-1}bg=a$, $g^{-1}cg=c^2$, $g^2=1$.

与

$(\mathrm{xiv})'$: $G=\{a, b, c, g\}$, $a^2=b^2=[a, b]=1=c^3$, $c^{-1}ac=b$, $c^{-1}bc=ab$, $g^{-1}ag=b$, $g^{-1}bg=a$, $g^{-1}cg=ac^2$, $g^2=ab$.

但令 $g_1=ag$ 后,则 $(\mathrm{xiv})'$ 中的 $G=\{a, b, c, g_1\}$,其中 a, b, c 间关系依旧外,尚有 $g_1^{-1}ag_1=b$, $g_1^{-1}bg_1=a$, $g_1^{-1}cg_1=c^2$, $g_1^2=1$,这说明了 $(\mathrm{xiv})^{\circ}$ 与 $(\mathrm{xiv})'$ 型是一致的. 今后取 $(\mathrm{xiv})^{\circ}$ 型考虑——实际上, $(\mathrm{xiv})^{\circ}$ 型 $\simeq \mathfrak{S}_4$,因而 $Z(G)=1$.

总之,对 $(\mathrm{V})^{\circ}$ 款言又得二型,即 $(\mathrm{xiii})^{\circ\circ}$ 与 $(\mathrm{xiv})^{\circ}$ 型,连同前述的 (i)—(xii) (以 $p=3$ 代入)共有 14 个型,两两互不同构.

综上所述得知: 有指数 2 的(正规)子群之 24 阶群 G 共有 14 个型,即 (i)—(xii) 中的 $p=3$ 以及 $(\mathrm{xiii})^{\circ\circ}$ 与 $(\mathrm{xiv})^{\circ}$.

因此下面考虑 24 阶群 G 没有指数 2 之子群. 这时 G 之可解性保证了 G 必有指数 3 的正规子群 B,即 $o(B)=8=2^3$ 且 $B\lhd G$. 故 B 是 G 之唯一的西洛 2- 子群,由是有 $G=B\{g\}$, $B\cap\{g\}=1$, $g^3=1$. 又 B 仅为前述的 $(\mathrm{I})'$, $(\mathrm{II})'$, $(\mathrm{III})'$, (IV), $(\mathrm{V})'$ 款中之一.

B 为 (I)′ 款 $\Rightarrow G=\{a, g\}$, $a^8=1=g^3$, $g^{-1}ag=a^\sigma(\sigma\in A(B))$, $\sigma^3=\mathbf{1}$; 于是由 $o(A(B))=4$ 得知必有 $\sigma=\mathbf{1}\Rightarrow ag=ga\Rightarrow G$ 为 24 阶循环,与 G 无指数 2 之子群的假定相抵,不可.

B 为 (II)′ 款 $\Rightarrow G=\{a, b, g\}$, $a^4=b^2=[a,b]=1$, $g^3=1$, $g^{-1}ag=a^\pi$, $g^{-1}bg=b^\pi$, $\pi\in A(B)$, 且 $\pi^3=\mathbf{1}$. $A(B)$ 不难求得,见下表:

$\lambda\in A(B)$	$\mathbf{1}$	τ	σ	$\sigma\tau$	σ^2	σ^3	$\sigma^2\tau$	$\sigma^3\tau$
a^λ	a	a	ab	a^3b	a^3	a^3b	a^3	ab
b^λ	b	a^2b	a^2b	b	b	a^2b	a^2b	b
λ 的阶	1	2	4	2	2	4	2	2

, $\tau^{-1}\sigma\tau=\sigma^3$.

即 $A(B)=\{\sigma, \tau\}$, $\sigma^4=\tau^2=1$, $\tau^{-1}\sigma\tau=\sigma^{-1}$ 为二面体群. 因之 $\pi\in A(B)$ 及 $\pi^3=\mathbf{1}\Rightarrow\pi=\mathbf{1}\Rightarrow[a,g]=1=[b, g]\Rightarrow o(ag)=12$ $\Rightarrow G$ 有指数 2 之(正规)子群,亦不可.

又因二面体群之自同构群仍是二面体群,故与讨论 (II)′ 型同理得知 B 不能为 (V)′ 款.

当 B 为 (III)′ 款即 8 阶初等交换时, $G=\{a, b, c, g\}$ 中 $g^3=1$, 且

$$\left.\begin{aligned}g^{-1}ag(=a^\sigma)&=a^{\lambda_{11}}b^{\lambda_{12}}c^{\lambda_{13}}\\ g^{-1}bg(=b^\sigma)&=a^{\lambda_{21}}b^{\lambda_{22}}c^{\lambda_{23}}\\ g^{-1}cg(=c^\sigma)&=a^{\lambda_{31}}b^{\lambda_{32}}c^{\lambda_{33}}\end{aligned}\right\}, \sigma\in A(B)\simeq GL(3,Z_2)\ni\Delta$$

$$=\begin{pmatrix}\lambda_{11} & \lambda_{12} & \lambda_{13}\\ \lambda_{21} & \lambda_{22} & \lambda_{23}\\ \lambda_{31} & \lambda_{32} & \lambda_{33}\end{pmatrix},$$

因之 $\det\Delta\not\equiv 0\ (\mathrm{mod}\ 2)\Rightarrow\det\Delta\equiv 1\ (\mathrm{mod}\ 2)$. 当然还有 $\Delta^3\equiv E\ (\mathrm{mod}\ 2)$. 因 Δ 之特征多项式 $\det(\lambda E-\Delta)=f(\lambda)$ 只有四个可能:

$$\lambda^3+\lambda^2+\lambda+1,\ \lambda^3+\lambda^2+1,\ \lambda^3+\lambda+1,\ 或\ \lambda^3+1,$$

而 $\Delta^3 = E \pmod 2) \Rightarrow \Delta$ 之最小多项式 $m(\lambda)|(\lambda^3+1)$，且 λ^3+1 与导函数 λ^2 互素，故 λ^3+1 无重根 $\Rightarrow m(\lambda)$ 亦无重根。于是，若 $f(\lambda)=\lambda^3+\lambda^2+\lambda+1=(\lambda+1)^3$，则由 $m(\lambda)|f(\lambda)$ 知必有 $m(\lambda)=\lambda+1 \Rightarrow \Delta=E \Rightarrow g^{-1}xg=x$（任 $x\in B$）$\Rightarrow G$ 交换 $\Rightarrow G$ 有指数 2 之子群，非所许。因 $\lambda^3+\lambda^2+1$，$\lambda^3+\lambda+1$ 与 λ^3+1 都和它们各自的导函数互素，故都无重根，因之当 $f(\lambda)=\lambda^3+\lambda^2+1$，$\lambda^3+\lambda+1$ 或 λ^3+1 时也必有 $m(\lambda)=f(\lambda)$；而 $m(\lambda)=\lambda^3+\lambda^2+1 \Rightarrow 0=\Delta^3+\Delta^2+E=\Delta^2$，$\Delta$ 降秩，不可；同理 $m(\lambda)=\lambda^3+\lambda+1$ 亦非所许。故唯一的可能是 $m(\lambda)=f(\lambda)=\lambda^3+1$，因而 Δ 之有理标准形是 $\begin{pmatrix}0&0&1\\1&0&0\\0&1&0\end{pmatrix}$，即有 $P=\begin{pmatrix}\alpha&\beta&\gamma\\\mu&\nu&\delta\\\xi&\zeta&\eta\end{pmatrix}\in GL(3, Z_2)$ 使 $P\Delta P^{-1}=\begin{pmatrix}0&0&1\\1&0&0\\0&1&0\end{pmatrix}$。今令 $a_1=a^\alpha b^\beta c^\gamma$，$b_1=a^\mu b^\nu c^\delta$，$c_1=a^\xi b^\zeta c^\eta$，则由 P 之满秩性知 $B=\{a_1\}\times\{b_1\}\times\{c_1\}=\{a\}\times\{b\}\times\{c\}$，故利用 $P\Delta=\begin{pmatrix}0&0&1\\1&0&0\\0&1&0\end{pmatrix}P$ 得 $g^{-1}a_1g=(g^{-1}ag)^\alpha(g^{-1}bg)^\beta(g^{-1}cg)^\gamma=a^{\alpha\lambda_{11}+\beta\lambda_{21}+\gamma\lambda_{31}}b^{\alpha\lambda_{12}+\beta\lambda_{22}+\gamma\lambda_{32}}c^{\alpha\lambda_{13}+\beta\lambda_{23}+\gamma\lambda_{33}}=a^\xi b^\zeta c^\eta=c_1$，同理 $g^{-1}b_1g=a^\alpha b^\beta c^\gamma=a_1$，$g^{-1}c_1g=a^\mu b^\nu c^\delta=b_1$。再令 $a_2=a_1b_1$，$b_2=a_1c_1$，$c_2=a_1b_1c_1$，则 $B=\{a_1, b_1, c_1\}=\{a_2, b_2, c_2\}=\{a_2\}\times\{b_2\}\times\{c_2\}$，$G=\{a_2, b_2, c_2, g\}$ 而有 $a_2^2=b_2^2=c_2^2=1=[a_2, b_2]=[a_2, c_2]=[b_2, c_2]$，$g^3=1$，$g^{-1}a_2g=b_2$，$g^{-1}b_2g=a_2b_2$，$g^{-1}c_2g=c_2$，恰与 (xiii)°° 型一致（把这里的 a_2, b_2, g, c_2 分别当做 (xiii)°° 中的 a, b, c, g）。这说明 (III)′ 款亦用不着考虑。

所以仅需 (IV)′，即 $B=\{a, b\}$ 为四元数群 ($a^4=1$，$b^2=a^2$，$b^{-1}ab=a^{-1}$)。于是 $G=\{a, b, g\}$ 中尚有 $g^3=1$，$g^{-1}ag=a^\sigma$，$g^{-1}bg=b^\sigma$，但 $\sigma\in A(B)$ 且 $\sigma^3=1$。既假定了 G 无指数 2 的（正规）子群，可知 $\sigma\neq 1$（否则就有 $o(ag)=12 \Rightarrow [G:\{ag\}]=2$）。

故 $o(\sigma)=3$. 然而四元数群 B 的 $A(B)\simeq\mathfrak{S}_4$, 因而 $A(B)$ 中有八个 3 阶元, 对应着 $\mathfrak{S}_4$ 的八个 3 项循环. 由上册第一章 §7 里又知 $\mathfrak{S}_4$ 之八个 3 项循环而成之共轭类 ζ_π (π 为 $\mathfrak{S}_4$ 之某三项循环) 对 $\mathfrak{A}_4$ 言可分为两小类各含四个 3 项循环, 其中一小类与 π 共轭, 另一小类与 $\pi^2=\pi^{-1}$ 共轭(共轭之意义指的是用 $\mathfrak{A}_4$ 之元去变形). 于是在 $A(B)$ 内也有相似的结论. 但由四元数群 $B=\{a,b\}$ 之 4 阶元 a,b,ab 所诱导的 B 之内自同构 I_a, I_b, I_{ab} 皆为 2 阶的自同构: 事实上, 有

$$\left.\begin{array}{l}a^{I_a}=a\\ b^{I_a}=b^{-1}\end{array}\right\},\quad \left.\begin{array}{l}a^{I_b}=a^{-1}\\ b^{I_b}=b\end{array}\right\},\quad \left.\begin{array}{l}a^{I_{ab}}=a^{-1}\\ b^{I_{ab}}=b^{-1}\end{array}\right\}.$$

并易证 $I_{ba}=I_{ab}$, 故 $I_aI_b=I_{ab}=I_{ba}=I_bI_a$, 说明了 $\mathbf{1}, I_a, I_b, I_{ab}$ 组成 $A(B)$ 之 4 阶子群, 且同构于 $\mathfrak{K}_4$, 因而可视为 $\mathfrak{A}_4$ 之元. 于是, $I_a^{-1}\sigma I_a$, $I_b^{-1}\sigma I_b$, $I_{ab}^{-1}\sigma I_{ab}$, σ 均为 3 阶的且两两互异; 又 $I_a^{-1}\sigma^2I_a$, $I_b^{-1}\sigma^2I_b$, $I_{ab}^{-1}\sigma^2I_{ab}$, σ^2 也皆为 3 阶的并两两互异. 因而它们恰为 $A(B)$ 的八个 3 阶元.

很显然, 易知 $ga=a^{\sigma^2}g$, $gb=b^{\sigma^2}g$, 利用之可知:

$I_a^{-1}\sigma I_a$ 可由 G 之元 $a^{-1}ga=a^{-1}a^{\sigma^2}g$ 所诱导,

$I_b^{-1}\sigma I_b$ 可由 G 之元 $b^{-1}gb=b^{-1}b^{\sigma^2}g$ 所诱导,

$I_{ab}^{-1}\sigma I_{ab}$ 可由 G 之元 $b^{-1}a^{-1}gab=b^{-1}a^{-1}a^{\sigma^2}b^{\sigma^2}g$ 所诱导,

σ^2 由 g^2 所诱导,

$I_a^{-1}\sigma^2I_a$ 由 $a^{-1}g^2a=a^{-1}ga^{\sigma^2}g=a^{-1}(a^{\sigma^2})^{\sigma^2}g^2=a^{-1}a^{\sigma}g^2$ 可诱导,

$I_b^{-1}\sigma^2I_b$ 由 $b^{-1}g^2a=b^{-1}b^{\sigma}g^2$ 可诱导,

$I_{ab}^{-1}\sigma^2I_{ab}$ 由 $b^{-1}a^{-1}g^2ab=b^{-1}a^{-1}a^{\sigma}b^{\sigma}g^2$ 可诱导.

并因 $a^\sigma, b^\sigma\in B=\{a,b\}$, 故当然有

$$\begin{aligned}G&=\{a,b,g\}=\{a,b,a^{-1}a^{\sigma^2}g\}=\{a,b,b^{-1}b^{\sigma^2}g\}\\&=\{a,b,b^{-1}a^{-1}a^{\sigma^2}b^{\sigma^2}g\}=\{a,b,g^2\}=\{a,b,a^{-1}a^{\sigma}g^2\}\\&=\{a,b,b^{-1}b^{\sigma}g^2\}=\{a,b,b^{-1}a^{-1}a^{\sigma}b^{\sigma}g^2\},\end{aligned}$$

这说明了不论取 B 之任何 3 阶自同构去充当 σ, G 之型是唯一的, 故可令为

(xv)°: $G=\{a,b,g\}$, $a^4=1$, $b^2=a^2$, $b^{-1}ab=a^{-1}$, $g^3=$

$$1, g^{-1}ag = b, g^{-1}bg = ab,$$

而有 $Z(G) = 1$. 因而 (xv)° 与 (i)—(xii), (xiii)°°, (xiv)° 均互不同构. 故有

定理 2_2 24 阶 ($= 3 \times 2^3$) 群共有 15 个 (即定理 2 中的 (i)—(xii) 以 3 代 p, 及上述的 (xiii)°°, (xiv)° 与 (xv)°).

问题 试利用引理 6 证明: 由 $i \otimes k \equiv i + \rho^i k \pmod n$ 所定义的 n 阶循环群中的基数 ρ 为第一类基数的充要条件是

$$\rho \equiv 1 \pmod n.$$

§5. 表写为循环子群之积的群

在第六章 §6 里讨论过: 当一群 G 能写为两个交换子群的积时,则 G 是可解的. 若将"交换"改为"循环",又怎样呢? 我们说这时若 G 为有限群, 则 G 不仅是可解的, 而且还是超可解的 (文献 [56]).

在文献[56]里,证明冗长,下面是樊恽同志给出的一个较简单的证明方法.

设 $G = G_1G_2$, $o(G) < \infty$, $G_1 = \{a\}$ 与 $G_2 = \{b\}$ 为循环的. 我们的目的是要证明 G 为超可解群.

用归纳法, 假定阶小于 $o(G)$ 而又可写为两个循环子群之积的群一定是超可解的.

今令 $D = G_1 \cap G_2$.

(一) 当 $D \neq 1$ 时, G_i 之循环性 $\Rightarrow D \lhd G_i$ ($i = 1, 2$), 故 $D \lhd G_1G_2 = G$ 且 D 为循环的. 因为 $G/D = G_1/D \cdot G_2/D$, 且 G_1/D 与 G_2/D 皆循环,故从 $o(G/D) < o(G)$ 而据归纳法得知 G/D 是超可解的,因而 G 必超可解 (§1 定理 13).

(二) 当 $D = 1$ 时,可不失一般性令 $o(G_1) \geqslant o(G_2) > 1$. 若 $b \in G_1$, 则 $G = G_1$, 问题也解决了. 故剩下需考虑的是 $b \bar{\in} G_1$ 的场合. 设 k 是最小的自然数使 $b^k \in G_1$, 于是 $1 < k$ 且有 $k \mid o(G_2)$. 故 $G_1, G_1b, G_1b^2, \cdots, G_1b^{k-1}$ 为 G_1 在 G 内的 k 个不同的陪集. 另方

面，G_1在G内的任一陪集 $G_1a^ib^j = G_1b^j\ (0 \leqslant j \leqslant k-1)$. 故不得不有 $G = G_1 + G_1b + G_1b^2 + \cdots + G_1b^{k-1}$. 又显然也有 $G_1b^ia \cap G_1b^ja = \phi$（空集），在 $0 \leqslant i, j \leqslant k-1$ 且 $i \neq j$ 时，这说明了有 $G = G_1a + G_1ba + G_1b^2a + \cdots + G_1b^{k-1}a$. 于是得有 k 个陪集 $G_1, G_1b, \cdots, G_1b^{k-1}$ 上的一个排列

$$\pi_a = \begin{pmatrix} G_1 & G_1b & G_1b^2 & \cdots & G_1b^{k-1} \\ G_1a & G_1ba & G_1b^2a & \cdots & G_1b^{k-1}a \end{pmatrix} = \begin{pmatrix} G_1b & G_1b^2 & \cdots & G_1b^{k-1} \\ G_1ba & G_1b^2a & \cdots & G_1b^{k-1}a \end{pmatrix}$$

$$(\because G_1a = G_1),$$

再将它写为循环表示时就应有

$$\pi_a = (G_1b, G_1ba, G_1ba^2, \cdots, G_1ba^{r-1})\cdots,$$

而 r 是最小的自然数使 $G_1ba^r = G_1b$，即 $ba^rb^{-1} \in G_1$，故 $1 \leqslant r \leqslant k-1 \leqslant o(G_2)-1 < o(G_1)$，由之得 $a^r \neq 1$. 但 $ba^rb^{-1} \in G_1$ 又说明 $ba^rb^{-1} = a^{r_1} \Rightarrow o(a^r) = o(a^{r_1}) \Rightarrow \dfrac{n}{(n,r)} = \dfrac{n}{(n,r_1)}$，式中 $n = o(G_1) = o(a)$，故 $d = (n, r) = (n, r_1) \Rightarrow n = n'd$，$r = r'd$，$r_1 = r_1'd$ 且 $(n', r') = 1 = (n', r_1')$，于是有 λ 使 $r'\lambda \equiv r_1' \pmod{n'}$，因而 $r_1 = r_1'd \equiv \lambda r'd = \lambda r \pmod{n'd = n}$，由之得 $ba^rb^{-1} = a^{r_1} = (a^r)^\lambda \Rightarrow 1 \neq \{a^r\} \lhd G$，故

$$G/\{a^r\} = \{a\}/\{a^r\} \cdot \{b\}\{a^r\}/\{a^r\}，且\ o(G/\{a^r\}) < o(G),$$

而据归纳法的假定知 $G/\{a^r\}$ 超可解，因而G自身亦超可解.

于是证得了下面的

定理 1 凡能写为两个循环群之积的有限群一定是超可解群.

当然，在文献 [56] 里还解决了比定理 1 更广泛的结果，即凡能写为m个 $(m \geqslant 2)$ 两两可交换的循环群之积的有限群也一定是超可解的. 读者可直接查阅该文献，我们只写到这里不再多述.

参 考 文 献

[1] W. Gaschütz, Über die Φ-untergruppe endlicher Gruppen, *Math. Zeit.*, **58** (1953), 160—170.

[2] B. Huppert, Endliche Gruppen I, Springer, 1967.

[3] G. Higmann and B. H. Neumann, On two questions of Itô, *Jour. London Math. Soc.*, **29** (1954), 84—88.

[4] K. A. Hirsch, On infinite soluble groups (V), *Jour. London Math. Soc.*, **29** (1954), 250—251.

[5] N. Itô, Note on S-groups, *Proc. Japan Acad.*, **29** (1953), 149—150.

[6] R. Baer, Nilpotent characteristic subgroups of finite groups, *Amer. Jour. Math.*, 75 (1953), 633—664.

[7] H. Wielandt, Eine Kennzeichnung der direkten Produkte von p-Gruppen, *Math. Zeit.*, 41(1937), 281—282.

[8] K. Iwasawa, Über die Struktur der endlichen Gruppen, deren echte Untergruppen sämtlich nilpotent sind, *Proc. phys-math. Soc. Japan* (III), (**23**) (1941), 1—4.

[9] О. Ю. Шмидт, Группы, все подгруппы которых специальные, *Мат. Сбо.*, **31** (1924), 366—372.

[10] R. W. Carter, Nilpotent self-normalizing subgroups of soluble groups, *Math. Zeit.*, **75** (1961), 136—139.

[11] 万哲先，李代数，科学出版社，1964.

[12] М. И. Каргаполов, Ю. И. Мерзляков, Основы теории групп, Москва, 1972.

[13] F. W. Levi, Groups in which the commutator operations satisfy certain algebraic conditions, *Jour. Indian Math. Soc.*, **6**(1942), 87—97.

[14] M. Hall, Theory of groups, Macmillan, New York, 1959.

[15] R. Baer, Engelsche Elemente Nöetherscher Gruppen, *Math. Ann.*, **133** (1957), 256—270.

[16] С. Д. Берман, В. В. Любимов, Группы, Допускающие Любую перестановку факторов композиционного ряда, *Усп. Мат. Наук.* том хп вып. **5**(77) (1957), 181—183.

[17] Ю. Г. Федоров, О Бесконечных группах, все нетривиальные подгруппы которых имеют конечных индекс, *Усп. Мат. Наук*, **6:1**(1951), 187—189.

[18] O. H. Kegel, Produkte nilpotenter Gruppen, *Arch. Math.*, **12** (1961), 90—93.

[19] H. Wielandt, Über das Produkt paarweise vertauschbarer nilpotenter Gruppen, *Math. Zeit.*, **55** (1951), 1—7.

[20] H. Wielandt, Über Produkte von nilpotenten Gruppen, *Illinois Jour.*

Math., II (1958), 611—618.
[21] E. Schenkmann, Group Theory, Norstrand Company, Princeton,1965.
[22] N. Itô, Über das Produkt von zwei abelschen Gruppen. *Math. Zeit.*, **62** (1955), 400—401.
[23] M. Hall and J. K. Senior, The groups of order 2^n ($n \leqslant 6$), Macmillan Company, New York, 1964.
[24] P. Hall, A contribution to the theory of groups of prime power order, *Proc. London Math. Soc.*, **36** (1933), 29—95.
[25] P. Hall, On a theorem of Frobenius, *Proc. London Math. Soc.*, **40** (1936), 468—507.
[26] J. L. Alperin, On a special class of regular p-groups, *Trans. Amer. Math. Soc.*, **106** (1963), 77—99.
[27] O. Grün, Über das direkte Produkt regulärer p-Gruppen, *Arch. Math.*, **5** (1954), 241—243.
[28] O. Grün, Beiträge zur Gruppentheorie I, *Jour. Reine Angew. Math.*, **174** (1935), 1—14.
[29] H. Zassenhaus, Theory of Groups, Chelsea, New York, 1956 (2nd Edi).
[30] W. J. Wong, On finite groups whose 2-Sylow subgroups have cyclic subgroups of index 2, *Jour. Australian Math. Soc.*, **4** (1964), 90—112.
[31] G. Bachman, On finite nilpotent groups, *Canad. Jour. Math.*, **12** (1960), 68—72.
[32] G. Pazderski, Die Ordnungen, zu denen nur Gruppen mit gegebenen Eigenschaften gehören, *Arch. Math.*, **10**(1959), 331—343.
[33] H. Fitting, Beiträge zur Theorie der Gruppen endlicher Ordnung, *Jahr. Deutsch. Math. Ver.*, **48** (1938), 77—141.
[34] С. А. Чунихин., О Факторизации конечных групп, *ДАН. СССР.*, **97** (1954), 977—980.
[35] С. А. Чунихин, Факторизация конечных групп, *Мат. Сбо.*, **39** (1956), 465—490.
[36] С. А. Чунихин, О П-разрешимых подгруппах конечных групп, *ДАН. СССР.*, **103**(1955), 377—378.
[37] H. Wielandt, Zum Satz von Sylow, *Math. Zeit.*, **60** (1954), 407—408.
[38] С. А. Русаков, Аналоги теоремы Силова о вложении подгрупп, *ДАН. БССР.*, **5**. по. 4(1961).
[39] P. Hall, Theorems like Sylow's, *Proc. London Math. Soc.*, (3) **6** (1956), 286—304.
[40] H. Wielandt, Zum Satz von Sylow II, *Math. Zeit.*, **71** (1959), 461—462.
[41] С. А. Чунихин, О П-отделимых группах, *ДАН. СССР.*, **59**(1948), 443—445.
[42] С. А, Чунихин, О существовании и сопряженности подгрупп у конечной группы, *Мат. Сбо.*, **33**(1953), 111—132.
[43] С. А. Чунихин, О силовских свойствах конечных групп, *ДАН. СССР.*, **73**(1950), 29—32.

[44] R. Baer, Factorization of n-soluble and n-nilpotent groups, *Proc. Amer. Math. Soc.*, 4 (1953), 15—26.

[45] R. Baer, Supersoluble groups, *Proc. Amer. Math. Soc.*, **6** (1955), 16—32.

[46] N. Inagaki, On groups with nilpotent commutator subgroups, *Nagoya Math. Jour.*, **25** (1965), 205—210.

[47] B. Huppert, Normalteiler und maximale Untergruppen endlicher Gruppen, *Math. Zeit.*, **60** (1954), 409—434.

[48] R. Baer, Classes of finite groups and their properties, *Illinois Jour. Math.*, **I** (1957), 115—187.

[49] G. Zappa, A remark on a recent paper of O. Ore, *Duke Math. Jour.*, **6** (1940), 511—512.

[50] D. H. Mclain, The existence of subgroups of given order in finite groups, *Proc. Cam. Philo. Soc.*, **53** (1957), 278—285.

[51] K. Dorek, Minimal nicht überauflösbare endliche Gruppen, *Math. Zeit.*, **91** (1966), 198—205.

[52] W. E. Deskins, A characterization of finite supersoluble groups, *Amer. Math. Monthly*, **75** (1968), 180—182.

[53] R. Baer, Supersoluble immersion, *Canad. Jour. Math.*, **11** (1959), 353—369.

[54] L. Rédei, Das schiefe Produkt in der Gruppentheorie, *Commentarii Math. Helvet.*, **20** (1947), 225—267.

[55] Э. Э. Балаш, определение числа неизоморфных групп порядка, не делящегося на квадрат простого числа, *Изв. Выс. Учеб. Мат.*, до.4 (1966) 3—8.

[56] B. Huppert, Über das Produkt von paarweise vertauschbaren zyklischen Gruppen, *Math. Zeit.*, **58** (1953), 243—264.

《现代数学基础丛书》已出版书目

1 数理逻辑基础(上册) 1981.1 胡世华 陆钟万 著
2 数理逻辑基础(下册) 1982.8 胡世华 陆钟万 著
3 紧黎曼曲面引论 1981.3 伍鸿熙 吕以辇 陈志华 著
4 组合论(上册) 1981.10 柯 召 魏万迪 著
5 组合论(下册) 1987.12 魏万迪 著
6 数理统计引论 1981.11 陈希孺 著
7 多元统计分析引论 1982.6 张尧庭 方开泰 著
8 有限群构造(上册) 1982.11 张远达 著
9 有限群构造(下册) 1982.12 张远达 著
10 测度论基础 1983.9 朱成熹 著
11 分析概率论 1984.4 胡迪鹤 著
12 微分方程定性理论 1985.5 张芷芬 丁同仁 黄文灶 董镇喜 著
13 傅里叶积分算子理论及其应用 1985.9 仇庆久 陈恕行 是嘉鸿 刘景麟 蒋鲁敏 编
14 辛几何引论 1986.3 J.柯歇尔 邹异明 著
15 概率论基础和随机过程 1986.6 王寿仁 编著
16 算子代数 1986.6 李炳仁 著
17 线性偏微分算子引论(上册) 1986.8 齐民友 编著
18 线性偏微分算子引论(下册) 1992.1 齐民友 徐超江 编著
19 实用微分几何引论 1986.11 苏步青 华宣积 忻元龙 著
20 微分动力系统原理 1987.2 张筑生 著
21 线性代数群表示导论(上册) 1987.2 曹锡华 王建磐 著
22 模型论基础 1987.8 王世强 著
23 递归论 1987.11 莫绍揆 著
24 拟共形映射及其在黎曼曲面论中的应用 1988.1 李 忠 著
25 代数体函数与常微分方程 1988.2 何育赞 萧修治 著
26 同调代数 1988.2 周伯壎 著
27 近代调和分析方法及其应用 1988.6 韩永生 著
28 带有时滞的动力系统的稳定性 1989.10 秦元勋 刘永清 王 联 郑祖庥 著
29 代数拓扑与示性类 1989.11 [丹麦] I.马德森 著
30 非线性发展方程 1989.12 李大潜 陈韵梅 著

31　仿微分算子引论　1990.2　陈恕行　仇庆久　李成章　编
32　公理集合论导引　1991.1　张锦文　著
33　解析数论基础　1991.2　潘承洞　潘承彪　著
34　二阶椭圆型方程与椭圆型方程组　1991.4　陈亚浙　吴兰成　著
35　黎曼曲面　1991.4　吕以辇　张学莲　著
36　复变函数逼近论　1992.3　沈燮昌　著
37　Banach 代数　1992.11　李炳仁　著
38　随机点过程及其应用　1992.12　邓永录　梁之舜　著
39　丢番图逼近引论　1993.4　朱尧辰　王连祥　著
40　线性整数规划的数学基础　1995.2　马仲蕃　著
41　单复变函数论中的几个论题　1995.8　庄圻泰　杨重骏　何育赞　闻国椿　著
42　复解析动力系统　1995.10　吕以辇　著
43　组合矩阵论(第二版)　2005.1　柳柏濂　著
44　Banach 空间中的非线性逼近理论　1997.5　徐士英　李　冲　杨文善　著
45　实分析导论　1998.2　丁传松　李秉彝　布　伦　著
46　对称性分岔理论基础　1998.3　唐　云　著
47　Gel'fond-Baker 方法在丢番图方程中的应用　1998.10　乐茂华　著
48　随机模型的密度演化方法　1999.6　史定华　著
49　非线性偏微分复方程　1999.6　闻国椿　著
50　复合算子理论　1999.8　徐宪民　著
51　离散鞅及其应用　1999.9　史及民　编著
52　惯性流形与近似惯性流形　2000.1　戴正德　郭柏灵　著
53　数学规划导论　2000.6　徐增堃　著
54　拓扑空间中的反例　2000.6　汪　林　杨富春　编著
55　序半群引论　2001.1　谢祥云　著
56　动力系统的定性与分支理论　2001.2　罗定军　张　祥　董梅芳　著
57　随机分析学基础(第二版)　2001.3　黄志远　著
58　非线性动力系统分析引论　2001.9　盛昭瀚　马军海　著
59　高斯过程的样本轨道性质　2001.11　林正炎　陆传荣　张立新　著
60　光滑映射的奇点理论　2002.1　李养成　著
61　动力系统的周期解与分支理论　2002.4　韩茂安　著
62　神经动力学模型方法和应用　2002.4　阮　炯　顾凡及　蔡志杰　编著
63　同调论——代数拓扑之一　2002.7　沈信耀　著
64　金兹堡-朗道方程　2002.8　郭柏灵　黄海洋　蒋慕容　著

65 排队论基础 2002.10 孙荣恒 李建平 著
66 算子代数上线性映射引论 2002.12 侯晋川 崔建莲 著
67 微分方法中的变分方法 2003.2 陆文端 著
68 周期小波及其应用 2003.3 彭思龙 李登峰 谌秋辉 著
69 集值分析 2003.8 李 雷 吴从炘 著
70 强偏差定理与分析方法 2003.8 刘 文 著
71 椭圆与抛物型方程引论 2003.9 伍卓群 尹景学 王春朋 著
72 有限典型群子空间轨道生成的格(第二版) 2003.10 万哲先 霍元极 著
73 调和分析及其在偏微分方程中的应用(第二版) 2004.3 苗长兴 著
74 稳定性和单纯性理论 2004.6 史念东 著
75 发展方程数值计算方法 2004.6 黄明游 编著
76 传染病动力学的数学建模与研究 2004.8 马知恩 周义仓 王稳地 靳 祯 著
77 模李超代数 2004.9 张永正 刘文德 著
78 巴拿赫空间中算子广义逆理论及其应用 2005.1 王玉文 著
79 巴拿赫空间结构和算子理想 2005.3 钟怀杰 著
80 脉冲微分系统引论 2005.3 傅希林 闫宝强 刘衍胜 著
81 代数学中的 Frobenius 结构 2005.7 汪明义 著
82 生存数据统计分析 2005.12 王启华 著
83 数理逻辑引论与归结原理(第二版) 2006.3 王国俊 著
84 数据包络分析 2006.3 魏权龄 著
85 代数群引论 2006.9 黎景辉 陈志杰 赵春来 著
86 矩阵结合方案 2006.9 王仰贤 霍元极 麻常利 著
87 椭圆曲线公钥密码导引 2006.10 祝跃飞 张亚娟 著
88 椭圆与超椭圆曲线公钥密码的理论与实现 2006.12 王学理 裴定一 著
89 散乱数据拟合的模型、方法和理论 2007.1 吴宗敏 著
90 非线性演化方程的稳定性与分歧 2007.4 马 天 汪宁宏 著
91 正规族理论及其应用 2007.4 顾永兴 庞学诚 方明亮 著
92 组合网络理论 2007.5 徐俊明 著
93 矩阵的半张量积:理论与应用 2007.5 程代展 齐洪胜 著
94 鞅与 Banach 空间几何学 2007.5 刘培德 著
95 非线性常微分方程边值问题 2007.6 葛渭高 著
96 戴维-斯特瓦尔松方程 2007.5 戴正德 蒋慕蓉 李栋龙 著
97 广义哈密顿系统理论及其应用 2007.7 李继彬 赵晓华 刘正荣 著
98 Adams 谱序列和球面稳定同伦群 2007.7 林金坤 著

99 矩阵理论及其应用 2007.8 陈公宁 编著

100 集值随机过程引论 2007.8 张文修 李寿梅 汪振鹏 高 勇 著

101 偏微分方程的调和分析方法 2008.1 苗长兴 张 波 著

102 拓扑动力系统概论 2008.1 叶向东 黄 文 邵 松 著

103 线性微分方程的非线性扰动(第二版) 2008.3 徐登洲 马如云 著

104 数组合地图论(第二版) 2008.3 刘彦佩 著

105 半群的 S-系理论(第二版) 2008.3 刘仲奎 乔虎生 著

106 巴拿赫空间引论(第二版) 2008.4 定光桂 著

107 拓扑空间论(第二版) 2008.4 高国士 著

108 非经典数理逻辑与近似推理(第二版) 2008.5 王国俊 著

109 非参数蒙特卡罗检验及其应用 2008.8 朱力行 许王莉 著

110 Camassa-Holm 方程 2008.8 郭柏灵 田立新 杨灵娥 殷朝阳 著

111 环与代数(第二版) 2009.1 刘绍学 郭晋云 朱 彬 韩 阳 著

112 泛函微分方程的相空间理论及应用 2009.4 王 克 范 猛 著

113 概率论基础(第二版) 2009.8 严士健 王隽骧 刘秀芳 著

114 自相似集的结构 2010.1 周作领 瞿成勤 朱智伟 著

115 现代统计研究基础 2010.3 王启华 史宁中 耿 直 主编

116 图的可嵌入性理论(第二版) 2010.3 刘彦佩 著

117 非线性波动方程的现代方法(第二版) 2010.4 苗长兴 著

118 算子代数与非交换 L_p 空间引论 2010.5 许全华 吐尔德别克 陈泽乾 著

119 非线性椭圆型方程 2010.7 王明新 著

120 流形拓扑学 2010.8 马 天 著

121 局部域上的调和分析与分形分析及其应用 2011.4 苏维宜 著

122 Zakharov 方程及其孤立波解 2011.6 郭柏灵 甘在会 张景军 著

123 反应扩散方程引论(第二版) 2011.9 叶其孝 李正元 王明新 吴雅萍 著

124 代数模型论引论 2011.10 史念东 著

125 拓扑动力系统——从拓扑方法到遍历理论方法 2011.12 周作领 尹建东 许绍元 著

126 Littlewood-Paley 理论及其在流体动力学方程中的应用 2012.3 苗长兴 吴家宏 章志飞 著

127 有约束条件的统计推断及其应用 2012.3 王金德 著

128 混沌、Mel'nikov 方法及新发展 2012.6 李继彬 陈凤娟 著

129 现代统计模型 2012.6 薛留根 著

130 金融数学引论 2012.7 严加安 著

131 零过多数据的统计分析及其应用 2013.1 解锋昌 韦博成 林金官 著

132　分形分析引论　2013.6　胡家信　著
133　索伯列夫空间导论　2013.8　陈国旺　编著
134　广义估计方程估计方程　2013.8　周　勇　著
135　统计质量控制图理论与方法　2013.8　王兆军　邹长亮　李忠华　著
136　有限群初步　2014.1　徐明曜　著
137　拓扑群引论(第二版)　2014.3　黎景辉　冯绪宁　著
138　现代非参数统计　2015.1　薛留根　著